Anonymous

Archiv für Ohrenheilkunde

43. Band

Anonymous

Archiv für Ohrenheilkunde
43. Band

ISBN/EAN: 9783744684958

Hergestellt in Europa, USA, Kanada, Australien, Japan

Cover: Foto ©berggeist007 / pixelio.de

Weitere Bücher finden Sie auf **www.hansebooks.com**

ARCHIV

FÜR

OHRENHEILKUNDE

IM VEREIN MIT

Prof. AD. FICK in Würzburg, Prof. C. HASSE in Breslau, Prof. V. HENSEN in Kiel, Prof. A. LUCAE in Berlin, Prof. E. MACH in Wien, S. R. Dr. A. MAGNUS in Königsberg i Pr., Prof. E. ZAUFAL in Prag, Prof. J. KESSEL in Jena, Prof. F. TRAUTMANN in Berlin, Prof. V. UR-BANTSCHITSCH in Wien, Prof. F. BEZOLD in München, Prof. K. BÜRK-NER in Göttingen, Prof. CH. DELSTANCHE in Brüssel, Prof. A. KUHN in Strassburg, Dr. E. MORPURGO in Triest, Dr. L. BLAU in Berlin, Prof. J. BÖKE in Budapest, S. R Dr. H. DENNERT in Berlin, Prof. G. GRADENIGO in Turin, Prof. J. ORNE-GREEN in Boston, Prof. J. HA-BERMANN in Graz, Privatdocent und Prof. Dr. H. HESSLER in Halle, Privatdocent Dr. L. JACOBSON in Berlin, Prof. G. J. WAGENHAUSER in Tübingen, Prof. H. WALB in Bonn, Privatdocent Dr. C. GRUNERT in Halle a. S., Privatdocent Dr. A. JANSEN in Berlin, Privatdocent Dr. L. KATZ in Berlin, Prof. P. OSTMANN in Marburg, Dr. L. STACKE, Prof. in Erfurt, Dr. O. WOLF in Frankfurt a. M.

HERAUSGEGEBEN VON

Prof. A. v. TRÖLTSCH   Prof. ADAM POLITZER
IN WÜRZBURG   IN WIEN

UND

Prof. H. SCHWARTZE
IN HALLE.

DREIUNDVIERZIGSTER BAND.

Mit 7 Abbildungen im Text und 6 Tafeln.

LEIPZIG,

VERLAG VON F. C. W. VOGEL

1897.

Inhalt des dreiundvierzigsten Bandes.

Erstes Heft
(ausgegeben am 24. September 1897).

Seite

I. Zur Behandlung der Mittelohrsklerose mit Thyreoidintabletten. Von Dr. A. Eitelberg in Wien 1
II. Aus der Ohrenabtheilung der chirurg. Universitätspoliklinik zu München. Weitere Beiträge zur Klinik und patholog. Anatomie (Histologie) der Neubildungen des äusseren Ohres. Von Dr. Haug, Priv.-Doc. in München. (Mit Tafel I) 10
III. Aus der Ohrenabtheilung der Kgl. chirurg. Universitätspoliklinik zu München. Senkungsabscess unterhalb der Pars mastoidea und Retropharyngealabscess infolge von acuter eitriger Media. Von Dr. Haug, Priv.-Doc. in München 17
IV. Aus Prof. Habermann's Universitätsklinik für Ohren-, Nasen- und Kehlkopfkranke in Graz. Ueber Brüche des Schädelgrundes und die durch sie bedingten Blutungen in das Ohrlabyrinth. Von Dr. med. Otto Barnick, klin. Assistent. (Mit Tafel II—V) 23
V. Ein Lymphangio - Sarkom des äusseren Gehörganges. Von Dr. G. D. Cohen Tervaert und Dr. R. de Josselin de Jong, Aerzten im Haag. (Mit Fig. 1, 2, 3 auf Tafel VI und Fig. 4 im Text) 53
VI. Ueber traumatische Läsionen des Gehörorganes. Von Dr. Sigismund Szenes in Budapest. Vortrag, gehalten am 26. September 1895 in der VII. Sitzung des V. internationalen Otologencongresses in Florenz 58
VII. Zur Lehre von der Function der Tuba. Eine Entgegnung auf Herrn Geheimrath Prof. Dr. Lucae's „Historisch - kritische Beiträge zur Physiologie des Gehörorganes." Von Dr. Victor Hammerschlag, Wien 65
VIII. Besprechungen.
1. Rudolf Panse, Die Schwerhörigkeit durch Starrheit der Paukenfenster. Besprochen von Dr. Zeroni 67
2. P. Garnault, Le traitement chirurgical de la surdité et des bourdonnements. Besprochen von Dr. Zeroni . . 70
3. E. J. Moure, De l'Ouverture large de la caisse et de ses annexes. Besprochen von Priv.-Doc. Dr. Carl Grunert 72
4. Friedrich Bezold, Ueber die functionelle Prüfung des menschlichen Gehörorganes. Besprochen von Dr. Zeroni 74
IX. Wissenschaftliche Rundschau.
1. Bruck, Zur Therapie der genuinen Ozaena. 75. — 2. Poli, Zur Entwicklung der Gehörblase bei den Wirbelthieren. 75. — 3. Kaufmann, Otalgie bei Influenza. 76. — 4. Derselbe, Ueber einen Fall von completer beiderseitiger Taubheit, aufgetreten 3 Tage nach einem Fall auf das Hinter-

Seite

haupt. 77. — 5. Leutert, Die Bedeutung der Lumbalpunction
für die Diagnose Intracranieller Complicationen der Otitis. 77.
— 6. Cozzolino, Considerazioni statistiche, anatomo patho-
logiche clinico - therapiche sulla tuberculosi dell' apparato
uditivo, con la storia di un bambino operato radicalmenti e
guarito. 78. — 7. Gradenigo, Sulla tecnica operativa dell'
ascesso cerebrale otitico. 79. — 8. Brühl, Ueber Thyreoidinbehandlung bei adhäsiven Mittelohrprocessen. 79.

Zweites und drittes (Doppel-) Heft

(ausgegeben am 23. November 1897).

X. Aus der Kgl. Universitäts - Obrenklinik des Herrn Geheimen
Medicinalrathes Prof. Dr. Schwartze zu Halle. Ueber extra-
darale otogene Abscesse und Eiterungen. Von Priv.-Doc. Dr.
C. Grunert, I. Assist. der Klinik 81
XI. Aus der Kgl. Universitäts-Obrenklinik zu Halle a. S. Ein neues
operatives Verfahren zur Verhütung der Wiederverwachsung
des Hammergriffes mit der Labyrinthwand nach ausgeführter
Synechotomie und Tenotomie des M. tensor tympani. Von
Priv.-Doc. Dr. med. Grunert, I. Assistenzarzt der Klinik . 135
XII. Bericht über die Verhandlungen der otologischen Section auf
der 69. Versammlung Deutscher Naturforscher und Aerzte in
Braunschweig. Von Priv.-Doc. Dr. Grunert in Halle a. S. 141
XIII. Eine Erwiderung. Von W. Heinrich aus Krakau (Physikalisches Institut) 148
Antwort auf vorstehende Erwiderung des Herrn Dr. Heinrich.
Von A. Lucae 149
XIV. Besprechungen.
1. Paul Koch, Der otitische Kleinbirnabscess. Besprochen
von Priv.-Doc. Dr. Carl Grunert. 150
2. Aristide Malherbe, De l'évidement pétro-mastoidien
appliqué au traitement chirurgical de l'otite moyenne
chronique séche. Besprochen von Priv.-Doc. Dr. Grunert 152
XV. Bericht über die Verhandlungen der otologischen Section auf
der 68. Versammlung deutscher Naturforscher und Aerzte in
Frankfurt a. M. (21.—26. Sept. 1596.) Von Dr. Sigismund
Szenes in Budapest 154
XVI. Bericht über die 6. Versammlung der Deutschen o ologischen
Gesellschaft am 4. und 5. Juni 1897 zu Dresden. Von Prof.
K. Bürkner 172
XVII. Bericht über den V. internationalen Otologencongress in Florenz
(23.—26. September 1895). Von Dr. Sigismund Szenes in
Budapest 203
XVIII. Wissenschaftliche Rundschau.
9. Lippert, Zur Casuistik der Fremdkörper in der Pauken-
höhle. 239. — 10. Bergeab, Heilung eines intranasalen
Lupus durch Guajacol-Vasogen. 239. — 11. Etiévant, La
question des végétations adénoides. 240.

Viertes Heft

(ausgegeben am 17. December 1897).

Seite

XIX. Zur Casuistik der Verbrennungen des äusseren Gehörganges
und des Trommelfelles. Von Dr. med. O. Schwidop, Karlsruhe i. B. 241

XX. Aus dem k. u. k. Garnisons-Spital Nr. 1 in Wien. Die idio-
pathische Perichondritis der Ohrmuschel und das spontane
Othämatom. Von Dr. Carl Biehl, Chef der Ohrenabtheilung.
Mit 4 Abbildungen 245

XXI. Ein objectives Tonmaass. Von Dr. Rudolf Panse (Dresden).
Mit 2 Abbildungen 251

XXII. Aus dem k. u. k. Garnisons-Spitale Nr. 1 in Wien. Die Beurtheilung ein- und beiderseitiger Taubheit. Von Dr. Carl
Biehl, Oberarzt, Vorstand der Ohrenabtheilung 257

XXIII. Aus der Königl. Universitäts-Ohrenklinik zu Halle a. S. Ueber
periauriculäre Abscesse bei Furunkeln des äusseren Gehörganges.
Von Dr. Ernst Leutert, Docent für Ohrenheilkunde zu
Königsberg i. Pr. 267

XXIV. Zur Prüfung des Tongehöres mit Stimmgabeln. Von Dr. Hermann Dennert in Berlin 276

XXV. Besprechungen.
1. G. Boenninghaus. Die Meningitis serosa acuta. Eine
kritische Studie. Besprochen von Dr. Zeroni . . . 281

XXVI. Wissenschaftliche Rundschau.
12. Rupprecht, Otitischer Hirnabscess im linken Schläfenlappen. Trepanation. Heilung. 283. — 13. Kretschmann,
Fall von Meningitis serosa durch Operation geheilt. 283. —
14. Kuhn, Casuistische Mittheilungen. I. Otitis media purulenta acuta sinistra. Meningitis oder Gehirnabscess? — Anamnestische Aphasie. — Operation. — Tod. — Meningitis.
II. Cholesteatom des rechten Mittelohres. Während der Operation Tod infolge von Lufteintritt in den verletzten Sinus
sigmoideus 284. — 15. Mannasse, Ueber syphilitische Granulationsgeschwülste der Nasenschleimhaut, sowie über die Entstehung der Riesenzellen in derselben. 286. — 16. Ponfick,
Ueber die allgemein pathologischen Beziehungen der Mittelohr-
Erkrankungen im frühen Kindesalter. 287. — 17. Crouzillac,
Sur deux cas de bourdonnements liés à des affections utérine.
289. — 18. Liaras, Otite moyenne suppurée chronique;
expulsion des osselets. 289. — 19. Derselbe, Corps étrangers
du conduit auditif. 289. — 20. Royet, Deux observations
de surdité fonctionelle avec quelques considérations sur ce
symptôme 289. — 21. Lavrand, Abcès fistuleux rétro-
auriculaire gauche. Trepanation de la mastoide. Curettage
de l'oreille moyenne. Guérison. 290. — 22. Kuhn, Ueber
2 Fälle von Sarkom des Mittelohres. 290. — 23. Wolff,
Beiträge zur Lehre vom otitischen Hirnabscesse. 291. —
— 24. Hoffmann, Ausgedehnte, nicht inficirte Thrombose mehrerer Hirnsinus und der Jugularis infolge einer
Operationsverletzung des Sinus transversus. Heilung. 292.
— 25. Lichtwitz, Ein Fall von sogenannter Bezold'scher
Mastoiditis. Eröffnung des Abscesses der seitlichen Halsgegend und des Antrums. Resection des Warzenfortsatzes;
Heilung. 293. — 26. Hartmann, Ueber Hyperostose des
äusseren Gehörganges. 294. — 27. Bezold, Die Stellung
der Consonanten in der Tonreihe. 294. — 28. Bloch, Die
Erkennung der Trommelfellperforation. 295. — 29. Kaufmann, Ueber einen Fall von gleichseitiger, acut aufgetretener Erkrankung des Acusticus, Facialis und Trigeminus. 295.

Seite

30. Körner, Bemerkungen über Neuralgia tympanica im Anschluss an die Mittheilung eines Falles von Zungenabscess. 296. — 31. Bezold, Nachprüfung der im Jahre 1893 untersuchten Taubstummen. 297. — 32. Milligan, Ein Fall von Temporo-Sphenoidalabscess im Anschluss an linksseitige acute Mittelohreiterung; Operation; acute Hernia cerebri: Tod. 297. — 33. Derselbe, 2 Fälle von Sarkom des Mittelohres. 298. — 34. Körner, Die Literatur über das Chlorom des Schläfenbeines und des Ohres. 298. — 35. Derselbe, Ueber inspiratorisches Zusammenklappen des blossgelegten Sinus transversus und über Luftembolie. 299. — 36. Downie, Ein Fall von erworbener totaler Taubheit infolge von hereditärer Syphilis; mit Sectionsbericht. 300. — 37. Karutz, Studien über die Form des Ohres. I. Zweck und Gestaltung der Ohrmuschel. II. Die Ohrform als Rassenmerkmale. 301. — 38. Eulenstein, Casuistische Beiträge zur Pyämiefrage. 302. — 39. Morf, Die Krankheiten des Ohres beim acuten und chronischen Morbus Brightii. 303. — 40. Karutz, Studien über die Form des Ohres. III. Die Ohrform in der Physiognomik. 305. — 41. Gorham Bacon, Ein Fall von Otitis media acuta mit nachfolgendem Abscess im Lobus temporo-sphenoidalis. Operation; Tod durch Shock. Autopsie. 305. — 42. Scheibe, Ueber leichte Fälle von Mittelohrtuberculose und die Bildung von Fibrinoid bei denselben. 306. — 43. Schwartz, Ueber die Beziehungen zwischen Schädelform, Gaumenwölbung und Hyperplasie der Rachenmandel. 307. — 44. Lermoyez, Traitement d'urgence de l'otite moyenne aiguë. 308. — 45. Jousset, Furoncle du conduit auditif externe. 309. — 46. Stern, Demonstration eines Apparates zur continuirlichen und gleichmässigen Veränderung der Tonhöhe (nebst einem Anhange: „Eine neue Luftquelle für akustische Versuche"). 310. — 47. Alt und Pincles, Ein Fall von Morbus Menière bedingt durch leukämische Erkrankung des N. acusticus. 310. — 48. Alt, Heller, Mayer, v. Schrötter, Pathologie der Luftdruckerkrankungen des Gehörorganes. 311. — 49. Stumpf und Meyer, Schwingungszahlbestimmungen bei sehr hohen Tönen. 311. — 50. Sänger, Ueber die Entstehung des Näselns. 312. — 51. Perrot, De la mastoidite de Bezold. 312.

Personal- und Fachnachrichten 313

I.

Zur Behandlung der Mittelohrsklerose mit Thyreoidin-tabletten.

Von

Dr. A. Eitelberg in Wien.

Einen so erfreulichen Aufschwung die Ohrenheilkunde sonst während der letzten Decennien genommen hat, die Mittelohrskle-rose setzt noch immer allen therapeutischen Maassnahmen den hartnäckigsten Widerstand entgegen. Es konnte daher nur all-gemeine Befriedigung hervorrufen, als Vulpius [1]) die Mittheilung machte, dass es ihm in mehreren Fällen der genannten Erkran-kungsform gelungen ist, durch Verabreichung von Thyreoidin-tabletten eine wesentliche Besserung zu erzielen. Die Anregung ist entschieden auf fruchtbaren Boden gefallen, denn allerorten werden mit der neuen Behandlungsmethode Versuche angestellt, die gewiss zu einem klärenden Resultate führen werden, wenn auch vorderhand die Publicationen noch spärlich fliessen. Immer-hin haben Brühl [2]) und Alt [3]) die von Vulpius gemachten An-gaben auf Grund eines genau beobachteten Krankenmateriales be-stätigen können.

Ich selbst verfüge blos über 8 Fälle: 4 Männer und 4 Frauen. Dieses allerdings geringe Beobachtungsmaterial besitzt indess zwei unbestreitbare Vorzüge. Die betreffenden Patienten stehen zu-meist seit mehreren — bis zu zehn — Jahren zeitweilig bei mir in Behandlung, und nur zwei sind es, die ich erst seit 8, bezw. 6 Monaten kenne. Ich bin also über die Erfolge der früher an-gewendeten Therapie, sowie über den Verlauf der Erkrankung —

---

1) Dieses Archiv Bd. XLI. Heft 1.
2) Monatsschr. f. O. 1896. Nr. 12 und 1897 Nr. 1.
3) Monatsschr. f. O. 1896. Nr. 12.

weil aus eigener Anschauung — genau orientirt. Und dass dieser
Umstand auch zur Festigung der Diagnose in vielen, Anfangs
zweifelhaften Fällen unbedingt beiträgt, braucht wohl kaum erst
gesagt zu werden.

Der zweite Vorzug liegt aber darin, dass sämmtliche Fälle
nach Abschluss der Thyreoidincur noch durch Monate unter meiner
Controle blieben. Und dies ist nach meinem Dafürhalten ein
sehr wichtiges Postulat, will man sich anders über den Werth
einer Behandlungsmethode ein richtiges und kein trügerisches
Urtheil bilden. Es wird indess aus der weiteren Ausführung er-
hellen, dass eine längere Beobachtungsdauer auch noch aus einem
anderen Grund erwünscht ist.

Die zur Thyreoidinbehandlung herangezogenen Fälle waren
durchwegs solche, bei denen die üblichen Behandlungsweisen
entweder schon in der ersten Beobachtungsperiode eine kaum
nennenswerthe Besserung bewirkten oder doch später einmal
versagten. Und noch eines Momentes musste ich mich verge-
wissern: Da die Patienten ausnahmslos meiner Privatordination
entstammten, so durfte ich nur jene wählen, auf deren Ausdauer
nach einer freimüthigen Erörterung der Sachlage gerechnet werden konnte.

Es liegt nicht in meiner Absicht, erschöpfende Krankengeschichten hier zu bringen; ich werde mich vielmehr, wo es
Noth thun sollte, auf wenige rasche Striche beschränken. Es sei
mir daher eine zusammenfassende Charakteristik der Fälle gestattet. Wo überhaupt noch Flüstersprache verstanden wurde,
so galt dies nur für nahe dem Ohre Gesprochenes. Zumeist
konnte blos in mittellauter oder lauter Sprache auf eine Entfernung von höchstens 1 Mtr. conversirt werden. Bisweilen war
jedoch die Hörfähigkeit selbst unter das bezeichnete Maass ge-
sunken. Die Taschenuhr wurde in einzelnen Fällen 1 Cm. oder
ad concham, in anderen gar nicht percipirt. Der Rinne'sche
Versuch fiel bald positiv, bald negativ aus. In einem Theile der
Fälle wurde über subjective Gehörsempfindungen, die mitunter
zu einem unerträglichen Grade anstiegen, und über häufigen
Schwindel geklagt. Die Trommelfellbilder boten, von Retraction
und Trübung abgesehen, nichts Besonderes dar, ja, waren mehrmals in Bezug auf Farbe und Lage vollkommen normal. In drei
Fällen wurde eine Rhinopharyngitis chronica mit mässiger Verengerung des Isthmus der Ohrtrompeten constatirt, und in allen
Fällen war das Leiden ein beiderseitiges. Gemeinsam war ferner

allen Fällen die im Laufe der Jahre consequent fortschreitende Gehörsabnahme.

Die Patienten standen im kräftigsten Alter von 20—36 Jahren, zwei am Ausgang der Vierziger-Jahre, waren insgesammt von einer guten Constitution und gar nicht oder nur wenig hereditär belastet.

Bevor ich zum Hauptpunkte meiner Aufgabe, dem therapeutischen Endresultate, übergehe, will ich noch bemerken, dass ich ausschliesslich das englische Präparat in Anwendung gezogen habe und täglich blos eine Tablette nehmen liess. Bei der geringsten Störung des Allgemeinbefindens, etwa beim Auftreten eines schwachen Herzklopfens oder eines unterbrochenen Schlafes, mochte hierfür auch eine andere Ursache plausibel erscheinen, wurde die Cur für 2—3 Tage unterbrochen. Ich bin jedoch nur selten in die Lage gekommen, ein Ruheintervall einschalten zu müssen; noch mehr, zwei Patienten, ein Mann und eine Frau, welche häufig von nervösem Herzklopfen heimgesucht zu werden pflegen, haben die Thyreoidintabletten überraschend gut vertragen.

Was nun die Zahl der verbrauchten Tabletten (je 0,3 Thyreoidin enthaltend) anbelangt, so betrug dieselbe in einem Falle 80, in zwei anderen je 60 Stück. Zwei brachten es blos auf je 30, und die restirenden drei Patienten hatten je 40—50 Stück eingenommen.

Mit den zu Tage getretenen Wirkungen mehr allgemeiner Natur brauche ich mich keineswegs eingehend zu beschäftigen, und es wird genügen, wenn ich sie in kurzen Worten skizzire. Da wäre zunächst die Gewichtsabnahme zu erwähnen. Sie war übrigens nur zweimal einigermaassen erheblich. Eine 85 Kilo schwere Frau ging gradatim auf nicht voll 80 Kilo herab und beharrt bis heute auf dieser Ziffer, obwohl bereits mehrere Monate verstrichen sind, seitdem sie ihre 80 Tabletten absolvirt hat. Ich bediene mich schier der eigenen Worte der Patientin, wenn ich notire, dass sie sich so wohl befinde, wie schon lange nicht.

Der zweite Fall, in welchem ein namhafterer Gewichtsverlust (von 66 Kilo bis auf 62 Kilo) sich kundgab, betraf einen Mann, von dem wir später noch reden werden, da er unter Allen der interessanteste und quoad Heilerfolg der günstigste war. Beide Patienten — die Frau allerdings in höherem Maasse — waren mit einem reichlichen Panniculus adiposus ausgestattet. In den übrigen 6 Fällen wurden keine Gewichtsänderungen notirt oder doch nur so geringe, dass sie der Mittheilung nicht werth sind.

1 *

In zwei Fällen wurde sogar eine Gewichtszunahme um 1 Kilo constatirt zu einer Zeit, wo man bereits das Gegentheil (nach etwa 20 Tabletten) hätte erwarten dürfen. Die Sache erklärt sich aber in der natürlichsten Weise. Beide Kranken hatten nämlich vor Beginn der Thyreoidincur zufällig eine fieberhafte Angina durchgemacht, und die wieder normal gewordene Nahrungszufuhr hatte ihnen trotz des Gebrauches der Tabletten zu ihrem ursprünglichen Körpergewicht verholfen. Nebenbei bemerkt, stimmten fast alle darin überein, dass während der Behandlungsdauer der Appetit ein gesteigerter, der Stuhl ein regelmässiger und leichter geworden, und es auch nachträglich geblieben sei.

Ich darf an dieser Stelle eine Ansicht nicht verschweigen, welche drei junge, ledige Männer, die einander ganz fremd waren und auch niemals in meiner Sprechstunde zusammentrafen, von freien Stücken äusserten. Ich betone das letztere absichtlich, weil man erfahrungsgemäss aus vielen Menschen bei einiger Geschicklichkeit gar Vieles herausfragen kann. Sie behaupteten wie auf Uebereinkunft, dass mit dem steigenden Verbrauche der Tabletten ihr Sexualleben gleichen Schritt hielt. Der vierte, ältere und verheirathete Mann berührte diesen Punkt nicht, und dass die Damen nicht darüber sprachen, ist leicht zu begreifen.

Es wäre noch ergänzend beizufügen, dass die Patienten ein- bis zweimal wöchentlich der gewohnten Behandlung mit Katheterismus u. s. w. unterworfen wurden. Da mir aber deren Effect von einer langen Beobachtungszeit her auf's präciseste in allen diesen Fällen geläufig war, blieb mein Urtheil ein vollkommen ungetrübtes.

Wenn ich mir die Fälle vergegenwärtige, in denen ein relativ dauernder Erfolg — für ein abschliessendes Urtheil ist ein Zeitraum von mehreren Monaten denn doch ein zu kurzer — erreicht worden ist, so waren es ihrer im Ganzen drei. In einem vierten Falle war der Erfolg blos ein vorübergehender. Wie vorsichtig aber man beim Taxiren des Effectes sein, und wie sehr man sich hüten muss, jede Hörverbesserung just der momentan angewendeten Behandlungsmethode auf Rechnung zu setzen, lehrte mich besonders ein Fall, in dem ich leicht einer Täuschung anheim gefallen wäre, hätte mich nicht der unerschütterliche Skepticismus des Patienten davor bewahrt.

Ein 36jähriger Mann, seit 10 Jahren, trotz Katheterismus

u. s. w., an stets zunehmender Schwerhörigkeit, jedoch ohne Ohrensausen leidend, wies in seiner Thyreoidinperiode einmal eine
erhebliche Steigerung seines Hörvermögens auf. Während er
früher laute Sprache blos nahe dem Ohre verstand, konnte man
an diesem Tage mit ihm aus einer Entfernung von 3 Metern in gewöhnlicher Conversationssprache sich unterhalten. Ich war geneigt, dies der Thyreoidinwirkung zuzuschreiben, der Patient jedoch wollte entschieden einen Causalnexus hier nicht erkennen,
sondern leitete die Besserung des Gehöres von einer ruhigeren
Seelenstimmung her, in welcher er sich augenblicklich befinde.
Und in der That, der Mann hatte Recht!

Viele Wochen waren bereits verstrichen, seitdem er die letzte
Tablette geschluckt hatte, sein Gehör war längst auf das ur-
sprünglich niedrige Niveau zurückgesunken, da bat er mich eines
Tages, eine Hörprobe anzustellen — wie ich sie ja öfters bei ihm
vorzunehmen pflegte —, und siehe! er hörte heute wieder auf die
gleiche Entfernung hin wie dazumal. Er war eben heute auch
in der gleichen Seelenstimmung.

Wenn auch von Erfolgen die Rede ist, so darf man indess
seine Erwartungen nicht allzu hoch spannen. Leute, die lange
Jahre hindurch von dem Verkehr mit ihren Mitmenschen fast
vollkommen ausgeschlossen waren, werden in ihren Ansprüchen
äusserst bescheiden und begrüssen jede noch so geringe Erleichterung ihres unerträglichen Zustandes als kaum mehr er-
hofften Gewinn. Da ist eine Frau — dieselbe, von der oben
berichtet worden, dass sie über 5 Kilo an Körpergewicht zu ihrer
Freude eingebüsst hat. Ich kenne sie seit 8 Jahren. Als ich
sie zum ersten Male untersuchte, hatte sie bereits seit 7 Jahren
rechts an continuirlichem, links an intermittirendem Sausen gelitten, und war das Hörvermögen beiderseits bis auf laute Sprache
direct am Ohr herabgesunken. Ueberdies war sie häufig vom
Schwindel gequält. Obwohl das Arsenal der gegen den Mittelohrkatarrh empfohlenen Heilmethoden complet erschöpft wurde,
verlor sich selbst dieser wahrlich sehr geringe Hörrest am Ende
auch noch, so dass die Patientin, eine Wirthin, auf den persön-
lichen Verkehr mit ihren Gästen verzichten musste, ohne dass
ihre anderweitigen Beschwerden: die subjectiven Gehörsempfindungen und der Schwindel, gewichen wären.

Man ist in solch' einem Falle sicher berechtigt, von einem
respectablen Erfolge zu sprechen, wenn der Schwindel, der sich
früher jedesmal beim Bücken und raschen Umdrehen unfehlbar

geltend machte, gänzlich, das Ohrensausen beinahe gänzlich verloren hat und eine allerdings nur laut geführte Conversation
abermals möglich geworden ist. Zwar wurden auch während der
Thyreoidincur die Bougirung der Ohrtrompeten und die sonstigen
in Betracht kommenden Manipulationen nicht sistirt. Wenn aber
diese, durch Monate und Monate fortgesetzt, resultatlos verliefen,
wem sollte dann der günstige Umschwung sonst angerechnet
werden, als der Thyreoidinbehandlung? Der gebesserte Zustand
dauert seit einem Vierteljahre an, die Patientin blickt hoffnungs-
froh in die Zukunft, fühlt sich durch das Errungene beglückt,
und wir brauchen nicht anspruchsvoller zu sein, als sie es
selbst ist.

Der zweite Fall, der zu den gebesserten zählt, betrifft einen
28jährigen, talentvollen Mann, welcher durch sein Ohrleiden in
einer glänzenden Carriere behindert wurde. Er trat vor 10 Jahren
in meine Behandlung, und war seine Ohraffection ein Jahr früher
infolge eines heftigen Nasen-Rachenkatarrhs entstanden. Damals verstand er noch Flüstersprache rechterseits in 1 Mtr., linkerseits in 10 Cm. Eine länger fortgesetzte Behandlung hatte keinen
wesentlichen Erfolg, und später kam er nur ab und zu in meine
Sprechstunde. Sein Gehör hatte sich im Laufe der Jahre noch verschlimmert, und wurde eine Conversation mit ihm aus der Nähe
nur dadurch ermöglicht, dass er es erlernt hatte, geschickt von
den Lippen abzulesen. Im Dunkeln oder bei abgewendetem
Gesichte versagte natürlich dieses Hülfsmittel, und wurde der
Hördefect jetzt auch dem Laien enthüllt. Die sonstigen Prü-
fungsergebnisse deuteten auf einen chronischen Mittelohrkatarrh hin.

Nach dem Verbrauche von 50 Thyreoidintabletten wurde
mittellaute Sprache bis auf eine Entfernung von 2 Metern correct
percipirt; ja in einem Saale von guter Akustik vermag Patient
einem geschulten Redner auch aus einer noch viel grösseren Entfernung ohne besondere Anstrengung zu folgen. Auch in diesem
Falle sind seit Absolvirung der Thyreoidincur mehrere Monate
vergangen, ohne dass ein Rückfall sich eingestellt hätte.

Um noch jenes Falles, der einen blos kurzdauernden Erfolg
aufweist, mit einigen Worten zu gedenken, so handelte es sich
um die Residuen einer beiderseitigen Mittelohrentzündung mit Perforation des hinteren oberen Trommelfellquadranten. Die Besserung offenbarte sich in dem Verschwinden der subjectiven Gehörsempfindungen und in einem erheblich leichteren Sprachver-

ständniss. Leider recidivirte später die Eiterung und verwischte das Bild, so dass der Fall von der Gruppe der mit günstigem Erfolge behandelten losgelöst werden musste und nunmehr eine Sonderstellung einnimmt.

Und so sind wir denn bei unserem wichtigsten Falle angelangt, und das mehrfache Interesse, welches er darbietet, wird es gerechtfertigt erscheinen lassen, wenn wir etwas länger bei ihm verweilen.

Der Mann steht gegenwärtig im 50. Lebensjahre. Der zum ersten Male 1893 erhobene Befund ergab: Beiderseits mässig eingezogene, sonst normale Trommelfelle. Chronischer Nasen-Rachenkatarrh. c̄-Stimmgabel vom Scheitel und ebenso vom linken Warzenfortsatz aus blos im rechten Ohre. Auf dieser Seite überwiegt die Luftleitung über die Knochenleitung. Links werden die verschiedenen Stimmgabeln auch per Luftleitung nicht percipirt. Rechterseits erweist sich die Acusticusenergie[1] herabgesetzt, links konnte daraufhin nicht geprüft werden.

Meine Taschenuhr (normal 6 Mtr.) wird rechts in 4 Cm., ebenso beim Anlegen an die Schläfe und den Warzenfortsatz (hier besser) gehört. Das linke Ohr ist für die Uhr und — wie ich gleich hinzufügen will — auch für die Sprache absolut laut. Mit dem rechten Ohr werden im Flüsterton vorgesprochene Zahlwörter, ferner: Lanze, Wasser, Spiegel, Sessel, Tisch, Firmament, Clavier u. s. w. in 80 Cm. richtig wiederholt. Sonst wäre noch zu erwähnen, dass linkerseits seit 15 Jahren continuirliches, im rechten Ohre, welches erst vor 4—6 Wochen erkrankt sein soll, intermittirendes Sausen besteht. Von den nächsten Verwandten des Patienten ist und war keiner schwerhörig. Patient ist verheirathet, doch blieb die Ehe kinderlos.

Obwohl die Untersuchung eine Acusticusaffection zumindest wahrscheinlich machte und bei dem probeweise geübten Katheterismus auch die Luft in breitem Strome in die Pauke drang, wurde dennoch durch Bougirung der Ohrtrompeten mit nachfolgender Lufteintreibung bei gleichzeitiger Behandlung des Nasen-Rachenkatarrhs das Gehör für Flüstersprache bis auf 5 Mtr., für die Uhr auf 10 Cm. gebessert. Das linke Ohr reagirte in keiner Weise auf die Behandlung.

Der Erfolg war indess kein dauernder. Alljährlich erfuhr Patient eine Hörverschlimmerung, die zum Theile wieder aus-

[1] Wiener Med. Presse 1887. Nr. 10, 11 u. 12.

geglichen werden konnte; doch hinterliess jede Attaque einen Hör-
verlust, welcher für das Jahr 1896 in der geringen Distanz von
40 Cm. für Flüstersprache trotz lange fortgesetzter Behandlung
sich unzweideutig ausdrückte. Ja es hatte sogar den Anschein,
als würde dieselbe jetzt nicht recht vertragen werden. Wenigstens
glaubte der Patient, gerade an den Behandlungstagen nachträglich noch schlechter zu hören.

Ich habe, sobald ich die Thatsache sicherstellen konnte,
von den Lufteintreibungen Abstand genommen und es bei der
Bougirung bewenden lassen, welche jene bedenklichen Consequenzen nicht im Gefolge hatte. Aber auch so noch befand sich der
Patient in einer recht schlimmen Lage; der Hördefect hatte einen
Grad erreicht, der es ihm ausserordentlich erschwerte, den Anforderungen seines Berufes zu entsprechen, und der Mann erwog
bereits den Gedanken, ob er nicht lieber in Pension treten solle.

So lagen die Dinge, als ich zur Thyreoidinbehandlung schritt.
Er hatte es auf 60 Tabletten gebracht, da bemächtigte sich seiner
eine starke Aufregung, und die Cur hatte damit ihr Ende erreicht, ohne dass von einer Besserung die Rede sein konnte.
An Körpergewicht hatte er 1 Kilo eingebüsst. Appetit und Schlaf
waren gut.

Aber schon nach einigen Tagen zeigte sich die erste Spur
einer Wendung in melius, das Hörvermögen stieg von jezt ab
continuirlich, und heute — seit Abschluss der Cur sind bereits
4 Monate verflossen — versteht Patient mittellaute Conversation
in 7 Mtr., kann er sich leicht mit Leuten verständigen, deren
durch seine Stellung nothgedrungener Verkehr ihm seit Jahr und
Tag geradezu peinlich war. Die Menschenscheu ist von ihm
gewichen, denn er kann sich nunmehr unbehindert in der Gesellschaft bewegen.

Wir haben hier ein eclatantes Beispiel, dass der Erfolg der
Thyreoidinbehandlung sich erst in einem viel späteren Zeitraum
kundzugeben vermag. Wir können daher der von Vulpius
vertretenen Ansicht, dass nach einer zweiwöchentlichen erfolglosen Thyreoidinbehandlung ein Erfolg überhaupt nicht mehr zu
erhoffen sei, keineswegs beipflichten. Was Anderes ist es, ob man
vielen Patienten begegnen dürfte, die bei einer Monate langen
unerspriesslichen Behandlung äusseren Einflüsterungen zum Trotze
standhaft bleiben und sich im Vertrauen zu ihrem Arzte nicht
erschüttern lassen.

Der Vollständigkeit halber sei noch die Thatsache berichtet, dass der Patient nachträglich noch weitere 3 Kilo an Körpergewicht verlor, sich sonst jedoch stets wohl befand.

Sind auch die bis nun gewonnenen Resultate nicht gerade als verlockende zu qualificiren, so ist es nicht minder gewiss, dass es sich der Mühe lohne, die Versuche mit den Thyreoidintabletten fleissig fortzusetzen. Eine sorgfältige, sich nicht überstürzende Beobachtung dürfte noch so manch' schätzenswerthes Ergebniss zu Tage fördern.

II.

Weitere Beiträge zur Klinik und patholog. Anatomie (Histologie) der Neubildungen des äusseren Ohres.

(Aus der Ohrenabtheilung der chirurg. Universitätspoliklinik zu München.)

Von

Dr. Haug.

Privatdocent in München.

(Mit Tafel I.)

I. *Myxo-cysto-Fibrom des knorpeligen Gehörganges.*

38jähriger Mann stellt sich vor wegen einer Geschwulst des Gehörganges, die angeblich seit über 4 Jahren besteht und langsam bis zu ihrer jetzigen Grösse gewachsen sein soll. Schmerzen waren nie vorhanden. Früher soll auch niemals Otorrhoe vorhanden gewesen sein; seit einem halben Jahre etwa nicht sehr starker Ausfluss aus dem Ohre. Hörfähigkeit war nie in bemerkbarem Grade beeinflusst.

Stat. praes.: Kräftiger Mann weist eine aus dem linken Meatus weit hervorragende, ungefähr kleinzwetschengrosse Geschwulst von röthlich-weisser, theilweise röthlich-blauer Farbe und ziemlich derber Consistenz auf. Der Tumor macht im Ganzen den Eindruck eines alten fibrösen, lange Zeit mit der Luft in Berührung gewesenen Ohrpolypen. Die nach unten im Meatus aufliegende Partie ist durch Secret leicht arrodirt, das in ganz geringer Menge vorhanden ist, aber ziemlich fötid riecht.

Soweit man mittelst der Sonde den Sitz der Geschwulst bestimmen kann, scheint sie mit nicht sehr breiter Basis von der oberen Wand herzukommen; eine genauere Localisation lässt sich indess nicht treffen wegen der Grösse derselben. Die Hörfähigkeit erweist sich bei der näheren Prüfung nur wenig herabgesetzt.

Nun wird der Tumor mit der kalten Schlinge abgetragen; es glückt, ihn in toto sammt dem Stiel herauszubekommen. Die Blutung war keine nennenswerthe. Man kann jetzt nach kurzer Tamponade des Meatus genau die Ursprungsstelle erkennen: sie befand sich an der vorderen oberen Wand, hart vor der Grenze des knöchernen Meatus, aber noch im knorpeligen Abschnitt. Die ca. 4 Mm. lange und etwa halb so breite Insertionspartie wird sofort energisch verschorft. — Das Trommelfell erweist sich als vollkommen intact, wenn schon es, wohl infolge der längeren Einwirkung der Feuchtigkeit und des Abschlusses des Gehörganges, an seiner ganzen Oberfläche trüb gequollen aussieht. Die Hörfähigkeit ist auch thatsächlich kaum alterirt. —

Makroskopisch erweist sich die gut 2½ Cm. im Längsdurchmesser besitzende, frisch entfernte Geschwulst von der Grösse und Gestalt einer kleinen Zwetschge mit einem gegen den basalen Theil hin sich gleichmässig verjüngenden Stiel. Ihre Farbe ist, wie bereits früher angedeutet, röthlich weiss, theilweise, besonders in den nach dem Meatus zu gelegenen Partien, röthlich gelb bis leicht livide. Sie fühlt sich derb an an der basalen Partie, aber zugleich an den mehr peripheren Theilen ziemlich prall elastisch, beinahe fluctuirend. Beim Durchschnitte entleert sich eine sero-sanguinolente Flüssigkeit aus dem vorderen (peripheren) Theile, infolge dessen eine Volumenveränderung der Geschwulst erfolgt; es zeigt sich, dass zwei mit einander makroskopisch communicirende Hohlräume eröffnet worden waren, ein vorderer und ein hinterer.

Sonst schneidet sich der Tumor nicht sehr derb; er sieht sich auf dem Schnitte theils röthlich gelblich, theils weisslich aus; an manchen Stellen finden sich derbere, faserige Züge untermischt mit leicht glasig oder matt opalescent aussehenden Flecken.

Mikroskopisch: Der ganze Tumor ist umzogen von einer stellenweise sehr mächtigen Epidermislage mit einer im Allgemeinen sehr entwickelten Papillarschicht; die äusserste Lage der Epidermisdecke ist in einem grossen Theile des Umfanges völlig verhornt. Auf die Papillarschicht folgt stellenweise, nicht überall, ein ziemlich dichtes, langgewelltes, faseriges, subcutanes Bindegewebe, das schon oftmals kleinere Spaltbildungen aufweist. Die Zellelemente sind hier schöne, langgestreckte Bindegewebszellen. Je weiter wir aber nach der Mitte der Geschwulst zu kommen, desto mehr drängen sich die welligen Faserzüge auseinander, so dass schliesslich deutlich der Typus eines ödematösen Fibroms vor uns steht; auch die Zellelemente haben hier schon an der Quellung Theil genommen. Dann und wann finden sich, regellos, Einlagerungen von Rundzellenconglomeraten; Gefässe sind verhältnissmässig hier nicht selten anzutreffen; fast immer sind sie flankirt von Rundzellenelementen.

Es erscheinen die Gefässe übrigens oft mit gewucherter Intima. In dieses ödematöse Fibrom hinein nun drängt sich bald mehr plötzlich, bald mehr allmählich eine den Typus der embryonalen Bindesubstanz tragende Partie, die einen grossen Theil der Neubildung in sich schliesst. Das ist an den nach aussen zu gelagerten Partien der Fall, während die inneren aus dem embryonalen Gewebe in den Charakter des reinen Myxoms übergehen, indem sich die Zwischensubstanz rein gallertig umgewandelt hat. Hier wie dort sind schon die deutlichsten grossen, miteinander vielfach anastomosirenden Myxomzellen zu sehen. Allenthalben finden sich in diesen inneren Rayon eingestreut vacuolenartige Hohlräume, die durch Auseinanderweichen von Gewebstheilen entstanden sind; stellenweise erkennen wir aber auch erweiterte Lymphspalten in diesen Hohlräumen; sie sind durch ihren Endothelbesatz deutlich erkennbar.

Zwei dieser central gelegenen Hohlräume haben eine ganz besondere Grösse erreicht, so dass sie als cystische Partien aufgefasst werden können. Sie scheinen entstanden zu sein durch Auseinanderweichen, resp. Auseinandergedrängtwerden der Maschen des Myxomgewebes, und sie waren es auch, die, als sie noch mit der dünnen serösen Flüssigkeit gefüllt gewesen waren, dem Tumor seine Prallheit hauptsächlich verliehen hatten.

Es handelt sich also dem histologischen Bilde nach um ein primäres Fibrom des knorpeligen Meatus, das von innen nach aussen eine Umwandlung erlitten hat derart, dass zunächst eine ödematöse Verquellung der Fibromfasern statt hatte, zu welcher sich in der Folgezeit dann eine myxomatöse Degeneration der ödematösen Fibrompartien gesellte, welche letztere ihrerseits einer Veränderung im Gefässdrucke der Neubildung ihre ursprüngliche Entstehung verdankt haben mögen.

Durch immer weiter gehende seröse Durchtränkung, infolge des Anhaltens der Stauungen im Ernährungsgefässsystems des Tumors, und die consecutive myxomatöse Entartung kam es, da die Ableitung des Gestauten nicht genügend erfolgen konnte, zur Zerreissung einzelner agglutinirter Partien und hierdurch endlich zur Vacuolen- und weiterhin eben zur centralen Cystenbildung.

II. Cylindroma der Cymba conchae.

Tafel I, Fig. 1 u. 2.

Patientin B. Th., Frau, 65 Jahre alt, bemerkte schon vor 12 Jahren eine ungefähr kleinkirschgrosse Geschwulst, die sie sich vor 10 Jahren von einer Kurpfuscherin durch Aetzungen theilweise entfernen liess. Ein Muttermal soll früher an der Stelle der Geschwulst gewesen sei. Seit den Aetzungen wuchs aber der zurückgebliebene Theil der Geschwulst langsam stetig, bis sie in den letzten 2 Jahren anfing, sich auffallend rasch zu vergrössern, und die jetzige Grösse erreichte. Stat. praes. 1. Juni 1897. Gut über taubeneigrosse Geschwulst direct vor dem rechten äusseren Gehörgang die ganze Höhlung der Muschel ausfüllend. Ihre Consistenz ist eine mässig derbe, ihre Farbe theils bläulichroth, theils gelblichroth; durch 2 Furchen ist sie in drei knollige Lappen zertheilt. Exulceration ist nirgends wahrzunehmen. Der Tumor sitzt als solcher unverschieblich mit der Unterlage verwachsen in der Umsäumung des Ausganges des Meatus fest. Drüsen in der Nachbarschaft nicht infiltrirt. Am 3. Juni 1897. Exstirpation der Geschwulst mit Messer und Scheere, wobei sich ergiebt, dass sie allseits mit dem Perichondrium verwachsen ist, auch grossentheils mit dem der Cymba conchae und besonders des Introitus meatus. Die Consistenz ist übrigens eine viel weichere, als sich a priori constatiren lassen konnte, so dass die benutzten Fasszangen verhältnissmässig leicht ausschlitzen. Die völlige Auslösung kann nur bewerkstelligt werden nach Spaltung des Lobulus. Nach Anlegung einer Naht durch diese Partie war die Configuration der Muschel, samt der der Cymba conchae wieder hergestellt. Heilung per granulationem völlig am 20. Juni 1897. Es ist absolut keine Verunstaltung der Muschel da; die Meatuslichtung von normaler Weite. Die klinische Diagnose hatte in Ansehung der klinischen Erscheinungen auf ein Chondromyxom gelautet.

Makroskopisch zeigte sich der entfernte Tumor wie oben geschildert zum Theil noch im Zusammenhange mit dem Perichondrium und dem entfernten Knorpel. Auf dem Durchschnitt ist er markig von gelblich-rother und theilweise violett-gelblicher Farbe. Consistenz eher weich als derb. Faseriges, derbes Bindegerüst scheint nur sehr wenig vorhanden zu sein.

Mikroskopisch zeigt sich die Geschwulst peripher umzogen von einer dünnen Oberhautlage; in den basalen Retezellen lagert noch allenthalben Pigment. Die Papillarschicht ist an manchen Stellen nur gering zur Entwicklung gelangt, an anderen dagegen wieder deutlicher.

Hieran schliesst sich dann ein nur spärliches Bindesubstanzstratum. Sofort von hier ab fängt der Typus der Neubildung an, absolut einzusetzen. Es sind lauter starke und stark gefärbte, verschieden grosse und verschieden gestaltete, rundliche, längliche, schlauchförmige, keulenähnliche u. s. w. geartete Zellanhäufungen, die nur durch ein verhältnissmässig spärliches Stroma auseinandergehalten werden, ein Stroma, das durchaus nicht stark bindegewebig sich schon bei der schwachen Vergrösserung repräsentirt. All die Zellzüge sind mit einem hier schon sichtbaren hyalinen Mantel umzogen.

So verhält sich die Geschwulst im Ganzen bis zu dem mit excidirten Stück Knorpel ohne wesentliche Schwankungen in der Stärke des Stromas aufzuweisen. Der Knorpel selbst erscheint nicht verändert, dagegen das Perichondrium grossentheils ziemlich verdickt und auch infiltrirt, mit Zellnestern durchsetzt.

A priori kann man bei Durchsicht bei der schwachen Vergrösserung der Ansicht sein, dass es sich um ein Endotheliom handele.

Bei starker Vergrösserung jedoch nimmt man wahr, dass fast jeder einzelne Zellballen in seiner ganzen Ausdehnung umkleidet ist mit einem schmalen, scharf nach aussen abgegrenzten, bandartigen Streifen, der blass gefärbt, deutlich hyalin ist und in ihm selbst gar keine Zellelemente aufweist; nächstdem finden sich dann und wann Andeutungen von (zu Grunde gegangenen) Zellkernen; an der peripheren Umsäumung jedoch sind spärlich langgestreckte

Zellkörper wahrzunehmen. Es sieht aus, als ob um jedes Zellconglomerat eine Art von Chitinhülle gezogen wäre.

Das zwischen diesen diese einzelnen insulären Zellpartien umgrenzenden liegende Stroma ist ein äusserst minimales (in Allgemeinen) und beschränkt sich auf schöne, langgezogene, mit deutlichem Kerne versehene, spindelige Zellelemente, wie wir sie bei jugendlichen Gefässanlagen gewöhnlich finden.

Was haben wir nun vor uns? Es kann sich lediglich handeln um ein Endotheliom oder ein plexiformes Angiosarkom mit hyaliner Entartung, resp. Cylindroma epitheliomatodes.

Da wir nicht mehr ersehen können, dass die Wucherung der Zellconglomerate mit dem Endothelium der Lymphspalten oder Lymphgefässe zusammenhängt, und auch in der Anordnung der Zellbalken dieses Verhältniss nicht sich ausgesprochen findet, da wir jeden einzelnen Zellcomplex umgeben wahrnehmen mit einem relativ scharf contourirten, hyalinen Bandstreifen und an manchen Stellen wahrnehmen können, wie diese dünne Zwischensubstanz aus den Gefässen, grösstentheils aus den neugebildeten hervorgeht, derart, dass die Adventitia die hyaline Degeneration erfährt, so dürfen wir wohl annehmen, dass es sich hier um Cylindrom handelt. Es ist ja histologisch der Unterschied zwischen den Endotheliomen und plexiformen Angiosarkomen oft gewiss nicht leicht zu ziehen, und auch in unserem Falle ist er es nicht, aber doch ist die hyaline Degeneration der Adventitia derart ausgesprochen, dass wir wohl zum plexiformen Angiosarkom mit hyaliner Entartung eben der Adventitia zurückkehren müssen. Es ist auch, was bei Endotheliomen nicht so häufig der Fall zu sein pflegt, die Zwischensubstanz in einem unverhältnissmässig geringen Maasse entwickelt, was allerdings erst bei starker Vergrösserung klar wird.

Was nun die klinische Prognose anbelangt, so dürfen wir, soweit aus dem anatomischen Bilde erhellt, auf eine gewisse Bösartigkeit der Geschwulst wahrscheinlich rechnen. Einmal ist es der Zellreichthum der Neubildung überhaupt, dann insbesondere die ausserordentlich geringe Entwicklung des Stromas, die eine gewisse Malignität involvirt, ganz abgesehen davon, dass die Anlage der Zellmassen stellenweise, und zwar sehr häufig einen epithelioiden Typus imitirt. Wenn auch bis jetzt noch nicht ein regelloses Durchbrechen aller Gewebe stattgefunden hat, so kann das leicht beim wahrscheinlichen Recidive der Fall sein.

Fragen wir nun noch zuletzt, woher diese Neubildung ihren Ursprung genommen habe, so dürfen wir wohl als wahrscheinlich

annehmen, dass es ein früherer kleiner Naevus war, der durch
die Aetzungen zu der Metamorphose kam; es deutet wenigstens
der für die normale Muschelhaut viel zu sehr überwiegende Pig-
mentgehalt der untersten Retezellen der Decke darauf hin.

Auf jeden Fall haben wir eine im Allgemeinen schon ziemlich seltene Neubildung vor uns, und für das Ohr, glaube ich,
soweit ich mich der einschlägigen Literatur entsinnen kann, dürfte
es das erste Cylindrom überhaupt sein, das bis jetzt nach histologischer Beobachtung constatirt wurde.

III. Grosser Polyp vom Trommelfellsaume ausgehend.
(Myxofibrom mit partieller Knorpeleinlagerung. Tafel 1, Fig. 3.)

Bei einem 39jährigen Manne, der seit mehreren Jahren an Ausfluss an
dem Ohre litt, findet sich eine den ganzen Meatus ausfüllende Polypenge-
schwulst, die mit ihrer grossen rundlichen Kuppe weit aus dem Gehörgang
herausragt. Geschwulst ist freibeweglich. Consistenz mässig derb. Farbe
röthlich-blau. Secret nicht viel, aber stinkend. Vor 2 Jahren sei der Polyp
schon einmal entfernt worden, aber bald wieder nachgewachsen. Seine jetzige
Grösse besitzt er schon seit über einem Jahre.

Entfernung mittelst Schlinge bringt den gut 2½ Cm. langen Polypen,
der sich genau der Configuration des Gehörganges angepasst hat und an dem
Uebergang vom knorpeligen zum knöchernen Meatus eine deutliche Einschnü-
rung, eine Druckfurche aufweist, zu Tage. Er sitzt an einer 4 Mm. breiten
Basis in der hinteren Hälfte des Trommelfelles auf; es reicht diese Basal-
partie bis gerade über den Limbus hinüber noch in die Gehörgangswand. Das
übrige Trommelfell zeigt sich im Stadium einer granulösen Myringitis. Bei
der Luftdouche wölbt sich das granulirte Trommelfell deutlich heraus, ohne
dass Perforationsgeräusch gehört werden konnte; auch wurde gar kein Secret
entleert, auch nicht durch Aspiration. Hörweite 7 Mtr. für Flüstersprache.
Es wird lediglich die Stelle des Stumpfes mit Chromsäure verätzt und trocken
tamponirt. — Secretion hat nach Extraction aufgehört. Die Myringitis granu-
losa bildet sich ebenfalls sehr rasch zurück. — Trommelfell 10 Tage nach
dem Eingriffe blass grauroth, weist deutlich alle normale Configurationsver-
hältnisse auf. Die Ansatzstelle ist noch zu sehen als brauner, ecchymotischer
Fleck.

Histologisch weist der durch Fixation und Härtung auf 2 Cm. im
Längsdurchmesser reducirte Tumor im allgemeinen den Typus eines Angio-
myxofibroms auf, aber eine später zu erörternde Stelle erweckt ein ganz besonderes Interesse.

Die Geschwulst wird umkleidet in einem grossen Theil ihrer Ausdehnung
von einem deutlichen, sehr schön entwickelten Plattenepithelsarum mit schöner
Retebildung. Ein anderer Theil aber trägt deutlich niedriges cylindrisches
Epithel. An manchen Stellen finden sich schlauchartige Einstülpungen mit
cylindrischem Epithel.

Das Gewebe selbst ist, wie gesagt, das eines ödematösen und myxoma-
tösen Fibroms mit sehr starker Gefässentwicklung, über dessen oftmals genug
erörterten Bau ich mich hier nicht weiter auslassen will.

Von hauptsächlichstem Interesse für uns sind 2 Hohlraumstellen.
Beide weisen annähernd identisches Verhalten auf. Sie sind allenthalben umzogen von einer Art bindegewebigen Kapsel, die allseits mit zahlreichen Leukocyten durchsetzt ist.

Das Innere dieser Hohlräume ist zum Theil, nicht ganz, ausgefüllt von
einer stark gefärbten, peripher faserigen, nach innen mehr hyalinen Masse mit
deutlich ausgeprägten Knorpelzellen. Wir haben also eine partielle Einlagerung
von Knorpel vor uns.

Es sind ja verschiedene Fälle von Ohrpolypen mit Knochen- und Knorpeleinlagerung schon zur Veröffentlichung gelangt, aber immerhin ist hier das Vorkommen von Knorpel in einem Polypen speciell des äusseren Ohres eine seltene Erscheinung. Da diese Knorpeleinlagerungen am basalen Ende des Tumors, sehr nahe seinem Ausgangspunkte sich befanden, umgeben von einer Art Bindegewebskapsel, die ihrerseits wieder reichlich mit Rundzellen durchsetzt ist, so können wir vielleicht annehmen, dass sie mit der Geschwulstbildung in directem Zusammenhange stehen, indem diese von dem faserknorpeligen Theil des Annulus cartilagineus ausging, wobei kleinere Stücke abgestossen und dann vom Gewebe der Neubildung umwuchert wurden; darauf deutet sowohl die cystische Abkapslung als auch die auf reactiver Thätigkeit beruhende Zellinfiltration der bindegewebigen Kapsel hin. Einen weiteren Stützpunkt erhalten wir vielleicht für diese Ansicht in der Bauart des Knorpels; analog dem faserigen Knorpel, wie wir ihn im Annulus cartilagineus vorfinden, sehen wir hier diese annähernd faserknorpelige Einlagerung, deren Ursprung wohl so am einfachsten erklärt werden kann.

In klinischer Beziehung wäre noch bemerkenswerth, dass wir hier einen der immerhin relativ selteneren Polypen vor uns haben, die, ohne Vermittelung einer eitrigen Media, vom Trommelfell selbst und seinen Adnexen den Ursprung genommen haben. Auch ist die Grösse unseres Polypen als eines Trommelfellpolypen eine sehr beträchtliche.

IV. Elephantiasis auriculae dextrae. Lymphoangiofibrom mit Hyperplasie des Knorpels u. Perichondriums.

20jähriges Mädchen. Vor 10 Jahren Keuchhusten, infolge dessen Blutungen aus dem Ohre und Blutaustritt in der Muschel sich eingestellt haben sollen. Seit dieser Zeit langsames Fortwachsen des ganzen äusseren Ohres bis zu der jetzigen Grösse. Verletzungen sollen nie vorhanden gewesen sein, dagegen scheinen mehrfach rothlaufartige Entzündungen intercurrent vorgekommen zu sein. Blutungen seien zuweilen nicht unbeträchtliche, insbesondere aus der Gegend des Ohrläppchens erfolgt. Schmerzen seien hin und wieder vorhanden gewesen. Drüsenschwellungen fehlten. —

Stat. praes.: 4. Juli 1897. Linke Ohrmuschel völlig normal, sogar sehr zierlich klein entwickelt. — Rechte Ohrmuschel enorm vergrössert in allen Dimensionen.

Längsdurchmesser von der Spina helicis bis zum Lobulus 12½ Cm. Querdurchmesser vom äusseren Rande des Helix bis zum Antitragus 7 Cm. Breite des Lobulus bis an das untere Ende des Tragus 4¼ Cm. Circumferenz der ganzen Muschel, längs der äusseren Umrandung gemessen, 23 Cm. Dickendurchmesser der Lobulusgegend 2,1 Cm.; in den oberen Partien 1,3 bis 1,7 Cm. An Stelle der Fossa intercruralis eine grosse, flache Prominenz. Cymba conchae noch erhalten, aber wesentlich blos mehr angedeutet. Die ganze Ohrmuschel hat ein röthlich-violettes Aussehen, insbesondere auf der Rückseite. Der Knorpel scheint sehr stark verdickt und macht speciell die untere Partie der Lobulusgegend den Eindruck einer reinen elephantiastischen

Vergrösserung. Ausserdem befinden sich an der vorderen Fläche nahe der
Peripherie mehrere warzenähnliche, derbe Prominenzen. Lymphorrhoe ist je-
doch keine (z. Z.) zu constatiren, dagegen gerade am Lobulus stark ektatische
Gefässe, aus welchen erst vor kurzem wieder eine Blutung erfolgt sein soll;
letztere concentriren sich hauptsächlich um eine alte Ohrringöffnung. Wie
gross dieses Ohr geworden ist, erhellt am besten aus der Vergleichung mit der
Muschel der anderen Seite, die, wie gesagt, sehr zierlich und klein ist: grösster
Längendurchmesser 5 Cm., Breitendurchmesser 3½ Cm., Circumferenz 10 Cm.

Die histologische Untersuchung des nach partieller Abtragung des
Organes gewonnenen Stückes ergiebt ein im wesentlichen Lymphangiom
mit Cavernom. Unter der verdickten Oberhautlage finden sich neben dem bindegewebigen Stratum, das übrigens nur in verhältnissmässig geringem Maasse in
der ganzen Geschwulst vorhanden ist, eine Unzahl von vergrösserten und erweiterten Lymphspalten; auch das Endothel ist hier oftmals in deutlicher
Wucherung begriffen. Ausserdem fällt auf eine ausserordentliche Entwicklung der vasculären Abschnitte der Geschwulst, indem sehr viele in allen
Wandungen vergrösserte und verdickte arterielle und venöse Gefässe sich
zeigen. Zudem finden wir allenthalben zerstreut in der Neubildung sowohl
längs der Lymph- als der Gefässbahnen und auch frei im Gewebe eingestreut
sehr zahlreiche Anhäufungen von Rundzellen. Das Perichondrium ist enorm
verdickt und an sehr vielen Stellen mit Rundzellen durchsetzt, die sich auch
noch auf das eigentliche knorpelige Stratum erstrecken.

Wir ersehen aus dem ganzen Bilde, dass oftmals starke entzündliche Reactionen zwischen dem Perichondrium und den es
bedeckenden Lagern sich abgespielt haben müssen; darauf deuten
hin die ausserordentlich vielen und verschiedengradigsten Rund-
zelleninfiltrationen, die etwa als Recidive dieser — wahrscheinlich
aus erysipelatösen Processen hervorgegangenen — Entzündungen
aufzufassen sein dürften. Infolge dieser primären recidivirenden
Reizungen kam es dann zur Erweiterung der Lymph- sowohl als
der Blutbahnen, so dass wir also eine Combination des Lymph-
angioms mit dem vasculären Angiom bekommen, als deren Resultat
wir dann schliesslich die elephantiastische Vergrösserung des
ganzen Organes vor uns haben.

Eine Akromegalie ist bei dieser Entwicklung der klinischen
Erscheinungen, bei dem veränderten Aussehen der Oberhautdecken
des kranken Organes und bei dem histologischen Befund a priori
absolut von der Hand zu weisen.

Tafelerklärung.

Fig. 1. Cylindroma conchae. Schwache Vergrösserung. $\left(\text{Zeiss } \dfrac{Oc \cdot 4}{Obj. A}\right)$
a. Knorpellage. b. Perichondrium. c. Zellzüge. d. Hyaliner Mantel
um die Zellzüge. e. Stroma.

Fig. 2. Cylindroma conchae. Starke Vergrösserung. $\left(\text{Hartnack } \dfrac{Oc. 4}{Obj. 7}\right)$
a. Zellpartie mit dem hyalinen Mantel c. und das ausserordentlich
schwache Stroma b zwischen den einzelnen Zellconvoluten mit
ihrer hyalinen Umrahmung.

Fig. 3. Knorpeleinlagerung in einen Polypen. a. Zellinfiltration um
die bindegewebige Kapsel. b.; c. Knorpelige Einlagerung an der
Basis mit fibrösen Strängen durchsetzt.

Fig. 1.

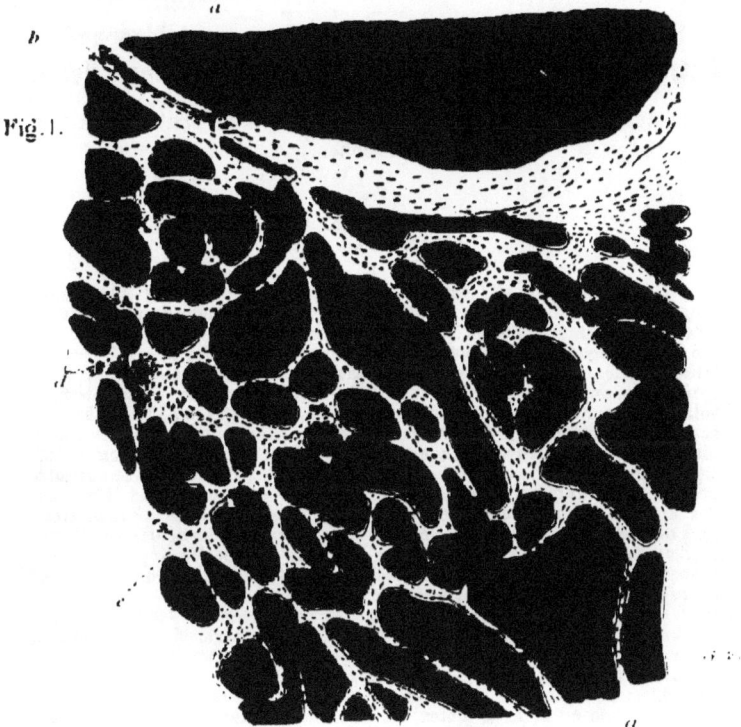

Fig. 2.

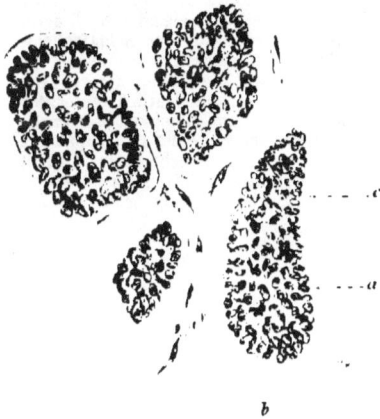

Fig. 3.

Haug.

F. C. W. Vogel

III.

Senkungsabscess unterhalb der Pars mastoidea und Retropharyngealabscess infolge von acuter eitriger Media.

(Aus der Ohrenabtheilung der Kgl. chirurg. Universitätspoliklinik zu München.)

Von

Dr. Haug.

Privaldocent in München.

O. L., 17 Jahre alt, ein im allgemeinen ziemlich kräftig entwickelter junger Mann, bisher immer ohrgesund, acquirirte im Anschluss an starken Nasenrachenkatarrh Anfangs Mai 1895 eine acute eitrige Mittelohrentzündung, die am 4. Tage ihres Bestandes zur Spontanperforation des linken Trommelfelles führte. Der zugerufene Arzt behandelte die Erkrankung mit Ausspritzungen von Borwasser und Insufflationen von Borpulver. Der Eiterfluss soll die erste Zeit sehr reichlich gewesen sein, vom 8. Tage ab ungefähr aber schnell abgenommen und beinahe ganz aufgehört haben, gleichzeitig seien aber die verschwunden gewesenen Schmerzen im Ohre wieder von Neuem aufgetreten, und etliche Tage darauf soll Schmerzhaftigkeit in der Warzenfortsatzgegend mit Schwellung derselben bemerkbar geworden sein. Das Hören auf der kranken Seite war erloschen, der Allgemeinzustand infolge der Schmerzen und des erneuten Fiebers ein ziemlich schlechter. Als die Schmerzen immer stärker wurden, ebenso die Schwellung, so dass Patient den Kopf nicht mehr drehen konnte, zudem sich noch Kopfschmerzen intensiver Natur und Schwindel hinzugesellten, wurde Patient an mich verwiesen. Status. Am 28. Mai 1895. Im linken Gehörgang wenig halbeingetrockneter Eiter. Gehörgang stark verengt infolge allgemeiner Schwellung, hauptsächlich aber durch Senkung der hinteren Gehörgangswand. Das Trommelfell kann nur mit Mühe zu Gesicht gebracht werden; es ist bleigrau und vorgebuchtet, streckenweise mit weissen Epithelfetzen belegt; nach unten, von der Mittellinie etwas nach hinten, ist eine kleine Lücke zu erkennen, die auf einem Granulationszapfen 'sitzt. Die Präauriculargegend geschwellt und schmerzhaft, so dass alle Kieferbewegungen nur unter grössten Schmerzen ausgeführt werden können. Den Hals kann Patient nicht mehr drehen, er hält ihn wie bei Torticollis herübergebeugt, eine Folge der Schwellung und Infiltration der Mastoidealgegend. Die Infiltration selbst ist ziemlich hart, derb, von bräunlichviolettrother Farbe und erstreckt sich von der Schläfenbeinschuppe beginnend, die ganze seitliche Halsregion einnehmend und auf die Hinterhauptpartie diffus übergehend, bis beinahe auf die Clavicula fort. Die ganze Schwellung ist diffus, Fluctuation ist nur ganz undeutlich unterhalb des Warzenfortsatzes nach hinten zu fühlen. Die Empfindlichkeit der Partie ist sehr gross. Im Kieferwinkel sind geschwollene, schmerzhafte Drüsenpackete eben noch zu constatiren. Das Allgemeinbefinden ist ein schlechtes; Patient ist ziemlich comatös, reagirt nur wenig Temperatur 39,9°. Puls 96—100°. Seit 2 Tagen sollen überdies Schluck- und Schlingbeschwerden bestehen. Die

Inspection des Halses kann nur mit Mühe erzwungen werden; die linke Gaumenhälfte und die Tonsillengegend zum Pharynx hin erscheinen etwas hyperämischer als rechts; sonst findet sich nichts. Eigentliche Schwellung ist nicht vorhanden, ebenso wenig irgendwelcher Belag; es war auch in der ganzen vorhergehenden Zeit keine Angina vorhanden gewesen; erst in den letzten 2 Tagen waren Schluckbeschwerden aufgetreten.

Es wurde nun sofort die Paracentese des Trommelfelles ausgeführt, zugleich aber der ausgedehnte operative Eingriff in Aussicht gestellt als wahrscheinlich unumgänglich nothwendig. Bei der Paracentese, die nur mühsam wegen der Enge des Gehörganges ausgeführt werden konnte, entleerte sich thatsächlich eine ziemliche Menge angestauten Eiters, und fühlte Patient sich im Ohre selbst freier, soweit man bei ihm durch Fragen zum Ziele kommen konnte. Da Einpinselungen mit Jod und Eisblase schon vorher ohne Erfolg versucht worden waren, so wurde weiterhin abgesehen hiervon.

Am nächsten Tage war zwar ziemlich viel Eiter aus dem Ohre ausgeflossen, aber das Allgemeinbefinden und die Schmerzhaftigkeit in der Hinterohrgegend war noch die gleiche, eher noch etwas vermehrt. Temp. Abds. 39,0°. Puls 92—96.

Es wurde deshalb den darauffolgenden Tag, 30. Mai 1896 die Operation ausgeführt, deren Einzelheiten hier blos kurz angedeutet werden sollen. Weichtheile allenthalben derb speckig infiltrirt; starke parenchymatöse Blutung. Periost dunkel verfärbt, aber adhärent. Corticalis nicht durchbrochen, nicht mächtig. Nach Wegnahme derselben durch den grossen Amputationshohlmeissel (1,2 Cm. breit) kommt ein sehr pneumatischer Warzenfortsatz zum Vorschein, dessen fast sämmtliche Höhlen mit Eiter und Granulationen vollgepfropft sind. Antrum, etwa gut erbsengross, enthält blos Eiter. An der Spitzenzelle, die ebenfalls sehr ausgebildet ist, findet sich ebenfalls dicker Eiter, und von ihm aus gelangt man mittelst der Sonde in eine nach hinten und unten von der Spitze des Processus gelegene grössere Tasche. Es wurde deshalb eine zweite Incision in der Richtung des Verlaufes des Kopfnickers gesetzt und langsam praeparando, so weit das bei der starken Infiltration möglich war — die Infiltration war hier über 2¹/₂—3 Cm. stark — bis die Fascie und der hintere Rand des Kopfnickers freiliegen, vorgegangen, und es gelang, dem hier ganz in dieser Tiefe angesammelten Eiter Abfluss zu verschaffen. Stumpfe Erweiterung der Lücke.

Trotz dieser den augenblicklichen Symptomen entsprechenden Eingriffe, trotz scheinbaren Rückganges der Schwellung in der Hinterohrgegend, fiel das Fieber nicht nur nicht, abgesehen von einer kleinen Remission, die ebenso gut blos durch den Blutverlust bedingt gewesen sein kann, wie durch die Eiterentleerung, sondern stieg noch um etliche Zehntel; der Patient wird eher noch mehr apathisch, soporös, das Schlingen erweist sich als sehr erschwert und schmerzhaft, zudem gesellt sich beginnende Athemnoth. Die linke Rachenhälfte, vom harten Gaumen beginnend, ist, nachdem sie sich schon die Tage vorher als injicirt und leichter geschwellt gezeigt hatte, jetzt enorm diffus geschwollen, so dass Gaumenbogen, Tonsille und Retropharynx eine über eigrosse pralle Vorwölbung bilden. Temp. 39,8°. Puls 112, sehr dünn.

Es handelt sich also offenbar um einen pharyngealen oder retropharyngealen Abscess, und es muss deshalb, 2 Tage nach der Mastoidealoperation, gesucht werden, dem Halseiter ebenfalls Abfluss zu verschaffen. Die erste Incision an der prominenten Partie des weichen Gaumens, die scheinbar das Gefühl der Fluctuation hat, blieb resultatlos; ebenso die zweite in der peritonsillären Schwellung ausgeführte. Auch die dritte, die an einer sackartig nach hinten und unten von der Tonsille gelegenen Partie, welche noch gegen das Gaumensegel, resp. zur Gegend des Levatorwulstes nach oben zu ausliefert, gemacht wurde, schien anfänglich resultatlos verlaufen zu wollen; erst bei stumpfer Erweiterung mit dem Listerzängelchen, nachdem in dem enorm geschwollenen Gewebe über 2¹/₂ Cm. in die Tiefe vorgegangen worden war, entleerte sich endlich dicker, gelber Eiter, (etwa ein Kaffeelöffel voll reinen Eiters, das Blut abgerechnet). Sowohl in dem aus dem Senkungsabscesse der pars mastoidea als in dem aus dem Retropharyngealabscess entleerten Eiter fand sich Bacillus pneumoniae.

Offenbar war erst dieser pharyngeale Eingriff der entscheidende gewesen, denn von da ab besserte sich das Allgemeinbefinden zusehends in raschem Tempo, nachdem das Fieber am Tage der Incisionen auf 38,6° abgefallen war. Der comatöse Zustand fing an, ebenfalls gleichzeitig zurückzugehen, die Athempassage war sofort frei geworden, die Schlingbeschwerden erheblich zurückgetreten. Am Tage nach der Incision, in der Nacht hatte Patient noch eine relativ erhebliche Menge Eiters nachträglich per os entleert, war die Morgentemperatur 37,6°. Die Geschwulst im Halse gemindert, ebenso aber auch die Schwellung aussen in der Gegend des Kieferwinkels und der Submaxillardrüse. Athmung ruhig und tief. Abends Temp. 37,6°. Puls 72.

Der Verlauf war nun weiterhin zunächst bezüglich des inneren Halsabscesses eine rasche, völlige Zurückbildung, so dass Nahrungsaufnahme wieder bei gutem Appetit reichlich erfolgen konnte.

Die Infiltration und Schwellung der äusseren Halspartien hinunter bis zur Clavicula und der Mastoidea-Occipitalregion ging bedeutend langsamer zurück, wenn schon bei dem ersten Verbandwechsel (am 4. Tag nach der Operation) eine nicht unwesentliche Minderung zu constatiren war. Jedenfalls konnte Patient jetzt den Kopf schon viel freier beinahe ohne Schmerzempfindung drehen. Aber erst nach dem 3. Verbandwechsel, wobei sich jedesmal sowohl der obere in der Mastoidwunde steckende Gazestreifen als insbesondere der untere in die Senkungshöhle eingeführte als stark mit Eiter imprägnirt erwiesen (also am 12. Tage nach der Operation), konnte die Infiltration als im Wesentlichen gelöst betrachtet werden; eine gewisse Derbheit und Schwellung war aber immer noch vorhanden. Von jetzt ab verringerte sich auch die Secretion aus dem oberen Wundkanale, während die untere Incision nach dem 4. Verband gar kein Secret mehr absonderte und sich trotz Tamponade bald schloss.

Vom 5. Verbandwechsel ab war der Meatus trocken; Trommelfell geschlossen; Hörfähigkeit nun wieder 150 Ctm. Flüstersprache. Definitive Heilung am Ende der 6. Woche, auch der Mastoidöffnung. Hörvermögen annähernd wieder normal.

Epikritische Betrachtungen.

Es bietet dieser Fall in zweierlei Hinsicht Interessantes dar, einmal bezüglich des Durchtrittes des Eiters unterhalb des Warzenfortsatzes und dann hauptsächlich aber wegen der Abscedirung im retrotonsillaren Gewebe. Wir haben es also im Ganzen mit atypischen Senkungen zu thun.

Was das erstere, die Senkung unterhalb des eigentlichen Warzenfortsatzgebildes selbst anbelangt, so können wir uns hierüber sehr kurz fassen: es ist einer der Fälle von sogen. Bezold-scher Mastoiditis, die jetzt oft genug schon beschrieben worden sind. Auch hier konnte wieder, wie das wohl bei den meisten derartigen Mastoiditen der Fall gewesen ist, das eigenthümlich grosszellige und stark pneumatische Gefüge des Warzenfortsatzes und insbesondere auch die starke Entwicklung der terminalen Spitzenzelle constatirt werden; in dieser anatomisch präformirten Anordnung liegt ja theilweise der Grund nicht nur zum leichten Mitergriffenwerden der Pars mastoidea, sondern specieller auch noch für diesen tiefen Durchbruch des Eiters unter die Ansätze der seitlichen Halsmuskeln. Bemerkenswerth wäre in unserem

2*

Falle nur die ausserordentliche Ausdehnung der harten Infiltration bis weit auf die Hinterhauptgegend.

Interessanter und wichtiger ist das Auftreten der retrotonsillaren Abscedirung im Gefolge der acuten Mittelohrentzündung fast gleichzeitig mit der Mastoiditis. Es sind ja schon einzelne derartige Fälle beschrieben worden, aber sie sind nicht immer in der günstigen Weise verlaufen, wie z. B. im Falle Knapp's, der allerdings etwas sehr spät als Senkungsabscess erkannt wurde, bei der Section. Man könnte ja vielleicht einwenden, hier habe es sich gar nicht um eine Complication vom Ohre aus gehandelt, sondern lediglich um eine accidentelle, zufällig gleichzeitige, phlegmonöse Angina.

Allein ich glaube kaum, dass wir hier auf diese reflectiren dürfen, wenn es auch das einfachste a priori vielleicht erscheinen möchte. Von einer Halsinfection von aussen her durch den Mundrachenraum dürften wir wohl also absehen; es war auch während der ganzen Erkrankungszeit niemals ein Belag auf den Tonsillen oder Lacunenentzündung zu beobachten gewesen, ganz abgesehen davon, dass bei dem Patienten die Momente zu einer Infection durch Uebertragung von anderer Seite völlig in Wegfall kamen. Ebenso kann auch als eventuell ursächlich vermittelndes Moment das Vorhergehen irgend welcher mit Angina sich complicirenden Allgemeininfection ausgeschlossen werden. Erst im Anschlusse an die Erkrankung des Warzenfortsatzgebietes greift die Affection successive auf den Pharynx über. Gleichzeitig oder kurz nachdem sich die von der Pars mastoidea ausgehende Schwellung über den Gehörgang erstreckt, dabei das Gehörgangslumen durch die Schwellung in äusserstem Grade verengt hatte, und von diesem aus wieder über die Fascia parotideo masseterica hinübergekrochen war, entwickelt sich die anfänglich nur stark spannende Infiltration der Rachenpartien, die dann unter Schmerzen im Halse zu der Abscedirung in der Tiefe der Retrotonsillargegend führt. Die gegenüberliegende Halsseite war und blieb immer während des ganzen Krankheitsverlaufes von jedem Anzeichen einer Entzündung absolut frei.

Da nun der massenhaft im ganzen Mittelohr (Pauke und Warzentheile) angesammelte Eiter weder durch den Gehörgang, noch durch die Tube genügenden Abfluss fand, so brach er sich einerseits Bahn unter den Warzenfortsatz, resp. unter die in der Regio Mastoidea ansetzenden Muskelpartien, andererseits aber brach er nach innen und unten von der Trommelhöhle zu durch, indem

er in dem die Tube umlagernden Gewebe sich zum Levator veli,
der ja bekanntlich durch häutige Massen längs der Tube zum
Theile befestigt verläuft, hin zog und dort sich concentrirend zu
der Vorwölbung unter dem Bilde der Retropharyngealabscedirung
Veranlassung gab. Es ist dabei wohl wahrscheinlich, dass der Se-
micanalis pro tensore tympani die Rolle eines Vermittlers, eines
Leiters der Infection zwischen Mittelohr und Pharynx gespielt
hat; auch die Möglichkeit des sofortigen Eindringens in das peri-
tubare Gewebe als solches ist nicht von der Hand zu weisen.

Ich glaube also für diesen Fall als sicher annehmen zu dürfen,
dass es sich nicht um nur accidentelle phlegmonöse Abscedirung
handelte, sondern um einen retropharyngealen Senkungsabscess
vom eitrig erkrankten Mittelohr aus. Einen Stützpunkt für diese
Anschauung gewinnen wir des weiteren noch aus der sowohl direct
nach der Warzenfortsatzeröffnung als auch der nach der Incision
des Halsabscesses vorgenommenen bacteriologischen Prüfung des
entleerten Eiters: beide enthielten neben Stceptokokken in der
Hauptsache den Pneumobacillus, der auch rein aus beiden Herden
cultivirt werden konnte.

Wenn auch diese Art des Verlaufes einer eitrigen Media als eine
entschieden seltene, als eine Ausnahme bezeichnet werden muss,
so legt dieser Fall von Neuem wieder dem Praktiker dar, dass
wir bei jeder acuten eitrigen Mittelohrentzündung zu jeder Zeit
ihres Bestandes die grösste Wachsamkeit handhaben müssen.
Sobald über irgendwelche stärkere Spannung in der seitlichen
Halsgegend, vom Rachenwinkel aus beginnend, geklagt wird,
muss eine Inspection und Palpation statthaben. Sehr häufig
werden sich diese Erscheinungen, die ja gar nicht selten im Verlaufe von acuter Tympanitis in leichtem Maasse zur Beobachtung gelangen, als der „Tubenschmerz" zur baldigen spontanen
Rückbildung gelangen, aber wir dürfen nicht vergessen, dass
eben unter Umständen eine ganz unvermittelt ohne jede Infections-
gelegenheit auftretende Angina oder ein scheinbar unerklärlicher
Retropharyngealabscess seinen Ursprung einer Mittelohreiterung
verdanken kann. Auf den Spontandurchbruch, wenn die peri-
tonsilläre phlegmonöse Entzündung gemäss der Allgemein- und
Localsymptome zur Eiterung tendirt, zu warten, ist gerade bei
diesen Senkungsabscessen sehr gewagt, da sie infolge der
tiefen Lage des Eiters eher sich noch mehr nach unten senken
werden, als spontan durchbrechen. Allerdings darf man sich
durch etliche vergebliche Incisionen nicht von dem vorgesetzten

Ziele abbringen lassen, insbesondere wird das sehr tiefe, wenn
auch zum Theile stumpfe Vorgehen in dieser gewiss nicht unge-
fährlichen Gegend eine gewisse Vorsicht erfordern. Ein recht-
zeitiger Eingriff am rechten Ort wird hier, wie so oft, das
Leben des Patienten erhalten können. —

    Anhangsweise möchte ich hier kurz noch eines Falles Er-
wähnung thun, der, ebenfalls als acute Media verlaufend, sich
mit dem Bilde einer typischen Torticollis verband. Es handelte
sich um einen Studierenden der Medicin, der im Frühjahre 1896
eine acute exsudative Media acquirirte. Es stellten sich bald
exquisite Schüttelfröste mit starken nächtlichen Temperatursteigerungen ein, und dazu gesellte sich eine hochgradige Nackensteifigkeit. Ein College sah die ganze Sache für eine Torticollis
rheumatica an.

    Als sich Patient vorstellte, war das Trommelfell verdickt,
aber stark ausgebuchtet, mattroth. Der Warzenfortsatz an der
Spitze sehr druckempfindlich, aber kaum leichte Infiltration nachzuweisen. Der Hals ist ganz gegen die kranke Seite zu geneigt
und kann nur unter den grössten Schmerzen seitwärts bewegt
und gedreht werden. Nach der sofort vorgenommenen Paracentese,
die eingedicktes, eitriges Secret entwickelt, verschwinden alle
Symptome, sowohl die Torticollis war vom nächsten Tage ab
verschwunden, als auch blieben die vorher öfters schon dage-
wesenen Schüttelfröste aus. Eine Eiterung trat nach der Paracentese nicht ein.

IV.

Ueber Brüche des Schädelgrundes und die durch sie bedingten Blutungen in das Ohrlabyrinth.

(Aus Prof. Habermann's Universitätsklinik für Ohren-, Nasen-
und Kehlkopfkranke in Graz.)

Dr. med. Otto Barnick,

Die Entstehung der Schädelbasisbrüche hat nicht nur ein
wissenschaftliches Interesse, sondern ist auch in rein praktischer
Beziehung von grosser Wichtigkeit. Von Bruns [1]) gebührt das
Verdienst, durch den Hinweis auf die Elasticität des Schädels den
Weg zur Lösung dieser Frage gezeigt zu haben, welche durch
die Hypothese vom Contrecoup und durch die Lehre Aran's [2])
von den „Fractures par irradiation" bis in die zweite Hälfte
unseres Jahrhunderts im Dunkeln geschwebt hatte. Auf dieser
Grundlage weiter arbeitend, haben besonders Félizet [3]), von Bergmann [4]), Messerer [5]), Hermann [6]), von Wahl [7]), Greiffen-
hagen [8]), Körber [9]) und Andere den klinischen wie experimen-

1) Die chir. Krankheiten und Verletzungen des Gehirnes und seiner Um-
hüllungen. Handb. d. prakt. Chirurgie Tübingen 1854.

2) Recherches sur les fractures de la base du crâne. Archives générales
de médicine. Tome VI. 1844.

3) Recherches anatomiques et experimentales sur les fractures du crâne.
Paris 1873.

4) Die Lehre von den Kopfverletzungen. Stuttgart 1880.

5) Ueber Elasticität u. Festigkeit der menschlichen Knochen. Stuttgart 1880.

6) Experimentelle und casuistische Studien über Fracturen der Schädelbasis. Diss. Dorpat 1891.

7) Ueber Fracturen der Schädelbasis. Sammlung klin. Vorträge von
R. von Volkmann. 1883. Nr. 229.

8) Ueber den Mechanismus der Schädelbrüche. Diss. Dorpat 1887.

9) Gerichtsärztliche Studien über Schädelfracturen nach Einwirkung
stumpfer Gewalten. Deutsche Zeitschrift für Chirurgie. Bd. XXIX. 1889.

tellen Nachweis geliefert, dass die Schädelbrüche nach bestimmten physikalischen Gesetzen verlaufen.

Die Theorie der Schädelfracturen von Messerer und v. Wahl stützt sich auf die elastischen Eigenschaften des Schädels und löst sämmtliche, durch stumpfe Gewalt entstandene Schädelbrüche in Berstungs- und Biegungsbrüche auf. Die letzteren verlaufen rechtwinklig zur Druck- oder Stossaxe, d. h. in einem Aequatorialkreis am Schädelsphäroid, die ersteren sind meridionale, mit der Druckaxe zusammenfallende Brüche. Die Biegungsbrüche werden durch stossende Gewalten mit kleiner Angriffsfläche hervorgebracht, localisiren sich vorwiegend auf das Gewölbe und bleiben mehr oder weniger eng auf den Ort der Gewalteinwirkung beschränkt. Die Berstungsbrüche werden durch breit angreifende, comprimirende Gewalten verursacht, erstrecken sich über einen grossen Theil der Schädelkapsel und finden ihre Hauptverbreitung an der Basis. Enthält die einwirkende Gewalt Druck- und Stosswirkung, so sehen wir beide Bruchformen gleichzeitig auftreten. Nach den Untersuchungen Messerer's bedarf es bei einseitiger Gewaltentwicklung einer weit grösseren Kraftleistung zur Hervorbringung eines Schädelbruches als bei doppelseitiger Compression.

Die grosse praktische Bedeutung der Messerer- v. Wahlschen Theorie liegt darin, dass wir den Verlauf einer Berstungsfractur der Basis schon während des Lebens annähernd bestimmen können, sobald uns die Richtung und die Angriffsstelle der einwirkenden Gewalt bekannt ist. Im Allgemeinen verlaufen die Fissuren in den Fällen, wo der äussere Insult auf die Stirn oder das Hinterhaupt einwirkte, longitudinal; transversal, wo die Gewalt die Seitenpartien des Schädels angriff, und wo sie die Uebergangsgebiete zwischen vorderem und seitlichem oder hinterem und seitlichem Kopfumfang betraf, in diagonaler Richtung.

Den Ohrenarzt interessiren vorallem die indirecten Brüche der Schädelbasis und besonders diejenigen, welche durch das Schläfebein führen, weil dieses das Labyrinth und die Hilfsapparate des Gehörorganes umschliesst.

Als mächtige Strebepfeiler erheben sich beide Felsenbeinpyramiden zwischen den schwächeren, durchscheinenden Stellen der mittleren und hinteren Schädelgrube. Hier in den dünnen, diploefreien Gruben der Basis kommt es sehr leicht bei Compression der Schädelkapsel über ihre Elasticitätsgrenze hinaus zur Bildung von Spalten und Rissen, während die festgefügteren

Theile des Schädelgrundes erst durch stärkere Gewalteinwirkungen zersprengt werden. Da aus statistischen Zusammenstellungen das Ueberwiegen der Basisfracturen in den mittleren Schädelgruben klar hervorgeht, sind die meisten Brüche der Schädelgrundfläche auch Brüche des Felsenbeines.

Der Richtung nach sind sie vornehmlich Querbrüche. Der Hergang beim Entstehen dieser Fissuren ist darauf zurück zu führen, dass eine aus der vorderen, besonders aber aus der hinteren Schädelgrube fortgeleitete Fissur unter einem mehr oder weniger ausgesprochenen rechten Winkel den Längendurchmesser der Pars petrosa kreuzen muss, da diese mit ihrer Spitze nach vorn und medianwärts gerichtet ist.

Die sogenannte Längsfissur des Felsenbeines ist sowohl nach Experimenten Honel's[1]) als auch nach der Zusammenstellung von Schwartz[2]) die häufigste Bruchrichtung beim Schlag oder Sturz auf die Seite. Auch bei Gewalteinwirkungen auf die Scheitelhöhe soll sie häufiger vorkommen. Mitunter ist mit den der Längsaxe der Pyramide verlaufenden Sprüngen eine Absprengung der Spitze des Felsenbeines verbunden. Im Grossen und Ganzen kann man an diesen Verlaufsrichtungen festhalten, trotzdem ist aber nicht ausgeschlossen, dass die Bahnen der einzelnen Sprünge bei dem grossen Wechsel in der Richtung und Grösse des Stosses dann und wann einmal von dieser Gesetzmässigkeit abweichen.

Zu den nicht ungewöhnlichen Bruchformen, welche am Schläfebein zur Beobachtung kommen, gehört noch die Durchstossung des Daches der Cavitas glenoidalis durch den Gelenkkopf des Unterkiefers bei einem Schlag oder Fall auf das Kinn. In einer anderen Reihe derartiger Verletzungen wird nicht die obere Decke der Gelenksgrube durchstossen, sondern ihre hintere Wand, welche zu gleicher Zeit die vordere Gehörgangswand bildet. Diese Brüche können auf die Durchbohrungsstelle beschränkt bleiben, oder sie können von hier aus noch andere Fissuren durch die mittlere Schädelgrube senden.

Obwohl aber die einschlägige Literatur über eine grosse Anzahl klinisch genau beobachteter Felsenbeinbrüche mit traumatischer Läsion des inneren Ohres verfügt, finden sich über die pathologisch anatomischen Veränderungen, welche sich bei

---

1) Manuel d'anatomie pathol. Paris 1862.
2) Statistik der Fracturen der Schädelbasis. Dorpat 1872.

Gewalteinwirkungen auf den Schädel im Labyrinth entwickeln, nur spärliche Angaben vor.

Der erste derartige Fall wurde von Voltolini [1]) beschrieben. Bei diesem Kranken, dem ein Stück Holz an die Schläfe geflogen war, handelte es sich um einen Bruch des Schädelgrundes mit Ausgang in eitrige Basilarmeningitis. Die am 11. Tage nach dem Unfall erfolgte Section des vollständig tauben Mannes ergab eine doppelseitige Querfissur der Felsenbeinpyramiden zwischen dem runden Fenster und der Schnecke längs der Basis des inneren Gehörganges. Die linke Pauke und die halbzirkelförmigen Canäle waren mit Blut erfüllt. In der rechten Trommelhöhle war kein Blut, auch konnte dieses nicht mit Bestimmtheit im Vorhof und in der Schnecke dieser Seite nachgewiesen werden.

In dem zweiten von Politzer [2]) publicirten Fall hatte die verletzende Gewalt auf das Hinterhaupt eingewirkt. Als der Kranke nach einigen Stunden das Bewusstsein wieder erlangt hatte, war er vollständig taub und hatte dabei Ohrensausen, Kopfschmerz und heftigen Schwindel. Erst nach 6 Wochen stellte sich bei dem Patienten eine eitrige Hirnhautentzündung ein, die nach weiteren 3 Tagen zum Tode führte. Die Obduction ergab gleichfalls eine Fissur quer durch die Mitte beider Pyramiden und den Vorhof. Trommelfell, Gehörknöchelchen und innere Paukenwand blieben unversehrt. In dem Vorhof, den Bogengängen und der Schnecke der linken Seite stiess man auf einen grünlichen, stellenweise mit Blut untermischten Eiter. Auf der rechten Seite sah man den Vorhof sowie den oberen Halb-zirkelgang von einem dunkelrothen, einem Blutcoagulum ähn-lichen Gebilde ausgefüllt, während der hintere und untere Bogen-gang eine mehr gelbrothe Masse enthielten. Der flüssige Schnecken-inhalt war von einer röthlichen, fleischwasserähnlichen Farbe. An der Uebergangsstelle der Lamina spiralis ossea und mem-branacea fand sich formloses Pigment in grosser Menge vor.

Noch in demselben Jahre beschrieb Zaufal [3]) die Zerstö-rungen an den Schläfebeinen zweier Soldaten, welche sich mit ihrem Dienstgewehr durch Schüsse in den Mund entleibt hatten. Die Zertrümmerung war nicht durch ein directes Anschlagen der Kugel herbeigeführt, sondern es handelte sich hierbei um eine indirecte Sprengung der Felsenbeine durch die hoch und plötz-

---

1) Monatsschrift für Ohrenheilkunde. 1865.
2) Dieses Archiv. 1865. Bd. II S. 92.
3) Wiener medic. Wochenschrift. 1865. Nr. 63 u. 64.

lich gesteigerte Höhlenpression infolge der grossen Propulsions-
kraft des aus allernächster Nähe abgefeuerten Geschosses. In
beiden Fällen wurde ein Querbruch der Pyramide mit gleichzeitiger Fissur des Paukendaches festgestellt. Bei dem ersten
Selbstmörder führte die Bruchspalte quer durch den Vorhof, bei
dem anderen mitten durch den Porus acusticus internus und
durch die Axe der Schnecke. Der Blutabfluss aus dem Ohr
stammte in diesem Falle aus einer Fissur der oberen knöchernen
Gehörgangswand. Das Trommelfell selbst blieb unverletzt. Das
mittlere und innere Ohr waren beide Male mit Blut erfüllt, das
sich leicht abspülen liess.

   Auch M o o s [1]) konnte während des deutsch-französischen
Krieges eine hierher gehörige Untersuchung an einem preussischen
Soldaten ausführen, der in der Schlacht bei Wörth einen Streif-
schuss der linken Ohrgegend erhalten hatte. Dieser führte eine
Zerreissung des häutigen und eine theilweise Zersplitterung des
knöchernen Gehörganges herbei. Vier Wochen nach der Verwundung starb der Kranke an einer Vereiterung des rechten
Kniegelenkes. M o o s fand bei der genauen Besichtigung des
Gehörorganes wahrscheinlich als eine Folge der Erschütterung
des Felsenbeines bei der Schussverletzung einen Bluterguss in
die häutigen Gebilde des inneren Ohres sowie eine hämorrhagische Infiltration des Perineurium der zwischen der Lamina spiralis ossea gelegenen Nerven. Der Mann war auf dieser Seite
vollständig taub. Auffallend ist in diesem Falle noch der Umstand, dass während des Lebens kein Schwindel bestand.

   Diesem ersten, histologisch untersuchten Fall von Verletzung
des Labyrinthes mit tödtlichem Ausgange konnte P o l i t z e r [2]) im
Frühjahr 1896 einen zweiten hinzufügen. Es handelte sich um einen
Mann, dem am 28. December 1895 ein Mörtelschaff auf den Kopf
gefallen war. Der Kranke blieb 3 Tage bewusstlos. Erst 2 Wochen
nach erfolgter Verletzung war er im Stande, seine Angehörigen
wieder zu erkennen, doch blieb er vollständig taub. Sein Gang
war unsicher, von starkem Schwindelgefühl begleitet. Beide
Trommelfelle waren unverletzt. Die rechte Paukenhöhle enthielt
etwas Exsudat. Am 31. Januar 1896 trat plötzlich unter heftigem
Fieber diffuser Kopfschmerz und Erbrechen ein. Im Laufe der
folgenden Tage steigerten sich die Hirnsymptome, und am 6. Fe-

---

1) Archiv für Augen- und Ohrenheilkunde. Bd. II. S. 119. Refer. Dieses
Archiv. Bd. VI. S. 160.
   2) Dieses Archiv. Bd. XLI. S. 165. 1896.

bruar erlag der Patient einer diffusen eitrigen Hirnhautentzündung.

Die Obduction stellte eine klaffende Fissur durch das linke
Scheitelbein und die linke Schläfebeinschuppe fest, welche sich
bis in die Nähe des Paukendaches verfolgen liess. Auf der
rechten Seite zog ein Sprung vom oberen Rande des Foramen
lacerum posterius aus durch den inneren Gehörgang sowie durch
den grössten Höhendurchmesser der Schnecke und begrenzte sich
an der inneren Wand der Trommelhöhle.

Auf der linken Seite stieg gleichfalls eine zackige Fissur vom
Drosselloch 2 Mm. hinter dem inneren Gehörgang bis zur oberen
Kante der Pyramide herauf und setzte sich von hier aus in einer
Entfernung von 4 Mm. vor der Eminentia arcuata bis zur äusseren
Grenze des Tegmen tympani fort. Dieser Sprung führte quer durch
die Mitte des inneren Gehörganges sowie durch die untere
Schneckenwindung und reichte abermals nur bis zur lateralen
Labyrinthwand. Die histologische Untersuchung der Gehörorgane
führte zu folgendem Ergebniss.

Beide Schneckenscalen sind von einem theils feinkörnigen,
theils aus Rundzellen bestehenden Exsudate erfüllt. An einzelnen
Stellen zeigt das Endostium des Schneckenraumes eine Wucherung von kernhaltigem Bindegewebe. Die Einzelheiten des Corti-
schen Organes sind nur schwer auseinander zu halten. Die
Nervenzweige im Modiolus, das Ganglion spirale, sowie die in die
knöcherne Spiralplatte eintretenden Nervenbündel sind von feinen
Körnchenzellen durchsetzt. Dieselben entzündlichen Producte wie
in der Schnecke finden sich auch im Vorhofe, in den Ampullen
und den membranösen Bogengängen vor. Das Periost der halbzirkelförmigen Kanäle ist durch entzündliche Bindegewebswuche-
rung verdickt, ebenso zeigen die gefässhaltigen Bälkchen, welche
von hier aus zu den häutigen Bogengängen ziehen, den Beginn
der Bindegewebsneubildung. An verschiedenen Stellen der
Schnecke stösst man auf ein körniges, amorphes Pigment, doch
keineswegs in solcher Menge, wie man es nach einer mit Bluterguss verbundenen traumatischen Labyrinthaffection erwarten
sollte. In den einzelnen Windungen der linken Schnecke findet
sich nur wenig freies Exsudat vor, doch konnte man hier bereits
ein feines, netzförmiges Gewebe nachweisen, das zahlreiche Spindelzellen, Kerne und eingestreute Wanderzellen enthält. Die membranösen Gebilde des Vorhofes und der Bogengänge dieser Seite
liessen keine merklichen Veränderungen erkennen.

Diesen relativ frischen pathologischen Folgezuständen können einige Sectionsbefunde von Gehörorganen angereiht werden, die Leuten angehörten, welche Monate oder Jahre nach einem Sturz oder Schlag auf den Kopf an anderen accidentellen Krankheiten verstorben waren, und bei denen zumeist erst durch die Obduction deutlich geheilte, oft ganz colossale Basalfracturen festgestellt wurden.

So fand Chassaignac[1]) bei einem Patienten, der zwei Monate nach einem Unfall an einer traumatischen Kniegelenksentzündung verstorben war, eine bis über die Fossa sigmoidea verlaufende Querfractur des Felsenbeines, welche hier und da eine beginnende Consolidation erkennen liess. Fast alle Fälle, welche ein Jahr und länger nach der Verletzung zur Section kamen, zeigten eine durch nur wenig schwieliges Bindegewebe unterbrochene knöcherne Vereinigung der Bruchlinien. Chesten Morris[2]) berichtet sogar von einem so massigen Callus im Felsenbein, dass durch ihn die Carotis obliterirt wurde. In einem Fall von Längsfractur des Os petrosum, den Richet[3]) beschreibt, war die Bruchlinie, soweit sie das mittlere Ohr und die Schnecke betraf, so vollkommen mit Knochenmasse gefüllt, dass Sägeschnitte durch die Pyramide gelegt werden mussten, um ihrer Spur zu folgen. An diese kurz angeführten Beobachtungen reiht sich eine weitere von Kundrat[4]), welcher bei einem 30jährigen Manne, der 10 Jahre früher eine Kopfverletzung erlitten hatte, eine vollständige knöcherne Obliteration des rechten Labyrinthes feststellen konnte. Lucae[5]) und Habermann[6]) konnten bei Leuten, die 11 und 8 Jahre vor ihrem Tode ein schweres Schädeltrauma überstanden hatten, eine Atrophie des Acusticusstammes, beziehungsweise ein vollständiges Fehlen der Nerven im Canalis ganglionaris, in der Lamina spiralis und dem Corti'schen Organ der Spitzenwindung nachweisen.

Ueberblicken wir noch einmal kurz die Befunde, welche in den Gehörorganen von Leuten angetroffen wurden, die an den Folgen einer Basisfractur zu Grunde gingen, so finden wir nur Beschreibungen von krankhaften Veränderungen, welche auf einen

1) Bulletin de la Société de chirurgie. T. IX. S. 419.
2) von Bergmann, Lehre v. d. Kopfverletzungen. S. 220.
3) von Bergmann, Lehre v. d. Kopfverletzungen. S. 219.
4) Wiener medic. Presse. 1886. Nr. 17. S. 550.
5) Dieses Arch. Bd. XV. S. 293.
6) Prager Zeitschrift f. Heilkunde. Bd. X. 1890. S. 368.

verhältnissmässig frischen, beziehungsweise bereits seit längerer
Zeit abgelaufenen Entzündungsprocess zurückzuführen sind. Untersuchungen des inneren Ohres von Verunglückten, die wenige
Stunden oder wenige Tage nach der Verletzung verstarben, sind
bisher noch gar nicht ausgeführt worden. Und doch sind diese
unumgänglich nöthig, wollen wir der noch in keiner Weise ge-
lösten Frage näher treten, ob es überhaupt eine für sich allein
bestehende Erschütterung des Labyrinthes ohne gröbere anatomische
Läsionen giebt, und, wofern diese vorhanden, an welchen Orten
sie vor allem zur Beobachtung kommen. Die bisherigen Er-
klärungsversuche über das Wesen der Commotion sind nur rein
hypothetischer Natur. Politzer[1]) führt sie zurück auf „plötzliche Lageveränderungen des Nervenendapparates infolge der
Erschütterung der Labyrinthflüssigkeit“. Schwartze[2]) nimmt
an, „dass es sich um moleculare Veränderungen der nervösen
Formbestandtheile handele, oder dass durch transitorische Lähmung der auf traumatische Einflüsse so reizbaren vasomotorischen
Nerven eine passive Hyperämie im Labyrinth entsteht“. „Welcherlei
anatomische Veränderungen im Labyrinth hierbei zu Grunde
liegen“, fährt er fort, „ist unbekannt. Dass es sich um capilläre
Blutextravasate im häutigen Labyrinthe und deren Folgen handele,
ist nur Vermuthung.“

Schon der Versuch, den vielfach abweichenden und wenig über-
einstimmenden Vorstellungen von dem Wesen der sogenannten Laby-
rinthserschütterung durch pathologisch-anatomische Untersuchungen
eine den wirklichen Verhältnissen entsprechende Grundlage zu verschaffen, schien uns eine dankbare Aufgabe zu sein. Die der histologischen Bearbeitung unterzogenen Schläfebeine gehörten ausnahmslos Leuten an, die im Verlaufe der ersten Woche nach dem Unfall zu Grunde gingen. Nur bei einem Patienten verlief der
Bruch quer durch den Vorhof. In 4 Fällen führte die Gewalteinwirkung, welche 2 mal das Hinterhaupt und ebenso oft das
Uebergangsgebiet des hinteren und seitlichen Kopfumfanges traf,
zu keiner Continuitätstrennung der Knochenkapsel des Labyrinthes.

Das verarbeitete Material verdanke ich der liebenswürdigen
Freundlichkeit der Herren Professoren Dr. Eppinger und Dr.
Habermann. Meinem hochverehrten Chef, der mir zu dieser
Abhandlung die Anregung gab, bin ich auch hierfür zu besonderem
Danke verpflichtet.

1) Lehrbuch, 2. Auflage, S. 526.
2) Chir. Krankheiten des Ohres. S. 360.

Fall 1. Alois B., 29. Jahr, Schuhmacher aus Graz.

Der Kranke, welcher früher stets gesund gewesen sein soll, glitt in der Nacht vom 1. zum 2. Januar 1896 auf einer nur 6 Stufen hohen Treppe aus und fiel dabei mit dem Hinterhaupte auf den Steinboden auf. P. war sofort bewusstlos. Ungefähr nach einer Viertelstunde begann er wiederholt zu erbrechen. Das Erbrochene war blutig verfärbt. Der Kranke wurde, ohne dass er das Bewusstsein wieder erlangt hätte, noch an demselben Morgen in das hiesige allgemeine landschaftliche Krankenhaus überführt. Bei seiner Aufnahme bot er folgenden Befund dar:

Der Patient ist gross, kräftig gebaut und gut genährt. Hautdecken und sichtbare Schleimhäute sehr blass. Der Kranke ist stark benommen, giebt aber auf energische Fragen noch unverständliche Antworten. Am Hinterhaupt ist die Haut excoriirt. Hierselbst befindet sich ein thalergrosses Hämatom. Die Pupillen sind mittelweit, träge reagirend. Nervus facialis beiderseits intact. Auch an den übrigen Hirnnerven sind keine Lähmungserscheinungen nachweisbar. Der Kopf und die Augen sind zumeist nach rechts gewendet. Puls 68, hochgespannt, regelmässig; Athmung ruhig. Der Kranke erbricht noch fortwährend erst blutigen, dann gallig gefärbten Inhalt. Unwillkürliche Mastdarm- und Blasenentleerungen. Temperatur Abends 38,5°.

Am folgenden Tage untersuchten wir auf Veranlassung des behandelnden Arztes den Kranken, bei dem die Diagnose auf Commotio cerebri vornehmlich deshalb gestellt wurde, weil weder aus der Nase, noch aus den Ohren Blutungen bemerkt worden waren.

Ausser einer leichten Trübung und einer stärkeren Einziehung des linken Trommelfelles fand sich auf dieser Seite nichts Besonderes vor. Das rechte Trommelfell dagegen erschien stark abgeflacht, tief blauroth. Die Gehörknöchelchen waren deutlich sichtbar. Kein Blut im äusseren Gehörgang. Dieses Untersuchungsergebniss deutete mit grosser Wahrscheinlichkeit auf eine Basisfractur hin.

Die nächsten Tage nahm die Bewusstseinsstörung des Patienten noch weiter zu, der Puls wurde immer unregelmässiger und langsamer. Die Temperatur schwankte zumeist zwischen 38 und 38,8°. Am 7. Januar Nachmittags verschied der Kranke bei einer Temperatur von 39,5°.

Sectionsprotokoll vom 8. Januar 1896. (Prof. Eppinger.)

Körper gross, gut genährt. Hals und Thorax lang. Unterleib flach.

Schädeldach gross, oval, Dura adhärirend. In der rechten Hinterhauptsgrube findet sich zwischen harter Hirnhaut und Pia theils flüssiges, theils geronnenes Blut. Im Uebrigen ist die Pia bedeutend gespannt, sehr blutreich und trocken. Im oberen Sichelblutleiter flüssiges, dunkles Blut. Die Corticalis der Gyri an der Basis des rechten Hinterhauptlappens und die der rechten Schläfelappenspitze ist erweicht und von capillaren Blutungen durchsetzt. Sparsame Blutungen in der Corticalis der basalen Fläche des linken Stirnlappens. In der oberflächlichen Schicht der Corticalis des oberen Abschnittes der rechten vorderen Centralwindung ein ½ Cm. grosser, hämorrhagischer Herd. Die Substanz der linken Grossbirnhemisphäre ist hart, brüchig. Corticalis dunkelgrauviolett. Die Marksubstanz ist von vielen Blutpunkten durchsetzt. Die Gefässe des linken Linsenkernes von weiteren, blutig gefüllten Lymphräumen umgeben. Die Substanz der rechten Grossbirnhemisphäre so wie links, nur ist das Marklager unter den von Blutungen getroffenen Gyri auf etwa 2 Cm. Tiefe gelblich verfärbt.

Ventrikel sehr eng, Plexus fleckig violett, Ependym vollständig zart.

Substanz des rechten Kleinhirnes etwas weniger blutreich, auch hier sind die Lymphscheiden der Gefässe mit Blut gefüllt. Noch mehr ist dies in der linken Kleinhirnhemisphäre um den Nucleus dentatus herum der Fall, so dass die Substanz getüpfelt erscheint. Gefässe an der Hirnbasis zartwandig. Substanz des Pons von stecknadelkopfgrossen reichlichen Blutungen durchsetzt. Substanz der Medulla oblongata fest, zäh, blutreich.

Nach Ablösung der Dura der Schädelbasis ergiebt sich, dass die Hinterhauptsschuppe nahe der Prominentia cruciat. interna eingebrochen ist. Von hier aus zieht ein Sprung zum hinteren Rand des Hinterhauptloches herab, der andere endet in der linken Schuppennaht. Ferner ist der rechte Ge-

lenksabschnitt des Os occipitale vom Schuppenabschnitte quer abgebrochen.
Diese Fissur setzt sich in gerader Linie durch den Sinus sigmoideus auf die rechte Felsenbeinpyramide so fort, dass die
Bruchlinie quer über das Dach des Antrum mastoid. verläuft
und im Schuppentheil des Schläfebeines sich verliert.

Diagnose: Fractura baseos cranii. Haemorrhagiae extradurales et intermeningeales. Haemorrhagiae capillares et malacia haemorrhagica corticalis
multiplex. Pneumonia dextra.

Bei der näheren Untersuchung des rechten Schläfebeines fanden
sich fast alle pneumatischen Räume des Warzenfortsatzes und der
Schuppe mit Blut erfüllt. Auch in die spongiösen Räume des Felsentheiles waren zahlreiche Hämorrhagien erfolgt. Die knöcherne
Umhüllung des mittleren und inneren Ohres zeigte nirgends eine
directe Verletzung. Das Trommelfell war vollständig intact. Die
Gehörknöchelchen waren in einen ausgedehnten Blutherd eingehüllt, welcher sich von der Pauke aus sowohl in die knöcherne
Ohrtrompete als auch durch den Aditus ins Antrum hinein erstreckte und hier und da bereits die Zeichen einer beginnenden
Organisation darbot. In die Markräume des Hammers und Amboses hatten erhebliche Blutaustritte stattgefunden. Ihre Gelenks-
verbindungen blieben unversehrt. Die Schleimhautauskleidung
des Mittelohres zeigte überall eine mässige Verdickung und
Schwellung besonders am Tubenostium, an der lateralen Labyrinthwand und am Paukenhöhlenboden. Wenn diese zum Theil
auch durch eine leicht entzündliche Infiltration der oberflächlichen
Lagen bedingt war, so wurde sie doch vornehmlich durch eine
sehr starke Füllung des submukösen Gefässnetzes verursacht,
dessen arterielle wie venöse Zweige beträchtlich erweitert und
mit Blut strotzend gefüllt erschienen. In der das Promontorium
überziehenden Schleimhaut sowie in den beiden äusseren Schichten
der Randzone des Trommelfelles stiess man auf reichlichere Hämorrhagien.

In dem geflechtartig verbundenen, feinen perilymphatischen
Bälkchensystem des Vorhofes fanden sich zahlreiche pigmentirte
Bindegewebszellen von verschiedener Gestalt. Die einzelnen
Blutgefässe, welche vom Knochen und seiner periostalen Lage
aus zur bindegewebigen Wand beider Säckchen verlaufen, waren
stark erweitert. Im Gebiete der Maculae acusticae stiess man
nicht selten auf kleine Blutungen, welche besonders reichlich
zwischen den dem Neuroepithel der Macula utriculi zustrebenden
Nervenbündeln angetroffen wurden. Dieselben pathologischen
Veränderungen zeigten sich auch am Boden der Ampulle des
unteren Bogenganges, während die halbzirkelförmigen Kanäle

sowie ihre erweiterten Mündungen nichts Bemerkenswerthes darboten.

Auch in die Hohlräume, welche zwischen der spongiösen Knochensubstanz der Spindel liegen, in den Rosenthal'schen Kanal und zwischen beide Lamellen der Lamina spiralis ossea waren zahlreiche Blutaustritte erfolgt. Ein ausgebreiteter Bluterguss hatte nur in die Paukentreppe der basalen Schneckenwindung stattgefunden. Besonders dicht gedrängt lagen die Blutkörperchen in dem Vorhofsabschnitt des spiralig gewundenen Schneckenkörpers, so dass durch sie auch der Gang der hier einmündenden Schneckenwasserleitung seiner ganzen Länge nach vollständig verlegt war.

Im Stamm des Nervus acusticus und facialis fanden sich nur kleinere interstitielle Hämorrhagien vor, reichlicher vorhanden waren diese im Grunde des inneren Gehörganges und im unteren Abschnitte des Fallopi'schen Kanales. Vorallem aber verdienen die beträchtlichen Blutungen in die engen Knochenkanäle für die Zweige der Ampulle des hinteren und horizontalen Bogenganges hervorgehoben zu werden, welche zum grossen Theil das Lumen derselben erfüllten und die Structur der einzelnen Nervenfasern kaum mehr erkennen liessen.

Fassen wir noch einmal kurz das Hauptsächliche dieses Falles zusammen, so handelt es sich bei dieser Verletzung um einen Querbruch der Felsenbeinpyramide, hervorgerufen durch einen Fall auf das Hinterhaupt. Die harte Hirnhaut, der grosse Querblutleiter, das innere sowie das eigentliche Mittelohr wurden direct nicht in Mitleidenschaft gezogen. Der Bluterguss in die Paukenhöhle stammt aus der Fissur durch das Dach des Antrum mastoideum. Abgesehen von den zahlreichen kleineren Hämorrhagien in den Stamm des Nervus acusticus und facialis sind von besonderer pathologischer Bedeutung die ausgebreiteten Blutungen in die Paukentreppe der basalen Schneckenwindung, in die Aestchen der Vorhofsnerven sowie in das mit arteriellen und venösen Gefässen reichlich versorgte Gebiet der Maculae acusticae.

Fall 2. Georg K., 60 Jahre, Dachdecker aus Graz.

K. fiel am 6. Juni 1896 gegen 2 Uhr mittags in vollständig trunkenem Zustande von einem nur 4 M. hohen Hause in den gepflasterten Hofraum herab und blieb bewusstlos liegen. Er wurde mit dem Rettungswagen in das allgem. landsch. Krankenhaus gebracht und zeigte bei seiner Aufnahme folgenden Befund.

P. ist ein kräftiger, gesund aussehender Mann. An den inneren Organen sind keine pathologischen Veränderungen nachweisbar. Der rechte Vorderarm ist an der Grenze zwischen dem mittleren und unteren Drittel gebrochen. An der Volarseite, entsprechend der Ulnarfractur, befindet sich eine Weichtheilwunde, welche bis auf den Knochen führt. Der Kranke ist schwer benommen. Das rechte Auge ist blutunterlaufen, der Augapfel selbst tritt stärker hervor. Aus der rechten Nase und dem rechten Ohr fliesst reichliches Blut ab. Der Patient kommt nicht mehr zum Bewusstsein. Die Athmung wurde immer unregelmässiger, der Puls frequenter und schwächer. Gegen 6 Uhr Abends Exitus.

Sectionsprotokoll vom 8. Mai 1896. (Prof. Eppinger.)

Körper gross, kräftig gebaut, gut ernährt. Das Unterhautzellgewebe des rechten Handrückens sowie die Galea aponeurotica des Schädeldaches in grösserer Ausdehnung blutig suffundirt. Der rechte Vorderarm ist an der Grenze zwischen mittlerem und unteren Drittel gebrochen, das obere Ulnarende hat die darüberliegenden Weichtheile durchstossen.

Quer über das Schädeldach, knapp hinter der Kranznaht und mit dieser parallel verlaufend, findet sich eine 20 Cm. lange, den ganzen Knochen durchsetzende Fissur vor.

Eine zweite nach vorn etwas convexe Bruchlinie trennt die rechte Schläfebeinschuppe in einen vorderen und hinteren Abschnitt. Diese Fissur beginnt ungefähr in der Mitte der Seitenwandbeinschuppennaht und zieht in leichtem Bogen nach vorn bis herab zur Basis des Jochfortsatzes. Von hier aus wendet sie sich nach hinten quer durch die Wurzel des Proc. zygomaticus, springt auf die obere Gehörgangswand über und endet scheinbar am Trommelfell. Durch diesen Bruch erscheint der hintere Abschnitt der Schuppe sammt Warzenfortsatz etwas nach innen gedrückt.

Nach Abziehen der Dura von der Schädelbasis zeigt sich das rechte Schläfebein von zahlreichen Sprüngen durchsetzt, von denen der eine, auf den Keilbeinkörper überspringend, durch das Foramen opticum zieht und im Orbitaldach dieser Seite sich verliert.

Die Pia des Grosshirnes ist allenthalben blutig suffundirt. Die Corticalis der Basis des rechten Schläfelappens und der vorderen Partie des Hinterlappens erscheinen hämorrhagisch erweicht. Gehirnsubstanz sonst hart, zäh, blutreich. Rindensubstanz blassbraun gefärbt. Gehirnkammern etwas erweitert. Substanz des Kleinhirnes wie die des Grosshirnes. Pons und Medulla blass, fest, zäh.

Die Bauchmusculatur ist von ausgebreiteten, dunklen Blutherden durchsetzt. Lungen beiderseits frei, Herzbeutel in grosser Fläche vorliegend.

Herz gross, Höhlen mässig weit, Herzfleisch dick, rothbraun, etwas brüchig. Endocard des linken Ventrikels mit Blutaustritten versehen, an den Klappen spärliche Verdickungen.

Linke Lunge gross. Gewebe lufthaltig, dunkel, überaus blutreich und trübe, etwas schaumige Flüssigkeit über dem Schnitte entleerend. Bronchien mit dunklem Schaum erfüllt, Schleimhaut geröthet. Rechte Lunge im Oberlappen lufthaltig, sehr dunkel, bei Druck blutigen Schaum entleerend. Bronchien wie links. Schleimhaut des Pharynx und Oesophagus blass und glatt. Tonsillen etwas vergrössert. Larynx und Trachea mit Schleim erfüllt, Schleimhaut geröthet. Aorta entsprechend weit, stellenweise kleine, plaquesartige Verdickungen der Intima zeigend. Milz 10 : 7 : 3. Kapsel verdickt, Gewebe blassbraun, Pulpa sehr spärlich. Linker Ureter normal weit, linke Niere mässig gross, Kapsel leicht abziehbar, Gewebe blass, brüchig, hart. Rechter Ureter und rechte Niere wie links.

An der unteren Fläche des rechten Leberlappens parallel und 5 Cm. vor dem hinteren Rande ein 10 Cm. langer, quer verlaufender Riss der oberflächlichen Leberschichten, dessen Rand feinzackig ist, und dessen linker Wundwinkel sich in mehrere, radienartig auseinandergehende, kleine Risse auflöst. Die übrige Leber ist hart, dunkelgelbbraun gefärbt, brüchig. Magen und Darmkanal vollständig normal. Das Beckenbindegewebe vornehmlich rings um die Blase herum von frisch ausgetretenem Blute infiltrirt. Die rechte Synchondrosis sacroiliaca ist gelöst, und der Muscul. psoas von ausgetretenem Blute umspült. Blase und Genitalien ohne Besonderheiten.

Diagnose: Fractura baseos cranii, contusio baseos cerebri. Oedema et venostasis pulmonum bilateral. Fractura synchondrosis sacroiliacae dextrae.

Bei der genauen Besichtigung des Schädelgrundes und nach
Herausnahme des' rechten Schläfebeines ergeben sich folgende
pathologische Veränderungen.

Die bereits oben erwähnte Fissur, welche, ungefähr in der
Mitte der Sutura squamosa beginnend, die Schuppe und die obere
Gehörgangswand durchsetzt, durchtrennt fernerhin die laterale
Atticwand und das Tegmen tympani. Das Trommelfell ist dicht
hinter dem Hammergriff in seiner ganzen Länge zerrissen. Die
vordere untere und untere Gehörgangswand ist in der Form eines
spitzwinkeligen Dreieckes herausgesprengt, dessen Basis im Anfangstheil des äusseren Gehörganges liegt. Am Trommelfellfalze
vereinigen sich beide langen Schenkel, durchqueren den Paukenhöhlenboden und enden im Foramen lacerum posterius.

Das Paukendach ist in mehrere unregelmässige Splitter zertrümmert. Gerade an der Stelle, unter welcher das Hammerambosgelenk sich vorfindet, theilt sich die von der Schuppe
herabsteigende Hauptfissur in 2 Schenkel, von denen der eine
durch die obere Wand des Canalis caroticus verläuft, nach Ueber-
schreitung der Fiss. sphen. petrosa auf den Keilbeinkörper über-
springt und in der oberen Wand der rechten Orbita sich verliert.
Der andere Schenkel zieht ungefähr in der Höhe des inneren
Gehörganges quer über die Felsenbeinpyramide zum Sulcus pe-
trosus superior, wendet sich an dessen hinterer Wand entlang
bis fast zum Uebergang der oberen Grenzkante in den grossen
Hirnquerblutleiter und von hier aus längs des vorderen Randes des
Sinus sigmoideus zum Foramen jugulare. (Siehe Tafel IV. Fig. 2.)

Ausser dem keilförmigen Stück, welches aus dem äusseren
Gehörgang herausgesprengt war, zerlegten die den Knochen vollständig durchsetzenden Fissuren das Schläfebein noch in einen
medianen und zwei laterale Theile.

Der hintere laterale Abschnitt wurde aus dem dorsalen
Schuppenfragment, dem Warzenfortsatz und der hinteren Gehörgangswand gebildet. An dieser befand sich die hintere
Hälfte des Trommelfelles mit dem luxirten Ambos, welcher durch
einige Bindegewebszüge noch in seiner ursprünglichen Lage festgehalten wurde. An der unteren Fläche kam fernerhin der Griffelfortsatz mit der vorderen Wand der Drosselgrube zum Vorschein.

Von innen her sah man direct in die vollständig mit Blut
erfüllten pneumatischen Räume des Warzenfortsatzes, welche
durch den lateralen Theil des Tegmen tympani überdacht wurden.
(Siehe Tafel II. Fig. 2.)

Das zweite laterale Bruchstück setzte sich zusammen aus
der vorderen oberen Gehörgangswand mit den vorderen Quadranten des Trommelfelles, in welchem der Hammer noch eingebettet war, aus der breiten Wurzel des Jochbogens und der Gelenksgrube für den Unterkiefer. Bei der Betrachtung dieses
Theiles von innen her fiel dem Beobachter sofort der vordere
Paukenhöhlenraum mit der Einmündungsstelle der Ohrtrompete,
sowie die äussere Wand des Carotiskanales in die Augen.

Der mediane Abschnitt bestand aus der eigentlichen Felsenbeinpyramide. Die laterale Labyrinthwand lag frei zu Tage.
Im ovalen Fenster sass noch der Steigbügel. Der Facialis war
nicht zerrissen und musste erst durchtrennt werden. Ebenso zeigte
weder die Vena jugularis, noch die Arteria Carotis irgendwelche Verletzungen. Die Spitze der Pyramide war 1 Cm. vor ihrer Verbindung mit dem Keilbeinkörper abgerissen. Dieser Sprung setzte sich
nach vorn zu auf die mediane Wand des Canalis caroticus fort
und verlief in der Fossa jugularis. (Siehe Tafel II. Fig. 1.)

Die histologische Untersuchung führte zu folgendem Ergebniss.

Fast alle pneumatischen Zellen des Warzenfortsatzes und
der Schuppe waren mit Blut erfüllt. In den spongiösen Räumen
des Felsentheiles, besonders in denen der Spindel konnten gleichfalls zahlreiche Blutaustritte nachgewiesen werden. Die Schleimhaut des Mittelohres zeigte nur in der Nähe der Labyrinthfenster
reichliche Hämorrhagien, im Uebrigen waren diese nur vereinzelt
anzutreffen. Ein ausgedehnter Bluterguss hatte in die bindegewebige Hülle und zwischen die einzelnen Bündel des Trommel-
fellspanners stattgefunden.

In der Schnecke konnten keine bemerkenswerthen pathologischen Veränderungen angetroffen werden.

Zwischen dem Periost und der inneren knöchernen Wandung
des Vorhofes stiess man auf einen grösseren hämorrhagischen
Herd, welcher auch das perilymphatische Bälkchennetz des Utriculus durchsetzte und vorallem nach unten und hinten auf die
Ampulle des hinteren Bogenganges übergriff, deren periostale
Auskleidung hierdurch weit von ihrer knöchernen Unterlage abgehoben wurde. Der hintere membranöse Bogengang war von
einer ausgedehnten Blutlache umgeben, welcher den perilymphatischen Raum mit seinem feinen bindegewebigen Maschenwerk
vollständig erfüllte. Auch in dem oberen und horizontalen halbzirkelförmigen Kanal waren reichliche Blutmengen vorhanden, doch
blieb auch hier der häutige Bogengang frei.

Im Acusticusstamm bemerkte man nur wenig Ekchymosen,
doch fanden sich zahlreiche Amyloidkörper vor, welche mit der
normalen Rückbildung der Gewebe im höheren Lebensalter in
enge Beziehung gebracht werden müssen. Im Facialis wurden
die interstitiellen Blutungen wieder am häufigsten im absteigenden
Theile des Fallopi'schen Kanales beobachtet. Auch in den
engen Knochenkanälen, welche die zur basalen Schneckenwindung
sowie die zu den Ampullen des hinteren und horizontalen Halbzirkelganges hinziehenden Nervenbündel enthalten, stiess man
auf grössere Blutaustritte.

Die Schwere der Verletzung führte in diesem Falle zu einem
ausgedehnten Berstungsbruch, welcher die hintere, mittlere und
vordere Schädelgrube durchsetzte und erst im Orbitaldach der
entsprechenden Seite endete. Die breit angreifende, comprimirende Gewalt traf besonders den hinteren Abschnitt der rechten
Schläfebeinschuppengegend, welche nach innen zu etwas eingedrückt erschien. Die Richtung des Stosses war eine diagonale
und bedingte zuerst den Längsbruch des Felsenbeines. Ausser
diesem, der Längsaxe der Pyramide parallel verlaufenden Sprunge
kam es aber noch zu einem Querbruch des Paukendaches, welcher
sich auf die Hinterfläche der Pyramide bis zum Foramen jugulare fortsetzte, und zu einer Absprengung der Spitze des Felsenbeines. Letztere Bruchform, für welche Félizet[1]) eine hübsche
Erklärung gegeben hat, verbindet sich mitunter mit den Längs-
fissuren des Felsenbeines. Durch Vermittelung der Fibrocartilago basilaris lehnt sich bekanntlich die Felsenbeinspitze an die
Seitenfläche des Grundbeines an. Die Faserzüge dieses Bandes
sind mit Ausnahme des sehr straffen vordersten Bündels zumeist
schlaff und nachgiebig. Treibt nur die brechende Gewalt die
Gewölbstützen durch Vergrösserung des Winkels, dessen Schenkel
sie vorstellen, auseinander, so gestattet die Fibrocartilago der
Pyramide in etwas wenigstens ein Ausweichen durch Wendung,
Rotation ihrer Spitze noch hinten. Hierbei wird begreiflicher
Weise die fester gefesselte Spitze abgerissen werden können, und
zwar entsprechend der Insertionsstelle der straffer gespannten
und resistenteren vorderen Faserzüge dieses Bandes.

Zwischen beiden Querbrüchen der Pyramide lag die unver-
sehrte Labyrinthkapsel. Auch der Facialis blieb unverletzt, und
selbst die Wandungen der Carotis und Vena jugularis zeigten

---

1) Citirt nach von Bergmann, Lehre von den Kopfverletzungen, S. 196.

nirgends einen Einriss, obwohl zahlreiche Fissuren ihre Kanäle durchsetzten.

Von den pathologischen Veränderungen im inneren Ohre sind besonders interessant die grösseren Blutaustritte in die Zweige des Nervus vestibuli, die ausgedehnten Blutungen in den perilymphatischen Raum der Bogengänge, sowie zwischen Periost und knöcherne Umhüllung des Utriculus und der Ampulle des hinteren Halbzirkelganges.

Fall 3. Marie P., 29 Jahr, Zimmermannsfrau aus Graz.

Die Frau fiel am Abend des 2. Juli 1896 in stark berauschtem Zustande beim Fensterputzen ungefähr 3 M. tief von der Leiter auf den Steinboden auf. Schon auf dem Wege zum Spital verschied sie.

Sectionsprotokoll vom 4. Juli 1896. (Gerichtsärzte Prof. Dr. Kratter und Dr. Kautzner.)

Der Körper ist klein, kräftig gebaut, sehr gut genährt. Hautdecken im Allgemeinen blass. Nur über dem Hinterhaupte und über dem rechten Ellbogengelenke ist der Hautüberzug auf eine ziemlich weite, aber begrenzte Strecke bläulichschwarz verfärbt. An diesen Stellen ist das Unterhautzellgewebe von sehr reichlichem, zum grössten Theile noch flüssigen Blute durchsetzt. Nach Eröffnung des Schädels ergiebt sich, dass sehr viel Blut zwischen harter und weicher Hirnhaut sich vorfindet. Nach Ablösung der ersteren sieht man, dass die Hinterhauptschuppe in ihrem mittleren Abschnitte einerseits von den beiden seitlichen Partien und von einem schmalen Streifen derselben längs des hinteren Randes des Hinterhauptloches abgesprengt und etwas eingedrückt erscheint. Von den seitlichen Rändern der so eingebrochenen mittleren Hinterhauptschuppenpartie setzen sich nach vorn und lateralwärts Sprünge auf die Felsenbeinpyramiden fort, von denen der eine über das Tegmen tympani des linken Felsenbeines führt, der andere die Spitze der rechten Pyramide ungefähr 1 Cm. von der Seitenfläche des Grundbeines entfernt abtrennt. (Siehe Tafel V. Fig 2.)

Die weiche Hirnhaut ist gespannt, blutreich und über den hinteren Randpartien der Kleinhirnhemisphären stark gelockert, zerfasert und blutig infiltrirt. Hierselbst ist die Rinde des Kleinhirnes durch reichlich ausgetretenes Blut erweicht. Gruppirte Blutungen finden sich auch in der Rinde der Stirnlappenspitzen. Im Uebrigen ist das Gehirn oberflächlich abgeplattet, weich, brüchig, blutreich. In seinen Kammern findet sich etwas Blut vor. Unter dem Boden der 4. Kammer stösst man gleichfalls auf einzelne Blutaustritte.

Der Leiche wurden beide Schläfebeine zur histologischen Untersuchung entnommen.

Im rechten Ohre fanden sich bei der äusseren Besichtigung nur geringe pathologische Veränderungen vor. Der äussere Gehörgang sowie das Trommelfell waren unverletzt. Letzteres war etwas matter und leichter durchscheinend, der lange Ambosschenkel war deutlich sichtbar. Ueber dem Paukendach und im horizontalen Schuppentheil stiess man auf zahlreiche Blutungen in der Diploe. In der Nähe des runden Fensters waren einige Ekchymosen in der Schleimhaut der lateralen Labyrinthwand vorhanden. Im Kuppelraum, im Aditus und Antrum lagen Blutgerinnsel. Die Spitze der Felsenbeinpyramide war ungefähr

1 ˙Cm. von der Seitenfläche des Grundbeines entfernt abgebrochen.

Das linke Trommelfell war blauroth, abgeflacht, die Hammertheile waren sichtbar. Allo pneumatischen Räume des Schläfebeines waren mit Blut erfüllt, so dass der Knochen zumeist eine
dunkelrothe Verfärbung darbot.

Vom hinteren Rande des Foramen jugulare verläuft ein
Sprung quer über die Felsenbeinpyramide nach vorn und medianwärts zum inneren Rand der Kiefergelenksgrube. Hier theilt
sich der Spalt in einen vorderen und einen hinteren Schenkel,
welche im ovalen Loch wieder zusammenlaufen und das Foramen
spinosum mit dem Dorn des Keilbeines vollständig aus seiner
Verbindung mit dem Schädelgrunde loslösen. Der Bruch zer-
legte das Schläfebein in der Höhe des Vorhofes in einen lateralen und medialen Theil. Letzterer schloss nur den spiralig
gewundenen Schneckenkörper mit seinem Vorhofsabschnitt ein.
An der inneren Paukenhöhlenwand hatte die Fissur ihren Weg
durch den vorderen Pol des ovalen Fensters und mitten durch
das runde Fenster genommen. Der Nervus facialis war nicht
zerrissen und musste erst durchtrennt werden. Bei der Besichtigung des lateralen Bruchstückes sah man von innen her auf
das unverletzte Trommelfell mit dem Hammer und Ambos. Der
Steigbügel sass noch fest an seiner ursprünglichen Stelle. Ueber
der Fenestra ovalis erschien das erweiterte Ende des horizontalen
Bogenganges, an der oberen Vorhofswand das des oberen halbzirkelförmigen Kanales. An der hinteren unteren Wand kam der
gemeinsame Schenkel beider verticalen Bogengänge und unterhalb dieser Oeffnung die Ampulle des hinteren Bogenganges zum
Vorschein. Auch die innere Mündung der Vorhofswasserleitung
lag frei zu Tage. (Siehe Tafel III. Fig. 1.)

Die mikroskopische Untersuchung des rechten Gehörorganes
führte zu folgendem Ergebnis.

Im Trommelfell fanden sich zahlreiche capillare Blutungen
besonders in der Randzone der beiden äusseren Schichten der
Membran. Die Schleimhautauskleidung des Mittelohres zeigte
überall Ekchymosen, vor allem in der Nähe der Labyrinthfenster.
In die Markräume des Hammers und Amboses hatten reichliche
Blutaustritte stattgefunden; ihre Gelenksverbindung war unversehrt.

Die Vorhofsäckchen und Bogengänge boten keine bemerkenswerthen pathologischen Veränderungen dar. Nur in den Nerven-
zweigen für die Ampulle des oberen und horizontalen Bogenganges

stiess man auf ausgedehnte Hämorrhagien, welche weiterhin auch
auf die bindegewebige Grundlage der Cristae übergriffen.

Ausgebreitete hämorrhagische Herde konnte man im Stamm
des Facialis und Acusticus beobachten. Hier durchsetzte das
ergossene Blut grössere Gewebsabschnitte und führte zu einer
erheblichen Zerreissung der Nervenfasern, welche an den nach
Pal gefärbten Schnitten besonders deutlich hervortrat. Das
Gefässnetz der Spindel war stark erweitert. In ihren spongiösen Räumen bemerkte man zahlreiche Petechien. Nur die
Paukentreppe war von ihrem Anfang am runden Fenster bis
hinauf zur Spitzenwindung von den einzelnen Blutelementen vollständig erfüllt, während die Scala vestibuli und der endolymphatische Raum der Schnecke von Blutaustritten frei blieben.

Die pathologischen Veränderungen im Mittelohr der linken
Seite waren fast dieselben wie rechts, nur traten sie hier viel
stärker hervor. So bildete die Pauke einen grossen Blutherd,
in dem die Gehörknöchelchen eingehüllt waren. In ihren Mark-
räumen sowie in den Binnenmuskeln der Trommelhöhle fanden
sich reichliche Blutergüsse. Punktförmige Hämorrhagien waren
in der Mittelohrschleimhaut dicht gesäet. Beide Labyrinthfenster
waren zerrissen und vermittelten so den Zugang zum inneren Ohr.

Wie bereits erwähnt, verlief ein Sprung in der Höhe des
Vorhofes quer durch die Felsenbeinpyramide, durchtrennte in
grosser Ausdehnung die häutige Wand der Säckchen und erfüllte
alle Vestibularräume mit Blut. In dem perilymphatischen Bälkchennetz hatten sich dichte Schaaren von rothen Blutkörperchen
gefangen, die auch eine theilweise Loslösung der periostalen
Lamelle vom Knochen verursachten. Dasselbe Bild boten die
Ampullen und Bogengänge dar. Zwischen den feinen gefässhaltigen Bindegewebszügen, welche den membranösen Halbzirkel-
gang mit dem Periost der Labyrinthkapsel fixiren, hatte ein
reichlicher Bluterguss stattgefunden. Aber nicht nur der perilymphatische Raum war in eine grosse Blutlache umgewandelt,
auch alle häutigen Bogengänge waren mit ausgetretenem Blut
strotzend gefüllt. In den zu den Cristae ampullares verlaufenden
Nervenbündeln stiess man auf zahlreiche Hämorrhagien.

Die beiden Schneckentreppen waren gleichfalls ihrer ganzen
Länge nach mit Blutbestandtheilen vollgestopft. Auch im Ductus cochlearis lagen dichte Haufen von rothen Blutkörperchen,
die aus den Gefässen des Ligamentum spirale zu stammen schienen,
in dessen mittlerer lockerer Schicht mehrfache Ekchymosen an-

getroffen wurden. Im Stamm des Facialis und Acusticus fanden
sich ebenfalls ausgebreitete interstitielle Hämorrhagien, welche
eine theilweise Zertrümmerung der Nervenfasern herbeigeführt
hatten. Endlich wären noch zu erwähnen die kleinen Blutungen
in die Hohlräume der Spindel und zwischen die Blätter der
Lamina spiralis ossea.

Ueberblicken wir noch einmal kurz diesen Fall, so haben
wir es hier mit einem Biegungs- und longitudinalen Berstungsbruch zu thun, welcher durch den Anprall des Hinterhauptes
gegen den festen Steinboden und jedenfalls auch durch den Stoss
der nachdrängenden Wirbelsäule gegen die Basis hervorgerufen
wurde. Stürzen Verunglückte aus mehr oder weniger beträchtlicher Höhe herab, so dass sie mit dem Kopf voran den Erd-
boden erreichen, so wird nicht nur das aufschlagende Schädel-
gewölbe platt gelegt, sondern es drückt auch die nachschwerende
Wirbelsäule mit der ganzen Wucht des stürzenden Körpers auf
die Gelenkfortsätze des Hinterhauptbeines und führt so zu der
„ringförmigen Basalfractur". Wahrscheinlich handelte es sich in
unserem Falle um eine mehr rechtsseitige Gewalteinwirkung, weil
die rechte hintere Schädelgrube in ausgedehnterem Maasse zersprengt und der dem Wirbelsäulenstoss entsprechende Biegungs-
bruch nur halbseitig ausgeprägt war.

Die Gewalt, welche am Hinterhaupt angreift, muss, soll sie
den Knochen brechen, eine besonders intensive sein, denn der
Schädel besitzt hier seine grösste Dicke und die ausgesprochenste
Wölbung. Das ist auch der Grund, warum alle Theile des inneren Ohres der linken Seite ausgedehnte Blutaustritte darboten,
und auch im rechten Labyrinth zahlreiche pathologische Veränderungen beobachtet wurden, obwohl nur die wenig widerstands-
fähige Spitze der Felsenbeinpyramide abgebrochen war, und die
eigentliche compacte Hülle des Gehörorganes keine directe Verletzung zeigte.

Fall 4. Stephan E. aus Weitendorf bei Wildon, Bahnarbeiter, 37 Jahr.
P. wurde am 3. December 1896 in das hiesige allgem. landsch. Krankenhaus mit einer complicirten Basisfractur eingeliefert, welche er sich durch
unvorsichtiges Abspringen von einem noch im Gange befindlichen Eisenbahnwaggon zugezogen hatte. Am Tage seiner Aufnahme bot er folgenden Befund dar:
Der Kranke ist ein kräftig gebauter, junger Mann, dessen Herz und
Lungen gesund sind. Er ist vollständig bewusstlos, Puls 140—160; er zeigt
keine Lähmungen im Bereiche des Gesichtes oder der Extremitäten. Anhaltendes Harnträufeln. Grosse Unruhe. Hautreflexe fehlen, Patellarreflex normal, eher etwas gesteigert. Die Pupillen sind gleich weit und reagiren etwas
träger. Blutung aus beiden Ohren.

Etwas über und hinter der rechten Ohrmuschel befindet sich eine Weichtheilwunde von der Form eines mit der Spitze nach hinten gerichteten V. Nach Erweiterung derselben findet man ein ovales Knochenstück, dessen Länge 5 Cm. und dessen Höhe 3 Cm. beträgt. Dasselbe ist unter das Niveau des Schädeldaches eingetrieben und sternförmig zersplittert. Durch Erweiterung der Knochenwunde mit einigen Meisselschlagen gelingt es leicht, die durch das Periost zusammengehaltenen Fragmente zu entfernen. Hierbei entleert sich etwas Blut, welches aus der Diploe stammt und sich unter dem Bruchstück angesammelt hatte. Die Dura ist unverletzt, aber nicht pulsirend. Bei ihrer Eröffnung entleert sich abermals ziemlich viel flüssiges Blut. Der Puls fällt sofort auf 100—120 Schläge herab. Da es aus den Piagefässen etwas blutet, so wird unter die theilweise geschlossene Dura ein Jodoform-gazestreifen eingelegt. Jodoformgazedeckverband. Die Temperatur steigt Nachmittags auf 38,8°. P. bleibt bewusstlos.

4. December: Morgentemperatur 39,2°. Patient ist sehr unruhig. Der Verband ist von Cerebrospinalflüssigkeit vollständig durchtränkt. Nachmittags Verbandswechsel.

Etwas Cerebrum entleert sich. Temperatur 39,3°.

5. December: Morgentemperatur 39°. Der Kranke ist ruhiger, nimmt aber keine Nahrung mehr zu sich. Nachmittags 40,0°. Der Verband, vollständig von Cerebrospinalflüssigkeit durchtränkt, wird überbunden.

11 Uhr Nachts Exitus.

Sectionsprotokoll vom 7. December (Dr. Dörner).

Körper sehr gross, kräftig gebaut, gut genährt. Knapp über und etwas hinter dem rechten Ohre befindet sich in der Schläfebeinschuppengegend eine Weichtheilwunde von der Form eines nach hinten gerichteten V, von welcher aus direct nach hinten zu ein 4 Cm. langer Schnitt verläuft. Hebt man die Wundränder empor, so gelangt man zunächst auf Knochendefecte langs des hinteren Randes der Schläfebeinschuppe und entsprechend des obersten Abschnittes derselben. An Stelle des ersteren liegt die gespaltene Dura vor. Aus der Spaltöffnung entleert sich ein mit Gehirnbröckeln untermischtes, geronnenes Blut. An Stelle des letzteren liegt die Tabula externa des Seitenwandbeines vor.

Die Dura zeigt sich überall gespannt und blutreich. Zwischen Pia und Dura reichliche Blutgerinnsel. Pia blutig suffundirt. namentlich an der Oberfläche des Gehirnes finden sich in ihr zahlreiche Blutungen. Pia über dem Kleinhirn von derselben Beschaffenheit.

Die Corticalis der vorderen Hälfte der 1. und 2. Windung des rechten Schläfelappens und des vorderen Drittheiles der 3. Windung desselben ist zertrümmert und hämorrhagisch erweicht. Ebenso ist die Corticalis und die nächst anstossende Marksubstanz der Spitze des linken Stirnlappens verändert. Die übrige Gehirnsubstanz ist sehr blass, weich, zäh. Die Ventrikel sind eng. Das Kleinhirn weich, brüchig, ziemlich blutreich. Pons und Medulla sind fester, zäher, aber auch blutreich. Nach Abziehen der Dura bemerkt man, dass die rechte Felsenbeinpyramide von zahlreichen, nach verschiedenen Richtungen verlaufenden Sprüngen durchsetzt ist.

Diagnose: Fractura baseos cranii complicata. Haemorrhagiae extra-durales et intermeningeales. Malacia haemorrhagica lobi temporal. dextri et lobi frontalis sinistri.

Nach Herausnahme des rechten Schläfebeines zeigte sich das Paukendach vielfach geborsten. Unter diesen zahlreichen Sprüngen konnte man deutlich eine Hauptfissur verfolgen, welche 1½ Cm. vor der oberen Pyramidenkante von der Schuppe ausgehend über das Tegmen tympani, über das Dach des Canalis musc. tubarius bis zum Foramen lacer. anterius herabzog. Vom Angulus mast. des Seitenwandbeines setzte sich dieser Sprung senkrecht nach abwärts auf die laterale Wand des Warzenfortsatzes fort, brach ungefähr 1 Cm. unterhalb der Linea temporalis die Basis des Zitzenfortsatzes quer durch und theilte weiterhin die hintere Gehörgangswand in einen oberen und einen unteren Abschnitt. Nachdem diese Fissur auch die vordere Gehörgangswand durchsetzt hatte, griff sie, die Glaserspalte überschreitend, auf das Kiefergelenk über und verlief dicht unterhalb der vorderen Wurzel des Jochfortsatzes in der Naht, welche das Schläfebein mit dem grossen Keilbeinflügel verbindet.

Diese Bruchlinien spalteten das Schläfebein in zwei vollständig isolirte Theile, in ein grösseres mediales und ein kleineres laterales Stück.

Letzteres bestand aus der noch erhaltenen Schuppe, an welche sich nach unten zu ein Theil der lateralen Warzenfortsatzwand, die hintere obere, die obere, die vordere obere Gehörgangswand sowie das Dach des Kiefergelenkes anschloss.

Der mediane Abschnitt wurde fast ausschliesslich aus dem Felsentheil des Schläfebeines gebildet. Der gleichfalls abgebrochene Warzenfortsatz stand nur noch durch die ihn überziehenden Weichtheile mit der Pars petrosa in loser Verbindung. Das Antrum, die Paukenhöhle, die knöcherne Tuba, kurz alle pneumatischen Räume des Schläfebeines waren mit Blut erfüllt, so dass der Knochen überall eine tief dunkelblaurothe Verfärbung darbot. Die Membrana flaccida war an ihrem Uebergang in das eigentliche Trommelfell der Quere nach zerrissen, und vor dem Hammergriff liess sich ein grösserer Blutherd nachweisen. Das Hammerambosgelenk war nach vorn zu luxirt; auch die Verbindung des langen Ambosschenkels mit dem Steigbügelköpfchen war aufgehoben. Nach der Entfernung des lateralen Bruchstückes blickte man direct in die eröffneten Zellen des Warzenfortsatzes, in den Kuppelraum und die knöcherne Ohrtrompete. Auch der Halbkanal für den Trommelfellspanner lag frei da, so dass man den Verlauf dieses Muskels bis zu seiner Anheftungsstelle am Hammerhalse deutlich verfolgen konnte. (Siehe Tafel III. Fig. 2.)

Bei der histologischen Untersuchung des rechten Schläfebeines fand man sämmtliche Mittelohrräume mit ausgetretenem Blute erfüllt. Die Verbindung zwischen Hammer und Ambos war fast vollständig aufgehoben. Der gedrungene, nahezu horizontal nach hinten gerichtete kurze Fortsatz des Amboses war lateralwärts gekehrt, seine Gelenkfläche war medianwärts und etwas nach vorn zu gewendet. Die Fussplatte des Steigbügels war durch das Ringband noch fest im ovalen Fenster fixirt.

Auch das runde Fenster war unversehrt. In dem Schleimhautüberzug der lateralen Labyrinthwand und des Kuppelraumes
lagen die Ekchymosen dichter als an den übrigen Stellen. In die
innere spongiöse Substanz der Gehörknöchelchen, in die beiden
äusseren Schichten des Trommelfelles sowie in die Muskeln der
Pauke hatten einzelne Hämorrhagien stattgefunden.

Was die pathologischen Veränderungen der Schnecke anbelangt, so wurden nur in der Paukentreppe des Vorhofsabschnittes
reichliche Blutaustritte festgestellt, die übrigen Windungen blieben
frei. Einige Blutungen waren in die Hohlräume der Spindel und
in den Stamm des Acusticus erfolgt.

Der endolymphatische Raum des Vorhofes und der Bogengänge boten nichts Bemerkenswerthes dar. Nur in ihrem perilymphatischen Balkennetz wurden hier und da Anhäufungen
von rothen Blutkörperchen bemerkt. Besonders hervorzuheben
sind aber wiederum die ausgedehnten Hämorrhagien in die engen
Knochenkanäle für die Zweige des Nervus vestibuli und in das
mit arteriellen und venösen Gefässen reichlich versorgte Gebiet
der Cristae und Maculae acusticae.

Aus der Richtung der Bruchspalten an der Basis können wir
in unserem Falle mit fast absoluter Sicherheit auf eine diagonale
Richtung der Gewalt schliessen. Sie wirkte auf das Uebergangsgebiet des hinteren und seitlichen Kompfumfanges, riss den
Warzenfortsatz ab und führte zu einer Längsfissur des Felsenbeines, welche sich bis zum Foramen lacerum anterius herabzog.
Wir gehen gewiss nicht fehl, wenn wir annehmen, dass der Arbeiter beim Abspringen von dem noch im Gange befindlichen
Eisenbahnwaggon auf der hart gefrorenen Erde zu Falle kam
und durch ein Trittbrett von hinten her den tödtlichen Stoss in
die rechte Schläfebeingegend erhielt, welcher das dünne Knochen-
blatt der Schuppe eindrückte und die Rinde des Schläfelappens
sowie die Marksubstanz der Spitze des Stirnlappens der anderen
Seite zertrümmerte.

Obgleich eine directe Verletzung des inneren Ohres auch in
diesem Falle nicht stattgefunden hatte, fanden sich doch wieder
zahlreiche Ekchymosen im Stamm des Acusticus und Facialis,
ferner ausgebreitete Blutaustritte in die Paukentreppe der basalen
Schneckenwindung sowie in die Zweige und Endausbreitungen
des Vorhofsnerven.

Es ist wohl nicht unangebracht, an dieser Stelle etwas näher
auf die Frage einzugehen, ob die pathologisch - anatomischen

Befunde, welche durch vorstehende Untersuchungen festgestellt
wurden, uns den durch schwere Gewalteinwirkungen gegen den
Schädel ausgelösten Symptomencomplex hinreichend erklären
können.

Die im Verlaufe des Nervus vestibuli angetroffenen krankhaften Veränderungen scheinen zu einem zufriedenstellenden Ergebniss geführt zu haben.

Vor allem kommen hier die regelmässig beobachteten, ausgebreiteten Blutungen in die engen Knochenkanäle für die dem
Otolithenapparat und den sogenannten Hörhaaren der Cristae
acusticae zustrebenden Nervenzweige in Betracht, sowie die zahlreichen Hämorrhagien in das mit Gefässen wohlversorgte Gebiet
der Maculae der Recessus. Zu erwähnen sind fernerhin die erheblichen Blutaustritte zwischen die netzförmigen Bindegewebs-
bälkchen, welche den perilymphatischen Raum durchsetzen und
das häutige Labyrinth mit der knöchernen Wand desselben verbinden. Ein ausgedehnter Bluterguss in den endolymphatischen
Raum scheint weit seltener vorzukommen, weil er in den Fällen,
in welchen die Labyrinthkapsel keine directe Verletzung darbot,
nicht beobachtet wurde.

Da nun der Vestibularnerv unabhängig vom Nervus cochleae
innerhalb des Centralnervensystems seinen Verlauf zum Kleinhirn
nimmt, welches sichere Beziehungen zu den Schwindelerscheinungen erkennen lässt, so können auch Insulte, welche· seine
Fasern treffen, Störungen des Körpergleichgewichtes hervorrufen.
Kleinere interstitielle Blutextravasate werden eine nur geringe
Reizung ausüben. Hat das ergossene Blut grössere Gewebslagen
auseinander gedrängt und eine theilweise Zertrümmerung der
nervösen Elemente herbeigeführt, so werden die Ausfallserscheinungen bedeutender sein. In solchen Fällen wird der Kranke
erst allmählich wieder dahin kommen, mit Hülfe seiner Augen
die jeder Stellung und Haltung seines Körpers entsprechenden
peripheren Sinneseindrücke in der richtigen Weise zu combiniren,
so dass er erst nach einem grösseren Zeitabschnitt die frühere
Sicherheit in seinen Bewegungen wiedererlangen wird.

Weniger zufriedenstellend ist das Resultat der Untersuchungen
in Bezug auf die zumeist ganz bedeutenden Hörstörungen.

Zersprengt der Bruch die knöcherne Wand des Labyrinthes,
und führt er zu einer Zerreissung seiner membranösen Gebilde,
so sind alle Hohlräume der Schnecke mit festen und flüssigen
Blutbestandtheilen vollgestopft. Grössere Ernährungsstörungen,

welche eine Degeneration und Erweichung der zelligen Elemente
bedingen, eine Durchsetzung des zerfallenden Blutherdes durch
neugebildetes Bindegewebe sind in der Folge unvermeidlich und
erklären uns hinreichend eine eintretende Taubheit.

Aber wir würden gewiss irren, wollten wir in allen Fällen
von hochgradiger Herabsetzung der Hörschärfe nach Traumen
eine directe Continuitätstrennung des Schneckengehäuses annehmen. Eine beträchtliche Gehörsabnahme kommt gewiss nicht
selten auch bei der Labyrintherschütterung vor. Die nur mässigen
interstitiellen Blutungen in den Stamm des Acusticus, in den
Rosenthal'schen Kanal und zwischen die Blätter der Lamina
spiralis ossea können die grossen Defecte im Hörfeld nicht allein
verursachen. Degenerative Vorgänge in den äusserst zarten Fasern
des Nervus cochleae werden in weit geringerem Maasse die Ausfallserscheinungen auslösen, als noch ihres Nachweises harrende
Veränderungen im Ganglion spirale oder im Corti'schen Organe
selbst, dessen höchst empfindliches Sinnesepithel nur zur schnell
einer eintretenden Verwesung anheimfällt und der richtigen Deutung pathologisch-anatomischer Befunde ganz wesentliche Schwierigkeiten entgegenstellt.

Das häufige Mitergriffensein des freien Vorhoftheiles der
Schnecke, besonders der Paukentreppe dieses Abschnittes erklärt
sich folgendermaassen.

Als die einzigen nachgiebigen Theile des Labyrinthes sind
die Fenstermembranen anzusehen. Allerdings wird es auch bei
einer plötzlichen Druckerhöhung im inneren Ohre zu einem Ab-
strömen von perilymphatischer Flüssigkeit durch den in der Scala
tympani der unteren Schneckenwindung beginnenden Aquaeductus
cochleae, sowie von Endolymphe durch den Ductus endolym-
phaticus der Vorhofswasserleitung kommen; der Abfluss an diesen
Stellen wird jedoch wegen der starken Reibung in den engen
Kanälen kaum in Betracht zu ziehen sein. Auch die durch den
Steigbügel und das straffe Ringband verschlossene Fenestra ovalis
bietet der ausweichenden Flüssigkeitssäule einen nicht unerheb-
lichen Widerstand dar. Infolgedessen muss die Steigerung des
Labyrinthdruckes sich in erster Linie am und in der Umgebung
des runden Fensters geltend machen; es kommt hier zu kleinen
Läsionen, zur Bildung von Blutextravasaten.

Es ist hier nicht der Ort, auf die differentiell diagnostische
Abgrenzung der Erkrankungen des Labyrinthes gegenüber denen
des Acusticusstammes oder noch weiter centralwärts gelegenen

Schädigungen näher einzugehen. Wir würden bei diesem Versuch uns wiederum auf unsichere Pfade begeben, da wir zur Zeit isolirte Hörstörungen ohne anderweitige, die Diagnose erleichternde Erscheinungen von Seiten des Centralnervensystems nicht genau localisiren können. Treffen Läsionen den Stamm des Acusticus, so wird in der Regel auch der Facialis mit betheiligt sein. Blutungen ins Gebiet der Hörnervenkerne werden je nach ihrer Ausdehnung Störungen anderer Hirnnerven, des Trigeminus, Facialis, Abducens, Vagus, Glossopharyngeus und der Kleinhirnseitenstrangbahn zur Folge haben. . Von der Haube an wird die gekreuzte Taubheit das klinische Bild beherrschen. Hier werden sensible Symptome und Augenmuskelstörungen von Seiten des Oculomotorius und Trochlearis meist in Erscheinung treten. Greift ein Blutherd im Corpus geniculatum internum auf das externum oder auf den Hirnschenkelfuss über, so werden wir ausser einer fast vollständigen Taubheit des der verletzten Seite gegenüberliegenden Ohres einen hemianopischen Gesichtsfeldausfall oder eine gekreuzte Lähmung der einen Körperhälfte antreffen. Ist der Sitz der Läsion in der inneren Kapsel, in welcher die sensiblen und motorischen Bahnen auf ein kleines Feld zusammengedrängt sind, so finden wir neben der Gehörstörung eine vollständige Hemianästhesie incl. Hemianopie, eventuell auch Lähmung der entgegengesetzten Körperhälfte meist unter Mitbetheiligung des Facialis. Bei einer Blutung in das Marklager des Schläfelappens werden die Begleitsymptome vorwiegend durch den Ausfall der grossen Associationsfasersysteme gekennzeichnet, welche den Schläfelappen mit den übrigen Gehirnlappen verbinden. So bedingt z. B. die Unterbrechung des Faserzuges zwischen Hinterhaupts- und Schläfelappen das Bild der optischen Aphasie. Die Fälle von Rindentaubheit können von den typischen centralen Sprachstörungen begleitet sein. Da im linken Schläfelappen auch die Erinnerungsbilder für die Sprache niedergelegt sind, so kann bei einer linksseitigen Rindenverletzung ausser der Hörstörung auf der entgegengesetzten Seite noch vollkommene Worttaubheit eintreten.

Zum Schluss sei es noch gestattet, fünf aus dem reichhaltigen Material unserer Klinik ausgewählte Krankengeschichten dieser Abhandlung anzufügen und ihnen einige kurze Erklärungen vorauszuschicken.

Die beiden ersten Patienten zogen sich durch einen Fall auf's Hinterhaupt jedenfalls eine Querfractur des Felsenbeines zu,

welche eine hochgradige Labyrinthaffection zur Folge hatte. Der
Grad der Schwerhörigkeit ergiebt sich leicht aus den beige-
gebenen Hörprüfungen. Bei den drei nächsten Kranken traf die
Gewalteinwirkung die Seite des Schädeldaches und führte allem
Anscheine nach zu einer Längsfractur der Pyramide.

Im Fall 4 und 5 ist diese Annahme durch den otoskopischen
Befund sichergestellt. Während bei der Franziska M. sich eine
fast complete Taubheit auf dem verletzten Ohre einstellte, handelt
es sich in den beiden letzten Fällen vorwiegend um eine Er-
krankung des Mittelohres. Das auffällig schlechte Gehör für hohe
Töne in Luftleitung deutet auf eine Mitbetheiligung der basalen
Schneckenwindung, die nach unseren pathologisch-anatomischen
Untersuchungen ziemlich häufig vorzukommen scheint.

Von besonderem Interesse ist die letzte Krankengeschichte.

Wie früher bereits erwähnt, verbindet sich mit den der
Längsaxe der Pyramide parallel verlaufenden Sprüngen mitunter eine Absprengung der Spitze. Eine solche scheint hier
stattgefunden und zu einem extraduralen Bluterguss an der hinteren Fläche des medianen Abschnittes der Felsenbeinpyramide
geführt zu haben. Dieser comprimirte vorallem den Stamm des
Nervus oculomotorius, während die äussersten Ausläufer gerade
noch hinreichten, einen Reizzustand in dem 1. und 2. Ast des
Trigeminus hervorzurufen. Dass es sich vorwiegend um eine
Compression gehandelt haben muss, geht daraus hervor, dass
sämmtliche nervösen Erscheinungen im Laufe der Zeit bis auf
eine geringe Parese des Oculomotorius sich zurückbildeten. Die
Thatsache, dass nur im Acusticus allein die Reizerscheinungen,
welche aus der verlängerten Knochenleitung für tiefe Töne geschlossen werden kann, durch die ganze Beobachtungsdauer bestehen blieben, legt wohl den Gedanken nahe, dass es ausserdem im Bereiche dieses Nerven ebenso wie im Facialis (längei-
dauernde Parese des Stirnastes) auch zu interstitiellen Blutungen
gekommen war. Der Sitz, den wir für den extraduralen hämorrhagischen Herd annehmen müssen, lässt wohl eine stärkere Betheiligung beider Nerven sowie auch des Trochlearis und Abducens unmittelbar nach der Verletzung vermuthen. Sicher
lässt sich dies aber nicht feststellen, weil weder das Mürzzuschlager Begleitschreiben noch der Patient selbst einen näheren
Aufschluss darüber giebt.

Fall 1. Anton K., 53jähriger Schlosser aus Graz.
P. hörte infolge seines Berufes seit einigen Jahren etwas schlechter,
konnte aber ohne Schwierigkeit dem Gespräch Anderer folgen.

Zu Weihnachten 1894 stürzte Pat. etwa 3 Mtr. von einer Leiter herab und fiel mit dem Hinterhaupte auf's Pflaster. Der Kranke blieb 3 Tage hindurch vollständig bewusstlos und blutete aus Ohren, Nase und Mund. Auch beide Augen waren blutig unterlaufen. Bei Erlangung des Bewusstseins merkte Pat., dass er fast taub sei, hatte Sausen und Klingen in beiden Ohren, sowie starken Schwindel mit Drehbewegungen. Diese Beschwerden haben bis heute angehalten. Zuweilen tritt etwas Kopfschmerz auf. Nur der Schwindel hat sich etwas gebessert. Seit dem Fall sieht der Kranke auch schlechter. Früher war Pat. stets gesund.

Am 16. April kam K. behufs Untersuchung zur Ohrenklinik und zeigte folgenden Befund:

Beide Trommelfelle stärker eingezogen, wenig glänzend, Lichtkegel kurz, Randknickung.

Da Pat. eine Behandlung verlangt, wird er katheterisirt. Am 6. Juni hatte sich nur das rechte Ohr etwas gebessert. $fl = 0{,}03$. $st = 0{,}50$ m.

$W^1)$

$R\ ?\ L$

$\Theta \left(\begin{smallmatrix}u\\u_e\\u_{tr}\end{smallmatrix}\right) \Theta$

$0{,}01\ st\ 0{,}20$

$\Theta\ fl\ \Theta$

$3''\ c_{tr}\ 4''$

$- R -$

$\Theta\ c\ 5''$

$5''\ c^1 6''$

$c^1 - c^7\ H.\ C_{-2} - c^7$

Fall 2. Thomas D., 34jähriger Bauernknecht aus Stiboll.

Pat. fiel Ende April 1895 aus einer Höhe von $1^1/2$ Mtr. rücklings auf die linke Hinterhauptsgegend, blieb eine halbe Stunde hindurch bewusstlos. Keine Blutung aus einer der Basis anliegenden Höhle. Pat. musste sofort wegen starken Schwindels zu Bett gebracht werden, welches er 5 Tage hindurch nicht verlassen durfte, er erbrach einmal und hatte 2 Wochen lang heftige Kopfschmerzen. Gleich nach Wiedererlangung des Bewusstseins merkte Pat. starkes Sausen und eine hochgradige Schwerhörigkeit im linken Ohre. Nie traten Schmerzen auf. Das heftige Sausen und die hochgradige Gehörsabnahme ist bis heute gleich geblieben, der Schwindel hat seit einer Woche aufgehört. Sonst war Pat. stets gesund und hatte ein gutes Gehör. Befund vom 7. Juni 1895:

Rechtes Ohr: Trommelfell ziemlich stark getrübt, glanzlos.

Linkes Ohr: Trommelfell stärker eingezogen, leicht getrübt. In der Mitte der hinteren Hälfte zwei bräunliche Punkte (Hämorrhagien).

Nasengänge weit, links grössere Spina septi, hintere Rachenwand glatt, atrophisch.

Pat. bleibt ohne Behandlung.

W

$R\ ''\ \Theta\ L$

$2{,}0\ u\ \Theta$

$+ \left(\begin{smallmatrix}u_e\\u_{tr}\end{smallmatrix}\right) +$

$8{,}0\ \left(\begin{smallmatrix}fl\ \Theta\\st\ 0{,}30\ (?)\end{smallmatrix}\right.$

$17''\ c_{tr}\ 9''$

$+ 35''\ R -$

$\cdot c\ 5''$

$- 7''\ c^4 - 29''$

$F_{-3} - c^5 H\ .\ c - c^5 (?)$

Fall 3. Franziska M., 28jährige Kellnerin von der Augen-Abtheilung.

Pat. bekam vor 18 Jahren eine Kegelkugel gegen das linke Ohr geschleudert, Blutung aus demselben. Pat. war einige Tage lang vollständig bewusstlos, hatte starken Schwindel und heftige Kopfschmerzen. Auch im Ohr gleich nach dem Unfall starke Schmerzen mit nachfolgendem, 14 tägigen, mässigen, eitrigen Ausfluss. Seit der Verletzung will Pat. auf der linken Seite vollständig taub sein. Ausser mässigem Sausen bestehen zur Zeit keine Beschwerden

---

1) W = Weber, R = Rinne (normale Perceptionsdauer 36''), u = Uhr in Luftleitung, u_e = Uhr an der Schläfe, u_{tr} = Uhr am Warzenfortsatz, fl = Flüsterstimme, st = Umgangssprache, c_{tr} = Luca'sche Stimmgabel am Warzenfortsatz (normale Perceptionsdauer 16''), c = Lucae'sche Stimmgabel vor dem Ohr (normale Perceptionsdauer 56''), c^4 = 43'' normale Perceptionsdauer.

H = Hörfeld. Dasselbe umfasst Töne von 12–32768 Schwingungen in der Secunde. Wir prüfen regelmässig den Ton c von C_{-2} bis hinauf zu c^5. Ausserdem stehen uns noch folgende tiefe Töne zur Verfügung: B_{-1} mit 56, F_{-1} mit 48, E_{-1} mit 40, F_{-2} mit 24 und F_{-3} mit 12 Schwingungen in der Secunde.

mehr. Im rechten Ohre trat vor 3 Jahren eine Entzündung auf, die jedoch
nicht zu einer Secretion führte. Lues negirt.

$$W$$
$$R > L$$
$$0{,}60\ u\ \Theta$$

$$+ \begin{cases} u_i\ + \\ u_w\ \Theta \end{cases}$$

$$8{,}0 \begin{cases} fl\ \Theta \\ st\ 0{,}15\ (?) \end{cases}$$

$$11''\ c_x\ 10''$$
$$+\ 20''\ R.\ -$$
$$\cdot\ c\ \Theta$$

$$-\ 5''\ c^4\ -\ 30''$$
$$F_{-3} -\ c^8\ H\ .\ c^1 -\ c^7\ (?)$$

Befund am 17. Februar 1895:

Rechtes Ohr: Trommelfell leicht milchig getrübt,
Lichtkegel matt, über der vorderen Falte tiefes Grübchen.

Linkes Ohr: Lichtkegel hell, Trommelfell nur leicht
getrübt.

Nasenschleimhaut etwas geschwollen, Secret mässig
vermehrt, sonst nichts Besonderes.

Ulcus corneae.

Pat. bleibt ohne Behandlung.

Fall 4. Leonhard Ch., 26 Jahr, Säger von der Nervenklinik.
Pat. wurde im Juni 1894 beim Holzschlagen von einem eben umfallenden
Baume getroffen und zu Boden geschleudert. Er erlitt hierbei eine Contusion
der linken Kopfhälfte. Der Kranke blieb 8 Tage hindurch bewusstlos. Seine
Mitarbeiter theilten ihm später mit, dass er gleich nach dem Unfall ½ Stunde
hindurch aus Mund, Nase und dem linken Ohre geblutet habe. Ebenso stellte
sich sofort nach der Verletzung eine linksseitige Facialisparese ein, die noch
heute besteht, jedoch etwas geringer ist als vorher. Als der Kranke wieder
zu sich kam, bemerkte er sofort eine beträchtliche Abnahme des Gehöres auf
der linken Seite, zu der sich ungefähr 2 Monate später ein anhaltendes
Rauschen, Sausen und Klingen hinzugesellte. Erst in der letzten Zeit soll
sich das Gehör auf dem linken Ohre nach warmen Bädern etwas gebessert
haben. 1 Monat nach dem Unfall trat auch ein langsam stärker werdender
Schwindel auf, der ununterbrochen fortbesteht. Pat. hat beim Gehen das Gefühl, als wenn er trunken wäre, und fühlte sich unsicher im Auftreten. Beim
Liegen ist der Schwindel am stärksten, und dann kommt es ihm vor, als be-
fände er sich in einer constant bewegten Schaukel. Seit dieser Zeit treten
auch oft Doppelbilder auf. Zeitweise Schmerzen im Hinterhaupte, die in
beide Schläfen und Unterkiefer ausstrahlen. Von einem eitrigen Ausfluss aus
dem Ohr weiss Pat. nichts.

Am 29. März 1894 wurde er uns behufs Untersuchung des Gehörorganes
zugeschickt, und hierbei zeigte er folgenden Befund:

$$W$$
$$R < L$$
$$2{,}0\ u\ 0{,}03$$

$$+ \begin{pmatrix} u_i \\ u_n \end{pmatrix} +$$

$$8{,}0 \begin{cases} fl\ 0{,}10 \\ st\ 8{,}0 \end{cases}$$

$$14''\ c_x\ 10''$$
$$+\ 17''\ R.\ -$$
$$\cdot\ c\ .\ 9''$$

$$-\ 13''\ c^4\ -\ 30''$$
$$C_{-2} -\ c^8\ H\ .\ c -\ c^8$$

Rechtes Ohr: Trommelfell leicht getrübt, Lichtkegel hell.

Linkes Ohr: Trommelfell milchig getrübt, flach,
nicht glänzend. Vor dem Hammergriff ein stark ein-
gezogenes Grübchen. Von hier aus zieht sich gegen
den Rivini'schen Ausschnitt eine tiefe Grube, die sich
im knöchernen Gehörgang als ein ziemlich breiter Spalt
etwa 4 Mm. weit nach aussen erstreckt.

Nase: Schleimhaut etwas aufgelockert. An der
hinteren Rachenwand reichliche Follikel. Im Nasenrachenraum reichlich schleimig eitriges Secret. Gewebe
am Rachendach etwas verdickt. Nach Katheter keine
Besserung.

Fall 5. Rafael V., 33jähriger Knecht aus Mürzzuschlag.
Pat. fiel am 11. October 1896 in trunkenem Zustande von einem Wagen
herab und erlitt durch den Fall eine schwere Contusion in der rechten
Scheitelbeingegend mit Blutung aus Nase und Ohr. Der Kranke wurde am
14. October noch bewusstlos in das Mürzzuschlager Krankenhaus gebracht,
lag hier eine Woche hindurch in tiefem Coma, Puls verlangsamt, leichtes
Fieber, Stuhlverstopfung. In der zweiten Woche Auftreten des Bewusstseins
ohne Erinnerung. Pat. zeigt Pupillendifferenz und Ptosis am rechten Auge, im
Uebrigen ist er stark verwirrt und leidet an Aufregungszuständen. Früher
ist V. angeblich stets gesund gewesen.

Am 8. November wurde er nach Graz auf die psychiatrische Klinik des
Herrn Prof. Anton überführt und bot folgenden körperlichen Befund dar:

Keine Knochenpression oder Verletzung am äusseren Schädel. Rechte Scheitel- und Stirngegend auf Druck schmerzhaft, ebenso das Gebiet des 1. und 2. Astes des Trigeminus. Ptosis und Lähmung sämmtlicher inneren und äusseren, vom Nerv. oculomotorius versorgten Augenmuskeln. Trochlearis und Abducens frei. Rechte Pupille maximal weit, reactionslos; die der anderen Seite mittelweit, reagirt prompt auf Lichteinfall. Cornealreflex beiderseits vorhanden, lebhaft. Sehvermögen und Augenhintergrund intact. Keine Störungen im Bereich des Facialis, nur die rechte Stirn wird etwas schlechter innervirt als die linke. Keine sonstigen Ausfallssymptome von Seite der übrigen Gehirnnerven, Bewegungsfähigkeit und Sensibilität im Bereiche des Rumpfes und der Extremitäten ungestört. Bei Fuss- und Augenschluss kein Schwanken.

Pat. zeigt bei seiner Aufnahme psychische Störungen, anfänglich noch leichte Verwirrtheit und eine reizbare Stimmung, die sich jedoch bald wieder verlor. Die Untersuchung auf unserer Klinik am 10. November führte zu folgendem Ergebniss:

Rechtes Ohr: Im Gehörgang aufgelockerte Epidermismassen mit etwas Eiter untermischt. Beim Ausspritzen tritt Nystagmus auf.

Die obere Gehörgangswand im knöchernen Theil stärker roth, Trommelfell flach, trüb, fast gar nicht glänzend. In der Membrana flaccida befindet sich eine mit Epithelfetzchen und Eiter bedeckte Stelle, wahrscheinlich eine Perforation.

Linkes Ohr: Hammergefässe injicirt, Lichtkegel verkürzt, Grübchen in der Membrana flaccida. Trommelfell etwas stärker eingezogen, weniger glänzend.

$$W$$
$$R > L$$
$$0{,}01 \, u \, 0{,}10$$
$$+ \left(\frac{u_s}{u_w} \right) +$$
$$0{,}10 \, fl \, 1{,}50$$
$$4{,}0 \, st \, 8{,}0$$
$$25'' \, c_w \, . \, 25''$$
$$- R \, . + 19$$
$$26'' \, c \, .$$
$$- 19'' \, c^4 - 6''$$
$$E_{-1} - c^8 H \, . \, C_{-2} - c^8$$

Nase: Schleimhaut roth, reichlich schleimig eitriges Secret, Rachenschleimhaut geschwollen.

Der Patient wurde mit Jodoformeinstäubungen behandelt, die Secretion liess nach, und Anfang December hörte sie vollständig auf. Am 16. December wurde folgender Befund aufgenommen:

Rechtes Ohr: Im medialen Theil des knöchernen Gehörganges an der Grenze zwischen oberer und vorderer Wand liegt eine grössere Blutkruste, ebenso in der Membr. flaccida. Das Trommelfell matt, glanzlos.

Linkes Ohr: Trommelfell stärker eingezogen, weniger glänzend.

$$W$$
$$R > L$$
$$0{,}03 \, u \, 0{,}90$$
$$+ \left(\frac{u_s}{u_w} \right) +$$
$$\left. \begin{array}{l} 0{,}50 \, fl \\ 8{,}0 \, st \end{array} \right\} \, 8{,}0$$
$$25'' \, c_w \, . \, 24''$$
$$+ 19'' \, R \, . + 23''$$
$$. \, c \, .$$
$$- 19'' \, c^4 - 8''$$
$$F_{-3} - c^8 H \, . \, F_{-3} - c^8$$

Kurz vor der Entlassung des Patienten, am 13. Februar 1897, wurde er uns nochmals zugeschickt und folgender Befund festgestellt:

Rechtes Ohr: Nach Entfernung der Blutkrusten erscheint der Rivini'sche Ausschnitt unmittelbar über dem kurzen Fortsatz als quergetheilter rother Wulst vorgewölbt. An der Uebergangsstelle der oberen in die vordere knöcherne Gehörgangswand befindet sich eine grössere Exostose, die Haut darüber weisslich, dünn. Perforation in der Membr. flaccida vernarbt.

$$W$$
$$R > L$$
$$0{,}05 \, u \, 0{,}90$$
$$+ \left(\frac{u_s}{u_w} \right) +$$
$$\left. \begin{array}{l} 1{,}0 \, fl \\ 8{,}0 \, st \end{array} \right\} \, 8{,}0$$
$$27'' \, c_w \, 27''$$
$$+ 25'' \, R \, . + 32''$$
$$. \, c \, .$$
$$- 7'' \, c^4 - 4''$$
$$F_{-3} - c^8 H \, . \, F_{-3} - c^8$$

Erklärung der Abbildungen.

TAFEL II.

Fig. 1. Medianes Bruchstück von Fall 2.

Die laterale Labyrinthwand liegt frei zu Tage. Im ovalen Fenster sitzt noch der Steigbügel, über ihn hinweg zieht der Facialis, welcher in der Höhe der Fenestra rotunda durchschnitten wurde. Der Bulbus der Vena jugularis ist eröffnet; ebenso ist das mittlere Stück der Carotis während ihres Verlaufes im Felsenbein herauspräparirt, damit man auch den Sprung an der medianen Wand des Canalis caroticus bis zur Fossa jugularis deutlich verfolgen kann.

Fig. 2. Blick von innen her auf das hintere laterale Bruchstück desselben Falles.

Dieser Abschnitt wird aus dem dorsalen Schuppenfragment, dem Warzenfortsatz und der hinteren Gehörgangswand gebildet. An ihm befindet sich noch die hintere Hälfte des Trommelfelles mit dem luxirten Ambos. An der unteren Fläche kommt der Griffelfortsatz mit der vorderen Wand der Drosselgrube zum Vorschein. Ueberdacht werden die eröffneten, vollständig mit Blut erfüllten pneumatischen Räume des Warzenfortsatzes von dem lateralen Theil des Tegmen tympani.

TAFEL III.

Fig. 1. Querfractur der Felsenbeinpyramide in der Höhe des Vorhofes; laterales Bruchstück von Fall 3.

Man sieht von innen her auf das unverletzte Trommelfell mit dem Hammer und Ambos. Die Steigbügelplatte sitzt noch an ihrer ursprünglichen Stelle. Ueber der Fenestra ovalis erscheint das erweiterte Ende des horizontalen Bogenganges, an der oberen Vorhofswand das des oberen halbzirkelförmigen Kanales. An der hinteren unteren Wand kommt der gemeinsame Schenkel beider verticalen Bogengänge und unterhalb dieser Oeffnung die Ampulle des hinteren Bogenganges zum Vorschein.

Fig. 2. Längsbruch des Felsenbeines. Medianes Bruchstück von Fall 4.

Das laterale Bruchstück ist entfernt. Man blickt direct in die eröffneten Zellen des Warzenfortsatzes, in den Kuppelraum und die knöcherne Ohrtrompete. Da auch der Halbkanal für den Trommelfellspanner eröffnet ist, so kann man den Verlauf dieses Muskels bis zu seiner Anheftungsstelle am Hammerhalse deutlich verfolgen. Die Membrana flaccida ist an ihrem Uebergang in das eigentliche Trommelfell der Quere nach zerrissen. Das Hammerambosgelenk ist luxirt. Der nahezu horizontal nach hinten gerichtete kurze Fortsatz des Amboses ist lateralwärts gekehrt.

TAFEL IV.

Fig. 1. Der Schnitt führt durch das ovale Fenster, das Promontorium und die Nische des runden Fensters. Die Paukenhöhle ist vollständig von ausgetretenen Blutbestandtheilen erfüllt. Hier und da stösst man auf eine reichlichere Ansammlung von weissen Blutkörperchen. In der Nähe der Fenestra rotunda zeigt sich bereits eine beginnende Organisation. Der Schleimhautüberzug lässt eine leichte entzündliche Infiltration der oberflächlichen Lagen erkennen, das submucöse Gefässnetz ist stark erweitert und mit Blut strotzend gefüllt. In die Paukentreppe des Schneckenanfangstheiles hat ein ausgebreiteter Bluterguss stattgefunden. (Fall 1. Zeiss, apochromatisches Objectiv 16, Compensations-Ocular 4.)

Fig. 2. Uebersichtsbild über den Verlauf der Bruchspalten an der Schädelbasis von Fall 2.

TAFEL V.

Fig. 1. Frontalschnitt durch den unteren verticalen Bogengang. Im endo- und perilymphatischen Raum reichliche Blutmengen. (Fall 3. Zeiss, apochrom. Objectiv 16, Compens.-Ocular 4.)

Fig. 2. Uebersichtsbild der Fissuren an der Schädelgrundfläche von Fall 3.

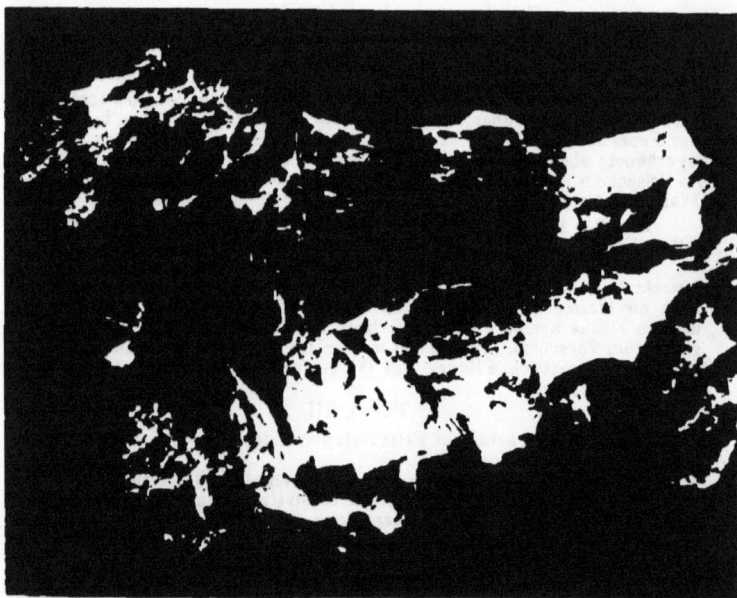

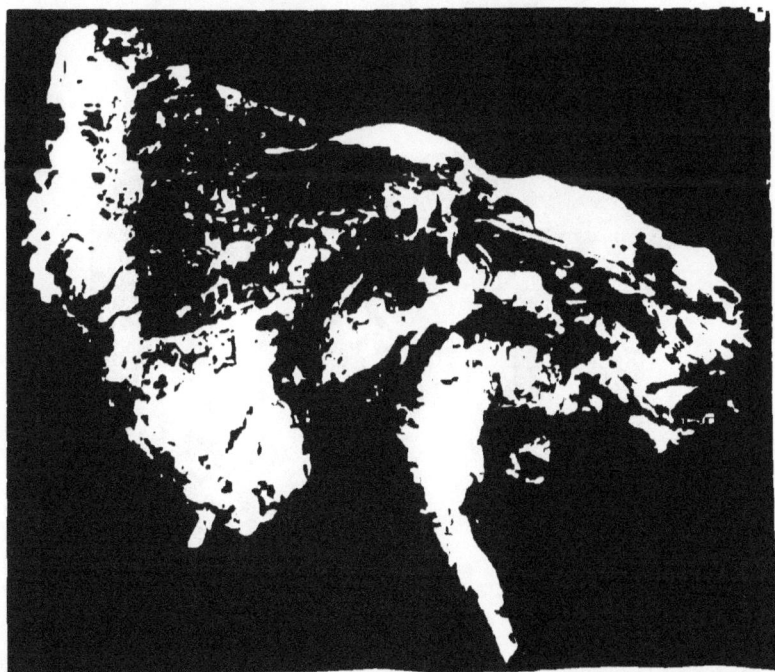

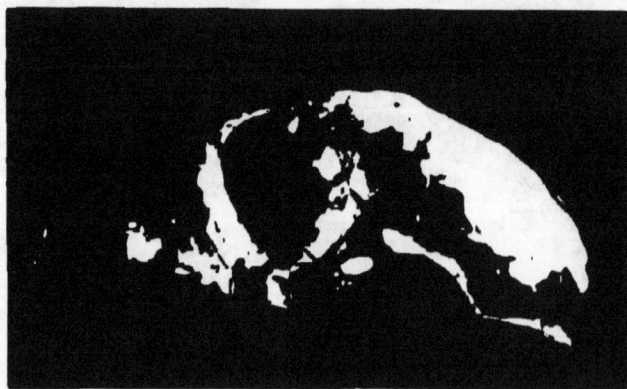

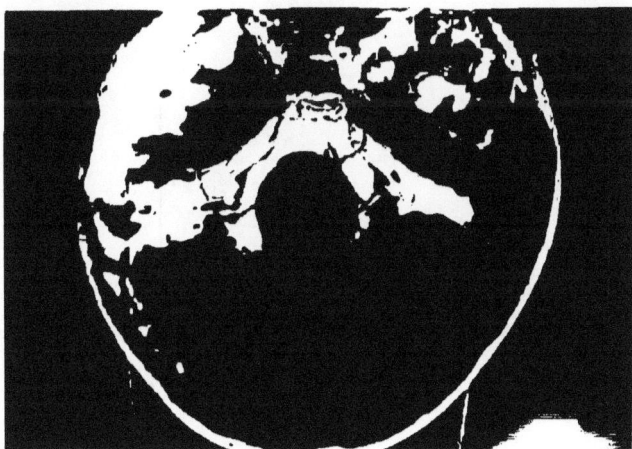

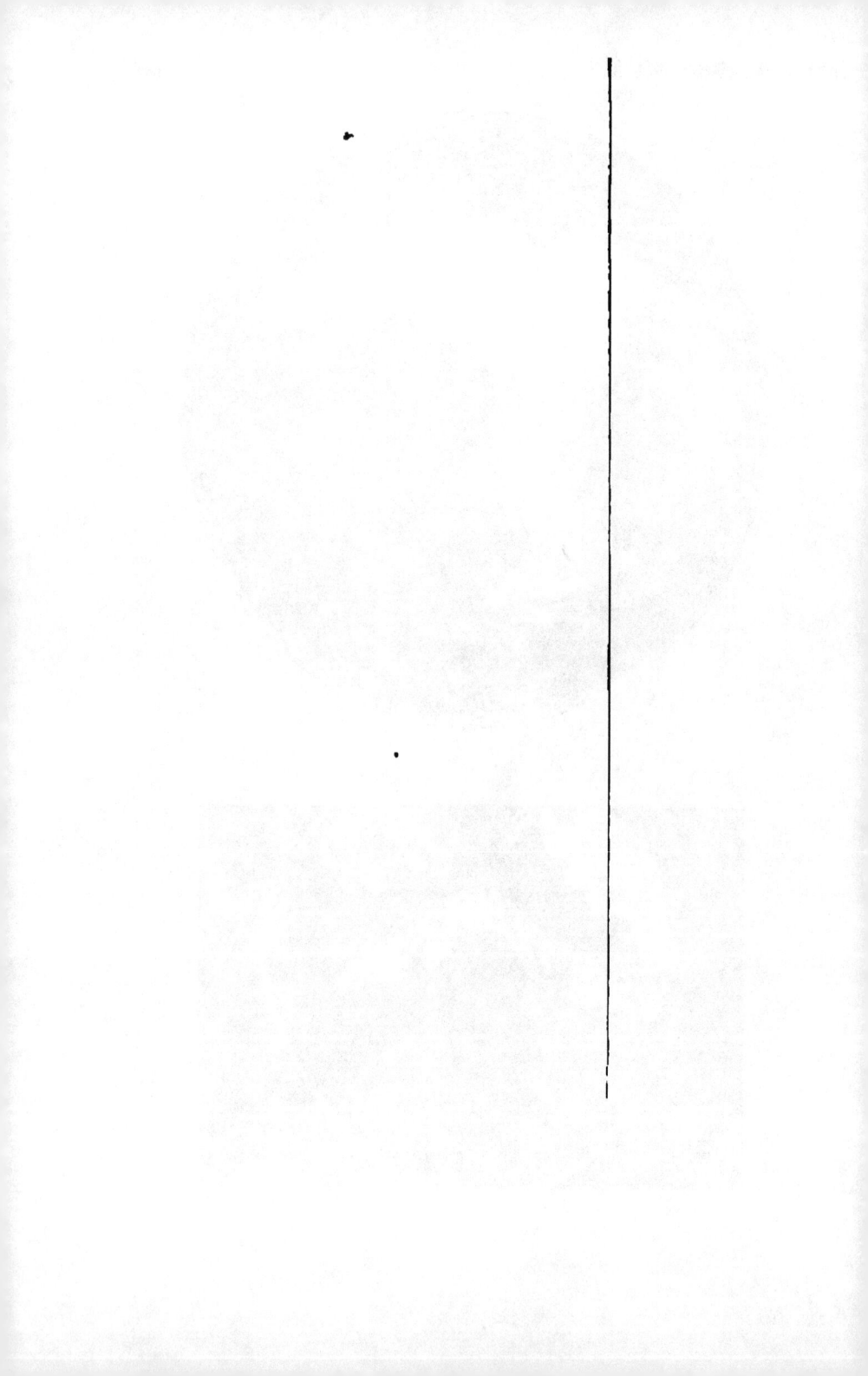

V.

Ein Lymphangio-Sarkom des äusseren Gehörganges.

Von

Dr. G. D. Cohen Tervaert und Dr. R. de Josselin de Jong,

Aerzten im Haag.

(Mit Figur 1, 2, 3 auf Tafel VI und Figur 4 im Text.)

Die nicht gerade häufige Mittheilung von beobachteten Fällen von Sarkom des Ohres darf wohl als ein Beweis gelten, dass das Vorkommen dieser Neubildung daselbst noch stets eine Seltenheit ist. Ueberaus selten findet sich aber das Sarkom am äusseren Ohr. So kommt z. B. Asch[1]) in seiner zusammenfassenden Arbeit zu einem Total von 10 Fällen, wo das Sarkom an der Ohrmuschel, und von 3 Fällen, wo es im äusseren Gehörgang auftrat. Dench[2]) berichtet über drei weitere Fälle von Sarkom des äusseren Ohres, und nur in einem dieser ging die Neubildung von der Wand des Gehörganges aus, dabei diesen sowie die Paukenhöhle erfüllend.

Diese Seltenheit veranlasst uns, im Folgenden einen Fall von Lymphangio-Sarkom des Gehörganges mitzutheilen, den einer von uns (Cohen Tervaert) beobachtet und operirt hat, während der andere (de Josselin de Jong) den Tumor mikroskopisch untersucht und die histologische Diagnose gestellt hat. Es verdient aber unsere Beobachtung um so mehr mitgetheilt zu werden, als bis jetzt ein mit den Endothelien der Lymphspalten zusammenhängendes

---

1) Das Sarkom des Ohres. Inaugural-Dissertation von Paul Asch. Strassburg 1896.

2) Neoplasms of the Ear. New-York Eye and Ear Infirmary Reports. January 1896. Referirt in diesem Archiv. Bd. XLII. Heft 1, S. 79.

plexiformes Sarkom am Ohr nicht beschrieben worden ist; am
nächsten steht es dem von Haug[1]) mitgetheilten plexiformen
Angio-Sarkom, wo das Sarkom seinen Ursprung vom Perithel der
Blutgefässe nahm.

Es handelt sich um ein Recidiv nach $3^{1}/_{2}$ Jahren von einer
Schwellung der linken Gehörgangswand, die damals mittelst
scharfen Löffels und Cauterisation vollständig hat entfernt werden
können. Die Structur derselben war im Boerhaave-Laboratorium
Leyden von Herrn de Josselin de Jong, damals Assistent zu
in diesem Laboratorium, als ein Lymphangio-Sarkom erkannt
worden, und diese Diagnose vom Director, Herrn Prof. Siegen-
beek van Heukelom, bestätigt worden.

Als Patientin, eine sonst gesunde Dame von 57 Jahren, am
10. Januar dieses Jahres zu mir kam, war wiederum seit einer
Woche eine Prominenz der linken Gehörgangswand constatirt
worden, nachdem bei der letzten Untersuchung, ein halbes Jahr
zuvor, der Gang normal befunden worden war. Die Prominenz
fand sich im Anfangstheil des knöchernen Gehörganges, nahezu
die obere Hälfte des Lumens einnehmend; sie war hart, sehnig-
weiss und breit inserirt, der untere Rand convex nach unten ge-
bogen. Mit einem dünnen Ohrtrichter, der sich leicht zwischen
Tumor und untere Wand hindurch einführen liess, zeigten sich der
mediale Theil des Gehörganges und das Trommelfell normal. Die
Lymphdrüsen um das Ohr herum waren nicht angeschwollen,
Schmerzen bestanden nicht und hatten nicht bestanden: das Gehör
auf dieser Seite zwar etwas, aber nicht viel schwächer als rechts.
Bis zum 28. Januar änderte sich der Befund nicht sichtbar,
es war also wohl wahrscheinlich, dass der Tumor nicht in kurzer
Zeit zu seinem jetzigen Volumen gewachsen war; dennoch entschloss ich mich in Anbetracht der bekannten Structur der ursprünglichen Neubildung zur Operation, die am 31. Januar statt-
fand; die Entfernung durch die äussere Ohröffnung schien mir
weniger angebracht, da eine narbige Verwachsung mit dem
Knochen von früher her nicht unmöglich wäre, oder vielleicht jetzt
schon die Neubildung auf den Knochen hätte übergegriffen haben
können, in welchen beiden Fällen der Knochen mehr oder weniger
tief mit fortgenommen werden müsste. Es wurde also die Ohrmuschel umschnitten und der häutige Gehörgangsschlauch abge-

---

[1] Beiträge zur Klinik und mikroskopischen Anatomie der Neubildungen
des äusseren und mittleren Ohres. Dieses Archiv. Bd. XXXVI.

bebelt, wobei sich alsbald glücklich herausstellte, dass weder eine Verwachsung mit dem Knochen bestand, noch ein Uebergreifen des Tumors auf denselben stattgefunden hatte; der Periosttrichter war im Gegentheil in seiner oberen und hinteren Circumferenz vollkommen unversehrt. Auf dem muthmaasslichen Sitze des Tumors wurde der Schlauch quer eingeschnitten, und als sich hierbei der Tumor getroffen zeigte, dieser medial- und lateralwärts von dem Einschnitte mit der Scheere abgetragen, wobei Knorpelstückchen vom knorpeligen Gehörgange mit entfernt wurden. Sodann wurde der Gehörgangsschlauch mit Jodoformgaze gegen den knöchernen Meatus antamponirt, die Hautwunde mit Nähten vereinigt und der Verband angelegt. Der postoperative Verlauf war der denkbar günstigste. Der Defect von Cutis und Periost hat sich schnell geschlossen, und bis jetzt (Ende Aug.) ist der Gehörgang wieder weit und zeigt keine Spur von Recidiv.

Anatomischer Befund. Der Tumor ist fixirt in Alkohol und eingebettet in Celloidin. Die Schnitte sind doppeltgefärbt mit Hämatoxylin-Eosin. Bei schwacher Vergrösserung zeigt sich sofort, dass wir es mit einer plexiformen Neubildung, liegend im Unterhautzellgewebe, zu thun haben; die gewundenen Zellstränge der Tumors sind theilweise zu grossen Haufen vereinigt; theilweise auch wachsen sie wie lange Ausläufer in das Bindegewebe aus; ja an vielen Stellen der Peripherie der Neubildung sieht man isolirte kleine, strangförmige Zellmassen, welche der Form der Zellen nach ganz mit der Hauptmasse des Tumors übereinstimmen. Das Epithel ist völlig normal, ebenso wie die Drüsen, insofern diese nicht unmittelbar an die Neubildung grenzen. Wo dies der Fall ist, zeigen sie selbstverständlich die Folgen des Druckes in Form von Atrophie und Ausbuchtung. Das Bindegewebsstroma, worin die Zellen der Neubildung wachsen, verhält sich sehr ruhig; es zeigt sich da weder Entzündung, noch secundäre Zellproliferation, wie wir es bei epithelialen Neubildungen zu sehen gewohnt sind.

Bei schwacher Vergrösserung schon sehen wir in der Mitte der Zellstränge ein feines Lumen; und in vielen der isolirten Bündel der Peripherie sieht man sehr deutlich eine feine Spalte, welche theilweise von mehr oder weniger geschwollenen Endothelzellen, theilweise auch von echten Tumorzellen bekleidet ist.

Und die starke Vergrösserung bestätigt diesen Befund vollkommen.

Es zeigt sich dann, wenn wir zum Object unserer Beobachtung die isolirten Bündel nehmen, dass die feine Spalte meistens ausschliesslich von Tumorzellen bekleidet ist.

Fig. 4.

Wenn man aber scharf zusieht, findet man an einigen Stellen eine sehr dünne eigene Wand, welche gebildet wird von einer sehr feinen, structurlosen Membran; bisweilen aber findet man diese Wand von mehr oder weniger platten Zellen mit hohem, dunklem Kern belegt, also eine endotheliale Bekleidung. Die spaltförmigen Lumina verlieren sich entweder allmählich im umgebenden Bindegewebe, oder sie zeigen ein blindes Ende in der Masse der Tumorzellen.

Wir haben also wenigstens theilweise mit Lymphspalten zu thun und können somit die Zellen der Neubildung ihrem Ursprung nach zu den Endothelien der Säftespalten zurückführen.

Die Diagnose lautet also: Sarcoma plexiforme, endothelioma.

Die Form der einzelnen Tumorzellen ist im Allgemeinen

Fig. 1.

Fig. 2.

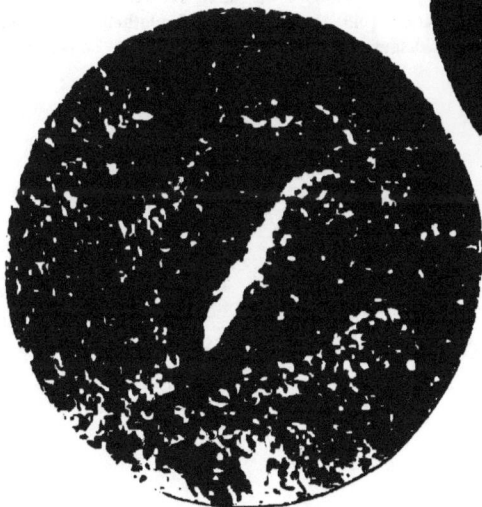

Cohen Tervaert u. de Josselin de Jong, Lymphangio Sarkom
de Josselin de Jong, photogr.

Verlag von F. C. W. Vogel i

eine mehr oder weniger lang-ovale, mit Abarten von runder oder vieleckiger Gestalt.

Das Protoplasma hat sich wenig gefärbt und ist im Vergleich zu den Kernen nur klein.

Die Zellen liegen dicht aneinander. Die Kerne sind ebenfalls meistens lang-oval, wenige sind rund-oval, rund oder vieleckig.

Die Lage der Zellen in den isolirten Strängen ist derart, dass die Längsaxe der Richtung der Spalten parallel ist; in den geschlängelten, zu Gruppen vereinigten Zellbündeln steht die Zelle oft senkrecht auf dem feinen, schwer sichtbaren Lumen.

Erklärung der Abbildungen.

(Die ersten 3 Figuren sind genommen nach photographischen Abdrücken der mikroskopischen Präparate.)

Fig. 1. Peripherischer Theil der Neubildung, der deutlich zeigt, wie die Zellen des Tumors sich zu dem Bindegewebe verhalten. Sie wachsen nämlich wie dünne Stränge im Bindegewebe aus. Eine centrale Spalte ist in einem der Stränge sichtbar.

Fig. 2. Starke Vergrösserung von einem Theil der Fig. 1. Man sieht hier sehr schön, dass die Spalte in der Mitte der Zellen eine eigene dünne Wand hat. Das umgebende Gewebe ist kernarmes, fibrilläres, altes Bindegewebe.

Fig. 3. Schwache Vergrösserung der Hauptmasse des Tumors. Das plexiforme Wachsthum der Neubildung ist hier sehr gut sichtbar.

Fig. 4 im Text. (Nach einer Zeichnung vom Verfasser.) Ein Theil der peripheren Stränge des Tumors bei sehr starker Vergrösserung. Die sichtbaren Lymphspalten sind theilweise von Endothelien, theilweise von den Sarkomzellen bekleidet. Das Verhalten der beiden Zellenarten ist hier sehr deutlich.

VI.

Ueber traumatische Läsionen des Gehörorganes.

Von

Dr. Sigismund Szenes
in Budapest.

(Vortrag, gehalten am 26. September 1895 in der VII. Sitzung
des V. internationalen Otologencongresses in Florenz.)

Meine Herren! Wohlbekanntlich stellen sich die Folgen
traumatischer Läsionen des Gehörorganes in den verschiedensten
Formen ein, und lässt sich auch ein typisches Bild dieser oft
mit den schwersten Symptomen einhergehenden Erkrankungen
nicht geben. Von den geringsten Abschlürfungen der Epidermis
im äusseren Gehörgange bis zu den ausgedehntesten Destructionen
im schallempfindenden Apparate können die Folgen eines Traumas
sein, welche sich manchmal blos auf einzelne Theile des Gehörorganes beschränken, nur zu oft aber eine Läsion mehrerer Theile
betreffen.

In der Literatur finden sich wohl die verschiedensten Fälle
vor, und wenn ich trotzdem das Thema hier berühre, so geschieht es nur aus dem Grunde, weil die Sache doch sowohl
vom klinischen, wie auch vom gerichtsärztlichen Standpunkte aus
häufig überaus wichtig sein kann.

Ich will Ihnen auch nicht sämmtliche Fälle anführen, in
welchen ein Trauma das Gehörorgan lädirte, sondern nur einige
Fälle aus den letzten Jahren, welche mir für erwähnenswerth
scheinen.

I. Am 20. November 1890 kommt ein 30 Jahre alter Kaufmann zu mir, welcher 3½ Monate früher gelegentlich einer Fahrt
über's Land, als die Pferde scheu wurden, aus dem Wagen geschleudert wurde. Pat. blieb bewusstlos liegen, wurde in ein
Hospital überführt, wo es sich herausstellte, dass sich auf dem

linken Os parietale eine klaffende und blutende Wunde be-
findet, jedoch ohne nachweisbare Fractur des betreffenden Knochens.
Die Bewusstlosigkeit dauerte nahezu 40 Stunden, worauf sich
Pat. allmählich erholte, nach einem 6 Wochen dauernden Krankenlager, mit den prägnanten Symptomen einer Gehirnerschütterung.
— Aus dem linken Ohre war auch eine wenn auch nur schwache
Blutung aufgetreten, welche durch 9 Tage hindurch bestand.
Seit dieser Zeit hörte Pat. auf dem linken Ohr nur sehr wenig;
rechterseits war das Gehörvermögen nach dem Sistiren einer
20 Jahre anhaltenden Otorrhoe bedeutend beeinträchtigt gewesen.
Schliesslich klagte auch Pat. über ein constantes Ohrensausen,
welches sich auf der letzt erkrankten linken Seite etablirte und
von Zeit zu Zeit in einem dumpf siedenden Brausen sich kund
gegeben.

Die Spiegeluntersuchung ergab ein vollkommen normal
aussehendes Trommelfell linkerseits; rechts hingegen fand sich
eine Vernarbung des hinteren unteren Quadranten. Auf dem
rechten Ohre hörte Pat. die Uhr auf 10 Cm., tiefe Stimmgabeltöne nur per Knochenleitung, hohe hingegen auch per Luftleitung.
Links bestand absolute Taubheit für Uhr und Flüstersprache
(letztere versuchte ich auch durch verschiedene Höhrrohre zuzuführen), Politzer's Acumeter wurde per Knochenleitung angeblich gefühlt und nicht gehört, ebenso auch C, C, und C$_2$;
C$_3$ und C$_4$ hingegen, wie auch „a" wurden vom linken Warzenfortsatze aus nach rechts lateralisirt; ebenso wurden sämmtliche
Stimmgabeltöne beim Weber'schen Versuch nach rechts lateralisirt, und Rinne fiel auch rechterseits negativ aus. Unter
solchen Umständen stellte ich nun die Diagnose: Vernarbung
im rechten Trommelfell nach sistirter chronischer
Paukenhöhleneiterung; links Taubheit infolge von
Commotio labyrinthi.

Am linken Os parietale befand sich der erwähnten Wunde
entsprechend eine 3½ Cm. lange Hautnarbe, im äusseren Gehörgange hingegen konnte keine Stelle gefunden werden, aus der
sich die bestandene Ohrblutung erklären liess, ebenso waren auch
keine Folgen einer vielleicht bestandenen Trommelfellruptur
nachzuweisen, was übrigens mit Hülfe des Katheters bestätigt
werden konnte.

Da bereits 3½ Monate nach der erfolgten Läsion verstrichen
waren, stellte ich dem Patienten von einer eventuellen Behandlung keine sicheren Erfolge in Aussicht, weshalb er sich auch

einer solchen nicht unterzog, und der Fall blieb somit für mich
blos vom diagnostischen Standpunkte aus werthvoll.

Die durch 9 Tage anhaltende Ohrblutung glaube ich als eine
aus irgend welcher Gehörgangswand entstandene betrachten zu
können, und nach dem Sistiren der Blutung erfolgte dann wahrscheinlich eine später nicht mehr erkennbare Vereinigung der
Wundränder. Die linkerseits nachgewiesene Taubheit möchte
ich auf eine Labyrinthcommotion hierselbst zurückführen, welche
infolge des Sturzes auf die linke Kopfhälfte erfolgte, das rechte
Labyrinth hingegen unversehrt liess.

Mehr oder weniger ähnlich sind Fall II und III, welche ich
deshalb nicht anführe.

Einen anderen Verlauf nahm der IV. Fall.

Ich wurde nämlich am 18. August 1893 zu einem 32 Jahre
alten Kaufmann gerufen, welcher früh Morgens, infolge eines
Fehltrittes von einem fahrenden Pferdebahnwagen herunterfiel
und von einem hinrollenden anderen Wagen überfahren wurde.
Pat. blieb bewusstlos an der Stelle liegen, wurde in diesem Zustande in's Rochusspital geführt, von wo er dann in seine Woh-
nung überführt wurde, wo ich ihn Abends sah. Er lag fortwährend
mit geschlossenen Augen auf dem Rücken, zeitweise ganz apathisch,
manchmal aber bald mit einem Fusse, bald mit einer Hand
herumarbeitend; auf an ihn gerichtete Fragen gab er keine Antwort, er reagirte auf Nichts und liess auch den Urin unter sich.
Ich wurde aus dem Grunde herbeigerufen, weil aus dem linken
Ohre gleich Morgens eine Blutung aufgetreten war, welche Tags
über bald geringer wurde, bald jedoch einen profusen Charakter
annahm.

Bei der Untersuchung fanden sich in dem trichterartig
verengerten, linksseitigen äusseren Gehörgange einige getrocknete
Blutkrusten und flüssiges Blut in mässigem Grade, nach deren
Entfernung ich die Ruptur hinten oben an der Gehörgangswand, knapp am Trommelfelle sehen konnte; die untere Partie
des Trommelfelles war mit Blutgerinnsel mehr bedeckt, als der
obere Theil, und trotz der erschwerten Untersuchung des Kranken
fiel mir auf, dass der Hammergriff nicht in seiner gewöhnlichen
Form und Lage zu finden war. Von einer Untersuchung des
Gehörvermögens musste ich bei dem Zustande des Kranken völlig
absehen und ergänzte somit blos die durch den Hausarzt ge-
stellte Diagnose: „Commotio cerebri mit wahrschein-
licher Fractura basis cranii", infolge der deutlich ge-

fundenen Ruptur der Gehörgangswand, und verordnete bei eventuell eintretender profuser Blutung eine feste Gehörgangstamponade.

Pat. verblieb 12 Tage im bewusstlosen Zustande, später ging's ihm allmählich besser, konnte aber das Krankenlager erst nach 2 Monaten verlassen; es dauerte aber noch weitere 3 bis 4 Monate, bis er vollkommen hergestellt war. Kopfschmerz und Schwindel haben wohl bestanden während dieser Zeit, doch liess sich sehr schwer bestimmen, ob diese auf eine specielle Läsion des inneren Ohres zurückzuführen wären, oder aber auf Rechnung der allgemeinen cerebralen Erscheinungen zu schreiben sind. Aus dem linken Ohre trat nach einigen Tagen eine Eiterung auf, welche auf die vom Hausarzte verordneten Ausspritzungen nach 5—6 Wochen sistirte, und als ich Pat. in vollkommen hergestellten Zustande sah, konnte ich keine Narbe an der rupturirten Gehörgangsstelle sehen, wohl aber, dass der **Hammergriff in zwei ungleichen Stücken, deren unteres dreimal so gross war als das obere, stumpfwinkelig verwachsen war und ringsherum auch eine kalkige Ablagerung im Trommelfelle** stattgefunden hatte. Der **intratympanalen Verwachsung** zufolge, welche sowohl mittelst Katheters als auch mit dem Siegle'schen Trichter nachgewiesen werden konnte, war das Gehörvermögen in der Weise geschwächt, dass die Uhr nur ad concham, Flüstersprache auf kaum 20 Cm., C und C_1 nur per Knochenleitung, C_2, C_3 und C_4, ebenso „a" auch per Luftleitung gehört wurden. Bei dem Weber'schen Versuch wird der Stimmgabelton vom Scheitel nach der erkrankten linken Seite lateralisirt, Rinne fiel für die höheren Stimmgabeltöne positiv, für die tiefen aber negativ aus.

Ich sah Pat. nach mehr als einem Jahre wieder, er geht ganz gut seinem Berufe nach, und auch das wohl schon herabgesetzte Gehörvermögen war nun constant geblieben.

In diesem Falle handelte es sich also unstreitbar um **Gehörgangswand- und Hammerfractur**, welche nach einer 5—6 Wochen anhaltenden Paukenhöhleneiterung verheilte. Die vorhandene Reduction des Gehörvermögens möchte ich auf die nachweisbaren Paukenhöhlenveränderungen zurückführen; labyrinthäre Erscheinungen bestehen nicht (kein Sausen, kein Schwindel etc.), und somit konnte ich auch die eventuelle **Läsion des inneren Ohres** ausschliessen, wenn ich nicht eine solche annehmen wollte, die aber mit der Besserung der allge-

meinen Cerebralsymptome sich ohne etwaige Folgen zurückgebildet hätte.

In einem V. Falle konnte ich, ebenfalls einige Stunden nach
dem erfolgten traumatischen Insulte, eine jedoch günstig und dabei auch schon in einigen Tagen geheilte Verletzung der
vorderen Gehörgangswand, nahezu in ihrer Mitte beobachten.

Es handelte sich hier um einen Collegen, welcher im Dunkeln
über einige Treppen stolpernd mit seinem Augenglase so unglück-
lich fiel, dass das Ende des einen Brillenhakens während des
Falles in die erwähnte Stelle der vorderen Gehörgangswand sich
auf einige Mm. hineindrückte und eine ziemlich profuse Blutung
aus dem rechten Ohre verursachte. Ich konnte die blutende
Stelle sehen und die Sonde auf 2½ Mm. einführen, doch ge-
sprengten Knochen konnte ich nicht fühlen.

Der Fall ging mit Ausnahme der schwachen und fortwährend
sickernden Ohrblutung mit nicht anderen schweren Symptomen
einher, auch war das Gehörvermögen nicht alterirt. Unter einer
einmal angewandten festen Tamponade sistirte endlich die Blutung, und die Wunde vernarbte.

Der Fall bietet nichts Besonderes und soll nur angeführt
sein, um zu zeigen, dass man eine nach Fall oder Sturz erfolgte Ohrblutung in übereifriger Weise nicht gleich als Folge eines Knochen-
bruches ansehe, welchen man übrigens immer doch nachweisen sollte.

Der VI. Fall betrifft ein 2½ Jahre altes Kind, welches von
einem Tische herabgefallen war, und bei dem nebst einer rechts-
seitig aufgetretenen Ohrblutung, infolge einer nachweisbaren Fissur
im äusseren Gehörgange, deutlich ausgesprochene Labyrinthsymptome — 2—3 maliges Erbrechen und mehrere Tage
hindurch anhaltendes Taumeln nach rückwärts — aufgetreten
waren. Der taumelnde Gang dauerte 5 Tage, die Blutung hörte
am dritten Tage auf, doch durch mehrere Tage hindurch secernirte wenig Eiter aus der rupturirten Stelle, und nach einer 23
Tage dauernden Beobachtung konnte ich das Kind vollkommen
hergestellt sehen. Es war dies im Monat November 1892; ich
liess mir das Kind nach grösseren Intervallen noch einige Male
vorführen und konnte mich stets von einer dauernden Heilung überzeugen.

Schliesslich der VII. Fall, welcher wohl ebenfalls ganz gut
geendet, jedoch für mich den möglichst unangenehmsten Verlauf

nahm, da die Läsion in meiner Sprechstunde durch mein Hinzuthun erfolgte.

Es war am 30. Juli 1894, als mich ein College consultirte.
Vor 10 Jahren hat er eine acute Paukenhöhleneiterung
acquirirt, die trotz specialistischer Behandlung chronisch wurde,
worauf der ihn behandelnde Specialcollege ihm nur dann ein
Sistiren der Eiterung in Aussicht stellte, wenn der angeblich
cariöse Hammer entfernt wird. Pat. willigte zur Operation
ein, welche angeblich auch ausgeführt wurde, worauf die Eiterung aufhörte. Seit einigen Wochen jedoch zeigt sich wieder
eine Secretion, und schon einige Male hatte er nach dem Ausspritzen des Ohres einen geringen Schwindel verspürt.

Ich fand in der Tiefe des rechten Gehörganges fötiden
Eiter, spritzte das Ohr behutsam aus und fand hierauf an der
hinteren oberen Gehörgangswand, neben dem nahezu
ganz destruirten Trommelfellrande, drei isolirte polypöse Wucherungen von der Grösse eines kleinen Stecknadelkopfes. Ich
wollte nun in erster Reihe diese Wucherungen aus dem Wege
schaffen und konnte schon mit dem kleinen Löffel, während der
Abtragung derselben, den Knochen verdächtig finden; ich
führte nun die Sonde in den Recessus epitympanicus ein,
wo ich durch leicht blutende, neuere, kleinere Wucherungen hindurch auf Caries stiess. Ich wollte nun die obere Pauken-
höhlenpartie mit Hülfe des bequem eingeführten Paukenhöhlen-
röhrchens ausspülen, doch kaum waren einige Tropfen der
schwachen Lysollösung unter ganz sanftem Drucke hierherge-
rathen, als mir der College mittheilte, dass er einen Ohnmachts-
anfall zu bekommen fühlte, und ich führte ihn, wobei er ganz
gerade ging, auf 4 M. weit zu dem Sopha, auf welches er sich
hinlegte. Kaum hingelegt, befiel den Patienten ein Schwindel, wobei sich Alles im Zimmer um ihn und mit ihm drehte,
nach kaum 1—2 Minuten erfolgte Erbrechen, und letzteres
wiederholte sich unzählige Male, trotzdem er sich vorher stets
ganz wagerecht auf den Rücken gelegt hatte. Kalter
Schweiss trat nun auf dem ganzen Körper auf, der Puls
fing an, bedenklich schwach zu werden, war Anfangs
über 100, später aber sank die Zahl der Pulsschläge auf 56;
das Bewusstsein verlor Pat. wohl nicht, doch fühlte er immer
eine peinliche Herzbeklemmung, so oft er nicht ganz tiefe
Inspirationen machte. Ich liess ihn nun nach 2 Campher-
Aether-Injectionen verschiedene Lagerungen mit dem Kopfe suchen,

um einem neueren Erbrechen vorzubeugen, was endlich gelungen
war, als er sich, auf der gesunden linken Seite liegend,
den Kopf ein wenig nach oben stützte. 3½ Stunden lag nun
Pat. so auf meinem Sopha, und sobald er seine Lage nur im geringsten Maasse ändern wollte, wiederholten sich Schwindel und
Erbrechen. Es blieb mir nun nichts Anderes übrig, als ihn in
der erwähnten Seitenlage in's Spital überführen zu lassen,
auf dem Wege erbrach er noch einige Male, das letzte Mal noch
am nächsten Morgen im Spitale selbst, wo er dann am fünften
Tage das Bett verlassen konnte.

Die nur in Kürze geschilderten Symptome möchte ich als
Folge eines Labyrinthshocks erklären und nur noch so
viel bemerken, dass während des ganzen Aufenthaltes im Spitale
kein Fieber bestand.

Ich setzte nun dem Collegen die Bedenklichkeit seines Zustandes auseinander und legte ihm an's Herz, sich ja einer
Radicaloperation zu unterziehen. Er reiste nun nach Hause,
ordnete seine Angelegenheiten und consultirte dann Geheimrath Schwartze in Halle a. S., der meine Diagnose bestätigte und auch die Operation vornahm. Die vollkommene
Heilung jedoch wartete Pat. dort nicht ab, und in einem
vor einigen Tagen erhaltenen Briefe theilt er mir mit, dass er,
abgesehen von einer minimalen Secretion, wegen welcher er jeden
zweiten Tag sich einen Gazestreifen in's Ohr einführt, sich recht
wohl befindet und zur Bekräftigung seines sicheren Gleichgewichtssinnes mir auch mittheilt, dass er seit 3 Monaten dem
Bicyklesport huldigt und manches Mal, ohne zu ermüden, eine
Strecke von 30 Km. zurückzulegen pflegt.

VII.

Zur Lehre von der Function der Tube.

Eine Entgegnung
auf Herrn Geheimrath Prof. Dr. Lucae's „Historisch-kritische Beiträge zur Physiologie des Gehörorganes."

Von

Dr. Victor Hammerschlag,
(Wien).

In diesem Archiv erschien ein Aufsatz von Herrn Geheimrath Lucae: „Historisch-kritische Beiträge zur Physiologie des Gehörorganes", zu dem ich mir Folgendes zu bemerken erlaube.

Herr Geheimrath Lucae polemisirt in diesem Aufsatze gegen die von mir in Nr. 39 und 40 der „Wiener med. Wochenschrift" 1896 publicirte Mittheilung: „Ueber Athem- und Pulsationsbewegungen am Trommelfelle."

Ich muss zunächst constatiren, dass diese Polemik sich nicht gegen die Resultate meiner Untersuchungen wendet.

Herr Geheimrath Lucae sagt in dem citirten Aufsatze wörtlich:

„Wenn seine Beobachtungen freilich nur an wenigen Personen vorgenommen wurden, so bestätigen sie immerhin den nunmehr vor bald 33 Jahren mit Hülfe des Ohrmanometers von mir erbrachten Nachweis, dass im normalen Ohre nicht nur während des Schluckens, sondern auch während des Athmens eine Ventilation der Trommelhöhle stattfindet."

Wenn nun auch Herr Prof. Lucae die Ergebnisse meiner Versuche bestätigt, so finde ich mich dennoch veranlasst, seine Angaben in mehreren Punkten zu berichtigen:

Herr Geheimrath Lucae konnte durch seine zuerst von Politzer angewendete, manometrische Methode nicht bei allen von ihm Untersuchten die Respirationsbewegungen am Trommelfelle constatiren. Herr Geheimrath Lucae sagt darüber in seiner Publication: „Zur Function der Tuba Eustachii und des Gaumen-

Archiv f. Ohrenheilkunde. XLIII. Bd.   5

segels" in Virchow's Archiv, Bd. LXIV, S. 482: „Ich habe bereits
oben erwähnt, dass bei einer grossen Anzahl Normalhörender
sich Respirationsbewegungen des Trommelfelles nachweisen lassen.
Nach dem Vorgang von Politzer stellte ich meine Untersuchungen mit dem sogenannten Ohrmanometer vom Gehörgange aus
an. Die Ausgiebigkeit der Bewegungen, welche durch die Sperr-
flüssigkeit im Manometer registrirt wird, ist aber von 2 Factoren
abhängig, einmal von der Durchgängigkeit der Tuba, zweitens
von der Beweglichkeit des Trommelfelles. Ist demnach an letzterem während der Respiration keine Bewegung nachzuweisen,
so ist hieraus noch nicht der Schluss zu ziehen, dass die Tuba
für den Respirationsdruck undurchgängig ist, sondern es kann
dies ebenso gut darin seinen Grund haben, dass die manometrische
Methode zur Wahrnehmung minimaler Trommelfellbewegungen
nicht ausreicht."

Mir ist es nun gelungen, mit Hülfe der optischen Methode
bei allen von mir untersuchten Fällen die Athembewegungen des
Trommelfelles nachzuweisen.

Während ich nun ferner zu dem Schlusse gelangte, dass
„die Paukenhöhle mit dem Rachenraume in stets offener Communication stehe", hat Herr Geheimrath Lucae in seinen Arbeiten nirgends die Ansicht ausgesprochen, dass der Tuben-
kanal „offen" sei, vielmehr öfter als „lose geschlossen" geschildert.

Diesen Ausdruck „loser Verschluss" habe ich in meiner vor-
jährigen Publication als „einen physikalisch unhaltbaren Begriff"
bezeichnet.

Herr Geheimrath Lucae „überlässt es mir gern", für den
Ausdruck „loser Verschluss" ein physikalisch richtigeres Wort
zu finden.

Dieses richtigere Wort glaube ich bereits in meiner vor-
jährigen Arbeit angewendet zu haben, indem ich die normale
Tube als für den Respirationsluftstrom „offen" erklärte.

Obwohl nun im Allgemeinen zwischen den Endresultaten
der Versuche des Herrn Geheimraths Lucae und den meinigen
kein wesentlicher Unterschied besteht, so glaube ich doch, dass
Herr Geheimrath Lucae zugeben wird, dass meine optische Methode seine manometrische an Feinheit und Exactheit übertrifft,
und dass ich der Erste war, der in entschiedener Weise
den Satz aufgestellt hat: Die normale Tube ist für den Respirationsluftstrom stets offen.

VIII.

Besprechungen.

1.

Die Schwerhörigkeit durch Starrheit der Pauken-
fenster.

Von

Dr. Rudolf Panse.

Jena 1897.   Verlag von C. G. Fischer.   267 Seiten.   8 M.

Besprochen von

Dr. Zeroni.

Der Verfasser hat es unternommen, das undankbare Gebiet
der Functionsstörungen, die durch Starrheit der Paukenfenster
zu Stande kommen, einer eingehenden kritischen Untersuchung
zu unterziehen. Die Früchte seiner 5 Jahre hindurch fortgesetzten
Studien bringt er nun in einer die Krankheit sowohl von der theoretischen als auch von der praktischen, therapeutischen Seite
vollständig behandelnden Monographie in die Oeffentlichkeit.

Das erste Capitel handelt zunächst über die Anatomie der
betreffenden Region. Der Verfasser giebt hier eine genaue Beschreibung der Pelvis ovalis und rotunda, des Steigbügels, seiner
Bandapparate und der Topographie der Fenstergegend. Die Angaben der bisherigen Schriftsteller sind hierbei ausführlich zusammengestellt, doch stützt sich die Beschreibung offenbar auch auf
eigene zahlreiche und eingehende Untersuchungen des Verfassers.

Im 2. Abschnitt, Physiologie, sind in gleicher Weise
Literatur und Experimente des Verfassers zu einer anschaulichen
Darstellung der Leitungsverhältnisse im Labyrinth verwerthet und
durch Beschreibung nebst Abbildung eines Modelles klar erläutert.

Die folgenden Capitel, Pathologie und Aetiologie, bringen
eine ausführliche Beschreibung aller in der Literatur auffindbaren
Fälle von Starrheit der Paukenfenster und deren Anordnung in
eine grosse Tabelle. In beiden Abschnitten betont der Verfasser
besonders die relative Häufigkeit der Starrheit im Anschluss an

5*

chronische Mittelohreiterungen. Etwa ein Viertel der Fälle sind
hierdurch bedingt. Nur die knöcherne Ankylose sei bei der
Sklerose weitaus häufiger als bei der chronischen Eiterung.

Es folgen die Capitel: Verlauf und Diagnose. Zu berücksichtigen bei letzterer sei Verlauf des Leidens, Einfluss der Behandlung und Hörprüfung. Der Gellé'sche Versuch wird eingehend besprochen, ebenso die Bezold'sche Methode mittelst
der continuirlichen Tonreihe. Verfasser scheint sich Zwarde-
maker's Ansicht vom Heraufrücken der oberen Tongrenze durch
sklerotische Processe in der Kette der Gehörknöchelchen anschliessen zu wollen.

Mit Spannung geht der Leser nun an das Capitel heran,
das Therapie betitelt ist. Aber wer mit grossen Erwartungen
herantritt, wird sehr enttäuscht werden. Die Zusammenstellung
der bekannten Versuche von Mobilisation des Steigbügels beweisen nur die Unsicherheit der Indication und des Erfolges.
Mit Recht wendet sich Panse von dieser Methode ab, um,
falls wirkliche Starrheit eines Paukenfensters vorliege, durch
einen den anatomischen Verhältnissen entsprechenden Eingriff zu
versuchen, die gestörten Leitungsverhältnisse dem normalen Zustande möglichst nahezubringen. Verfasser sieht in der Extraction des ankylosirten Steigbügels einen diesen Zwecken entsprechenden Eingriff, wenn die Operation unter genauer Indicationsstellung und mit vollendeter Technik ausgeführt wird. An
Stelle des Steigbügels soll dann ein künstliches Operculum, das
bekannte Wattekügelchen treten.

Die Technik, die Verfasser empfiehlt, hat derselbe durch
Versuche am Präparat weiter ausgebildet und vervollkommnet.
Panse legte zunächst das Terrain durch Eröffnung des Antrums
und Wegnahme der vorderen Atticuswand nach Stacke frei,
eine Methode, die ihm selbst, zum ersten Male während seiner
Assistentenzeit in der Hallenser Klinik, zur Extraction des Steigbügels zu benutzen vergönnt war, und seitdem auch von Anderen
vielfach zum gleichen Zwecke geübt worden ist.[1] Die Neuer-
ungen, die er angibt, beziehen sich im Wesentlichen auf Hebung
der Schwierigkeiten bei der Entfernung der Stapesplatte, da
nach Abbrechen der Schenkel viele Operateure die Operation,

<hr>

[1] Wenn Panse S. 211 schreibt: „Nach meinem Abgange von der Ohrenklinik in Halle sind weitere Versuche nicht mehr angestellt worden," so ist
er in dieser Beziehung im Irrthum (vgl. dieses Archiv, Bd. XLI. S. 294 u. ff).
Uebrigens ist in einem Nachtrage dieser Irrthum vom Verf. selbst berichtigt.

ohne ihren Zweck erreicht zu haben, aufgeben mussten. Zur
Herausbeförderung empfiehlt Verf. mit der Fraise ein Loch in
den vorderen unteren Rand der Nische des ovalen Fensters zu
bohren und durch dieses Loch mit einem Haken die Extraction
zu bewerkstelligen. Wenn es auch wahrscheinlich ist, dass eine
Entfernung des Stapes auf diese Weise, falls keine knöcherne
Ankylose vorhanden, wohl immer möglich ist, und dass mit der
grösseren Uebung der Operateure der Procentsatz der miss-
lungenen Operationen sich bedeutend verkleinern wird, so ist
die Aussicht auf den Erfolg der Operation nach Panse's eigener
Zusammenstellung einstweilen nicht viel sicherer als bei der
schon verlassenen Mobilisation. Dass die Gefahren ungleich
grösser sind, ist nicht genügend hervorgehoben. Es darf doch
hier nicht ausser Acht gelassen werden, dass die Operation eine
lebensgefährliche ist. Eine Infection des Labyrinthes und dadurch der Meningen vollständig auszuschliessen, steht bislang noch
nicht in unserer Macht. Asepsis und Antisepsis können uns bei
den complicirten Verhältnissen des Mittelohres nicht die Sicherheit geben, wie an anderen Stellen des Körpers, und die Möglichkeit der Einwanderung von Entzündungserregern durch die
Tuba können wir wohl kaum ganz ausschliessen. Dass Panse
in der Literatur bisher keinen Todesfall infolge der Stapesextraction verzeichnet findet, ändert daran nichts. Es steht sehr
zu befürchten, dass mit einer häufigeren Ausführung der Operation
auch letal verlaufende Fälle nicht ausbleiben werden. Das muss
alles berücksichtigt werden, ehe man einen Patienten dieser
Operation aussetzt, über deren Erfolg sich so wenig Sicheres
vorhersagen lässt.

Erfahrungsgemäss sind es die subjectiven Geräusche, die die
häufigsten und schlimmsten Beschwerden der Kranken bilden.
Der Verfasser, der die Physiologie des pathologischen Gehörorganes zu einem besonderen Capitel macht und eingehende theore-
tische Erwägungen über die functionelle Wirkung der Starrheit
der Paukenfenster anstellt, hat es offenbar als aussichtslos von
vornherein aufgegeben, auch nach einer theoretischen Erklärung
der Entstehung der Geräusche zu fahnden. In diesem Punkte
giebt er also indirect die Unmöglichkeit einer genauen Indicationsstellung und einer einigermaassen sicheren Prognose zu. Die
bisherigen Stapesentfernungen zeigen in gleicher Weise die Berechtigung dieses Einwandes, wie auch die Fälle, die Panse
selbst operirt hat, wenig zur Nachahmung einladen.

Die Arbeit von Grunert[1]) ist nur im Nachtrag in polemischer Weise kurz erwähnt, ihr Inhalt gar nicht berücksichtigt. Der Verfasser scheint in der Furcht befangen zu sein, dass ihm Jemand die Priorität der ersten Stapesextraction nach vorheriger Vorklappung der Ohrmuschel und Freilegung des Operationsfeldes streitig machen wolle. Obwohl dies noch von keiner Seite geschehen ist, wendet er sich kampfbereit gegen alle, von denen er — unberechtigter Weise — annimmt, dass sie sein Verdienst schmälern oder leugnen wollen. Wenn er sich aber hierbei zu ungerechter Beurtheilung der Arbeiten seiner vermeintlichen Gegner hinreissen lässt, so ist das nur geeignet, den Werth seiner eigenen Schrift herabzusetzen, deren Schwerpunkt gerade in der genauen Berücksichtigung und Verwerthung der Literatur liegt.

Es muss dem Verfasser das Zeugniss ausgestellt werden, dass er das vorhandene Material, dessen Zusammentragen wohl mühsam war, fleissig durchgearbeitet hat und ausführlich kritisirt. Vielleicht ist Manches zu genau wiedergegeben, indem viele Krankengeschichten fremder Autoren fast wörtlich in das Buch aufgenommen worden sind. Die Darstellung ist deshalb manchmal breit und durch die immer wiederkehrenden ähnlichen Berichte für den Leser ermüdend. Als Grundlage für weitere Arbeiten, ein Ziel, das der Verfasser, wie er angiebt, mit der Veröffentlichung im Auge gehabt hat, wird das Buch jedenfalls seinen Zweck erfüllen.

Die beigegebenen Tafeln enthalten Serienschnitte in verschiedenen Richtungen durch die behandelte Felsenbeingegend. Die Abbildungen hätten vielleicht durch schwache Vergrösserung an Deutlichkeit gewonnen. Offenbar trägt aber die Reproduction einen grossen Theil der Schuld an diesem Mangel der Deutlichkeit.

2.

Le traitement chirurgical de la surdité et des bourdonnements von P. Garnault.
Paris 1897. A. Maloine, éditeur.
44 Seiten.

Besprochen von
Dr. Zeroni.

Während bisher Operationen am Steigbügel nur von einzelnen Operateuren an wenigen ausgewählten Fällen versucht worden

---

1) Dieses Archiv. Bd. XLI. S. 294 u. f.

sind, und die einstweiligen Resultate weit entfernt waren, uns ein abgeschlossenes Urtheil über Berechtigung und Werth dieser Operation zu gestatten, bringt uns die vorliegende Arbeit eine fertige Methode und überraschende Erfolge, die im Gegensatz zu fast allen bisher bekannt gewordenen Erfahrungen stehen. Es ist dies um so verwunderlicher, als die ausgedehnte otochirurgische Thätigkeit des französischen Autors bislang noch nicht allgemein bekannt war, ja, wie es scheint, sogar seinen einheimischen Collegen verborgen geblieben ist. Auch jetzt beabsichtigt der Verfasser offenbar noch nicht, seine Erfahrungen der wissenschaftlichen Welt zu unterbreiten. Man könnte die vorliegende Arbeit höchstens als eine vorläufige Mittheilung auffassen. Der knappen Darstellung und dem Mangel an genauen Angaben nach zu schliessen, scheint die Schrift nicht für Fachgenossen bestimmt zu sein.

Wir erfahren kurz, dass G. seit dem Jahre 1895 57 Mobilisationen des Steigbügels auf retroauriculärem Wege ausgeführt hat, die fast sämmtlich, sei es, dass Sklerose oder chronische Eiterung pathologische Verhältnisse veranlasst hatten, bleibende Hörverbesserung zur Folge gehabt haben.

Von einigen (etwa 10) Fällen bekommen wir auszugsweise mehr oder weniger Genaues mitgetheilt, d. h. wir hören, dass vorher eine „schwere Taubheit" und nach Mobilisation des ankylosirten Steigbügels eine „merkliche Besserung", „bedeutende Besserung" oder „durchaus genügende Hörfähigkeit" erreicht worden ist. Einmal hat Verf. „keine merkliche Hörverbesserung" erzielt, da giebt er dem Perceptionsapparat die Schuld.

Unter den Indicationen ist negatives Ausfallen des Rinne-schen Versuches das Hauptmoment. Ebenso rasch ist Verf. mit den Gefahren der Operation fertig: Die Operation ist „ohne jede Gefahr". Nach 4 Tagen (!), oft auch am zweiten oder dritten (!!), kann der Patient seiner gewöhnlichen Beschäftigung wieder nachgehen, wohlbemerkt nach Vorklappung der Ohrmuschel und Freilegung des Terrains mit dem Meissel.

Verf. begnügt sich mit dem Cürettement der Nische des ovalen Fensters und der instrumentellen Mobilisation des Steigbügels. Er scheut sich jedoch nicht, sagt er ausdrücklich, auch den Steigbügel vollständig zu entfernen; man wisse ja, dass man den Steigbügel auch bei der Operation chronischer, stinkender Eiterungen entfernen könne, ohne dass eine Labyrinthaffection die Folge sein müsse. Verf. lässt den Steigbügel eigentlich nur des-

halb stehen, damit eine zukünftige Prothese, deren Erfindung er
seinen Zeitgenossen überlässt, deren Namen er jedoch bereits zur
Verfügung stellt (Prothese immediale), sich darauf stützen könne.

Dass der Facialis verletzt werde, hält Verf. für ausgeschlossen.
Er beruft sich dabei auf Stacke, der in 100 Fällen keine Facialisparese gehabt habe, und behauptet, dass auch in Halle keine
Facialislähmungen bei der Stacke'schen Operationsmethode mehr
vorkommen, seit man mit der Methode vertrauter geworden sei.
Hierzu ist zu bemerken, dass Stacke unter seinen 100 veröffentlichten Fällen operativer Freilegung der Mittelohrräume 3
complete Facialislähmungen notirt hat, (Fall 90 und 100 und 1
nachträglich hinzugefügter Fall), und dass in der Klinik zu Halle
auch jetzt noch ab und zu Facialislähmungen vorkommen, an
denen allerdings weder Operateur noch Methode, sondern lediglich anatomische und pathologische Verhältnisse der betreffenden
Schläfenbeine die Schuld tragen.

Die Arbeiten anderer Autoren über das gleiche Thema sind
nur zum geringsten Theile angeführt. Panse's neues Buch ist
im Nachtrag indessen noch besprochen. Ob Verf. dasselbe vollständig gelesen hat, erscheint zweifelhaft. Wie käme er sonst
dazu, seine Freude darüber zu äussern, dass Panse sich auch
seiner (Garnault's) Ansicht, dass die retroauriculäre Methode
der Operation durch den äusseren Gehörgang vorzuziehen sei,
angeschlossen habe.

Verf. verspricht in 2—3 Jahren eine genaue Mittheilung
sämmtlicher operirten Fälle. Man darf gespannt sein, ob es ihm
dann gelingen wird, andere zu seiner optimistischen Auffassung
zu bekehren.

3.

De l'Ouverture large de la caisse et de ses annexes.
Von Dr. E. J. Moure.
Bordeaux (Feret et fils) u. Paris (Octave Doin) 1897.

Besprochen von
Priv.-Doc. Dr. Carl Grunert.

Wir Deutsche werden die Schrift des Verf. mit Freude begrüssen, weil wir aus ihr ersehen, dass Bücher, welche einen

gesunden otochirurgischen Standpunkt vertreten, aufhören, eine ver-
einzelte Erscheinung in der französischen otiatrischen Literatur
zu sein. Von diesem Gesichtspunkte aus möge die Arbeit des
Verf. besprochen werden, obwohl sie für denjenigen, welcher in
der deutschen Literatur des betreffenden Gegenstandes bewandert
ist, nichts Neues darbietet. Auffallen muss dem deutschen Leser,
dass unsere Literatur in der Schrift des Verf. vernachlässigt ist,
während Verf. mehrfach auf den Angaben literarisch kaum her-
vorgetretener französischer Autoren fusst.

Was den Inhalt der Schrift selbst anbetrifft, so giebt Verf.
nach einigen einleitenden Worten eine sehr gedrängt gehaltene
historische Uebersicht über die Entwicklung der in Rede stehenden Ohroperationen. Dass er dabei das Verdienst von v. Bergmann und Küster an die Spitze stellt, dass er Namen, wie
z. B. den Zaufal's gar nicht erwähnt, dass er behauptet, Stacke
hätte eigentlich nur das Verdienst, diese modernen Ohroperationen
popularisirt zu haben, beweist, dass er mit der einschlägigen
deutschen Literatur nicht vertraut ist. In dem nächsten anatomischen Capitel lehnt er sich, was die Anatomie der Paukenhöhle anbetrifft, eng an eine Dissertation von Malherbes (De l'évidement
pétro-mastoidien, thèse de Paris, 1895) an. Die Fälle von Lage-
anomalien des Sinus transv., welche er aus seiner eigenen Praxis
beschreibt, bieten nichts Besonderes dar. In dem nächsten, den
Indicationen gewidmeten Abschnitte schliesst er sich Lubet-
Barbon und Broca an. Wenn er in der Hartnäckigkeit einer
chronischen Eiterung und besonders in der Hartnäckigkeit des
Fötors an und für sich eine Indication zur Operation erblickt,
so ist dies wohl zu weit gegangen. Diese Erscheinungen können
abhängig sein von Erkrankungen solcher Abschnitte des Mittelohres (z. B. Anfang der Tuba Eust.), welche durch die Freilegung
der Paukenhöhle, resp. der Mittelohrräume nicht beeinflusst werden.
Ebenso wenig kann Ref. mit ihm übereinstimmen, wenn er aus
dem Recidiviren polypöser Granulationen, welche sorgfältig entfernt waren, eo ipso auf eine Erkrankung des Aditus, resp. Antrums schliesst. Die Fälle seiner eigenen Beobachtung, welche er
anführt, zeigen ein auffallend günstiges und schnell erreichtes
Heilungsergebniss. Das folgende, der Beschreibung des Operationsmodus gewidmete Capitel ist durch einige sehr gute Abbildungen,
welche die einzelnen Stadien der Operation veranschaulichen,
illustrirt. Der letzte, der Nachbehandlung gewidmete Abschnitt
ist so kurz gehalten, dass es unmöglich ist, dass der Leser ihn

als Wegweiser bei Ausführung der so wichtigen und schwierigen
Nachbehandlung benutzt. Insbesondere ist Ref. aufgefallen, dass
die Schwierigkeiten der Nachbehandlung so wenig betont sind,
dass in dem Leser unmöglich die Vorstellung von der Wichtigkeit derselben erweckt werden kann. Der kurze Bericht einer
Anzahl eigener operirter Fälle bildet den Schluss von Moure's
Abhandlung.

————

4.

Ueber die functionelle Prüfung des menschlichen
Gehörorganes.
Gesammelte Abhandlungen und Vorträge von
Prof. Friedrich Bezold.
Wiesbaden. C. J. F. Bergmann. 1897. Preis 5 M.

Besprochen von
Dr. Zeroni.

Das vorliegende Buch enthält die früheren Abhandlungen
und Vorträge Bezold's, soweit deren Inhalt auf Hörprüfung
Bezug nimmt.

Wir dürfen eine derartige Gesammtausgabe mit Freuden begrüssen, erleichtert sie doch sehr den Ueberblick über die verschiedenen in einzelnen Bänden des Archiv's und der Zeitschrift
für Ohrenheilkunde zerstreut erschienenen Arbeiten. Auch wird
derjenige, der diesem wichtigen Zweig unserer Fachdisciplin
seine Aufmerksamkeit zuwendet, durch eine solche Nebenein-
anderstellung werthvoller Arbeiten unwillkürlich angeregt, den
Gedankengang des Autor's im Geiste mitzumachen und die Entwickelung der Methoden chronologisch zu verfolgen. Auf die
einzelnen Arbeiten näher einzugehen, muss sich Referent versagen. Zum grössten Theile sind dieselben, besonders die neueren,
so bekannt, dass eine Inhaltsangabe überflüssig erscheint.

Sollte die Gesammtausgabe aber einen oder den andern
Fachgenossen veranlassen, die älteren Arbeiten Bezold's wieder
zu lesen, so würde das Buch einen weiteren guten Zweck erfüllen.

Wissenschaftliche Rundschau.

1.

F. Bruck, Zur Therapie der genuinen Ozaena. Berliner klin. Wochenschr. 1897. Nr. 3.

B. giebt dem Grundgedanken der alten Gottstein'schen temporären Tamponade der Nasenhöhle bei Ozäna den Vorzug vor allen anderen Behandlungsmethoden, und zwar sucht er die auffallend günstige Wirkung des einfachen, mässig fest in die Nasenhöhle eingelegten Wattepfropfens dadurch zu erklären, dass dieser Pfropfen einerseits als ein nur ganz leicht reizender Körper secretionsbefördernd wirkt, andererseits aber zugleich im Stande ist, das gebildete Secret begierig aufzunehmen vermöge seiner Hydrophilität. Hierdurch wird also die Verflüssigung des Secretes, Verhinderung der Borkenbildung erzielt und damit auch der Entstehung des Fötors vorgebeugt. Nachdem er sich dann gegen die von Saenger und Kafemann vorgeschlagenen Verfahren des abwechselnden Verschlusses je eines der beiden Nasenlöcher gewendet und den Hauptwerth der Gottstein-schen Methode als der oben angedeuteten prophylactischen auf Therapie beruhend angenommen hat, empfiehlt er, da durch die ursprüngliche Gottstein'sche Tamponade die Athmung durch die tamponirte Nase völlig aufgehoben wird, seine Modification. Sie besteht einfach darin, dass in die Nasenhöhle ein ihren Grössenverhältnissen jeweils entsprechend langer und breiter Streifen von hydrophilem Mull eingeführt wird. Hierdurch wird die Athmung nicht alterirt, und es wirkt so diese Modification bedeutend besser als die nur temporär anwendbare Gottstein'sche ursprüngliche Tamponade. Die Patienten führen sich die Streifen selbst mittelst einer starken Nasensonde ein, je nach Bedürfniss d. P., je nach Maassgabe der Imbibition mit Secretion ein bis mehrere Male im Tage. Haug.

2.

Camillo Poli, Zur Entwicklung der Gehörblase bei den Wirbelthieren. Arch. f. mikroskop. Anat. u. Entwicklungsgeschichte. Bd. XLVIII.

P. konnte gemäss seiner an den Embryonen von Sauropsiden, Ichthyopsiden (Selachiern und Anuren) vorgenommenen Untersuch-

ungen — Säugethierembryonen, kamen nicht zur Prüfung — zu
dem Schlusse, dass bei den Sauropsiden (Vögeln und Reptilien) sich
das Gehörorgan zunächst andeutet durch eine Hervorstülpung verdickten Ektoderms längs der offenen Medullarrinne; auf diese dem
I. Stadium angehörige Abgrenzung der Gehörzone folgen die drei
nächsten Stufen, in welchen das Ektoderm der Gehörzone sich durch
Proliferation verdickt, während das vorgehende und nachfolgende
Ektoderm einzellig wird. Die Recessus labyrinthi finden sich am
äussersten Rückenende schon angedeutet, bevor die Blase sich völlig
vom Ektoderm abtrennt (VIII. Stad.). Dem Erscheinen der Hörnerven
geht die Bildung eines Stranges spindelförmiger Zellen voraus, die
das Stützgewebe für den Facialis und Acusticus abgeben. Die His-
togenese des Neuroepitheliums des Gehörorganes erfolgt durch Absonderung der Spongioblasten von den Neuroblasten. — Bei den
Selachiern fand sich ein in den ersten Entwicklungsphasen auftretender,
verdickter Ektodermkamm mit der Gehörzone. Ferner lässt sich eine Trennung der Stämme für Acusticus und Facialis nachweisen, da am acus-
tico-facialen Stamme Spuren von Nervenfasern und Ganglienzellen auftreten. Die ersten Veränderungen im Gehörepithel begannen in früherer
Zeit als bei den Hühnerembryonen. Die Gehörblase liegt zu 2/3 in der
der hinteren Hälfte entsprechenden Partie der Rückseite des Embryos,
und nach Ausbildung der Gehörblase sind noch keine Seitenorgane
hervorgetreten. — Bei den Anuren lässt sich eine den drei höheren
Sinnesorganen entsprechende sensitive Platte nicht nachweisen. Die
Gehörinvagination entspringt aus einer Einsenkung der Unterschicht
des Ektoderms, und es ist die Schliessung der Gehörblase als ein Ergebniss einer von den Rändern der Invagination ausgehenden Zellproliferation zu betrachten. Der Recessus labyrinthi ist noch vor
Abschluss der Blase in der Anlage sichtbar. — Morphologisch findet
die Stellung des Gehörorganes ihre Erklärung, ihre Homologie in den
Cirri dorsales der Anneliden.   Haug.

3.

D. Kaufmann, Otalgie bei Influenza. Wiener medic. Blätter. 1896. Nr. 51.

K. berichtet über eine Anzahl (7) von Patienten, bei welchen
sich, begleitet von Fieber und Allgemeinerscheinungen (Kopfschmerz,
Gliederreissen, Mattigkeit) eine intensive Otalgie auf die Dauer von
4—8 Tagen entwickelt; sie bildet sich dann langsam zurück. Der
Ohrbefund war jedesmal ein völlig negativer. K. glaubt sich deshalb berechtigt, eine mit dem Bilde der Otalgie ohne Entzündung ver-
gesellschaftete neue abortive Form der Influenza annehmen zu müssen.

Die Beobachtungen Kaufmann's bringen durchaus nichts eigentlich Neues, da auf derlei Fälle schon von verschiedenen Seiten
hingewiesen worden ist.   Haug.

4.

D. Kaufmann, Ueber einen Fall von completer beiderseitiger Taubheit, aufgetreten 3 Tage nach einem Fall auf das Hinterhaupt. Wiener med. Blätter. 1897. Nr. 1—4.

13jähriger Knabe, bisher ohrengesund, fällt während einer Turnübung auf den Hinterkopf; Bewusstsein erhalten, heftige Schmerzen im Kopfe u. starker Schwindel. Zu Hause, wohin er noch gehen konnte in Begleitung, Erbrechen, Schwindel, Kopfschmerz. Die Erscheinungen lassen im Laufe der nächsten 2 Tage nach Bromordination vom Arzte, wohin sich Patient in Begleitung begeben konnte, nach, aber es wurde am 3. Tage bemerkt, dass der Knabe vollständig taub geworden war, ganz plötzlich. — Bei der Tags darauf vorgenommenen Untersuchung konnte constatirt werden, dass in der rechten Scheitelbeinregion eine circa 3 Cm. hohe, fluctuirende, schmerzlose, von normaler Haut bekleidete Geschwulst sich befand; ein dreieckiges Stück des Endes des Os par. 2 Cm. lang u. 1 Cm. breit war 1 Cm. tief eingedrückt. Haut der Regio mastoidea ziemlich verfärbt. Von Gehirn und Nervensystem liegt nichts Abnormes vor. — Bei der Untersuchung des Ohres ergab sich Fehlen von Anästhesie; keine Zeichen von Verletzung. Pat. hat Schallempfindung, hört aber selbst laut in die Ohren gesprochene Vocale u. Worte auch nicht mit dem Hörrohr. Schwingungen der Stimmgabeln werden wohl gefühlt, aber weder hohe, noch tiefe Töne durch Luft- oder Knochenleitung vernommen. Bei offenen Augen kein Schwindel, dagegen bei raschem Umdrehen mit geschlossenen Augen.

Punction der Geschwulst ergab hellrothe, blutige, nicht gerinnende Flüssigkeit. — Im weiteren Verlaufe verschwanden die Schwindelerscheinungen ganz, die Geschwulst ebenso durch Resorption, die imprimirte Stelle glich sich aus, das linke Ohr blieb vollkommen taub, das rechte dagegen besserte sich so, dass am 7.—9. Tage nach der Verletzung Vocale u. Worte auf ¼ Mtr. gehört wurden. Eine weitere wesentliche Besserung war von da ab trotz Pilocarpin, Jodkali, Strychnin kaum mehr zu erzielen. Stimmgabel wird nach R. lateralisirt. Perception für hohe u. tiefe Töne in jeder Hinsicht herabgesetzt. — K. sucht die beiderseitige gleichartige Labyrinthaffection zu erklären durch eine durch das Trauma verursachte plötzliche Drucksteigerung und Fortpflanzung dieser in die perilymphatischen Räume und durch consecutives Auftreten von kleineren Blutungen in den Wandungen dieser Räume. Infolge dieser Blutungen wieder kam es zu Ernährungsstörungen mit Taubheit. H a u g.

5.

E. Leutert, Die Bedeutung der Lumbalpunction für die Diagnose intracranieller Complicationen der Otitis. (Aus der Universitäts-Ohrenklinik in Halle a. S.) Münchener med. Wochenschr. 1897. Nr. 8 u. 9.

L. hat in seiner ausserordentlich exacten und interessanten Arbeit an der Hand von 11 (12) genau beobachteten Fällen die Ansicht

ausgesprochen, dass die Lumbalpunction hauptsächlich zum Aus-
schlusse, nicht aber zur Diagnose der Meningitis verwendet werden
müsse; insbesondere für die Diagnose auf Sinusthrombose allein oder
diese combinirt mit Hirnabscess sei sie werthvoll. Die 11 Fälle, —
ein 12. wird noch nachträglich angeführt — in welchen die Lumbalpunction in der Schwartze'schen Klinik vorgenommen wurde, ver-
theilen sich auf 2 einfach eitrige Meningitiden, 2 Meningitis purul. mit
Sinusthrombose, 1 Mening. purul. mit Hirnabscess, 1 epidemische Mening., 1 Mening. serosa, 1 Sinusthrombose, 1 perisinuösen Abscess,
1 Sinusthrombose mit abgekapselter Meningitis u. Hirnabscess, 1 Sinusthrombose mit Hirnabscess. Ein therapeutischer Effect wurde nicht
erzielt u. war ja auch a priori nicht zu erwarten (1 Exitus erfolgte
15 Minuten nach der Punction). Dagegen konnte L. gerade aus dem
negativen Ausfall der Punction — im Gegensatze zu der Annahme
der anderen Autoren — wichtige Anhaltspunkte gewinnen für seine
Ansicht, dass bei deutlich vermehrter Flüssigkeitsmenge und bei fast
gänzlichem oder gänzlichem Fehlen von polynucleären Leukocyten eine
(eitrige) Meningitis ausgeschlossen werden kann. Das ist in zweifacher
diagnostischer Beziehung ausserordentlich werthvoll: wir können bei
bereits diagnosticirter Sinusthrombose oder Hirnabscess die Meningitis
ausschliessen und deshalb früher den nothwendigen operativen Eingriff
vornehmen, als dies sonst möglich wäre, und weiterhin können wir bei
bestehendem, hohem Fieber, das blos und allein auf eine vom Ohr
ausgehende Erkrankung (ausgenommen die acute Paukenentzündung)
zurückgeführt werden muss, mit Sicherheit die Diagnose auf Sinusthrombose stellen. Wir besitzen also in der Lumbaldiagnose ein eminent diagnostisches Unterstützungsmittel.   Haug.

6.

Cozzolino, Considerazioni statistiche, anatomo patologiche
    clinico-terapiche sulla tuberculosi dell' apparato uditivo,
    con la storia di un bambino operato radicalmenti e guarito.
    Boll. dell. mel. dell' orrechio etc. 1896. No. 10.

C. referirt zunächst über den Fall eines 4 jährigen Knaben, der
im Anschluss an eine Morbilleninfection eine eitrige Media acquirirte,
die zu einer tuberculösen Mastoiditis führte, welch letztere von C.
durch Radicaloperation zur Ausheilung gebracht wurde (Facialisparalyse). Sodann giebt er einen Ueberblick über die in der deutschen
Literatur niedergelegte, genügend bekannte Statistik der tuberculösen
Ohrprocesse nebst einer im Allgemeinen genau angelegten Tabelle
behufs Vergleichung der einzelnen statistischen Resultate. Die tuberculösen Processe des äusseren Ohres haben keine Berücksichtigung
gefunden.   Haug.

7.

Gradenigo, Sulla tecnica operativa dell'ascesso cerebrale otitico. Arch. ital. di Otologia. Bd. V. 1897.

G. wendet sich im Anfange seiner Deductionen zunächst gegen gewisse beliebte local-therapeutische Eingriffe — und zwar mit vollstem Rechte —, die, bei chronischer Mittelohreiterung in unrichtiger Weise verwendet, die intracraniellen Complicationen zu befördern oder sogar zu erzeugen im Stande sind. Hierher gehören die Ausspritzungen (per tubam u. durch den Meatus, event. durch die Operationswunde in der Pars mastoidea); dann die Einträufelungen von caustischen oder stark coagulirenden Flüssigkeiten, sowie die directen Aetzungen und manche von den intratympanalen kleineren operativen Eingriffen. Nachdem er dann noch die durch die Narkose, den Shock bedingten specielleren Gefahren berichtet und das Manifestwerden latenter Hirnabscesse durch operative Eingriffe, sowie die Gefahren der Explorativeingriffe betont hat, beantwortet er die Frage, welcher Weg sich als der empfehlenswertheste bei der Aufsuchung eines vermutheten Abscesses des Temperosphenoidallappens erweise, dahin, dass in der Regel der Methode der Vorzug zu geben sei, bei welcher die Eröffnung durch die Mastoidgegend, das Tegmen antri u. tympani erfolgen kann, unter Umständen noch unterstützt durch Eröffnung an der basalen Partie der Pars squamosa mit gleichzeitiger partieller Abtragung der oberen knöchernen Meatuswandung. Wenn aber die Erscheinungen derartig schwere sind, dass sie ein raschestes Eingreifen am Gehirne erfordern, und wenn die Diagnose des Hirnabscesses die grössere Wahrscheinlichkeit für sich hat, so ist es zweckmässig, direct durch den unteren Theil der Schläfenschuppe zu eröffnen (eventuell in 2 Zeiten). Und wenn die Erscheinungen die gleich schweren sind, die Diagnose der Meningitis aber mehr Wahrscheinlichkeit für sich hat, ist es zweckmässig, sich auf die Punction der verdächtigen Region zu beschränken durch ein kleines Loch über und etwas vor dem knöchernen Meatus. — Weiterhin bespricht er dann das Verhältniss der Explorativpunction mittelst der Hohlnadel zu der mittelst des Messers, sowie die Frage der vorausgehenden Incision der harten Hirnhaut, und schliesst mit Bemerkungen über die Nachbehandlung des operirten Hirnabscesses, wobei er sich insbesondere gegen die Ausspülungen wendet, die hier noch viel schädlicher wirken als bei den Eiterungen der starrwandigen Knochenhöhlen der Ohrregion. Haug.

8.

Brühl, Ueber Thyreoidinbehandlung bei adhäsiven Mittelohrprocessen. Monatsschr. f. Ohrenheilk. 1897. Nr. 1.

Verf. hat bei 21 Patienten mit chronischen adhäsiven Mittelohrprocessen die Schilddrüsentabletten angewendet. 16 Fälle liessen sich

auf längere Zeit annähernd beobachten, und es blieben in 8 Fällen
im Zeitraum von 6—8 Wochen alle Symptome absolut unverändert.
Von den restirenden 8 blieben 2 trotz beginnender Besserung bald
aus, bei 4 war der Erfolg ein befriedigender, bei 2 dagegen ein guter,
indem sich subjectives Besserbefinden und bedeutende bleibende Besserung der Hörweite constatiren liess. Während der Zeit wurde natürlich blos die Tablettenbehandlung gehandhabt.

Verf. glaubt sich auf Grund seiner Versuche berechtigt, die
Schilddrüsentherapie bei den adhäsiven Mittelohrprocessen zu empfehlen, bei welchen man noch rückbildungsfähige Veränderungen
annehmen könne.   Haug.

- - - - - - - -

Personal- und Fachnachrichten.

Dem praktischen Arzt Dr. Ludwig Stacke in Erfurt ist das Prädicat
„Professor" beigelegt worden.

Der Professor extraordinarius in der medicinischen Facultät zu Rostock
Dr. Körner ist zum ordentlichen Honorarprofessor ernannt.

In Leipzig ist eine klinische Abtheilung für Ohrenkranke von 30 Betten
im Jacobs-Hospital geschaffen, zu deren Leitung Prof. Barth aus Breslau
berufen wurde.

Die med. Facultät zu Königsberg i. Pr. hat dem Dr. Ernst Leutert
aus Halle a. S. die Venia legendi als Privatdocent für Ohrenheilkunde ertheilt.

Aus der Kgl. Universitäts-Ohrenklinik des Herrn Geheimen Medicinalrathes Prof. Dr. Schwartze zu Halle.

X.

Ueber extradurale otogene Abscesse und Eiterungen.

Von

Privatdocent Dr. C. Grunert,

I. Assist. der Klinik.

Das Interesse für die vom Ohr ausgehenden Erkrankungen
des Schädelinneren hat im letzten Lustrum durch das Erscheinen
mehrerer, meist in Form von Monographien veröffentlichter Arbeiten von v. Bergmann, Jansen, Forselles, Körner,
Macewen, Leutert und Koch eine reiche Bethätigung gefunden. Wunderbarer Weise ist hierbei ein Folgezustand der
Otitis recht stiefmütterlich behandelt worden: Die Eiteransammlung zwischen Dura mater und Schläfebein oder der extradurale
Abscess. Nach der verdienstvollen Arbeit Hoffmann's [1],
welcher zuerst an der Hand eines grösseren Materiales auf die
anatomische wie klinische Bedeutung dieser Affection hingewiesen
hat, sind über diesen Gegenstand nur kleinere Publicationen erfolgt, z. B. von Hessler [2], Hecke [3], Jansen [4], Kümmel [5];
diese Arbeiten sind meist nur casuistischen Inhaltes, wenn auch
einzelne von nennenswerther Bedeutung sind für die Bereicherung
unserer Kenntniss des extraduralen otogenen Abscesses, wie z. B.

---

1) Zur Pathologie u. Therapie der Pachymeningitis ext. purul. nach
Entzündung des Mittelohres. Deutsche Zeitschr. für Chirurgie. Bd. XLVIII.
S. 485 ff.

2) Ueber extradurale Abscesse nach Otitis. Dieses Archiv. Bd. XXXIII.
S. 81 ff.

3) Ueber extradurale Eiteransammlungen im Verlauf von Mittelohrerkrankungen. Dieses Archiv. Bd. XXXIII. S. 137 ff.

4) Zur Kenntniss der durch Labyrintheiterung inducirten, tiefen extraduralen Abscesse in der hinteren Schädelgrube. Dieses Archiv. Bd. XXXV.
S. 290 ff.

5) Beiträge zur Pathologie der intracraniellen Complicationen von Ohrerkrankungen. Zeitschr. f. Ohrenheilk. Bd. XXVIII. S. 254 ff.

die Veröffentlichung Jansen's [1]), welcher neuerdings die Häufig-
keit der Verbreitung des Eiters durch das Labyrinth und den
Aquaeductus vestibuli zur hinteren Felsenbeinwand betont hat.
Eine in sich geschlossene Bearbeitung des vom Ohr ausgehenden
extraduralen Abscesses finden wir bisher nur in dem bekannten
Körner'schen [2]) Buche.

Unter diesen Umständen will ich, der Anregung meines Chefs
entsprechend, versuchen, das reiche Material unserer Klinik,
welches ich selbst in den letzten 7 Jahren als Assistent der
Klinik zu beobachten Gelegenheit hatte, zu sichten und kritisch
zu verarbeiten. Mir steht durch die Freundlichkeit meines Chefs
ein Material von 100 Fällen zur Verfügung. Hiervon kommen
35 Fälle auf extradurale Abscesse, d. h. auf Eiteransammlungen
zwischen Dura mater und Schläfebein, welche ganz abgeschlossen
waren und überhaupt nicht frei mit den Mittelohrräumen com-
municirten oder höchstens durch eine enge Fistel mit ihnen verbunden waren, und 65 Fälle auf extradurale Eiterungen, d. h.
solche Fälle, wo die miterkrankte Dura mater einen Theil der
Wandung der durch die Ohrerkrankung gebildeten grossen Mas-
toidealhöhle bildete. Da die letztere Erkrankungsform, die extradurale Eiterung, sich so häufig als zufälliger Befund bei der Mastoidoperation vorfindet und in der Regel auch für den Ablauf der
Mastoiderkrankung belanglos ist, soll der Schwerpunkt dieser
Arbeit auf den abgeschlossenen Eiteransammlungen zwischen
Dura und Schläfebein liegen, auf den echten extraduralen Abscessen. Indess ist das Material von 35 Fällen nicht gleich-
werthig für die Verfolgung unseres Zweckes, die Anatomie und
die Klinik dieses otogenen Folgezustandes zu studieren, und zwar
deshalb, weil unter diesen Fällen viele sind, in denen der extradurale Abscess mit anderen intracraniellen Folgeerkrankungen
der Otitis, wie Leptomeningitis, Hirnabscess, Sinusphlebitis complicirt war. Diese letzteren Fälle sind nicht nur weniger durchsichtig für die anatomische Betrachtung, sondern auch unver-
werthbar für das Studium der Symptomatologie, weil die Erscheinungen, welche von den begleitenden Erkrankungen des
Schädelinneren abhängen, in der Regel so im Vordergrunde des

---

1) Zur Kenntniss der durch Labyrintheiterung inducirten, tiefen extraduralen Abscesse in der hinteren Schädelgrube. Dieses Archiv. Bd. XXXV.
S 290 ff.

2) Die otitischen Erkrankungen des Hirnes, der Hirnhäute und der Blutleiter. Frankf. 1896.

klinischen Bildes stehen, dass sie jene anderen, eventuell auf
Rechnung des extraduralen Abscesses zu setzenden entweder ganz
maskiren oder doch erheblich in ihrer Deutlichkeit beeinträchtigen.

Es sind daher aus dem Gesammtmateriale von 35 Fällen von
extraduralen Abscessen 20 als casuistische Grundlage für die
folgenden Ausführungen herausgenommen worden, bei denen wir
es, wie der Operationsbefund und der weitere klinische Verlauf
bewiesen, mit reinen uncomplicirten Abscessen zu thun hatten.

Pathologische Anatomie des extraduralen Abscesses.[1]

Die Entstehung des extraduralen Abscesses liess sich in
einer grossen Anzahl unserer Fälle genau feststellen; wir konnten
dann den Entzündungsweg vom Ohr zur Schädelhöhle verfolgen.
In denjenigen Fällen, wo wir eine derartige Wegleitung zur
Schädelhöhle nicht nachweisen konnten, sind wir nicht zu der
Annahme Hessler's (l. c.) berechtigt, dass der extradurale Abscess sich primär gebildet habe, vielmehr ist mit Leutert[2] anzunehmen, dass hier der Entzündungsweg unterdess wieder zur
Ausheilung gekommen ist, eine Annahme, welche ja auch in dem
zuweilen beobachteten Verhalten der Paukenhöhle in Fällen von
Extraduralabscess (s. u.) ihr Analogon findet. Es braucht in
solchen Fällen nicht, wie dies Körner (l. c.) bei der Kritik der
von Hessler unterschiedenen primären und secundären extraduralen Abscesse für viele der sogenannten primären Abscesse
ausspricht, die Verbindung zwischen dem otitischen und dem
extraduralen Herde übersehen worden sein.

Was das Studium der Wegleitung im Einzelnen anbetrifft,
so sei als Grundlage desselben eine tabellarische Zusammenstellung des otoskopischen, sowie des bei der Operation festgestellten
Befundes der Warzenräume vorausgeschickt, und zwar unter Trennung der acuten und chronischen Fälle.

―――――――――

1) Es dürfte wohl der Vorschlag zeitgemäss sein, für diese Affection
eine einheitliche Bezeichnung zu gebrauchen und mit den mehrfachen, synonym
gebrauchten Benennungen „extraduraler, epiduraler, subduraler Abscess" auf-
zuräumen. Die Bezeichnung „subduraler Abscess" ist zu verwerfen, weil der
Leser damit die Vorstellung einer Eiteransammlung an der Innenfläche der
Dura verbinden kann; die Bezeichnung „epiduraler Abscess" ist aus philo-
logischen Gründen unhaltbar; es bleibt daher als empfehlenswerthe Benen-
nung die sowohl aus sprachlichen wie sachlichen Gründen gute Bezeichnung
„extraduraler Abscess" übrig.

2) Verhandlungen der deutschen otol. Gesellschaft auf der 5. Versammlung in Nürnberg 1896. Herausgeg. von Prof. Bürkner.

A. 12 Fälle von acuter Otitis.

Name:	Otoskop. Befund:	Befund der Warzenräume:
1. *Hass.*	Acute Eiterung ohne Gehörg.-Stenose.	Im Antrum kein Eiter, nur geschwollene Schleimhaut, keine Wegleitung nach der Schädelhöhle.
2. *Köhler.*	Nur kurze Zeit Eiterung dagewesen. Trfll. roth; kleine trockene Perfor.	Schleimhaut des Antrum mast. u. der Cell. mast. normal; keine Wegleitung nach der Schädelhöhle.
3. *Walther.*	Keine Eiterung; nur Zeichen eines einfachen acuten Katarrhs.	In den Cellul. mast. eitrig infiltrirte Schleimhaut; ein Tropfen confluirten Eiters. Keine Wegleitung.
4. *Kier.*	Nur Zeichen einfachen acuten Katarrhs mit Schwellung der oberen Gehörgangswand.	Im Antrum eitrig infiltrirte Schleimhaut. In der Spitze grosser Eiterherd, von dem aus ein stecknadeldünner Fistelkanal nach hinten oben in die hintere Schädelgrube führt.
5. *Eskau.*	Nur kurze Zeit Eiterung dagewesen; jetzt Zeichen einfachen Katarrhs.	Schleimhaut des Antrums u. der Cell. mast. eitrig infiltrirt. Keine Wegleitung.
6. *Poland.*	Acute Eiterung.	Schleimhaut der Cell. mast. eitrig infiltrirt. In der Spitze wenig freier Eiter. Wegleitung: einzelne sich perlschnurartig an einander reihende Zellen bis zur Schädelhöhle mit eitrig infiltr. Schleimhaut ausgekleidet.
7. *Busch.*	Nur kurze Zeit Eiterung dagewesen; jetzt einfacher Katarrh.	Im Antrum nur geschwollene Schleimhaut, kein Eiter. Wegleitung: grau verfärbte Granulation, von Zelle zu Zelle bis zur Schädelhöhle verfolgbar.
8. *Schneider.*	Acute Eiterung.	Im Antrum wenig Eiter. Keine Wegleitung.
9. *Thieme.*	Nur kurze Zeit Eiterung dagewesen. Jetzt einfacher Katarrh.	Im Antrum eitrig infiltrirte Schleimhaut, ebenso Cellul. mast. bis zur Schädelhöhle hin mit eitrig infiltrirter Schleimhaut ausgekleidet.
10. *Ehring.*	Nur kurze Zeit Eiterung dagewesen. Zeichen des Katarrhs.	Ob äussere Wegleitung vorhanden, konnte nicht erwiesen werden, da die Mastoidealräume nicht eröffnet sind.
11. *Polsin.*	Acute Eiterung ausgeheilt. Trfll. wieder normal, Blasegeräusch.	Mastoidealräume nicht eröffnet, daher nicht zu erweisen, ob eine äussere Wegleitung noch vorhanden war.
12. *Oettel.*	Nur kurze Zeit Eiterung dagewesen; jetzt Zeichen des einfachen acuten Katarrhs.	Im Antrum nur geschwollene Schleimhaut, in der Spitze des Proc. mast. Eiter. Von hier aus führt ein Fistelgang in die hintere Schädelgrube.

B. 8 Fälle von chronischer Otitis.

Name:	Otoskop. Befund:	Befund der Mittelohrräume:
1. *Starowick.*	Von hinten oben kommender Polypenrest ragt aus dem stenosirten Gehörgange hervor.	Mittelohrräume von Cholesteatom u. Granulationen erfüllt. Vom hinteren unteren Theile der Höhle aus Wegleitung nach der Schädelhöhle in Gestalt einer haarfeinen Fistel.
2. *Krämer.*	Sohlitzförmige Stenose Gehörganges.	Mittelohrräume von Cholesteatom erfüllt. In der gelblich verfärbten Wand des Sulcus sigm. zwei kleine Fistelöffnungen, aus denen Eiter hervorquillt.
3. *Hellmuth.*	Senkung der hinteren oberen Gehörgangswand mit fistulösem Durchbruch im lateralsten Theile.	Der ganze Warzenfortsatz ist erfüllt von käsigen, fötiden Massen; ausgedehnte Caries der Mittelohrwandungen. Zu dem Sinus führt ein Fistelgang.
4. *Schulze.*	Fistel über Proc. brevis mit durchgewachsener Granulation.	Grosses, central zerfallenes Cholesteatom. Kleine Fistel im Tegmen tympani; dasselbe ist wie das Tegmen aditus blauschwarz verfärbt.
5. *Brunkau.*	Vord. Trfl.-Hälfte fehlt, hier Paukenschleimhaut epidermisirt, hinten oben Krater mit granul. Wucherung darin.	In allen Mittelohrräumen zerfallenes Cholesteatom; ein Fistelgang führt zum Sinus sigmoideus.
6. *Schuft.*	Senkung der oberen Gehörgangswand. Gehörgangslumen mit bewegl. granul. Massen erfüllt.	Diffuse Caries des Schläfebeines; Fistelgang nach der mittleren Schädelgrube führend.
7. *Schwengler.*	Schwellung der ob. Gehörgangswand. Erbsengrosser Polyp von vorn oben.	Caries, Fistelgang führt nach dem Sinus.
8. *Müller.*	Ueber dem Proc. brevis Krater mit herausgewachsener Granulation.	Grosses, zerfallenes Cholesteatom. Fistelöffnung in der grau verfärbten Sulcuswand.

Wir sehen zunächst, dass die acute Otitis, resp. Mittelohreiterung in weit höherem Maasse zu der Bildung von uncomplicirten extraduralen Abscessen disponirt, als die chronische. Nicht nur, dass die absolute Zahl unserer Fälle von extraduralen Abscessen im Anschluss an acute Otitis (12) grösser ist, als die Zahl der Fälle im Anschluss an chronische (8); wir müssen vielmehr, um eine richtige Vorstellung über die viel grössere Disposition der acuten Ohrentzündung zu gewinnen, berücksichtigen, dass wir überhaupt viel weniger Mastoidoperationen in acuten

Fällen ausgeführt haben, als in chronischen. Das Zahlenverhält-
niss der Mastoidoperationen in acuten und chronischen Fällen beträgt für die letzten 7 Jahre ca. 1 : 3. Demnach müssen wir, wenn
die chronische Mittelohreiterung in gleicher Weise wie die acute Otitis
zur Bildung von extraduralen Abscessen disponirte, ca. dreimal soviel Extraduralabscesse in chronischen Fällen haben, als in acuten,
also bei einer Anzahl von 12 Fällen bei acuter Otitis, 36 Fälle im
Anschluss an chronische Mittelohreiterung. Wir haben aber in der
That nur 8 Fälle! Diese Zahlen sprechen in noch höherem Maasse
für die Prädisposition der acuten Otitis als die Jansen's [1]), welcher,
allerdings ohne eine Scheidung von complicirten und uncomplicirten
Extraduralabscessen vorzunehmen, bei der acuten Knochenerkrankung in 32,9 Proc., bei der chronischen nur in 15,5 Proc. der
Fälle Eiter zwischen Dura und Knochen fand.

Wenn wir nun zur Besprechung der Pathogenese der extraduralen Abscesse im Speciellen übergehen, so ergiebt sich ein so
differentes Verhalten zwischen den Fällen bei der acuten und chronischen Otitis, dass eine gesonderte Betrachtung zweckmässig erscheint.

I. *Acute Fälle:*

Eine besondere Berücksichtigung erheischt zunächt die Art
des ursächlichen Ohrenleidens. Wenn wir den otoskopischen Befund in unseren Fällen betrachten, so ist auffallend, dass wir
unter 12 Fällen nur dreimal (Hass, Poland, Schneider) zur Zeit,
wo wir den extraduralen Abscess eröffneten, eine Ohreiterung
vorgefunden haben. In 6 Fällen (Köhler, Eskau, Busch, Thieme,
Ehring, Oettel) hatte zwar kurze Zeit ein eitriger Ausfluss aus
dem Ohre bestanden; die Eiterung war aber rasch ausgeheilt,
und zur Zeit, wo wir den Extraduralabscess operirten, bestanden
otoskopisch und auscultatorisch nur noch die Zeichen eines einfachen Paukenhöhlenkatarrhs — leichte oder stärkere Röthung
des Trommelfelles, mehr oder minder Abflachung desselben, bei
Katheter vielleicht eine Spur Rasseln. Es könnte Jemand einwenden, dass hier noch eine latente Paukenhöhleneiterung bestanden habe, welche nur deshalb sich nicht habe manifestiren
können, weil sich die Perforation im Trommelfell geschlossen
habe. Gegen diese Annahme spricht nicht nur der ganze weitere
klinische Verlauf, sondern auch der Umstand, dass die in einzelnen
Fällen vorgenommene Paracentese des Trommelfelles keine Spur
von Eiter entleert hat. In einem Falle (Polzin) hatte ebenfalls

---

[1]) Ueber otitische Hirnabscesse. Berl. klin. W. 1891. Nr. 49.

eine Zeit lang eine Ohreiterung bestanden, aber zu der Zeit, wo
wir den Extraduralabscess entleerten, war die Paukenhöhlenaffection vollkommen ausgeheilt, das Trommelfell wieder normal
und bei Katheterismus normales Blasegeräusch. Ja in 2 Fällen
(Walter und Kier) war überhaupt keine Ohreiterung vorhanden
gewesen, sondern nur die otoskopischen und auscultatorischen
Merkmale des einfachen Paukenhöhlenkatarrhs. Es ist in der
That ein merkwürdiges und auffallendes Verhalten, dass gerade
in solchen Fällen, die doch zumeist das gemeinsame klinische
Charakteristicum darbieten, dass die eiterige Paukenhöhlenent-
zündung entschieden eine Tendenz zu rascher Ausheilung hat,
sich mit Vorliebe extradurale Abscesse finden und nicht in solchen,
wo eine abundante Eiterung mit den Zeichen von Eiterretention
im Mittelohr besteht! Aehnliche Fälle sind bereits von Hecke
(l. c.), Kümmel (l. c.), Grunert und Meyer[1] u. A. publicirt;
der Gegensatz zwischen der Geringfügigkeit des Ohrbefundes und
der Grösse des intracraniellen Befundes ist in der That etwas
Auffallendes; Zaufal[2] hat uns auf die richtige Bahn geleitet,
diese Verhältnisse unserem Verständniss nahezubringen. „Es
kann selbst die Perforation zur Vernarbung kommen, die Paukenhöhle wird frei von Secret, es stellt sich normale Hörfähigkeit
ein, und nun kommt es plötzlich doch wieder zu Erscheinungen
der Mastoiditis, resp. Periostitis, und man findet im Eiter den
Diplococcus in Reincultur." Leutert[3] bestätigte auf Grund
zahlreicher bakteriologischer Untersuchungen diese Mittheilung
Zaufal's und hat wie jener nachgewiesen, dass die klinisch
durch schnelleren Ablauf der acuten Processe in der Paukenhöhle charakterisirten Formen von acuter Mittelohreiterung sehr
häufig auf Pneumokokkeninfection beruhen. Ebenso hat er den
Beweis erbracht, dass der Pneumococcus eine grössere Neigung
hat, sich über sein ursprüngliches Infectionsgebiet auszudehnen
als der Streptococcus, und häufiger zur Bildung von Extraduralabscessen Veranlassung giebt. Diesen Nachweis hat er auf Grund
der bacteriellen Untersuchung der meisten der von mir hier be-
arbeiteten Fälle gebracht. Was der Nachweis dieser Thatsachen
für wichtige praktische Consequenzen zeitigt, darauf wird im
klinischen Theile dieser Arbeit hingewiesen werden.

Wie in der Paukenhöhle, so fanden wir auch in den Hohl-

---

1) Dieses Archiv. Bd. XXXVIII. S. 216.
2) Ebenda. Bd. XXXI. S. 177 u. ff.
3) Ebenda. Bd. XLI. S. 48 ff. (Bericht von Bürkner).

räumen des Warzenfortsatzes meist einen im Verhältniss zur Bedeutung der pathologischen Veränderungen in der Schädelhöhle
geringfügigen Befund. A priori würden wir erwarten, dass es in
Fällen, wo die Warzenräume strotzend mit Eiter gefüllt sind,
leichter zur Bildung von Extraduralabscessen käme. Wie ist das
Verhalten unserer Fälle? In einem Falle (Köhler) ist die Schleimhaut des Antrum und der Cellul. mast. vollkommen normal! Im
Antrum mast. finden wir überhaupt nur in einem einzigen Falle
(Schneider) wenig freien Eiter, im Uebrigen in der Regel nur geschwollene oder auch eitrig infiltrirte Schleimhaut. Ebenso ver-
hielt sich die Schleimhaut der übrigen Warzenzellen. Freien
Eiter fanden wir in der Spitze nur in einem Falle (Oettel), in
einem anderen (Walther) in den Cellulae mast. nur „einen Tropfen
confluirten Eiters." Die sämmtlichen Fälle haben mithin das
Gemeinsame eines durchaus geringfügigen pathologischen Befundes im Warzenfortsatz.

Was den Entzündungsweg vom Ohr zu der Schädelhöhle anbetrifft, der kurz Wegleitung genannt werden möge, so konnten
wir in unseren zwölf acuten Fällen fünfmal eine solche nachweisen.
Zweimal war der Nachweis des Vorhanden- oder Nichtvorhanden-
seins einer solchen überhaupt nicht möglich, weil die Mastoideal-
räume nicht eröffnet worden sind, und in den übrigen 5 Fällen,
wo uns ein Nachweis nicht gelang, ist bei der Ausheilungstendenz
dieser Otitisform vielmehr anzunehmen, dass der Entzündungsweg
unterdess ausgeheilt ist, als dass wir ihn übersehen haben.

Was die Wegleitung selbst anbetrifft, so fanden wir 3 Arten
derselben: 1. Feine Fistelgänge, welche von den Mittelohrräumen
aus in die Schädelhöhle führten. 2. Einzelne kleine pneumatische
Zellen, die mit eitriginfiltrirter Schleimhaut ausgekleidet waren.
Auf diese Weise war der Weg, den die Entzündung genommen
hat, um bis zur Schädelhöhle zu gelangen, von Zelle zu Zelle
verfolgbar. Ja, die Zellen waren in der Regel so aneinander-
gereiht, dass sie an das Verhalten einer Perlschnur erinnerten.
3. Graugefärbte Granulationen, von einer pneumatischen Zelle zur
anderen bis zur Schädelhöhle verfolgbar.

Körner (l. c.) glaubt, dass die als Wegleitung aufgefundenen
Fistelkanäle wahrscheinlich periphlebitisch erkrankte Gefässkanäle
darstellen. „Wenigstens findet man die extraduralen Abscesse am
häufigsten da, wo die meisten Gefässchen aus dem Warzenfortsatze austreten, d. i. in der Fossa sigmoidea des Sulcus transversus, also an der Kleinhirnseite des Schläfebeines." Diese An-

nahme hat entschieden Vieles für sich; es ist jedoch möglich, dass diese Fistelgänge auch in der Weise zu Stande kommen, dass die einzelnen Knochensepta der mit eitrig infiltrirter Schleimhaut ausgekleideten und perlschnurartig aneinandergereihten kleinen Zellen einschmelzen.

Eine Entstehungsmöglichkeit des extraduralen Abscesses kann nicht übergangen werden, um so mehr, als auf sie in der einschlägigen Literatur bisher nicht aufmerksam gemacht worden ist. Einer unserer Fälle (Eskau, Nr. 5 der Casuistik) lässt die durchaus nicht gekünstelte Auffassung zu, dass der gefundene Extraduralabscess erst secundär durch einen grossen retroauriculären Subperiostealabscess inducirt ist, indem von letzterem aus die Entzündung einer ca. 1 Cm. nach hinten vom Planum mastoid. die Corticalis durchsetzenden Durafalte nach innen in die Schädelhöhle hinein gefolgt ist. Dass nicht der Subperiostealabscess erst secundär vom Extraduralabscess aus inducirt ist, ein Vorkommniss, welches wir in einer Anzahl unserer Fälle beobachten konnten, sondern in diesem Falle das Primäre ist, dafür spricht der Operationsbefund, die Granulation, welche am Planum mast. die Corticalis durchwachsen hatte.

Für die neuerdings von Jansen (l. c.) betonte Entstehungsweise von Extraduralabscessen an der hinteren Felsenbeinwand durch Verbreitung des Eiters auf dem Wege des Labyrinthes und des Aquaeductus vestibuli haben wir unter unseren uncomplicirten Fällen von Extraduralabscess kein Beispiel.

Mit anderen intracraniellen Affectionen complicirte Fälle von Extraduralabscess, der auf diesem Wege zu Stande gekommen, haben wir öfter beobachtet; sie können aber hier aus dem oben erwähnten Grunde nicht berücksichtigt werden. Ein Fall, wo die Entzündung vom Carotiskanal aus bis zur Dura gelangt ist, ist weiter unten referirt.

II. Chronische Fälle.

Auch hier wollen wir die Entstehungsweise des extraduralen Abscesses mit einer Betrachtung des ursächlichen Ohrenleidens beginnen. Während wir gesehen haben, dass in den acuten Fällen ein verhältnissmässig unbedeutender Ohrbefund vorhanden war, sehen wir hier in allen Fällen nennenswerthe pathologische Veränderungen der Mittelohrräume. In der Mehrzahl der Fälle finden wir in den Mittelohrräumen Cholesteatombildung in grösserer oder geringerer Ausdehnung. Meist ist das Cholesteatom mehr oder minder jauchig oder eitrig zerfallen. Auch der

otoskopische Befund liess in diesen Fällen bereits die Diagnose
eines schweren Ohrleidens stellen. Einen weiteren Unterschied
gegenüber den acuten Fällen haben wir darin, dass wir in allen
chronischen Fällen den Weg nachweisen konnten, welchen die
Entzündung vom Ohr bis in die Schädelhöhle hinein genommen
hatte. Und zwar fanden wir die Wegleitung stets in Gestalt von
feinen Fisteln. Indess ist nicht immer einwandfrei zu behaupten,
dass diese Fistelgänge wirklich in allen Fällen die Wegleitung
darstellen; ein oder der andere Fall brachte uns vielmehr auf
die Vermuthung, dass diese feinen Kanäle den Weg darstellen,
auf welchem umgekehrt der extradurale Eiter in die Mittelohrräume hindurchgebrochen ist.

Die Besprechung der Entstehung des otogenen Extraduralabscesses möge mit dem Hinweis auf Krankengeschichte Nr. XXI
(Scheibe) und Nr. XXII (Schenk) beendet werden; in dem
1. Falle sehen wir, dass die Entzündung bis an die Dura,
resp. den Sinus transv. fortgekrochen ist, ohne dass es schon
zur Eiterbildung zwischen Knochen und Sinus gekommen ist;
im 2. Falle haben wir ein Beispiel einer eben beginnenden
Abscessbildung zwischen Dura und Knochen.

Ehe wir nun zur anatomischen Betrachtung der extraduralen
Abscesse selbst übergehen, seien zunächst kurz die Verhältnisse
des Alters und Geschlechtes der Patienten, sowie der befallenen
Kopfseite erörtert.

Altersübersicht:

0—10 J.	10—20 J.	20—30 J.	30—40 J.	40—50 J.	50—60 J.
Kranke: 4	2	3	5	5	1

In unseren Fällen ist mithin das 4. und 5. Decennium das
am meisten disponirte; der jüngste Patient war ½ Jahr alt.

Unter unseren 20 Fällen betrafen 18 das männliche, und
nur 2 das weibliche Geschlecht. Nach Hessler's (l. c.) Statistik
prävalirt ebenfalls das männliche Geschlecht, und zwar ist nach
ihm das männliche Geschlecht ungefähr doppelt so häufig wie
das weibliche befallen. Entgegen den Angaben Körner's
(l. c.): „Wie alle durch Krankheiten des Schläfebeines inducirten
intracraniellen Eiterungen kommen auch die Pachymeningitis
externa und der extradurale Abscess auf der rechten Seite
häufiger vor, als auf der linken", sehen wir in unseren Fällen
zwölfmal die linke Seite befallen und nur achtmal die rechte.
Indess ist ja die Zahl der Fälle zu gering, um hieraus irgend
welche weitgehenden Schlüsse ziehen zu können. Jansen hat

in einer viermal grösseren Anzahl von Fällen eine entschiedene
Prävalenz der rechten Seite feststellen können.

   Wenn wir der anatomischen Betrachtung der extraduralen
Abscesse selbst eine tabellarische Zusammenstellung der einzelnen
Befunde vorausschicken, so dürfte es wohl zweckmässig sein,
auch hier die Scheidung zwischen den acuten und chronischen
Fällen weiter durchzuführen; es wird uns so am auffälligsten in
die Augen treten, ob wesentliche Unterschiede zwischen den
acuten und chronischen Fällen vorhanden sind oder nicht.

1. Acute Fälle.

Name:	Sitz des Abscesses:	Angaben über Grösse des Abscesses, Beschaffenheit der freiliegenden Dura mater etc.
1. *Hass.*	Mittlere Schädelgrube über dem Tegm. antri.	Wallnussgross; Dura mit Granulationen besetzt. Keine Communication mit den Mittelohrräumen, Knochenwand zwischen Abscess und Antrum makroskopisch ohne Veränderungen.
2. *Köhler.*	Mittlere Schädelgrube.	Abscesshöhle von Eiter und Granulationen erfüllt, der Dura in 4 Cm. Längsausdehnung aufsitzend. Nach dem Antrum zu, aber gegen dasselbe abgeschlossen, führt ein mit eitrig infiltrirter Schleimhaut ausgekl. Fistelgang.
3. *Walter.*	Mittlere Schädelgrube.	Basis des Abscesses fünfpfennigstückgross, deutliche Abscessmembran.
4. *Eskau.*	Hintere Schädelgrube.	Dura in 1—2 Qcm. freiliegend, mit fibrinösen Auflagerungen u. Granulationen bedeckt.
5. *Kiehr.*	Hintere Schädelgrube.	2 Theelöffel Eiter enthaltend. Dura von Granulationen bedeckt.
6. *Poland.*	Hintere Schädelgrube.	2 Theelöffel Eiter enthaltend. Granulationen im extrasinösen Herde; Sinus nicht verfärbt.
7. *Busch.*	Hintere Schädelgrube über dem Sinus sigm. transv.-Knie.	Ca. 2 Esslöffel Eiter entleert. Dura in Zweimarkstückgrösse freiliegend, von Granulationen besetzt.
8. *Schneider.*	Mittlere Schädelgr. auf dem lateralsten Theile der oberen Pyramidenfläche.	Nekrose des Knochens zwischen Abscess und Warzenräumen. Dura in 20 Pfennigstückgrösse freiliegend, mit Granulationen bedeckt.
9. *Thieme.*	Hintere Schädelgrube.	Taubeneigross; Dura grau, mit Granulationen bedeckt.

Name:	Sitz des Abscesses:	Angaben über Grösse des Abscesses, Beschaffenheit der freiliegenden Dura mater.
10. *Ehring.*	Hintere Schädelgrube.	Taubeneigross; Dura in 10 Pfennigstückgrösse mit Granulationen besetzt.
11. *Polzin.*	Hintere Schädelgrube an der Schädelbasis im Bereich des Occiput.	Knochen in der Mitte zwischen Crista occip. ext. und Margo mast. in Zweimarkstückgrösse zerstört. Die graublaurothe, leicht pulsirende Dura liegt vor. Ränder des Knochendefectes zackig.
12. *Oettel.*	Hintere Schädelgrube.	Haselnussgrösse.

II. Chronische Fälle.

Name:	Sitz des Abscesses:	Angaben über Grösse des Abscesses; Beschaffenheit der freiliegenden Dura, bacteriolog. Befund etc.
1. *Starowick.*	Hintere Schädelgrube, auf Sinus sigm. u. Dura.	Wallnussgross; Sinus sig. und Dura mit schmutzigen Granulationen besetzt.
2. *Kraemer.*	Hintere Schädelgrube.	Den Fond der Abscesshöhle bildete die in 2 Qcm. freigelegte Wand des Sinus sigm. Die Wand des vom Eiter comprimirten Sinus ist verdickt.
3. *Hellmuth.*	Hintere Schädelgrube.	Sinus sigm. von Eiter umspült, aber anscheinend nicht thrombosirt.
4. *Schulze.*	Mittlere und hintere Schädelgrube.	Abscess über dem blauschwarz verfärbten Tegmen antri sitzend, enthält 50 Grm. Eiter. Dura m. mit zottigen, z. Theil eitrig infiltrirten Granulationen besetzt. Sinus transv. mit Granulationen und Fibrinauflagerungen bedeckt.
5. *Schuft.*	Mittlere Schädelgrube.	„Grosser Abscess"; im Fond des Abscesses die colossal verdickte Dura liegend.
6. *Brunkau.*	Hintere Schädelgrube.	Der Sinus transv. ist mit schwärzlich verfärbten, nekrotisch zerfallenen Granulationsmassen bedeckt und von Eiter umspült.
7. *Schwengler.*	Hintere Schädelgrube u. benachbarter, dem Os parietale u. occipitale entsprechender Bezirk.	Der Abscess ist so gross, dass man nach seiner breiten Eröffnung den kleinen Finger in die Abscesshöhle versenken kann. Dura mater und Sinus von Granulationen besetzt.
8. *Müller.*	Hintere Schädelgrube, sich ausdehnend nach oben in die Parietalgegend, nach hinten in die Occipitalgegend.	Sehr grosser, jauchiger Abscess. Sinus u. Dura mater nach hinten oben von der Spitze des Warzenfortsatzes in Handtellergrösse theils mit eitrig fibrinösen, theils mit dunkelrothem Exsudat von Gallertsubstanz bedeckt.

Was zunächst den Sitz des Extraduralabscesses anbetrifft, so stimmt auch das Ergebniss unserer Fälle mit den Angaben Hessler's (l. c.) und Körner's (l. c.) insofern überein,
als auch wir ein entschiedenes Uebergewicht der hinteren Schädelgrube constatiren konnten. Unter unseren 20 Fällen von uncomplicirtem Extraduralabscess fanden wir nur fünfmal (25 Proc.)
den Abscess beschränkt auf die mittlere Schädelgrube; einmal
waren beide Schädelgruben betheiligt, und vierzehnmal (70 Proc.) sass
der Abscess in der hinteren Schädelgrube allein. Dass in dem
Verhalten der acuten und chronischen Fälle in Beziehung auf die
Localisation des Abscesses ein auffallender Unterschied bestände,
kann nicht behauptet werden: unter unseren zwölf acuten Fällen
sass der extradurale Abscess viermal in der mittleren Schädelgrube
(33 Proc.), unter unseren acht chronischen Fällen zweimal (25 Proc.).
Wenn diese Zahlen wegen ihrer Geringfügigkeit auch weitere
Schlussfolgerungen nicht zulassen, so scheint doch aus diesem
Verhalten hervorzugehen, dass Atticeiterungen, welche in der
Regel extradurale Abscesse über dem Tegmen tympani, also in
der mittleren Schädelgrube induciren, überhaupt keine auffallende
Disposition zur Bildung extraduraler Abscesse darbieten.

Sitzt der extradurale Abscess in der hinteren Schädelgrube,
so ist seine Lage in der Regel in der Fossa sigmoidea, an der
Kleinhirnseite des Schläfenbeines. Mit Rücksicht auf die Beziehung
zum Sinus sigmoid. pflegt man diese Abscesse auch epi- oder
perisinöse zu nennen — die bessere Bezeichnung wäre nach Ana-
logie des Namens Extraduralabscess extrasinöse —, wiewohl
in vielen Fällen die Eiteransammlung zwischen Dura und Sinus
sigmoid. sich nicht auf die Ausdehnung desselben beschränkt,
sondern über ihn hinweggreift, so dass dann der Sinus nur einen
Theil der inneren Wand der Abscesshöhle bildet. Auf diese
Verhältnisse werden wir bei der Besprechung der Grösse des
extraduralen Abscesses noch zurückkommen. In einem unserer
Fälle (Busch) entsprach der Extraduralabscess dem Sinus sig-
moideus-transversus-Knie. In einem der Fälle von Localisation
in der hinteren Schädelgrube war die Fossa sigmoidea frei; der
Abscess lag weiter nach hinten und war auf das Bereich des
Occiput beschränkt (Polzin). Wenn auch in dieser Arbeit nur
die Fälle von uncomplicirtem Extraduralabscess zur casuistischen
Grundlage dieser Erörterungen ausgewählt sind, so muss doch
auf einen von uns beobachteten Fall verwiesen werden, in welchem
der betreffende Kranke an einer den Extraduralabscess compli-

cirenden Leptomeningitis zu Grunde ging. Der Fall wird unser
Interesse nicht nur wegen des interessanten klinischen Verlaufes
wachrufen, sondern vor allem wegen der gewiss seltenen Localisation des Extraduralabscesses. Derselbe hatte nämlich seinen
Sitz in der Gegend des Foramen lacerum sinistrum. Zugleich bestand Sequesterbildung an der Pyramidenspitze, Defect in der
Dura, durch welchen der Abscess in den Subarachnoidealraum
hindurchgebrochen war und nun zur Entstehung einer eiterigen
Leptomeningitis geführt hatte, Usurirung des Keilbeinkörpers
und Senkung des Abscesseiters in die Weichtheile des Pharynx.
Wegen des vielseitigen Interesses, welches dieser Fall darbietet,
sei die Krankengeschichte im Auszug beigefügt; aus dem Sectionsprotokoll ist zu ersehen, auf welchem Wege die Entzündung in
das Bereich der Pyramidenspitze gelangt war:

Ludwig Jantke[1]), 44 J., Arb. aus Mühlberg a. E., rec. 24. Febr. 1896.

Acute Mittelohreiterung links: Seit 8. Februar Schmerzen im linken
Ohr, seit 10. Februar Otorrhoe; seit 11. Februar linksseitiger Kopfschmerz.
Seit 8 Tagen Schwindelgefühl, objectiv Schwindel nicht deutlich nachzuweisen.
Grosse Mattigkeit.

Stat. praes.: Augenhintergrund beiderseits normal. Ernährungszustand
schlecht. Bronchitis diffus, besonders links. Herz gesund. Puls zwischen
60 und 90. Temp. 38,4°. Körpergewicht 61 Kilo (früher angeblich 66 bis
67 Kilo). Urin zucker- und eiweissfrei.

Umgebung des Ohres: Links geringe Schwellung hinter dem Ohr:
Warzenfortsatzspitze, Sinusgegend und hinten oben nach dem Occiput zu in
der Höhe des oberen Ansatzes der Ohrmuschel. Druckempfindlichkeit 3—4
Querfinger breit hinter der Ohrmuschel. Gehörgang links normal; Trommel-
fell intensiv geröthet, Proc. brev. unsichtbar. Vorwölbung in der hinteren
Trommelfellhälfte. Paracentesenöffnung. Reichliche Eiterung.

Functionsprüfung: Flüstersprache links eben noch dicht am Ohr. C₁ vom
Scheitel und auch vom rechten Warzenfortsatz aus nach links lateralisirt
(Flüsterspr. rechts 2,5—3 Mtr.). Ri.—. C₁ links bei mittlerem Anschlag,
Fis₁ bei mittelstarkem Nagelanschlag.

Stuhlgang gut. Therapie: Paracentese, Ausspülungen, Eisbeutel hinter
das linke Ohr und auf den Kopf.

Bis zum 28. Februar expectative Behandlung behufs Sicherung der
Diagnose. Das Allgemeinbefinden besserte sich zwar bei der Bettruhe, doch
blieb der linksseitige Kopfschmerz derselbe, beim Aufstehen stellte sich sofort das Schwindelgefühl wieder ein. Die Pulszahl schwankte zwischen 60
und 92, die Temperatur, welche am 24. und 25. leicht febril war, war am
26. und 27. normal.

28. Februar Aufmeisselung: Weichtheile normal (?). Corticalis auffallend blutreich. Die ganzen Warzenzellen erfüllt mit Eiter, ebenso im Antrum Eiter. Nach oben der Knochen sehr zellreich, viel Eiter enthaltend.
Ebenso eine grössere Zelle unter dem Antrum. Die ganze Eiter enthaltende
Spitze des Warzenfortsatzes entfernt. Nach oben in weiter Ausdehnung den
kranken Knochen bis an die Dura freigelegt; zwischen Dura und Knochen
an keiner Stelle Eiter. Galvanocaustische Perforation des Trommelfelles.

Durch diese Operation nicht die Besserung des Allgemeinbefindens, wie es
sonst der Fall ist, wenn der Krankheitsherd beseitigt ist. Der Kopfschmerz in der
linken Kopfhälfte blieb im Allgemeinen unverändert. Percussionsempfindlich-

---

1) Kurz bereits mitgetheilt von Leutert (l. c.).

keit in der linken Schläfengegend. Die Temperatur war vom 29. Februar bis
15. März früh vollkommen normal, die Pulszahl schwankte zwischen 56 und
90. Vorübergehend Pupillendifferenz: Die linke Pupille weiter als die rechte
und trägere Reaction auf Lichteinfall. Der Augenhintergrund war bei den
wiederholt vorgenommenen Untersuchungen stets normal. Vom 15. März bis
zum Exitus letalis am 23. März Fieber, intercurrent am 17. und 18. März
hochnormale Temperatur. Am 16. März Freilegung der Mittelohrräume.
Dura an verschiedenen Stellen, auch am Tegmen tymp. freigelegt, ohne dass
ein extraduraler Eiterherd gefunden wurde.

Am 18. März letzter Operationsversuch: Trepanation auf den linken
Schläfenlappen. Eiter wurde nicht gefunden, die Pia war stark injicirt.

Die Zeichen der Meningitis wurden immer deutlicher; der Kopfschmerz
war unerträglich geworden. Schon am 17. März hatte sich starkes Erbrechen
eingestellt. Am 19. März klonische Zuckungen der Arme und Beine. Am
20. März grosse Unruhe, Pat. will fortwährend aus dem Bett. Am 21. März
der rechte Arm vollkommen gelähmt und anästethisch. Die Lähmung des
rechten Beines ist noch nicht so vollkommen etc. Am 23. März Exitus let.
im tiefen Coma.

Die Section ergab als Todesursache eine eitrige Leptomeningitis, ausgegangen von einem in den Subarachnoidealraum durchgebrochenen extraduralen Abscess, welcher sich in der Gegend des Foram. lac. sinistrum befand. Daselbst Sequesterbildung an der Pyramidenspitze, Defect in der Dura,
Usuriruug des Keilbeinkörpers und Senkung des Eiters vom Abscess aus
nach unten in die Weichtheile des Pharynx, Hämorrhagie in der linken
mittleren Schädelgrube zwischen Dura und Pia (von einer bei der Schläfe-
lappentrepanation nicht unterbundenen Arterie der Dura herrührend), Erweichungsherd im Gehirn an der der Trepanation entsprechenden Stelle,
Anämie und Oedem des Gehirnes. Mässige fibröse Myocarditis, Lungenödem,
Hypostase mit bronchopneumonischen Herden in beiden Unterlappen, geringer
Milztumor, Anämie und theilweise Verfettung der Leber, chronische interstitielle
Nephritis. Die Dura war prall gespannt, blutreich, der Subarachnoidealraum
an der Basis und Convexität überall von einem eitrigen Exsudat ausgefüllt.
An der Spitze der linken Felsenbeinpyramide eine olivengrosse, mit rahmigem
Eiter erfüllte Höhle mit glatten Wänden. Die über dieselbe hinwegziehende
Dura ist durchbrochen. Die Knochenpartie der Pyramidenspitze, welche die
hintere Wand des Canalis carotic. horizon. bildet, fehlt. An dieser Stelle
findet sich noch ein kleiner Sequester. Die Carotis ist an dieser Stelle
ganz nach vorn gedrängt und zu einem dünnen Rohr mit steck-
nadelkopfgrossem Lumen zusammengeschrumpft. Die Sonde
gelangt nach unten in einen von dem ursprünglichen Herd an
der Pyramidenspitze ausgehenden retropharyngealen Senkungsabscess. Durch Druck mit dem Finger auf die entsprechende Stelle im Pharynx lässt sich ein Fingerhut voll
Eiter nach oben entleeren. Spritzt man in das Ost. tymp. tub.,
so dringt vom carotischen Kanal aus das Wasser in die Abscesshöhle; weiterhin wurde eine feine Fistel zwischen Paukenhöhle und carotischem Kanal durch Sondirung festgestellt.

Epikrise: Retrospectiv lässt sich behaupten, dass der tief-
gelegene Epiduralabscess schon zur Zeit der Aufnahme des Kranken
bestanden hat, dass er zunächst uncomplicirt war und erst am
15. März an infolge Durchbruches des Abscesses in den Subarachnoidealraum die tödtliche Meningitis einsetzte.

Wenn wir nun zur Besprechung der Grösse unserer Extraduralabscesse übergehen, so ist zunächst zu betonen, dass
selbst in Fällen, die zur Autopsie kommen, die Grössebestimmung
eine schwierige ist; ungleich grössere Schwierigkeiten bietet es,

bei der operativen Entleerung des Extraduralabscesses seine
Grösse auch nur approximativ zu schätzen, und zwar deshalb,
weil wir den Abscess in der Regel nicht in toto übersehen können,
und weil in dem Momente, wo er eröffnet wird, der Eiter heraus-
fliesst, und infolge des Hirndruckes die Abscesshöhle vollkommen
von der nachrückenden Dura ausgeglichen wird. Wir können
daher nur eine ungefähre Vorstellung der Grössenverhältnisse gewinnen aus der Menge des entleerten Eiters und aus der Ausdehnung des duralen Theiles der Abscesswand. Wenn wir nach
diesen Gesichtspunkten die Grösse unserer Abscesse abschätzen,
so ergiebt sich, dass dieselbe zwischen Haselnuss- und Wallnuss-
grösse schwankt. Wenn nun auch in der Regel — für unsere
acuten Fälle trifft dies sogar ausnahmslos zu — die Eiteransammlung zwischen Knochen und Dura bei dem circumscripten
Charakter der Pachymeningitis externa eine auf einen engen Bezirk,
der gewöhnlich gegen die umgebende gesunde Dura durch einen
starken Granulationswall abgeschlossen ist, beschränkte ist, so kann
man doch nicht ohne Weiteres v. Bergmann's Ansicht beipflichten,
dass voluminöse Eiteransammlungen zwischen Knochen und Dura
nicht vorkommen dürften. Es giebt im Anschluss an chronische
Mittelohreiterungen Fälle von diffuser Eiteransammlung zwischen
Knochen und Dura. Solche diffusen extraduralen Abscesse sind
bereits mehrfach beschrieben worden, u. a. von Zaufal. Körner
(l. c.) schreibt darüber: „Die Eiterungen gehen aus der Kleinhirn-
in die Schläfegrube über und umgekehrt, sie wandern an der
Schläfenschuppe hinauf unter dem Seitenwandbeine hin bis zur
Sagittal- und zur Coronarnaht und verbreiten sich in der Klein-
hirngrube bis unter die Hinterhauptsschuppe, namentlich aber
längs des Sinus transversus bis gegen das Torcular Herophili
oder zum Foramen jugulare." Unter unseren Fällen von uncomplicirtem Extraduralabscess haben wir nur einen (Müller), in
welchem die in der hinteren Schädelgrube localisirte Eiterung
sich weit über das Gebiet der Fossa sigmoidea ausgedehnt hatte.
Der Abscess war so gross, dass die Dura mater in Handtellergrösse nach hinten und oben vom Warzenfortsatz aus freigelegt
werden musste, um die diffuse Ansammlung von Jauche zwischen
Dura und Knochen vollkommen entleeren zu können. Wir haben
noch zwei ähnliche Beobachtungen gemacht, welche allerdings
Fälle betreffen, in denen eine Complication des extraduralen
Abscesses bestand. Solche Fälle sind deshalb nicht als einwands-
freie Belege für das isolirte Vorkommen von derartig ausgedehnten

Eiteransammlungen zu betrachten, weil ja dieselben secundärer Natur sein können, wenigstens für die otitische Sinusphlebitis ist ja erwiesen, dass sie dadurch secundär extradurale Abscesse hervorrufen kann, dass die Entzündung auf die Aussenseite der Sinuswand übergeht. Der eine dieser Fälle (Bösdorf) ist bereits von Leutert[1]) eingehend beschrieben worden. Ich beschränke mich daher darauf, kurz aus dem Operationsprotokoll zu wiederholen, dass aus dem mit zerfallenem Cholesteatom erfüllten Antrum eine kleine Fistel in die Schädelhöhle führte zu einem faustgrossen extraduralen, jauchigen Abscess. Die Dura, in Handtellergrösse freigelegt, erwies sich als colossal verdickt, theils weiss-, theils schwarzgrau verfärbt und mit dickem, eitrig-fibrinösem Exsudat bedeckt. Ueber dem Occipitallappen hingen Dura und Pia als gangränöse schwarze Fetzen dem Gehirn an. Ausserdem bestand jauchige Sinusthrombose und, wie die Section ergab, eine grosse abgekapselte Eiteransammlung an der Innenfläche der Dura, also ein echter subduraler Abscess. In dem zweiten unserer Fälle, welche das Vorkommen weit ausgedehnter Eiteransammlungen zwischen Dura und Knochen beweisen und somit die Annahme v. Bergmann's widerlegen, bestand nicht gleichzeitig eine Sinusphlebitis; desgleichen stand, wie die Section ergab, der gefundene Schläfenlappenabscess in keiner Beziehung zu dem grossen extraduralen Abscesse. Es ist daher ausgeschlossen, dass letzterer erst secundär inducirt sei. Dieser Fall hat noch in anderer Hinsicht ein grosses Interesse. Es zeigte sich nämlich trotz der erheblichen pachymeningitischen Veränderungen der Dura, trotz der grossen Ausdehnung des erkrankten Bezirkes, dass die Entzündung nicht bis auf die Durainnenfläche vorgeschritten war. Dieselbe war vielmehr vollkommen intact, und von einer Verwachsung zwischen Durainnenfläche und den weichen Hirnhäuten war keine Rede. Der Abscess im Schläfenlappen, welcher secundär durch Fortkriechen der Entzündung zum Plexus choroid. lateralis die Leptomeningitis hervorgerufen hatte, war, wie er nicht die Ursache des extraduralen Abscesses war, so auch nicht die Folgeerkrankung desselben. Er war vielmehr entstanden durch Fortleitung der Entzündung von einer cariösen Partie der Pyramidenoberfläche aus. Dieser kranken Knochenstelle entsprechend, an welcher die Hirnhäute fest mit einander verwachsen waren, zeigte der erkrankte Schläfenlappen an seiner

---

1) Ueber die otitische Pyämie. Dieses Archiv. Bd. XLI. S. 279.

unteren Fläche eine circumscripte, missfarbene Stelle von der Aus-
dehnung eines Pfennigstückes. Diese Stelle ist natürlich die
Eingangspforte der Entzündungserreger in die Hirnsubstanz des
Schläfenlappens selbst gewesen.

Des Interesses dieses Falles wegen sei die Krankengeschichte
desselben im Auszug angefügt:

Christian Holter, 12 Jahre, Arbeiterssohn aus Etgersleben b. Egeln,
rec. 7. Juli 1896.

Chronische Eiterung rechts seit frühester Kindheit mit Intermissionen.
Zuweilen Schmerzen im Ohr. Seit 8 Tagen heftigere Schmerzen in und
hinter dem rechten Ohr.

Stat. praes.: Herz, Lungen gesund. Urin eiweiss- und zuckerfrei.
Taumeln beim Gehen mit geschlossenen Augen nach rechts. Umgebung des
r. Ohres: Druckempfindlichkeit des Proc. mast. rechts.

Rechter Gehörgang nicht stenosirt, die Tiefe mit Granulationen angefüllt. Flüstersprache: R. 5 Cm. Fis₄ sehr herabgesetzt. C₁ vom Scheitel
nach rechts lateralisirt (links Gehör normal).

Temperatur 7. Juli Abends 38,0°. Puls 84.

8. Juli. Klage über Schmerzen im Ohr; Abends heftige Kopfschmerzen,
Schüttelfrost, darnach Temperatur 39,5°. Puls 60. Dreimal Erbrechen. Schmerzen
im Nacken, Patient stöhnt und wimmert.

9. Juli. Temperaturen in der verflossenen Nacht zwischen 39 u. 39,4°.
Heute morgen 38,3° (P. 86). Sensorium frei, keine Sensibilitäts- und Motili-
tätsstörungen. Dynamom. R. 40. L. 25. Augenhintergrund: Grenzen der
Pap. n. opt. deutlich, Venen rechts etwas stärker gefüllt als links.

Operation: Weichtheile normal; Corticalis abnorm blutreich. In der
hinteren oberen knöchernen Gehörgangswand Durchbruch. Grosse centrale
Chol.-Höhle. Gehörknöchelchenrudimente fehlen. Im hinteren oberen Winkel
der grossen Operationshöhle fühlt man mit der Sonde die freiliegende Dura;
beim Abtasten stürzt jauchiger Eiter aus der Schädelhöhle. Bei Freilegung
des Herdes zeigt sich eine ausgedehnte eitrige Pachymeningitis ext. Die Dura
ist nach vorn bis über die Wurzel des Jochbogens hinaus, nach oben etwa
2 Finger breit auf der seitlichen Hirnfläche mit eitrig fibrinösem Exsudat
bedeckt. Im weiteren Verlauf blieb der Patient zunächst 3 Tage fieberfrei,
sein Allgemeinbefinden war so gut, dass er den Eindruck des Reconvales-
centen machte. Beim ersten Verbandwechsel, am 13. Juli, sah die Wunde sehr
gut aus, die Dura begann sich zu reinigen, war theilweise mit frischen rothen
Granulationen bedeckt. Vom 14. Juli an wieder Fieber zwischen 37 u. 39°,
viel Kopfschmerzen, Pulsverlangsamung, Irregularität des Pulses, allgemeine
Hyperästhesie, Sopor, Nackenstarre, Obstipation, Nystagmus. Oculomotorius-
parese rechts, Abducenzparese links, Neuritis optic.

21. Juli exitus letalis.

Section: Hinter dem rechten Ohr eine granulirende Operationswunde;
in deren Tiefe ein plattrandiger Defect im Schädel, in welchem die missfarbene und an einer kleinen Stelle mit Granulationen bedeckte Dura freiliegt, die übrige Dura glatt und ohne Veränderungen. Die Dura ist der pachymeningitischen Partie entsprechend auf ihrer Innenfläche normal und nicht
mit den weichen Hirnhäuten verwachsen. Die Sinus sämmtlich frei. Die Pia
ist auf der Convexität zart, an der Basis ist der Subarachnoidealraum mit
Eiter erfüllt, welcher sich auch bis auf die obere Fläche des Kleinhirnes
herauf erstreckt. Der rechte Schläfenlappen stark vergrössert und fluctuirend.
Auf der unteren Fläche nahe der Spitze eine circumscripte, missfarbene Stelle
von der Ausdehnung eines Pfennigstückes. Beim Einschneiden gelangt man
in eine kleinapfelgrosse Eiterhöhle, die durch eine etwa 1 Mm. dicke Membran sich scharf von der Umgebung abgrenzt. Mit dem Finger gelangt man
durch erweichte Hirnsubstanz in den rechten Seitenventrikel, doch lässt sich
nicht feststellen, ob diese Communication vorher bestanden hat oder durch

den Finger erst künstlich erzeugt ist. Im linken Seitenventrikel kein ab-
normer Inhalt, das Ependym zart. Der rechte Seitenventrikel zeigt längs
des Plexus chorioideus eitrigen Belag, der mit dem Eiter an der Schädelbasis in directem Zusammenhange steht. Die übrigen Ventrikel ohne Veränderungen. Hirnsubstanz sehr feucht, blutreich und von schlechter Consistenz.

Was das Verhalten der Dura mater in unseren Fällen
von extraduralem Abscess anbetrifft, so sehen wir aus den tabella-
rischen Zusammenstellungen auf S. 91, dass dasselbe ein sehr
verschiedenartiges ist. In den acuten Fällen fanden wir die Dura
in der Regel mit Granulationen bedeckt, welche entweder ein
frisches Aussehen darboten oder eitrig infiltrirt waren. In anderen
Fällen wieder sehen wir keine Granulationswucherungen auf der
Dura; letztere zeigte vielmehr nur als Zeichen der Entzündung
ein mehr röthliches Aussehen, wie in dem Falle Polzin. Aber
auch eine richtige Abscessmembran sahen wir in einem acuten
Falle (Walther) der Dura aufsitzen. Fibrinöse Auflagerungen
zeigte die Dura mater im Falle Eskau. Dass die Dura in Fällen
von Extraduralabscess makroskopisch keine Veränderungen aufzuweisen braucht, beweist der aus unserer Klinik von Edgar
Meier publicirte Fall Heiner, in welchem die harte Hirnhaut
ein vollkommen normales Aussehen hatte und deutliche Respirationsbewegungen zeigte.

Viel erheblicher sind die Veränderungen der Dura mater in
den chronischen Fällen. Schwartige Verdickung, missfarbenes
Aussehen, Bedeckung mit missfarbenen, zuweilen nekrotisch zerfallenen Granulationen, mit fibrinösem oder gallertartigem Exsudat,
ja brandiger Zerfall der Dura mater, das sind die pathologischen
Veränderungen, welche wir häufig genug zu sehen Gelegenheit
hatten. In einem Falle, wo dicke fibrinöse Auflagerungen der
Dura mater aufsassen, erblickten wir nach dem Abziehen derselben mit der Pincette eine frische, leicht granulirende Wundfläche. In den Fällen von Nekrose der Dura sahen wir nicht
selten die Sinuswand an derselben theilnehmen. In dem einen
dieser Fälle war die laterale Sinuswand durch die Nekrose vollständig zu Grunde gegangen. Auch die Beschaffenheit des Eiters
ist in den chronischen Fällen in der Regel eine andere, wie in
den acuten. Während wir in letzteren gewöhnlich rahmigen, ge-
ruchlosen Eiter fanden, war der Inhalt der extraduralen Abscesse
in den chronischen Fällen viel häufiger jauchig, d. h. übelriechend,
dünnflüssig, missfarben, oft durch Beimischung von verändertem
Blutfarbstoff bräunlich gefärbt.

Der Inhalt des Abscesses ist fast in allen Fällen bacterio-

7*

logisch von meinem Collegen Dr. Leutert untersucht worden.
Ich unterlasse es, auch nur summarisch auf das Ergebniss dieser
Untersuchungen einzugehen, da dasselbe in Kürze von Leutert
in einer besonderen Arbeit publizirt werden wird. Dass in den
acuten Fällen der Fraenkel'sche Pneumococcus eine grosse Rolle
spielt, hat Leutert bereits bei Gelegenheit des Nürnberger Oto-
logentages (cf. Bürkner, Verhandlungen etc. l. c.) mitgetheilt.

Von einem anatomischen Ausgange des Extraduralabscesses kann man in unseren Fällen von uncomplicirtem Extraduralabscess nicht gut reden, weil der Ablauf der Erkrankung in
allen Fällen durch das Einsetzen von Kunsthülfe beeinflusst worden
ist. Hinweisen möchte ich nur auf die nicht zu verkennende
Neigung des Abscesses, an die Körperoberfläche durchzubrechen.
Unter unseren zwölf acuten Fällen war viermal ein solcher Durchbruch
erfolgt mit Bildung eines subperiostalen Abscesses. Solche Fälle
beweisen immerhin die relative Gutartigkeit dieser Complication
der Otitis und zeigen, welchen Widerstand die Dura mater dem
Fortkriechen, resp. Durchbrechen des Eiters nach Innen entgegen-
zusetzen vermag.

Dem extraduralen Abscess ist oft die Rolle eines Zwischen-
gliedes zwischen Otitis und den tieferen und gefährlicheren intracraniellen otogenen Complicationen zugesprochen, weil man bei
Sectionen diese häufig mit Extraduralabscessen complicirt findet;
in diesem Sinne äusserten sich u. a. Hoffmann (l. c.), Körner
(l. c.), Macewen[1]) u. A. Entgegen den Angaben Hoffmann's,
dass extradurale Abscesse am häufigsten Hirnabscesse, dann
Sinuskrankheiten und am seltensten Leptomeningitis herbeiführen,
gehen die Erfahrungen in unserer Klinik dahin, dass am häufigsten
Sinusphlebitiden durch extradurale Abscesse inducirt werden. Es
ist dabei nicht nothwendig, wie es Körner sagt, dass der Eiter des
extraduralen Abscesses die Sinuswand durchbricht; es kann auch
ohne dies die Entzündung die Sinuswand durchsetzen und zur
Bildung einer Sinusphlebitis führen.

Wenn auch die Auffassung des Extraduralabscesses als Ver-
mittler weiterer intracranieller Folgezustände durch eine grosse
Anzahl von Sectionen begründet ist, so ist doch nicht zu leugnen,
dass in Fällen, wo bei der Section der Extraduralabscess mit
einer anderen oder gar mehreren intracraniellen Complicationen
vereint gefunden ist, nicht immer ganz durchsichtig ist, ob der-

---

1) Pyogenic infective diseases of the brain and spinal cord. Glasgow 1893.

selbe in solchen Fällen wirklich das zuerst entstandene intracranielle Leiden ist. Es ist von anderen auch schon hervorgehoben, dass die in solchen Fällen vorgefundene Eiter- oder
Jaucheansammlung zwischen Dura und Knochen zuweilen als
etwas ganz Secundäres, Nebensächliches zu betrachten ist. So
sagt z. B. v. Bergmann[1]), dass extradurale Abscesse peri-
phlebitischen Ursprunges sein können. Wir haben ebenfalls Fälle
beobachet, welche eine derartige Auffassung zuliessen.

II. Klinischer Theil.

Symptome und Diagnose.

Was zunächst die Frage, wie die Temperaturverhältnisse
beim extraduralen Abscess sind, anbetrifft, so sagt Körner (l. c.),
dass Fieber häufig fehlt. Nach unseren Erfahrungen kann sogar
behauptet werden, dass es die Regel ist, dass uncomplicirte
Abscesse fieberfrei verlaufen. Unter unseren 20 Fällen konnte
nur viermal (20 Proc.) Fieber constatirt werden. Es muss umsomehr
darauf hingewiesen werden, dass trotz des Fehlens von Fieber
ein Abscess in der Schädelhöhle vorliegen kann, als oft von
Aerzten bei erheblichen subjectiven Beschwerden des Kranken,
wie starker Kopfschmerz, und bei dem Fehlen eines nennenswerthen abnormen Ohrbefundes gerade aus dem Umstande, dass
eine Temperatursteigerung nicht vorhanden ist, der für den
Kranken oft verhängnissvolle Schluss gezogen wird, dass ein
ernsteres Leiden nicht vorliegen könne.

Wir haben Fälle gesehen, wo die Kranken auf Grund dieser De-
duction für Simulanten gehalten worden waren, und bei der Operation
ein grosser extraduraler Abscess constatirt wurde. In den 4 Fällen,
wo wir Fieber beobachteten, — Temperaturen bis 39,5° — handelte es sich jedesmal um einen extrasinuösen Abscess. Dass
solche Abscesse dadurch Fieber machen können, dass die entzündete
Sinuswand durchlässig werden kann für Bacterien resp. für die
Aufnahme pyrogener Stoffe in die Blutleiter, hat Leutert
(l. c.) mit Nachdruck betont. Aber nicht in jedem Falle von extrasinuösem Abscess haben wir Fieber beobachtet. In keinem der
Fälle jedoch, in denen die Sinuswand nicht einen Theil der
Wandung der Abscesshöhle ausmachte, konnten wir Fieber constatiren.

---

1) Die chirurgische Behandlung von Hirnkrankheiten. Berlin 1889.

Selbstverständlich kann, wenn wir auch unter unseren 20
Fällen von uncomplicirtem Extraduralabscess einen derartigen
Fall nicht haben, in einem Falle von dieser intracraniellen
Affection Fieber bestehen, welches nicht von ihr abhängig ist,
sondern von dem ursächlichen Ohrenleiden, besonders dann,
wenn wir Eiterretention in der Paukenhöhle haben.   Wenn
wir die diagnostischen Schlussfolgerungen aus diesen Erörterungen ziehen, so sind dies folgende: wenn in einem Falle
von Otitis Fieber eintritt, und wir durch die Ohruntersuchung
das Ohr als Quelle der Temperatursteigerung ausschliessen können,
so müssen wir an das Vorhandensein einer intracraniellen Complication denken. Den uncomplicirten otogenen Hirnabscess können
wir mit grosser Wahrscheinlichkeit ausschliessen, weil er in der
Regel kein Fieber zu machen pflegt. Ist das Fieber mit diffusen Kopfschmerzen verbunden, welche uns den Verdacht des Bestehens
einer diffusen, eitrigen Meningitis nahe legen, auch wenn noch
keine zuverlässigen localen Symptome derselben, wie Paresen etc.
vorhanden sind, so haben wir nach den Mittheilungen L e u t e r t's[1])
aus unserer Klinik wahrscheinlich in der Q u i n c k e'schen Lumbalpunction eine zuverlässige Methode, um das Vorhandensein dieser
Complication entweder zu erhärten oder auszuschliessen. Ist das
Ergebniss der Punction ein für den Beweis des Vorhandenseins
einer diffusen Meningitis negatives, so bleibt nur die Möglichkeit einer circumscripten Meningitis, eines extrasinuösen Abscesses
oder einer Sinusphlebitis (L e u t e r t) übrig. Eine differentielle
Diagnose dieser Zustände ist in der Regel nicht möglich; sie
wird sich meist erst durch die weitere klinische Beobachtung
stellen lassen. Treten Zeichen von Metastasen auf, so ist die
Diagnose Sinusphlebitis gesichert. Es empfiehlt sich aber in
diesen Fällen, im Interese der uns anvertrauten Kranken nicht
so lange abzuwarten, bis der weitere klinische Verlauf die
Diagnose sichert, sondern auf alle Fälle, wenn wir bei ein-
tretendem Fieber das Ohr als Ursache des Fiebers ebenso ausschliessen können wie das Bestehen einer diffusen eitrigen Meningitis, welche ja nach dem heutigen Stande unseres therapeuthischen
Könnens jeden operativen Eingriff als zwecklos erscheinen lässt,
die Fossa sigmoidea freizulegen. Die Zweckmässigkeit dieser
L e u t e r t'schen Forderung hat uns eine grosse Anzahl von Fällen
so erwiesen, dass wir sie auch fernerhin als Richtschnur unseres

---

1) Die Bedeutung der Lumbalpunction für die Diagnose intracranieller
Complicationen der Otitis. Münchener med. Wochenschrift 1897. Nr. 8 u. 9.

therapeutischen Handelns nehmen werden. Es ist dabei selbstverständlich, dass die genaue Untersuchung des Körpers irgend
ein anderes Leiden als mögliche Ursache des Fiebers ausgeschlossen haben muss.

Was die diagnostische Bedeutung des Schmerzes anbetrifft,
so ergiebt sich auf Grund der Beobachtung unserer Fälle Folgendes: Nur in einem unserer Fälle (Starowick) wurde überhaupt
nicht über Schmerz geklagt, obwohl die Operation einen wallnussgrossen extrasinuösen Abscess aufdeckte. In einigen Fällen
wurde nur über Schmerzen im Ohr geklagt, in 2 Fällen über
gleichzeitige Ohr- und Kopfschmerzen, in der grossen Mehrzahl
der Fälle indess nur über Kopfschmerz. In der Regel war der
Kopfschmerz beschränkt auf die entsprechende Kopfhälfte, oft
sass er lediglich in der Schläfengegend und strahlte zuweilen aus
nach dem Occiput und Genick. Aber auch irradiirter Kopfschmerz wurde angegeben, so z. B. in dem Falle Brunkan, wo
der Kopfschmerz seinen Sitz in der Stirngegend hatte. Auffallend war in einigen Fällen, dass die Localisation des Kopfschmerzes genau dem Sitz des Abscesses entsprach, so z. B. in
den Fällen Busch und Haas. Interessant war in dem Falle Busch,
dass zunächst intensive diffuse Kopfschmerzen in der entsprechenden Kopfhälfte angegeben wurden; schliesslich schränkte sich
der Bezirk des diffusen Kopfschmerzes ein auf eine handtellergrosse Stelle hinter dem Planum mastoideum, welche ganz der
Lage des Extraduralabscesses entsprach. Die Stärke des Kopfschmerzes war eine sehr verschiedene; in einzelnen Fällen war
er unbedeutend, in anderen wieder so anhaltend und furibund,
dass er den Kranken am Schlafen hinderte. Auch in qualitativer
Hinsicht machten die Kranken die verschiedensten Angaben über
ihren Schmerz. Kopfreissen, Hämmern, bohrender Schmerz,
Gefühl des „Unterkätigseins" des Kopfes waren nicht seltene
Klagen.

Einen gewissen Werth für die Diagnose, wenn nicht des
Extraduralabscesses, so doch eines intracraniellen Leidens, dessen
Natur als Extraduralabscess ja dann leichter per exclusionem
wenigstens mit Wahrscheinlichkeit festgestellt werden kann,
können wir indess den Kopfschmerzen nur dann zuerkennen,
wenn die locale Untersuchung des Ohres und seiner Umgebung
die Möglichkeit der Abhängigkeit des Kopfschmerzes von dem
ursächlichen Ohrenleiden ausschliesst, wenn also weder Eiterretention im Ohre vorhanden ist, noch auch in der Umgebung

des Ohres acut entzündliche Veränderungen, wie z. B. ausgedehnte
Periostitis, grosse subperiosteale Abscesse, ausgedehntes Oedem,
vorliegen, welche die Ursache des spontanen Schmerzes sein
können. Ergiebt aber die Untersuchung des Ohres und seiner
Umgebung einen negativen Befund oder einen so unbedeutenden
Befund, dass daraus intensive Kopfschmerzen nicht erklärt werden
können, so ist diese Incongruenz der subjectiven Beschwerden
und des objectiven Ohrbefundes allerdings ein wichtiger diagnostischer Anhaltepunkt, vorausgesetzt, dass Simulation ausgeschlossen
ist. Von höchstem Interesse ist in dieser Hinsicht einer unserer
Fälle, in welchem ein allgemein practicirender College gerade
dadurch, dass er einen über intensive Kopfschmerzen klagen-
den Patienten für einen Simulanten hielt, weil kaum eine
Spur von Hyperämie des Trommelfelles und keine Veränderungen
in der Regio mastoidea wie Oedem u. s. w. zu sehen waren, seine
Fähigkeit, das Ohr untersuchen zu können, bethätigte. Aber wir
müssen uns umsomehr vor der Diagnose „Simulation" hüten, als
wir in dem anatomischen Theile der Arbeit gesehen haben, dass
es Otitisformen giebt, bei denen die Entzündung die Neigung hat,
rasch abzuheilen, und später, vielleicht nach einer längeren Latenz,
sich ein Extraduralabscess entwickelt. Auch gegenüber der Diagnose „Occipitalneuralgie" im Anschluss an eine abgelaufene
acute Otitis haben wir allen Grund, sehr misstrauisch zu
sein, weil sich nicht selten hinter dieser „Occipitalneuralgie"
ein Extraduralabscess verbirgt. Wenn in solchen Fällen nach
dem raschen Zurückgehen der Otitis, wenn der otoskopische
Befund wieder normal geworden ist, oder doch höchstens noch
Spuren von Hyperämie am Trommelfell zu finden sind, anhaltende
Kopfschmerzen fortbestehen, welche in Beziehung auf ihre Intensität gar nicht im Verhältniss stehen zu dem objectiven Ohrbefund,
dann müssen wir sehr wohl die Möglichkeit des Vorhandenseins
einer intracraniellen Complication, und zwar in erster Linie eines
Extraduralabscesses in Erwägung ziehen. Diese Möglichkeit
müssen wir um so mehr im Auge behalten, wenn uns bei der
bacteriellen Untersuchung der Nachweis gelungen ist, dass die
vorangehende Otitis eine Pneumokokkenotitis war.

Dem Symptom des Schwindelgefühles oder objectiv nach-
weisbarer Gleichgewichtsstörungen vermögen wir auf Grund
unserer Erfahrungen keine Bedeutung beizumessen für die Diagnose des Extraduralabscesses. In der Hälfte unserer Fälle bestand keine Spur von Schwindel. Erheblichen Schwindel sahen

wir nur in einem Falle (Schwengler), wo der Kranke nicht auf einem Beine stehen konnte, und das Symptom des Matrosenganges in ausgesprochenster Weise vorhanden war. In diesem Falle kann aber dieses Symptom nicht mit Sicherheit auf den extraduralen Abscess bezogen werden, weil nach dem Ergebniss der Functionsprüfung die Möglichkeit, dass wir es mit labyrinthärem Schwindel zu thun hatten, nicht von der Hand zu weisen ist.

Was die Untersuchung des Augenhintergrundes anbetrifft, so ist in allen Fällen von uncomplicirtem Abscess, wo wir den Augenhintergrund untersucht, oder Specialcollegen diese Untersuchungen ausgeführt haben, notirt worden, dass die Papilla nervi optici normal war. Andere Collegen, wie Pitt, Lane, Jansen, Zaufal, haben in Fällen von Extraduralabscess Neuritis nervi optici gefunden. Man kann also dem Vorhandensein oder Fehlen von Veränderungen am Augenhintergrunde keinerlei Werth für die Diagnose des Extraduralabscesses beimessen, denn weder spricht das Fehlen solcher Veränderungen gegen das Vorhandensein eines Extraduralabscesses, noch auch das Vorhandensein von Veränderungen für das Bestehen eines solchen. Pulsverlangsamung haben wir nur zweimal beobachtet. In dem einen Falle (Kiehr), wo eine Pulsfrequenz von 56 bestand, war sie um so auffälliger, als sie bei der geringen Grösse des Extraduralabscesses kaum als Hirndrucksymptom aufgefasst werden kann.

Localisirbare Hirnsymptome, wie sie von Anderen beobachtet sind, wie z. B. gekreuzte Paresen, Sensibilitätsstörungen, Sprachstörungen haben wir in unseren Fällen nicht gesehen.

Wenn wir uns nun der Frage zuwenden, ob die localen Veränderungen des Ohres und seiner Umgebung eine diagnostische Bedeutung für den Extraduralabscess haben, so lässt sich dieselbe nur sehr bedingungsweise bejahen; in der Regel sind die localen Veränderungen in der Umgebung des Ohres lediglich Folge- oder Theilerscheinung der ursächlichen Ohrkrankheit und nicht abhängig von der Eiterung in der Schädelhöhle. Von verschiedenen Autoren wird ihnen eine diagnostische Bedeutung zuerkannt. So sagt z. B. v. Bergmann (l. c.): „Bei den Eiteransammlungen zwischen Knochen und Dura sind mehr die örtlichen Veränderungen über der afficirten Knochenpartie Handhaben der Diagnose gewesen." Jansen[1] macht auf die

[1] Ueber Hirnsinusthrombose nach Mittelohreiterungen. Dieses Archiv. Bd. XXXV. S. 271.

Bedeutung einer Anzahl örtlicher Erscheinungen in der Umgebung
des Ohres für die Diagnose des extrasinuösen Abscesses aufmerksam:

„1. Knochenauftreibung, subperiostealer Abscess und Phlegmone hinter dem Warzenfortsatze am angrenzenden Theile des
Occiput und am hinteren Abschnitt des Warzenfortsatzes selbst.

2. Schmerz bei Druck und Percussion an derselben Stelle
auch ohne Schwellung, Infiltration oder Auftreibung."

Im Gegensatze zu diesen Autoren vermeint Hessler (l. c.),
die Diagnose des extraduralen Abscesses nur per exclusionem
stellen zu können.

Was das Beobachtungsergebniss unserer Fälle anbetrifft,
so sehen wir in einigen gar keine Veränderungen in der Umgebung des Ohres, in anderen wieder Veränderungen, welche,
wie das Operationsergebniss zeigte, als Theilerscheinung des primären Ohrenleidens gedeutet werden müssen; in anderen Fällen
haben wir wieder Zeichen, welchen in dem Jansen'schen Sinne
eine gewisse diagnostische Verwerthbarkeit für den Extraduralabscess nicht abzusprechen ist, so z. B. subperiosteale Abscesse,
welche hinter dem Warzenfortsatz sassen, Anschwellung und
Oedem, welches sich weit nach hinten bis zum Occiput oder bei
Abscessen in der mittleren Schädelgrube nach oben oder hinten
oben vom Planum mastoid. erstreckte, während der Warzenfortsatz frei davon war, Percussionsempfindlichkeit und Druckschmerzhaftigkeit des dem Sitz des Abscesses entsprechenden Theiles der
Schädeloberfläche, z. B. im Falle Busch. Indess muss ich auf
Grund unserer Erfahrungen auf den nur bedingten Werth dieser
localen Symptome hinweisen. So haben wir manchmal Oedem
hinter dem Warzenfortsatz oder nach hinten und oben von demselben gesehen, als dessen Ursache sich ein Empyem einer
anormal grossen pneumatischen Zelle unter der ödematösen
Partie erwies.

Dass die Abundanz der Ohreiterung unter Umständen eine
Handhabe für die Diagnose sein kann, insofern als sie wenigstens
beweist, dass die Menge des Ohreiters unmöglich in der Paukenhöhle oder ihren Nebenräumen gebildet werden kann, sondern
aus der Schädelhöhle kommen muss, dafür hat Körner in seinem
Buche einige Beispiele zusammengestellt. Indess kann doch in
solchen Fällen der übermässig reichlich aus dem Ohr abfliessende
Eiter ebensogut aus einem mit dem Ohr communicirenden Hirnabscesse stammen. Aber in einer anderen Hinsicht ist nach

unseren Erfahrungen die Würdigung der Ohreiterung nicht bedeutungslos für die Diagnose des Extraduralabscesses. Und hierauf ist meines Wissens in der Literatur noch nicht hingewiesen worden. Wenn nämlich eine acute Ohreiterung bei sachgemässer Behandlung auffallend lange anhält, obwohl locale und constitutionelle Ursachen für ihre Hartnäckigkeit nicht aufzufinden sind, so muss man, besonders wenn auch gastrische Erscheinungen, Appetitlosigkeit, belegte Zunge, Obstipation vorhanden sind, an die Möglichkeit des Vorhandenseins eines extraduralen Abscesses denken. In 3 Fällen waren diese Verhältnisse für uns die Handhaben der Diagnose, welche dann auch bei der Operation ihre Bestätigung fand.

So sehen wir denn, dass von einer exacten Diagnose des Extraduralabscesses nicht die Rede sein kann; unsere Diagnose geht nicht über den Werth einer Wahrscheinlichkeitsdiagnose hinaus. Wir haben zwar eine ganze Anzahl subjectiver und objectiver Erscheinungen, welche uns auf den Gedanken, dass ein Extraduralabscess vorliegen könne, bringen müssen. Jemehr in dem einzelnen Falle von diesen Erscheinungen, von denen die einzelnen für sich gar keinen diagnostischen Werth beanspruchen können, coincidiren, um so grösser wird die Wahrscheinlichkeit, dass unsere Diagnose die richtige sei; aber mehr, wie dies, mögen wir zur Zeit nicht zu leisten. Sicher wird erst die Diagnose, wenn wir die Mastoidoperation vornehmen, welche in den in Rede stehenden Fällen oft durch die Qualität des ursächlichen Ohrenleidens indicirt ist, und nun eine äussere Wegleitung in der oben beschriebenen Art vorfinden, deren Verfolgung mit dem Meissel oder mit der Sonde uns auf den extraduralen Abscess stossen lässt. Dies ist auch der Weg gewesen, welcher uns in der grossen Mehrzahl unserer Fälle zur sicheren Diagnose geführt hat.

Behandlung.

Da die Prognose bei abwartender Behandlung eine zweifelhafte ist — das Vorkommen der Spontanheilung eines grösseren Abscesses durch Resorption des Eiters und Umwandlung des Granulationsgewebes in Narbengewebe ist bisher mit Sicherheit nicht beobachtet und auf den Durchbruch des Eiters nach aussen oder Entleerung des Abscesses in die Ohrräume nicht mit Sicherheit zu rechnen —, so kann die Behandlung nur eine operative sein. Indess ist die Schwierigkeit der Indicationsstellung zur Operation die Folge der Schwierigkeit und Unsicherheit der

Diagnose. Wir haben gesehen, dass die sichere Diagnose in
unseren Fällen erst bei Vornahme der Mastoidoperation gestellt
worden ist, indem uns die operative Verfolgung einer gefundenen
äusseren Wegleitung auf den intracraniellen Eiterherd hinführte.
Der Entschluss zum operativen Eingehen fällt uns dann am leich-
testen, wenn schon das ursächliche Ohrenleiden die Indication
zu einer operativen Behandlung abgiebt. Finden wir in einem
solchen Falle eine Wegleitung, so ist es ein Leichtes, mit ihrer
Hülfe den extraduralen Herd aufzusuchen und gründlich zu entleeren. Finden wir keine äussere Wegleitung bei der Mastoidoperation, so dürfen wir, wenn wir sonst auf Grund der klinischen
Beobachtung an die Möglichkeit des Vorhandenseins eines Extraduralabscesses denken, uns nicht scheuen, die mittlere und die
hintere Schädelgrube zu eröffnen und den extraduralen Eiter zu
suchen. Wer die operative Technik beherrscht, dem kann man
die Berechtigung zu einem derartigen probatorischen Eingehen
nicht absprechen.

Finden wir in einem solchen Falle keinen Eiter in der mittleren oder hinteren Schädelgrube, so werden wir zunächst den
Erfolg der Mastoidoperation abwarten. Bleiben die Erscheinungen,
wie z. B. tiefer Kopfschmerz, welche wir auf die Möglichkeit des
Vorhandenseins eines Extraduralabscesses bezogen hatten, nach
der Mastoidoperation noch fortbestehen, so müssen wir die Möglichkeit in Betracht ziehen, dass der extradurale Eiter, den wir
vergeblich in der hinteren und mittleren Schädelgrube gesucht
hatten, tiefer sitzt, an der hinteren Fläche der Pyramide (Jansen)
oder an der Spitze derselben (unser Fall Jantke), und werden
dann mittelst der von v. Bergmann angegebenen Methode —
Eröffnung der Schädelhöhle unmittelbar über dem knöchernen
Gehörgang und Abdrängung der Dura von der Felsenbeinpyramide — an die tiefgelegenen Eiterherde heranzukommen
versuchen.

Weit schwerer wird uns der Entschluss zum operativen Eingriff, wenn bei der Wahrscheinlichkeitsdiagnose „extraduraler
otogener Abscess" das primäre Ohrenleiden selbst keine Indication zu einer operativen Behandlung abgiebt, wie dies z. B. in
der Mehrzahl unserer acuten Fälle von Pneumokokkenotitis der
Fall war. Wir werden in diesen Fällen aber auch principiell
zunächst die Eröffnung des Warzenfortsatzes vornehmen, selbst
wenn wir von vornherein keinen eine operative Eröffnung nöthig
machenden Befund erwarten dürfen. Wohl aber finden wir, wie

uns die Erfahrung gelehrt hat, häufig in den Mastoidealräumen eine
äussere Wegleitung, welche es uns leicht macht, nun den extraduralen Eiterherd aufzufinden. Finden wir indess keine Wegleitung, so
darf uns, wie dies unser Fall Köhler beweist, nicht einmal der
Befund einer normalen Schleimhautauskleidung des Antrums und
der Cellulae mastoideae davon abhalten, trotzdem weiter zu gehen
und die Schädelhöhle zu eröffnen.

Wenn wir auf den extraduralen Abscess gestossen sind, so
ist es selbstverständlich, dass wir ihn so breit als möglich eröffnen. Dazu ist es nothwendig, den überhängenden Knochen so
weit fortzumeisseln, als der Erkrankungsbezirk der Dura reicht.
Wir dürfen uns nicht damit begnügen, den Knochen nur so weit
zu entfernen, als der Eiter die Dura von ihm abgehoben hat,
weil beide Bezirke besonders bei diffuser extraduraler Eiteransammlung in Fällen chronischer Mittelohreiterung sich nach
unseren Erfahrungen nicht immer decken. Ein Abschaben der
Granulationen von der Dura ist zu widerrathen, selbst wenn dieselben ein schmutziges Aussehen darbieten, weil damit, besonders
wenn die Granulationen dem Sinus aufsitzen, selbst bei vor-
sichtigem Gebrauch des scharfen Löffels Gefahren verbunden
sind, nicht nur der mechanischen Infection der weichen Hirnhäute, sondern auch, wenn es sich um den Sinus handelt, der
Sinusblutung. Die Abscesshöhle reinigt sich auch nach der freien
Eröffnung und Tamponade so bald, dass in der Regel schon beim
1. oder 2. Verbandwechsel die den Fond der Höhle einnehmende
Dura mater das Aussehen einer frischen Wundfläche darbietet.

Dies sind die Principien, nach welchen wir unsere Fälle
operirt haben. Der Operationsmodus in dem einzelnen Falle kann
aus den hinten beigefügten Krankengeschichten ersehen werden.

Ueber die Nachbehandlung ist nichts weiter zu sagen,
als dass sie nach allgemein chirurgischen Grundsätzen durchzuführen ist. In den chronischen Fällen, in welchen wegen des
ursächlichen Ohrenleidens in der Regel die Mittelohrräume weit
frei gelegt sind, ist sie ein Bestandtheil der eine besondere Technik erfordernden Nachbehandlung des operirten Ohres, wird doch
die Dura mater, welche vor der Operation den Grund des extraduralen Abscesses bildete, oft in die gemeinschaftliche Ohr-
operationshöhle hineinbezogen und ihre Bekleidung mit gesunder
Epidermis ebenso angestrebt, wie wir die knöchernen Wandungen
der grossen gemeinschaftlichen Höhle zur Ueberhäutung zu bringen
suchen.

Was das Resultat der Behandlung in unseren Fällen anbetrifft, so ist unter unseren zwölf acuten Fällen von otogenem Extraduralabscess elfmal in kurzer Zeit, zuweilen in dem Zeitraum eines Monates, vollständige Heilung eingetreten, also in 91,7 Proc.; 1 Fall ist noch in Behandlung. Unter den acht chronischen Fällen sind zwei geheilt, einer ist später an Lungentuberculose gestorben, zwei sind noch in Behandlung, einer ist mit ungeheilter Ohreiterung aus der Behandlung fortgeblieben, und bei zweien ist das Endresultat unbekannt.

Wir haben nur dann von „Heilung" gesprochen, wenn auch das ursprüngliche Ohrenleiden ausgeheilt ist, und dieser Umstand erklärt es, dass wir in den Fällen chronischer Mittelohreiterung ein weit ungünstigeres Resultat haben, als in den acuten Fällen.

Immerhin beweisen unsere Resultate, dass die Prognose des uncomplicirten otogenen Extraduralabscesses bei der operativen Behandlung eine günstige ist, besonders in acuten Fällen. Mögen unsere Fälle im Verein mit den günstigen von Macewen (l. c.) in seinem Buche publicirten Resultaten der chirurgischen Behandlung des Extraduralabscesses dazu beitragen, Barr's[1]) pessimistische Auffassung zu verscheuchen, der erst neuerdings den Ausspruch that: „Operationen zur Beseitigung eines Extraduralabscesses sind selten von Erfolg gekrönt gewesen u. s. w."

Extradurale Eiterungen.

Von den echten extraduralen Abscessen, d. h. abgeschlossenen Eiteransammlungen zwischen Knochen und Dura habe ich solche Fälle aus Zweckmässigkeitsgründen abgeschieden, wo man bei der Mastoidoperation in geringerer oder grösserer Ausdehnung die Dura freiliegend findet, so dass sie einen Theil der Wandung des durch die Erkrankung gebildeten und mit den Producten der Entzündung, wie Eiter, Granulationen, Cholesteatom, ausgefüllten Hohlraumes im Warzenfortsatz darstellt. Dieses Freiliegen der Dura, resp. des Sinus, findet man bei der Mastoidoperation so häufig als zufälligen Operationsbefund, ohne dass es von einer tieferen intracraniellen Complication begleitet ist, und ohne dass dadurch der weitere Heilungsverlauf nach der Operation irgendwie beeinträchtigt wird, dass man ihm, da auch vor der Operation gewöhnlich keine darauf zu beziehenden Erscheinungen vorliegen, keine erhebliche klinische Bedeutung zuerkennen kann.

---

1) Ueber die Behandlung von intracraniellen Abscessen, welche sich an Ohreiterungen anschliessen. Zeitschr. f. Ohrenheilk. Bd. XXVIII. S. 308.

Die Entstehung dieser Affection ist nicht etwa so zu deuten, dass sie als Ausgang eines vorher abgeschlossenen Extradural-abscesses aufzufassen ist, der die ihn von den Warzenräumen trennende Knochenschicht allmählich zur Einschmelzung gebracht hat; vielmehr ist die Einschmelzung des Knochens vom kranken Mittelohr aus in excentrischer Weise erfolgt, bis schliesslich die Dura erreicht ist. Für diese Auffassung spricht der Umstand, dass der eingeschmolzene Bezirk bisweilen die Gestalt eines flachen Trichters hat, dessen grössere Circumferenz nach den Warzen-räumen zuliegt, während die kleinere nach der Schädelhöhle zu sieht.

Wenn die Zerstörung des Knochens bis zur Dura, resp. dem Sinus, fortgeschritten ist, entstehen an der Oberfläche derselben gewöhnlich Granulationen, welche einen Schutzwall darstellen gegenüber dem weiteren Fortschreiten der Entzündung. Diese die Dura mater bedeckende Granulationsfläche lässt sie natürlich an der Eiterbildung theilnehmen, und in diesem Sinne können wir dann von extraduraler Eiterung oder Eiterung der Dura-aussenfläche reden.

Die Veränderungen, welche die Dura darbietet, sind die-selben, wie ich sie bei der Beschaffenheit der Dura in Fällen von extraduralem Abscess aufgezählt habe. In Fällen von Cholesteatom, wo die Knocheneinschmelzung gewiss oft auch als Druckusur aufzufassen ist, sehen wir oft die freiliegende Dura an der Cholesteatombildung theilnehmen, so dass wir mit der Pincette Cholesteatomlamellen von ihr abziehen können. In einzelnen Fällen zeigt die Dura eine ausgesprochen pulsatorische Bewegung. Dies sahen wir besonders häufig in acuten Fällen und wurden dadurch, dass bei Vornahme der Mastoidoperation bei den ersten Meisselschlägen stark pulsirender Eiter sich aus dem Knochen entleerte, schon auf das Blossliegen der Dura in der Knochenhöhle aufmerksam gemacht. Auch ausgesprochene respiratorische Bewegungen der Dura oder vielmehr des Sinus haben wir beobachtet. Auffallend war in einem Falle, wo beider-seits operirt wurde, und beiderseits der Sinus im Fond der Ope-rationshöhle freilag, dass derselbe nur auf der einen Seite Re-spirationsbewegungen darbot, d. h. bei jeder Inspiration des Narkotisirten deutlich collabirte und bei jeder Exspiration sich wieder füllte.

Was die Häufigkeit des Vorkommens der Eiterungen an der Aussenfläche der Dura mater anbetrifft, so haben wir sie unter

176 acuten Fällen, bei welchen die Mastoidoperation ausgeführt
wurde, 26 mal — 14,8 Proc. beobachtet, unter 573 chronischen
Fällen 39 mal — 12 Proc.

Wie bei den echten Extraduralabscessen, so war auch hier,
wenigstens in den acuten Fällen, der Sinus häufiger freiliegend,
als die Dura der mittleren Schädelgrube (3:1). In den chronischen
Fällen lag ebenfalls der Sinus, resp. die Dura der hinteren Schädelgrube häufiger frei, als die der mittleren, wenn auch nicht in
demselben Verhältniss, wie in den acuten Fällen: unter 39 Fällen
lag 27 mal die Dura der hinteren Schädelgrube frei und zwölfmal
die der mittleren.

Zum Schluss mag noch darauf hingewiesen werden, dass
wir in den Fällen von extraduraler Eiterung, in denen der Sinus
freilag, nicht selten Fieber beobachtet haben, dessen Entstehung,
wie bemerkt, auf Durchlässigkeit der entzündeten Sinuswand
für Bacterien oder pyrogene Stoffe bezogen werden muss.

III. Krankengeschichten.

Die Krankengeschichten, welche die casuistische Grundlage
bilden für die Ausführungen über den uncomplicirten otogenen
Extraduralabscess, mögen zum Schluss dieser Arbeit im Auszug
angefügt werden. Das Krankenjournal des Falles Oettel (23)
ist abhanden gekommen. Die spärlichen Notizen aus dem poliklinischen Journal waren nicht ausreichend, um diesen Fall für
die Besprechung der Symptomatologie des extraduralen Abscesses
zu verwerthen.

Fall 1. Gustav Hass, 41 Jahre alt, Arbeiter aus Aschersleben. Rec.
7. Juli 1896.

Erkrankt seit ca. 8 Wochen mit Schmerzen und Schwerhörigkeit des
rechten Ohres und in der Gegend des rechten Proc. mast. Paracentese entleert Eiter. Profuse Eiterung, dabei stets Schmerzen hinter dem rechten
Ohr, um derentwillen auch die Aufnahme in die Klinik erfolgt.

Stat. praes. Die allgemeine Körperuntersuchung ergiebt keinen abnormen Befund. Kein Fieber. Die Umgebung des rechten Ohres ohne jede
Schwellung und Druckempfindlichkeit. An einer circumscripten Stelle nach
dem Occiput zu wird „innerlicher Schmerz" angegeben.

Der rechte Gehörgang ist geröthet, nicht stenosirt, Trommelfell geröthet, hinten unten blasig vorgewölbt, mehrere kleine Perforationen, reichlich dünnflüssiger Eiter.

Functionsprüfung: Flüstersprache rechts 4—5 Cm., links ¹/₈ Mtr.
C_1 vom Scheitel nach rechts lateralisirt, Perceptionsvermögen für hohe Töne
rechts erheblich herabgesetzt.

Da trotz zweckentsprechender Behandlung der rechtsseitigen acuten
Mittelohreiterung die Eiterung trotz ihrer langen Dauer sich nicht besserte,
da trotz guten Eiterabflusses die Schmerzen hinter dem Ohr fortdauerten, und
gleichfalls gastrische Erscheinungen (Appetitlosigkeit, belegte Zunge) bestanden, wurde am 17. Juli die Operation vorgenommen, ohne dass verkannt
wurde, dass derselben der Charakter einer nur diagnostischen Operation
innewohnte.

17. Juli 1897. Operation: Im Antrum nur geschwellte Schleimhaut, kein Eiter. In der Spitze nichts. Nach hinten und oben vom Antrum wurde der makroskopisch nicht veränderte Knochen abgetragen bis zur Dura. Hierbei stiess man auf einen wallnussgrossen, mit rahmigem Eiter erfüllten Extraduralabscess. Die Dura war mit Granulationen bedeckt. Tamponade mit Jodoformgaze.

Weiterer Verlauf bis zu vollendeter Heilung normal (vorübergehend Occipitalneuralgie).

Epikrise: In diesem Falle war die Klage über starke Schmerzen hinter dem rechten Ohr auffallend, welche durch die objective Untersuchung keine genügende Erklärung fand. Der Eiterabfluss aus der Paukenhöhle war ein genügender, es konnte mithin der spontane Schmerz nicht hervorgerufen sein durch Eiterretention in derselben. Gegen Eiterverhaltung im Antrum sprach das normal weite Gehörgangslumen; die Annahme einer retro-auriculären Periostitis wurde durch das Fehlen von Anschwellung oder Druckempfindlichkeit hinter dem Ohre ausgeschlossen. Den Kranken für einen Simulanten zu halten, hatten wir um so weniger Veranlassung, als auch die abnorm lange Dauer seiner acuten Eiterung trotz genügenden Eiterabflusses, ferner das Vorhandensein von gastrischen Erscheinungen (Appetitlosigkeit, belegte Zunge) uns an die Möglichkeit des Bestehens einer tiefgelegenen Eiterung denken liessen. Dass die Fieberlosigkeit des Patienten uns von diesem Gedankengange nicht abbringen konnte, ist begründet in unserer Erfahrung, dass uncomplicirte Extradural- oder Hirnabscesse in der Regel kein Fieber machen. Für die Wahrscheinlichkeitsdiagnose eines otogenen Extraduralabscesses sprach auch der Umstand, dass der Kranke den Schmerz, welchen er als einen „innerlichen" bezeichnete, an einer circumscripten Stelle an der Grenze zwischen Schläfebein und Occiput localisirte, eine Gegend, an welcher wir wiederholt Extraduralabscesse gefunden hatten. Die Operation begannen wir mit Eröffnung des Antrum mast. und der Cell. mast., weil man vom Warzenfortsatz aus erfahrungsgemäss oft eine sogenannte „äussere Wegleitung" zu einem intracraniellen Eiterherde zu finden pflegt. Als der Operationsbefund im Warzenfortsatz (nur geschwellte Schleimhaut) uns weder eine genügende Erklärung für die bestehenden Schmerzen, noch auch eine äussere Wegleitung zu dem supponirten intracraniellen Herde finden liess, legten wir vom Antrum aus die Dura an der Schmerzlocalisationsstelle frei und fanden hier den Abscess.

Fall 2. Chr. Köbler, 54 Jahr, Maurer aus Sangerhausen. Rec. 17. October 1893.

Hat vor 8 Wochen heftige Schmerzen im linken Ohr bekommen; öfters

Ausfluss aus dem Ohr; sowie der Ausfluss sistirt hat, haben sich immer wieder Schmerzen im Ohr eingestellt. Viel Kopfschmerzen.

Stat. praes.: Trommelfell sehr geröthet, leicht convex, kleine, nur bei Valsalva sichtbare Perforation hinten unten, aus der Eiter pulsirt. Ueber und hinter dem l. Ohr starke ödematöse Schwellung ohne ausgesprochene Fluctuation. Schmerzen spontan, bei Druck sehr zunehmend. Flüsterspr. links 0,25 Mtr. C₁ vom Scheitel nach links (rechts Fl. 6 Mtr.). Fis₄ deutl. Beim Cath. tub. l. Perforationsgeräusch mit Rasseln.

5 Tage nach seiner Aufnahme war das Oedem sehr zurückgegangen, das Ohr trocken, der Kranke, der mässig gefiebert hatte, war fieberfrei. Seit 4. October von Neuem sehr heftige Schmerzen, Bildung einer grossen, fluctuirenden Anschwellung hinter und über dem Ohr, nach hinten bis zum Occiput reichend.

Operation am 6. November 1893. Spaltung eines grossen, subperiost. Abscesses. T-Schnitt nach hinten. Die freigelegte Corticalis zeigt auffallend starke Blutpunkte. Aus der Sutura temporo-parietalis im hinteren oberen Theile des Operationsfeldes ist eine kleine Granulation herausgewachsen. Neben der eingeführten dünnen Sonde quillt hier Eiter aus dem Knochen hervor. Dieser Stelle entsprechend wird der Knochen fortgemeisselt und dabei ein extraduraler Abscess freigelegt. Die Abscesshöhle ist ausser mit Eiter mit festen Granulationsmassen erfüllt, welche in einer Längsausdehnung von 4 Ctm. der Dura mater aufsitzen. Vom Abscess aus führt ein mit Eiter und eitrig infiltrirter Schleimhaut führender Gang in die Antrumgegend, ohne das Antrum selbst zu erreichen. Das eröffnete Antrum zeigt eine vollkommen normale Schleimhaut, ebenso ist die Schleimhautauskleidung der eröffneten Spitze des Proc. mast. normal.

Der weitere Verlauf bis zur vollendeten Heilung ist ein normaler, am 1. Januar 1894 wird der Patient geheilt (Flüstersprache 1,20 Mtr.) entlassen. Der Bestand der Heilung konnte am 31. März durch Controle festgestellt werden.

Epikrise: Der extradurale Abscess wurde durch eine äussere Wegleitung bei der Operation des grossen retroauriculären subperiostealen Abscesses (Granulationswucherung in der Sutura temporo-parietalis) gefunden. Retrospectiv kann man behaupten, dass die Entzündung vom Antrum aus auf dem Wege des mit eitrig infiltrirter Schleimhaut ausgekleideten Fistelkanales in die Schädelhöhle vorwärts gedrungen ist und hier den Extraduralabscess inducirt hat, welcher secundär nach der Schädeloberfläche durchgebrochen ist. Im Antrum selbst ist die Entzündung unterdess zur Ausheilung gelangt.

Fall 3. Franz Walter, 7 Jahre, Vater Bergarbeiter, Röblingen. Rec. 15. Januar 1895.

Ohrleiden seit 8 Wochen; Beginn mit Schmerzen; Eiterung nicht dagewesen. Kommt jetzt wegen Schwerhörigkeit rechts und Kopfschmerzen in der rechten Kopfhälfte.

Stat. praes.: Allgemeine Körperuntersuchung ohne abnormen Befund. Fieberfrei. Die Gegend des rechten Warzenfortsatzes frei: nach hinten davon zum Occiput hin Oedem, einen Zoll hinter der Insertion der Ohrmuschel (nach hinten unten von der äusseren Meatusöffnung) ist deutlich Fluctuation fühlbar. Hals- und Nuchaldrüsen erbsen- bis bohnengross.

Der rechte Gehörgang kaum verengt. Trommelfell in der hinteren Hälfte sichtbar, geröthet, vorgewölbt. Die Grenze zwischen Trommelfell und Gehörgang hinten oben nicht markirt wegen leichter Schwellung.

Functionsprüfung: Flüstersprache rechts handbreit, C, vom Scheitel nach rechts lateralisirt (Flüstern links 2 Mtr.). Fis, gut. Beim Catheterism. t. rechts grossblasige Rasselgeräusche. Hypertrophie der Tonsillen; adenoide Vegetationen.

Operationsbefund vom 16. Januar 1895: Subperiost. Abscess hinten unten vom Meatus gelegen eröffnet; Antrum leer, in der Spitze ein Tropfen confluirter Eiter, sonst nur eitrig infiltrirte Schleimhaut darin. Nach hinten und oben vom Planum mast. zeigt die freigelegte Corticalis einige rissartige Spalten, aus welchen spärliches Serum hervorquillt. Beim operativen Fortnehmen dieser Partie wird ein exdraduraler Abscess, eröffnet und entleert; die Schädeldecke muss in der Grösse eines Markstückes fortgenommen werden, um den Abscess, der eine deutliche Abscessmembran aufweist, genügend freizulegen. Der in der Paukenhöhle befindliche Schleim wird mittelst Luftdouche mit Katheter auf dem Wege des eröffneten Antrums ausgeblasen.

Weiterer Verlauf fieberfrei, nach kaum 4 Wochen geheilt.

Epikrise: Wenn auch das nach dem Occiput zu befindliche Oedem nach unseren Erfahrungen deshalb eine besondere Würdigung erheischte und an die Möglichkeit des Vorhandenseins eines Extraduralabscesses denken liess, weil die Warzenfortsatzgegend vollkommen frei von Oedem war, so konnte diesem Symptome jedoch deshalb kein besonderer diagnostischer Werth beigelegt werden, weil nach hinten und unten von der äusseren Meatusöffnung deutliche Fluctuation das Vorhandensein eines subperiostealen Abscesses anzeigte. Von einer Diagnose vor der Operation kann also hier nicht die Rede sein. Der extradurale Abscess wurde erst gefunden, als bei der Eröffnung des retroauriculären subperiostalen Abscesses eine äussere Wegleitung (rissartige Spalten in der Corticalis, aus welchen spärliches Serum hervorquoll) die Veranlassung gaben, derselben mit dem Meissel zu folgen. Es scheint mir auch in diesem Falle die subperiostale Abscessbildung erst secundär von dem Extraduralabscess inducirt zu sein, indem die Entzündungserreger auf dem Wege der genannten Spalten in der Corticalis nach aussen an die Schädeloberfläche gelangt sind. In den Warzenzellen fand sich ausser einem Tropfen confluirten Eiters in der Spitze nur eitrig infiltrirte Schleimhaut. Indessen liess sich ein deutlicher Weg, auf welchem die Entzündung von den Hohlräumen des Warzenfortsatzes aus nach der Schädelhöhle fortgekrochen ist, bei der Mastoidoperation nicht entdecken.

Fall 4. Carl Kiehr, 46 Jahre, Zimmermann aus Wesmar b. Gröbers. Rec. 14. Januar 1895.

Bis vor 7 Wochen ohrgesund, damals plötzlich reissende Schmerzen, Ohrensausen und Schwerhörigkeit rechts. Ausfluss ist nicht dagewesen, zuweilen hat Schwindel bestanden, die rechte hintere Halspartie nach dem

Nacken zu ist einige Tage angeschwollen gewesen. Kommt wegen des noch
bestehenden Kopfreissens und der Schwerhörigkeit.

Stat. praes.: Allgemeine Körperuntersuchung ergiebt nichts Abnormes
ausser einer Pulsverlangsamung (56). Die Temperatur in den 8 Tagen
bis zur Operation vollkommen normal, wie auch nach der Operation
bis zur Entlassung. Augenhintergrund normal.

Das rechte Planum mastoid. und der angrenzende Theil der Warzenfortsatzgegend nach dem Occiput zu ist auf Druck schmerzhaft, auf letzterem
leichtes Oedem. Stenose des rechten Gehörganges durch Senkung der hinteren
oberen Gehörgangswand. Trommelfell nur theilweise im hinteren unteren
Quadranten sichtbar, geröthet, mit mazerirter Epidermis bedeckt. Flüstersprache rechts 5 Cm., links 1½ Mtr. C, vom Scheitel nach rechts. Fis₄
rechts herabgesetzt. Bei Cathet. tub. rechts Rasseln.

21. Januar 1895. Operation: Weichtheile normal; Corticalis blut-
reicher als normal. Im Antrum eitrig infiltrirte Schleimhaut. In der Spitze
grosser Eiterherd. Von hier aus führt ein stecknadeldünner Fistelkanal nach hinten oben in das Cavum cranii. Beim Son-
diren desselben quillt Eiter hervor. Beim Verfolgen dieses
Fistelkanales wird ein Extraduralabscess freigelegt, welcher
etwa 2 Theelöffel Eiter enthält. Dura von Granulationen bedeckt.

Der weitere Verlauf bis zu der etwa nach 2 Monaten erfolgten Heilung
ein normaler.

Epikrise: Der Abscess wurde in diesem Falle auch erst
bei Vornahme der Mastoidoperation gefunden, indem eine äussere
Wegleitung, ein stecknadeldünner Fistelkanal, welcher von einem
Eiterherd in der Spitze des Warzenfortsatzes in die Schädelhöhle führte, die Veranlassung abgab, ihr mit dem Meissel nach-
zugeben. Das klinische Bild, wie wir es vor der Ausführung
der Mastoidoperation beobachteten, konnte bezogen werden auf
ein Empyem des Warzenfortsatzes, die Kopfschmerzen, die Druckempfindlichkeit hinter dem Ohr, das Oedem, die Stenose des
Gehörganges durch Senkung der hinteren oberen Wand. Das
Fehlen eines eitrigen Ausflusses aus dem Ohr konnte uns um so
weniger an dieser Diagnose irre machen, als wir nicht selten
Warzenfortsatzempyeme operirt haben in Fällen, wo in der
Paukenhöhle nur die Zeichen eines einfachen acuten Katarrhs
vorhanden waren, oder die katarrhalischen Erscheinungen schon
vollkommen sich zurückgebildet hatten. Das discontinuirliche
Oedem in der Occiputgegend liess uns zwar auf Grund unserer
Erfahrungen an die Möglichkeit eines Extraduralabscesses denken,
es konnte aber ebensogut seine Ursache haben in einem Empyem
weit nach hinten bis zum Occiput hin sich erstreckender pneumatischer Zellen, wie das bei einem Empyem des Warzenfortsatzes nicht selten vorkommt. Auffällig bleibt die Pulsverlangsamung (56), welche bei der geringen Grösse des Abscesses als
Hirndrucksymptom kaum erklärt werden kann. Hervorgehoben

zu werden verdient noch die vollkommene Fieberlosigkeit, welche während der 8 Tage von der Aufnahme des Patienten bis zur Operation beobachtet wurde, sowie die normale Beschaffenheit des Augenhintergrundes.

Fall 5. Hermann Eskau, 46 Jahre, Arbeiter aus Merseburg. Rec. 26. November 1895.

Seit 12. November 1895 Gefühl von Verstopfung des l. Ohres nach Schnupfen. Am nächsten Tage spontan Perforationsbildung im Trommelfell, Otorrhoe. Zeitweise Stechen in der linken Kopfhälfte, vom linken Ohre ausgehend, nie Schwindel. Seit 24. November Eintritt schmerzhafter Schwellung hinter dem l. Ohr. Die Ohreiterung hat seit 8 Tagen sistirt.

Stat. praes.: Die Allgemeinuntersuchung ergiebt nichts Abnormes.

Umgebung des l. Ohres: Röthung, Schwellung, welche sich sehr weit nach hinten, ca. 8 Cm. von der Ohrmuschel, ausbreitet. Fluctuation. Links Senkung der oberen Gehörgangswand, so dass das geröthete Trommelfell nur zum Theil zu sehen ist. Am Tage nach der Aufnahme Gehörgang weiter, Trommelfell stumpfgrau, abgeflacht, Gehörknöchelchen nicht zu sehen.

Flüstersprache links 30 Cm. C₁ vom Scheitel nach links lateralisirt (rechts Fl. 4,5 Mtr.). Fis₁ links wenig herabgesetzt.

Beim Cath. tub. links wenig Rasseln, Tube schwer durchgängig.

Operation am 29. November. Weichtheile speckig infiltrirt; grosser subperiostaler Abscess, welcher sich auffallend weit nach hinten erstreckt. Corticalis dem Planum mast. entsprechend von verschiedenen Granulationen durchwachsen. 1 Cm. weiter nach hinten, wo eine Durafalte die Corticalis durchsetzt, ebenfalls eine Granulation. Dieser Stelle entsprechend stösst man auf einen Extraduralabscess. Die in 1—2 Qcm. freiliegende Dura ist mit Granulationen und fibrinösen Auflagerungen bedeckt. Der Knochen in der Umgebung dieser Stelle auffallend weich. Die Schleimhaut des Antrums, sowie verschiedener Knochenzellen ist eitrig infiltrirt.

Der weitere Verlauf ohne Besonderheiten; am 28. December als geheilt entlassen.

Epikrise: Von einer Diagnosenstellung vor der Mastoidoperation war in diesem Falle nicht die Rede. Die Indication zur Vornahme der Operation wurde gegeben durch den grossen retroauriculären subperiostalen Abscess, dessen Entstehung bei dem bestehenden otoskopischen Befunde (Gehörgangsstenose u. s. w.) in dem Sinne gedeutet werden musste, dass er inducirt sei durch Ausbreitung einer Entzündung der pneumatischen Zellen des Warzenfortsatzes an die Oberfläche der Corticalis, eine Auffassung, welche auch durch den Operationsbefund bestätigt wurde. Der extradurale Eiterherd wurde auch hier wiederum erst zufällig bei der Operation des subperiostalen Abscesses gefunden, indem man einer weiter nach hinten gelegenen Granulation als äusserer Wegleitung operativ in die Tiefe nachging. In diesem Falle ist es nicht ausgeschlossen, dass der Extraduralabscess erst secundär durch den grossen subperiostalen Abscess inducirt ist, indem von letzterem aus die Entzündung einer ca. 1 Cm. nach hinten vom Planum mastoideum die Corticalis durchsetzenden Durafalte

nach innen in die Schädelhöble hineingefolgt ist. Für diese Auffassung kann natürlich der Umstand, dass bei der Mastoidoperation ein Entzündungsweg von den mit eitrig infiltrirter Schleimhaut ausgekleideten Warzenzellen nach dem Extraduralabscess
nicht gefunden worden ist, deshalb nur bedingt sprechen, weil
dieser Weg entweder unterdess zur Ausheilung gelangt sein kann
oder makroskopisch sich nicht genügend gekennzeichnet hat.

Fall 6. Friedrich Poland, 38 Jahre, Hüttenmann, Mollmeck. Rec.
19. Juni 1895.

Acute rechtsseitige Ohreiterung seit ca. 4 Wochen. Zuweilen Schwindel.

Allgemeinzustand: Blasses Aussehen; über der rechten Lunge Ronchi
sibilantes, Percussionsschall kürzer und tiefer als links.

Umgebung des r. Ohres: Infiltrirte Lymphdrüse auf der Spitze des
Warzenfortsatzes. Oedem auf der Höhe desselben gegen das Occiput zu.
Starke Druckempfindlichkeit daselbst. Das rechte Trommelfell geröthet, die
hintere untere Partie desselben vorgewölbt, auf der Spitze der Vorwölbung
kleine Perforation.

Flüstersprache rechts direct, Fis₄ rechts erheblich herabgesetzt, C₁ vom
Scheitel nach rechts lateralisirt (links Fl. 3¹/₂ Mtr.). Im weiteren Verlauf
starke Schmerzen hinter dem Ohr, wiederholt enge Paracentesenöffnung dilatirt. Unter Eisapplication geht das retroauriculäre Oedem und die Druckempfindlichkeit zurück bis auf eine circumscripte Stelle an der Grenze
zwischen Warzenfortsatz und Occiput, wo es bestehen bleibt.

5. Juli. In der Nacht Frost; die Temperatur, welche vom 19. Juni bis
4. Juli vollkommen normal gewesen ist, beträgt am 5. Juli früh 39,6°.

5. Juli. Operation: Weichtheile normal. Knochen sehr blutreich,
an seiner Oberfläche wie chagrinirt. In den Cellulae mast., sowie im Antrum eitrig infiltrirte Schleimhaut. In der Spitze des Proc. mast. wenig
freier Eiter. T-Schnitt nach hinten. Corticalis von der Warzenhöhle aus in
concentr. Schichten bis zu der an der Grenze zwischen Warzenfortsatz und
Occiput gelegenen druckempfindlichen Partie entfernt. Es werden dabei
immer wieder bis zum Occiput hin einzelne Zellen eröffnet, welche mit eitrig
infiltrirter Schleimhaut erfüllt sind. Der druckempfindlichen Stelle
entsprechend stösst man auf einen mit Eiter (ca. 2 Kaffeelöffel
voll) und Granulationen erfüllten extrasinuösen Herd. Sinus
nicht verfärbt. Am Abend des Operationstages noch 38,1°, Am 20. September geheilt mit vernarbtem Trommelfell und vernarbter retroauriculärer
Wunde.

24. April 1897. Die Heilung ist eine ständige geblieben. Trfll. normal
glänzend, Narbe in der hinteren Hälfte; Flüsterworte 3 Mtr.

Epikrise: Das circumscripte Oedem, weit nach hinten von
der Ohrmuschel gelegen, musste umsomehr an das Vorhandensein einer extraduralen Eiteransammlung denken lassen, als der
otoskopische Befund das Vorhandensein eines Empyems im Antrum unwahrscheinlich machte. Dieses Oedem war um so ver-
dächtiger, als es an einer circumscripten Stelle, welcher entsprechend nicht selten extradurale otogene Abscesse localisirt sind,
bestehen blieb, während das sich weiter nach vorn ausdehnende
Oedem auf der Höhe des Warzenfortsatzes unter Eisbehandlung
zurückging. Indess war für uns damals das plötzlich eintretende

hobe Fieber die Indication zur Mastoidoperation, bei welcher wir
dann auch eine äussere Wegleitung, welche zu dem extraduralen,
resp. extrasinuösen Eiterherde führte, fanden. (Einzelne mit
eitrig infiltrirter Schleimhaut ausgekleidete Zellen, welche nach
der Abscessgegend hinführten.) Nach unseren jetzigen Erfahrungen
würde das plötzlich eingetretene hohe Fieber uns bei dem Fehlen
von Erscheinungen, welche für eine Meningitis sprechen, an das
Vorhandensein einer Sinusphlebitis oder einer extrasinuösen Eiterung
denken lassen, bei welcher die entzündete Sinuswand für die
Entzündungserreger durchlässig ist, und auf diese Weise das Fieber
zu Stande kommt. Also auch jetzt hätte man vor der Mastoidoperation nicht exact diagnosticiren können, sondern würde nur
eine Wahrscheinlichkeitsdiagnose gestellt haben. Die Diagnose
hätten wir auch jetzt erst durch eine diagnostische Freilegung
des Sinus stellen können.

Fall 7. Carl Busch, 35 Jahre, Dienstknecht auf Rittergut Gestewitz
bei Osterfeld. Rec. 14. April 1897.

Stets ohrgesund. 4 Wochen nach einer abgelaufenen Lungenent-
zündung Ohrschmerzen links, welchen kein Gewicht beigelegt wurde. Warme
Umschläge (nicht auf ärztliche Vorschrift). Ohrenlaufen. Das Ohr eiterte ca.
14 Tage, Secretion spärlich. Die Schmerzen, die während der Eiterung
sistirt hatten, traten vor 4 Wochen in langsam zunehmender Weise wieder
auf und wurden im Anfang April sehr heftig. Blutegel waren von nur vorübergehender Wirkung. Seit dem 9. April bestehen intensive Kopfschmerzen,
die in der ganzen linken Kopfhälfte, besonders in der vorderen Schläfengegend
und im Hinterkopf empfunden werden. Schmerzen und Druckempfindlichkeit
am Warzenfortsatz sollen nur vorübergehend dagewesen sein. Seit 3 Wochen
besteht Appetitlosigkeit und grosse Mattigkeit; Pat. will stark abgemagert
sein. Stuhlgang war in letzter Zeit träge, seit 3—4 Tagen ist er angehalten.
Viel Schwindelgefühl und Uebelkeit.

Stat. praes.: Stark abgemagerter, anämischer Mann mit leidendem
Gesichtsausdruck. Zunge leicht belegt. Kein Foetor ex ore. Herz und
Lungen ohne Bef. Rohe Kraft gut erhalten, beiderseits ziemlich gleich (Dy-
namom. rechts 35, links 32). Reflexe beiderseits normal. Keine Sensibilitäts-
törungen. Pupillen beiderseits gleich eng, reagiren prompt. Augenhintergrund
normal (Dr. Sandmann, I. Assistent der Kgl. Augenklinik). Sensorium frei;
Pat. benennt vorgehaltene Gegenstände prompt und giebt auch sonst sichere
Antworten. Urin frei von Eiweiss und Zucker.

Umgebung des l. Ohres: Keine Anschwellung oder Oedem hinter
dem Ohr. Klopfempfindlichkeit über dem grössten Theil der linken Schädelhälfte bis zum Tuber parietale, besonders in der vorderen Schläfengegend und
am hinteren unteren Parietalbeinwinkel. Gehörgang links normal. Trommelfell in der hinteren Hälfte blassgrau-röthlich verfärbt, leicht abgeflacht;
Hammergefässe injicirt, im vorderen unteren Quadranten einige radiäre
Gefässe.

Functionsprüfung: Flüsterworte links nahe am Ohr. C, vom ganzen
Schädel nach links verstärkt gehört (rechts Fl. 2 Mtr.). Fis₄ links beträchtlich herabgesetzt.

Beim Cath. tub. links Rasselgeräusche.

Temperatur: 14. Mai Abends 37,8°, Puls verlangsamt (64), etwas gespannt, zeitweise aussetzend.

In den nächsten 2 Tagen localisirt sich allmählich der sehr intensive
Kopfschmerz auf eine handtellergrosse Stelle hinter dem linken Planum mast.

Dieser Stelle entspricht jetzt ebenfalls die Percussionsempfindlichkeit. Der Puls bleibt unverändert. Am 16. April Nachmittags nach grösserem Unbehagen stieg die Temperatur rasch bis auf 39,5° bei einer Pulsfrequenz von 90. Da die Schmerzen exorbitant geworden, und das Fieber durch die Untersuchung des übrigen Körpers und durch das unveränderte otoskopische Bild keine Erklärung findet, wird zur Operation geschritten.

Operation: Weichtheile normal. Corticalis sehr blutreich. Antrum typisch eröffnet, nur geschwollene Schleimhaut, kein freier Eiter darin. (Knochen sehr weich.) Spitze eröffnet, derselbe Befund. Grau verfärbte Granulationen, von Zelle zu Zelle verfolgbar, gaben die Wegleitung nach hinten oben zu einem Extraduralabscess. Die Dura etwa in Zweimarkstückgrösse von Granulationen besetzt; etwa 2 Esslöffel Eiter entleert. Der Grund des Extraduralabscesses wurde ausser von der Dura mater vom Sinus sigm.-transversus-Knie gebildet.

Verlauf nach der Operation: Die intensiven Kopfschmerzen verschwanden sofort. Die Temperatur erreichte bis zum Tage nach der Operation als höchste Höhe 38,6°, dann fieberfrei. Der Puls, im Allgemeinen frequenter, zeigt aber auch noch an einzelnen Tagen eine Frequenz von unter 70 Schlägen pro Minute.

Epikrise: In diesem Falle war die Incongruenz der subjectiven Beschwerden und des objectiven Befundes am meisten auffällig. Beständig die Klage über die heftigsten, unerträglichsten tiefen Kopfschmerzen in der ohrkranken Seite, das leidende Aussehen, die gastrischen Erscheinungen und dabei otoskopisch und auscultatorisch nur die Zeichen eines geringfügigen, in Abtheilung begriffenen Mittelohrkatarrhs ohne jede Gehörgangsstenose, ohne irgendwelche objectiven Veränderungen in der retroauriculären Gegend. Das plötzlich eintretende hohe Fieber war für uns Indication, nach einem vermutheten Eiterherde zu suchen und dabei auf alle Fälle den Sinus freizulegen. Ob ein extrasinuöser Abscess mit entzündeter und für Bacterien durchlässiger Sinuswand oder eine Sinusphlebitis die Ursache des hohen Fiebers sei, das konnte differentiell-diagnostisch nicht entschieden werden. Das Fieber konnte allerdings auch durch eine beginnende Meningitis bedingt sein, deren Vorhandensein oder Fehlen durch die Lumbalpunction zu erhärten wir unterlassen hatten. Die sichere Diagnose wurde auch in diesem Falle erst bei Vornahme der Mastoidoperation gestellt, wo wir eine äussere Wegleitung fanden, deren Verfolgung uns auf den extrasinuösen Abscess führte.

Fall 8. Ida Schneider, ¹/₂ Jahr, aus Osmünde.

Acute Eiterung nach Scharlach (?) seit 4 Wochen. Seit dieser Zeit Facialislähmung rechts. Anschwellung hinter dem Ohr.

Operation am 8. November 1895. Weichtheile ödematös. Subperiostealer Abscess (dünnflüssiger Eiter). Das Planum mast. grünlich verfärbt. Im Antrum wenig Eiter. Hinter dem Planum m. ist der Knochen ebenfalls verfärbt, zum Theil sequestrirt. Beim Wegmeisseln der oberen Schichten quillt noch weiter von hinten kommend Eiter aus der Tiefe hervor. In der Richtung des vorquellenden Eiters wird der cariös erweichte Knochen

mit dem scharfen Löffel weggenommen, wobei die Dura in der
Ausdehnung eines silbernen Zwanzigpfennigstückes freigelegt
wird. Der extradurale Abscessselter steht unter Druck; die Dura
ist mit Granulationen bedeckt.

Epikrise: Da in diesem Falle eine ausführliche Krankengeschichte nicht aufzufinden ist, ist er nicht zu verwerthen für
die Beurtheilung der einzelnen Symptome, welche eventuell eine
diagnostische Bedeutung für den bei der Mastoidoperation vorgefundenen Weg, der zum Extraduralabscess hinführte, zuzu-
sprechen ist.

Fall 9. Carl Starowick, 8 Jahre, aus Zörbig. Rec. am 3. März 1897

Eiterung rechts, angeblich erst seit 3 Wochen. Am Tage der Aufnahme
im Ambulatorium ein obturirender Polyp entfernt. Kein Schwindel. Kommt
wegen einer Anschwellung hinter dem rechten Ohr. Kein Schmerz.

Stat. praes.: Schwächlich gebauter, schlecht genährter Knabe. Herz
und Lungen gesund.

Umgebung des r. Ohres: Oedem über dem ganzen Warzenfortsatz,
3 Querfinger breit von der Insertionslinie der Ohrmuschel nach hinten ragend.
Chronisch indurirte, geschwollene Lymphdrüsen in der Umgebung beider
Sternocleidomast., besonders rechts. Starke Druckempfindlichkeit, besonders
an der Spitze.

Gehörgang- und Trommelfellbefund rechts: Der medianste Theil
der hinteren Gehörgangswand ist sackartig vorgewölbt, die gegenüberliegende
Partie der vorderen Gehörgangswand ist etwas geröthet und geschwollen. In
den übriggebliebenen schmalen Gehörgangsspalt ragt ein von oben kommender
Polypenrest hinein. Gehörknöchelchen nicht zu sehen; Trommelfell scheint
zu fehlen, die Paukenschleimhaut epidermisirt zu sein.

Functionsprüfung: Flüstersprache rechts dicht am Ohr. Fis₄ rechts
sehr herabgesetzt, C₁ vom Scheitel nach rechts (Fl. links 4 Mtr.).

Temperatur normal.

Operation am 5. März. Weichtheile ödematös; Corticalis am Planum
mast. von blasser Granulation durchwachsen. Die Mittelohrräume von Cholesteatom und Granulationen erfüllt. Hammer cariös, Amboss fehlt. Bei Freilegung der Mittelohrräume quillt plötzlich hinten unten Eiter
hervor. Eine haarfeine Fistel wird verfolgt bis zu einem wallnussgrossen, extraduralen Abscess, dessen mit schmutzigen
Granulationen besetzter Grund vom Sinus transv., sowie von
der angrenzenden Dura mater gebildet wird.

Verlauf nach der Operation: Normal, noch in Behandlung.

Epikrise: Der Extraduralabscess wurde nicht einmal vermuthet, sondern bei der Mastoidoperation, welche bei dem vorliegenden Befunde indicirt war, durch operative Verfolgung einer
äusseren Wegleitung (haarfeine Fistel im hinteren unteren Theil
der grossen Operationshöhle, aus welcher Eiter hervorstürzte)
aufgefunden.

Fall 10. Albin Krämer, 16 Jahre, Schmiedelehrling aus Schneid-
lingen. Rec. 18. October 1896.

Chronische Eiterung links, angeblich seit 4 Jahren. Damals schon Anschwellung hinter dem Ohr und Incision. Seit ca. 10 Tagen wieder Schmerzen
im linken Ohr und Anschwellung hinter demselben.

Stat. praes.: Guter Ernährungszustand, heisse, trockene Haut, Herz
und Lungen gesund. Stuhlverhaltung. Etwas Caput obstipum nach links.
Bewegung des Kopfes verhindert oder schmerzhaft. Urin eiweiss- und zuckerfrei. Augenhintergrund beiderseits normal.

Temperatur am 18. October Abends 38,7°, am 19. October Morgens
38° (Puls 96). Höchster Stand der Temperatur 39°.

Umgebung des l. Ohres. Die linke Ohrmuschel ist nach vorn und seitlich vom Schädel abgedrängt durch eine druckempfindliche flucturirende Anschwellung mit geröthetem Hautüberzug. Die Druckempfindlichkeit setzt sich
auf die Gegend hinter der Anschwellung fort bis zur Mittellinie. Die Kopfhaut zeigt hier geringes Oedem. Der linke Gehörgang ist schlitzförmig
verschwollen, so dass die Tiefe sich der Beurtheilung entzieht.

Flüstersprache links aufgehoben, hohe Töne stark herabgesetzt. Adenoide
Vegetationen.

Operation am 19. October. Weichtheile speckig infiltrirt. Kirsch-
grosser, subperiostaler Abscess. Mittelohrräume bei intacter Corticalis mit
Cholest. erfüllt, Ossicularreste fehlen. Von der Sinusgegend quillt an einigen
Stellen Eiter hervor. Aus der gelblichen Sulcuswand quillt aus
zwei ganz feinen Fisteln Eiter unter hohem Druck hervor. Beim
Eröffnen des Sulcus stürzt unter hohem Druck stehender, dick-
flüssiger Eiter in solcher Menge hervor, dass der vordere Theil
des Operationsfeldes von Eiter überschwemmt wird. Der Sinus
wird in einer Ausdehnung von 2 Qcm. freigelegt. Seine Wandung
ist verdickt, er füllt den Sulcus ganz aus; da die vorher durch
die feine Fistel eingeführte Tenotomsonde deutlich in einen
Hohlraum gekommen war, so muss angenommen werden, dass
der Sinus vor der völligen Eröffnung des Sulcus durch Eiter
comprimirt gewesen ist. Die Sinuswand zeigt schmutziggraue
Auflagerungen. Der palpirende Finger fühlt Fluctuation.

Nach der Operation fieberfreier Verlauf.

Epikrise: Der extradurale-, resp. extrasinuöse Abscess wurde
durch das operative Nachgehen einer bei der Cholesteatom-
operation gefundenen äusseren Wegleitung (zwei ganz feine Fisteln
in der Sulcus transv.-Wand) entdeckt. Von einer Diagnose desselben vor der Operation konnte keine Rede sein.

Fall 11. Emil Thieme, 32 Jahre, Bergarbeiter aus Neupoderschau.
Rec. 6. Juli 1897.

Patient ist früher nie ohrenleidend gewesen. Im Februar d. J. bekam
er plötzlich Schmerzen im linken Ohr, welche nach einigen Tagen nach dem
Eintritt von Ohrausfluss wieder schwanden. Nach 14 Tagen sistirte die
Otorrhoe wieder. Zeitweise Schwerhörigkeit und Ohrensausen blieben zurück.
Vor 8 Tagen Anschwellung hinter dem Ohr, Schmerzen dabei nur auf Druck.

Stat. praes. vom 6. Juli 1897: Kräftiger Mann, innere Organe gesund.
Fieberfrei. Puls 72.

Umgebung des Ohres: Hinter dem linken Ohr eine kleinapfelgrosse,
fluctuirende Schwellung, die vom Ansatz der Ohrmuschel nach hinten weit
auf das Occiput und nach oben auf die Scheitelbeingegend übergreift. Oedem
in der Umgebung der Anschwellung.

Gehörgang- und Trommelfellbefund links: Trfll. in der hinteren
unteren Partie abgeflacht, lässt Exsudat durchschimmern. Leichte Hyperämie.
Keine Gehörgangsstenose.

Hörprüfung: Flüstersprache links 1,50—2,00 Mtr., rechts 5 Mtr.
C₁ vom Scheitel nach links. Fis₄ links normal. Rinne negativ.

Beim Cath. tubae links unbestimmtes Blasen.

In der Nacht vom 7. zum 8. Juli spontan Schmerz hinter dem Ohr.

Operation am 8. Juli. Spaltung des grossen, subperiostealen Abscesses
mit Excision der Abscessmembran. Corticalis sehr blutreich, weit nach hinten

unten an der Grenze zwischen Schläfebein und Occiput von Granulation durchwachsen. Im Antrum kein Eiter, nur eitrig infiltrirte Schleimhaut. Bei Verfolgung der Granulation, welche die Corticalis durchwachsen hatte, stösst man auf einen taubeneigrossen, extraduralen Abscess. Die freiliegende Dura schwartig verdickt, grau verfärbt und mit Granulationen besetzt. Vom Antrum aus waren bis zum extraduralen Herde einzelne mit eitrig infiltrirter Schleimhaut ausgekleidete Zellen verfolgbar.

Noch in Behandlung.

Epikrise: Mit keinem Gedanken konnte man an das Vorhandensein eines extraduralen Abscesses denken. Erst bei der Eröffnung des grossen retroauriculären, subperiostalen Abscesses fand sich eine Wegleitung, welche nach dem extraduralen Herde führte.

Fall 12. Karl Ehring, 28 Jahre, aus Giebichenstein bei Halle a. S. Rec. 7. November 1895.

Acute, linksseitige Eiterung seit September 1895. Linksseitiger Kopfschmerz, Anschwellung hinter dem linken Ohr, kein Schwindel.

Stat. praes.: Die allgemeine Körperuntersuchung bietet nichts Abnormes dar.

Temperatur: Am Abend des Aufnahmetages 38,1°; die beiden folgenden Tage vor der Operation und ebenso der weitere Verlauf nach der Operation fieberfrei.

Umgebung des l. Ohres: Hinter der Ohrmuschel Oedem, Druckempfindlichkeit.

L. Schwellung der oberen Gehörgangswand. Trommelfell stumpfgrau, mit Epidermisschuppen bedeckt, Vorwölbung des hinteren oberen Quadranten; keine Perforation, kein Eiter.

Flüstersprache links 1,25 Mtr. C₁ vom Scheitel nach links lateralisirt. Rechts Fl. 5 Mtr. Beim Cath. tub. links Blasegeräusch.

Ozaena; Pharyngitis sicca.

Operation am 9. November. Weichtheile sehr stark infiltrirt; Horizontalschnitt nach hinten, wobei sich unter dem Periost her von hinten rahmiger Eiter entleert. Corticalis unverändert. In zwei kleinen Zellen unter dem Planum Spuren von Eiter; weiter nach dem Antrum zu ist der Knochen völlig normal; letzteres wird daher nicht eröffnet. Emissarium mast. unverdächtig. Ca. 1 Cm. hinter dem unteren Theile des Planum findet sich eine Granulation, welche aus einer Knochenfistel hervorragt. Dahinter der Knochen sehr blutreich. Die ganze Partie wird weggemeisselt. Eröffnung eines etwa einen Esslöffel und unter sehr hohem Druck stehenden Eiters enthaltenden Extraduralabscesses. Die in Zehnpfennigstückgrösse freigelegte Dura mit Granulationen bedeckt.

Der weitere Verlauf bis zur vollendeten Heilung zeigt nichts Abnormes.

Epikrise: Auch in diesem Falle konnte von einer Diagnosenstellung des extraduralen Abscesses nicht die Rede sein. Derselbe ist vielmehr auch hier ein zufälliger Befund bei der Mastoidoperation, welche eine äussere, zum extraduralen Herde hinführende äussere Wegleitung aufdeckte.

Fall 13. Carl Hellmuth, 46 Jahre, Arbeiter a. Oberröblingen. Rec. am 20. August 1895.

Schwerhörigkeit seit 16 Jahren. Angeblich erst seit ¼ Jahr Eiterung links. Seit 8 Tagen Schmerzen und Anschwellung der ganzen linken Gesichtshälfte und der Gegend hinter und unter dem Ohre. Desgleichen seit 8 Tagen Schwindel.

Stat. praes.: Schlecht genährter, mittelgrosser Mann. Dämpfung über der linken Lungenspitze. Bronchialathmen links oben. Dämpfung über dem ganzen rechten Oberlappen. Rasseln über der rechten Lunge, an der Spitze am deutlichsten. (Caverne im rechten Oberlappen?) Am Herzen nichts Besonderes. Kann nicht auf einem Beine stehen. Oedeme an den Beinen. Alte Narben. Im Urin kein Zucker oder Eiweiss.

Umgebung des linken Ohres: Oedem über dem ganzen Proc. mast. Starke Anschwellung unter und vor der Spitze des Proc. mast. mit Fluctuation. Oedem der linken Gesichtshälfte, besonders der Augenlider.

Gehörgangs- und Trommelfellbefund: Links starke Senkung der hinteren oberen häutigen Gehörgangswand. Durchbruch in dieser Wand dicht am Eingang des Meatus. Vom Trommelfell nichts zu sehen. Rechts Einziehung.

Functionsprüfung: Flüstersprache beiderseits nicht gehört. Stimmgabeln links nicht gehört. Rechts C_1 bei starkem Anschlag. Fis_4 bei Fingerkuppenanschlag. C_1 vom Scheitel nach rechts.

Temperatur: Leichtes Fieber.

Operation am 20. August 1895. Tiefer Senkungsabscess am Halse, bis zur Clavicula reichend; jauchiger Inhalt. Gangrän der tiefen Halsmuskeln, sowie der Haut über dem Abscess. Die Corticalis des Warzenfortsatzes sehr blutreich. Der ganze Warzenfortsatz erfüllt von käsigen, fötiden Massen. Der Senkungsabscess am Halse war verursacht durch einen Durchbruch des Eiters im Warzenfortsatz, welcher 1 Cm. medianwärts von der Incisura mast. unter die tiefe Halsmusculatur erfolgt war. Die ganze Paukenhöhle erfüllt von Granulationsmassen. Caries in grosser Ausdehnung am Promontorium. Hammer rudimentär, Amboss fehlt. Das Tegmen antri fehlt vollkommen. Zu dem Sinus sigm. führt ein Fistelgang. Der Sinus ist umspült von Eiter, aber nicht thrombosirt.

Im weiteren Verlauf zunächst noch ein Fortschreiten der Entzündung mit Gangränbildung vom Halse nach dem Sternum zu. Es gelang aber bald, durch wiederholte Incisionen die progrediente Phlegmone zu coupiren.

Trotz der fortschreitenden Lungenphthise war der locale Wundverlauf ein auffallend günstiger. Die Operationswunde reinigte sich bald, die Höhle begann sich mit gesunder Haut auszukleiden.

Am 21. October wird Pat. der Lungenphthise wegen in die medicinische Klinik verlegt, wo er nach einiger Zeit an seiner Lungenerkrankung verstarb.

Epikrise: Die ausgedehnten Veränderungen in der Umgebung des Ohres, sowie der otoskopische Befund gaben die Indication ab für die Mastoidoperation, bei welcher eine äussere Wegleitung gefunden wurde, welche auf den extraduralen Abscess hinführte. Von einer Diagnose oder auch nur Vermuthung des Vorhandenseins eines extraduralen Abscesses war vor der Operation keine Rede. Der viel später an Tuberculosis pulmonum erfolgte Tod steht mit dem Ohrleiden, sowie mit dem otogenen extraduralen Eiterherde in keinem Zusammenhang. Im Gegentheil war die Ohraffection zur Zeit des Eintrittes des Exitus letalis fast geheilt.

Fall 14. Franz Schulze, 38 Jahre, aus Ihlewitz b. Gerbstedt. Rec. 17. December 1895.

Chronische Eiterung links seit dem 5. Lebensjahre nach Masern (?). Seit

14 Tagen heftige Schmerzen in und hinter dem linken Ohr. Kein Kopfschmerz, kein Schwindel. Seit 14 Tagen schlaflos vor Schmerz.

Stat. praes.: Allgemeinuntersuchung: Lungen suspect. Ophthalmosk.
Befund normal. Temperatur normal. Vor seiner Aufnahme in die Klinik
zwei bis dreimal Schüttelfröste dagewesen von $1/2$—$3/4$ stünd. Dauer, gefolgt
von Schweissausbruch. Puls 72 regelmässig.

Umgebung des l. Ohres: Spur von Oedem hinter dem Ohr, enorme
Druckempfindlichkeit des ganzen Warzenfortsatzes gleichmässig. Blutegel-
narben.

Otoskop. Befund: Trommelfell roth, Fistel über Proc. brevis, an
deren Rande eine kleine Granulation sichtbar ist; pulsirendes Secret in der
Fistel.

Functionsprüfung: Flüstersprache links unsicher direct. Fis$_4$ l. stark
herabgesetzt, C$_1$ vom Scheitel nach dem schlechter hörenden linken Ohr
projicirt.

Beim Cathet. tubae links Perforationsgeräusch mit Rasseln.

Operation am 17. December 1895. Weichtheile wenig ödematös bis
2 Finger breit hinter der Ohrmuschel. Corticalis an typischer Stelle auffallend
blutreich. Bei den ersten Meisselschlägen vom Planum mast. aus quillt
pulsirend etwa 1 Esslöffel Eiter hervor, welcher von hinten oben zu kommen
scheint. Freilegung sämmtlicher Mittelohrräume; grosses, central zerfallenes
Cholesteatom im Antrum und Aditus. Hammer rudimentär, Amboss fehlt.
Nach vollkommener Ausräumung der Mittelohrräume quillt aus
einer kleinen Fistel im Tegmen antri abermals Eiter hervor.
Letzteres ist, sowie das Tegmen aditus, blauschwarz verfärbt;
nach Fortnahme des verfärbten Knochens entleeren sich aus
einem extraduralen Herde etwa 50 Grm. dicken Eiters. Die
Dura mater, in Markstückgrösse freigelegt, ist mit zottigen,
zum Theil eitrig infiltrirten Granulationen besetzt; mit Rücksicht
auf die vor seiner Aufnahme aufgetretenen Schüttelfröste wird der Sinus freigelegt. Der Knochen um den Sinus herum ist erweicht, der Sinus selbst mit
Granulationen und Fibrinauflagerungen bedeckt.

Der weitere Verlauf bis zu vollendeter Heilung bot nichts Besonderes dar.

Epikrise: Der extradurale Abscess konnte von vornherein
nicht diagnosticirt werden. Er wurde gefunden bei der Verfolgung
einer äusseren Wegleitung — kleine Fistel in dem blauschwarz
verfärbten Tegmen antri —, welche die wegen Cholesteatoms
vorgenommene Mastoidoperation aufdeckte.

Fall 15. Marie Brunkau, 22 Jahre, aus Aschersleben. Rec. 5. Februar 1896.

Chronische Ohreiterung links aus unbekannter Ursache. Seit 2 Monaten
Stechen im linken Ohr und Kopfschmerzen anfallsweise auftretend (Stirngegend). Schwindel beim Bücken.

Stat. praes.: Die allgemeine Körperuntersuchung lässt nichts Abnormes
erkennen.

Temperatur normal.

Umgebung des l. Ohres normal.

Otoskop. Befund: Hammer deutlich, vordere Trommelfellhälfte fehlt,
hier Paukenschleimhaut epidermisirt. Hinten oben grosser Krater, aus welchem
Granulationswucherungen hervorkommen.

Functionsprüfung: Flüstersprache links handbreit, Rinne negativ,
Fis$_4$ bei leisestem Anschlag. Dabei C$_1$ vom Scheitel nach der besser hören-
Seite projicirt.

Operation am 13. Februar. Sämmtliche Mittelohrräume von zerfallenem Cholesteatom erfüllt. Die Corticalis des Warzenfortsatzes in grosser

Ausdehnung rauh und verfärbt. Das Cholesteatom hatte die hintere knöcherne Gehörgangswand in ihrem lateralsten Theile durchbrochen. Hammer noch rudimentär; Amboss fehlt; ausgesprochene Caries der medialen Aditus- und und Antrumwand. Eine Fistel führt zum Sinus transv., welcher mit schwärzlich verfärbten, nekrotisch zerfallenen Granulationsmassen bedeckt und von Eiter umflossen ist.

Der weitere Verlauf bis zur vollendeten Epidermisirung der Mittelohrräume bietet nichts Besonderes dar.

Epikrise: Die Verfolgung der bei der wegen Cholesteatoms vorgenommenen Mastoidoperation vorgefundenen äusseren Wegleitung — Fistel, welche zum Sinus sigm. führte — legte den extraduralen Abscess frei, auf dessen Vorhandensein vor der Mastoidoperation kein einziges Symptom hinwies.

Fall 16. Hermann Schuft, 14 Jahre, Arbeiterssohn aus Hakeborn b. Egeln. Rec. 21. März 1895.

Eiterung rechts seit dem 3. Lebensjahre nach Diphtherie entstanden. Incisionswunde (retroauricul. Anschw.) fistulös entartet. Seit 5 Tagen starke Schmerzen im Ohr, zugleich mit heftiger Anschwellung der Gegend hinter dem Ohr.

Stat. praes.: Die allgemeine Körperuntersuchung ergiebt nichts Abnormes.

Temperatur: Fieberfrei.

Die retroauriculäre Region rechts, leicht geschwollen, fluctuirend. Insertionslinie der Ohrmuschel ödematös, in der Mitte eine Rhagade zeigend, in ihrem oberen Drittel eine narbige Einziehung, an deren tiefster Stelle sich eine feine Fistelöffnung vorfindet. R. Senkung der oberen Gehörgangswand. Gehörgangslumen mit beweglichen Granulationsmassen ausgefüllt.

Gehörvermögen rechts sehr erheblich herabgesetzt; diese Herabsetzung ist nach dem Ergebniss der Functionsprüfung zu beziehen auf eine Läsion des schallpercipirenden Apparates.

Operation am 4. April. Eröffnung des subperiostealen Abscesses. In der Corticalis eine Delle, alte Knochennarbe. Antrum nach Stacke von innen eröffnet, rudimentär, Granulationen darin. Hammer entfernt, vom Amboss nichts mehr vorhanden. Der ganze Warzenfortsatz ist durchsetzt von einzelnen, kleinen Granulationsherden. Auffindung und Verfolgung eines Fistelganges im die mittlere Schädelgrube führt und in einem grossen extraduralen Abscess endigt, dessen Grund die colossal verdickte Dura bildet. Ein zweiter Fistelgang führt von dem Abscess aus in die Spitze des Warzenfortsatzes, welche voller Eiter ist und resecirt wird. Spaltung der hinteren häutigen Gehörgangswand und Vernähen der beiden Gehörgangslappen in dem oberen und unteren Wundwinkel etc.

Ohreiterung nicht geheilt. Hat sich der Behandlung entzogen.

Epikrise: Die wegen Cholesteatoms indicirte Mastoidoperation legte eine äussere Wegleitung frei — Fistel, welche nach der mittleren Schädelgrube führte —, bei deren Verfolgung mit dem Meissel der vorher nicht diagnosticirte extradurale Abscess in der mittleren Schädelgrube gefunden wurde.

Fall 17. Wilh. Schwengler, 26 Jahre, Arbeiter aus Eisleben. Rec. 5. December 1895.

Rechtsseitige Ohreiterung seit dem 6. Lebensjahre. Viel Schmerzen in den letzten Wochen im und hinter dem rechten Ohr, im Genick, in der rechten

Kopfhälfte, Schlaflosigkeit. Viel Schwindel seit 14 Tagen (Matrosengang), kann nicht auf einem Beine stehen. Kommt wegen der Schmerzen.

Stat. praes.: Allgemeinuntersuchung ergiebt nichts Abnormes. Augenhintergrund beiderseits normal.

Temperatur normal. Keine Pulsverlangsamung.

Umgebung des r. Ohres: Schmerzhafte Schwellung hinter dem Ohr. geringes Oedem, am empfindlichsten auf Druck ist die Spitze des Proc. mast.

R. Schwellung der oberen Gehörgangswand, erbsengrosser Polyp kommt von vorn oben und füllt fast das ganze Gehörgangslumen aus.

Functionsprüfung: R. absolute Taubheit.

Beim Cath tub. R. Perforationsgeräusch mit Rasseln.

Operation am 6. December. Freilegung der Mittelohrräume; Polyp aus dem Antrum durch den Aditus ad antr. und die Paukenhöhle in den Gehörgang gewachsen. Das ganze Mittelohr mit Granulationen erfüllt, Caries seiner Wandungen. Vom hinteren Theile der Operationshöhle führt ein Fistelgang in einen extraduralen, resp. extrasinuösen Abscess, welcher so gross ist, dass man nach seiner breiten Eröffnung den halben kleinen Finger in die Abscesshöhle versenken kann. Dura und Sinus von Granulationen besetzt.

Der weitere Verlauf bietet nichts Besonderes.

Epikrise: Die starken Schmerzen im rechten Ohr und in der rechten Kopfhälfte konnten von vornherein nicht auf das Vorhandensein eines extraduralen Abscesses bezogen werden, weil sie durch den otoskopischen Befund ihre volle Erklärung fanden. Auch der hochgradige Schwindel war für die Diagnose einer intracraniellen Complication nicht zu verwerthen, da dieses Symptom bei dem Ergebniss der Functionsprüfung sehr wohl auf eine Labyrinthaffection bezogen werden konnte. Somit wurde auch in diesem Falle der extradurale Abscess ebenfalls wieder als zufälliger Operationsbefund bei der Mastoidoperation aufgedeckt, welche uns eine äussere, zum extraduralen Eiterherde hinführende Wegleitung finden liess.

Fall 18. Carl Oettel, 34 Jahre, Weber aus Greiz.

Acute Eiterung links mit Entzündung des Warzenfortsatzes. Ohr später trocken; nur Zeichen des acuten Katarrhs noch vorhanden.

Operation am 20. Februar 1892. Links: Antrum typisch eröffnet; die Corticalis zeigte, abgesehen von abnorm stark blutenden Gefässlöchern, nichts Abnormes. Im Antrum geschwollte Schleimhaut, aber kein Eiter. Eiter in den Zellen der Spitze, hier ein Fistelgang, der bis auf den Sinus führt; hier ein extrasinuöser Abscessherd von Haselnussgrösse.

Ausgang: Heilung.

Epikrise: Der Abscess wurde bei Vornahme der Mastoidoperation gefunden, indem ein aufgedeckter, nach hinten von den Cellul. mast. in der Spitze des Warzenfortsatzes führender Fistelgang weiter verfolgt wurde. Ob vor der Mastoidoperation bereits verdächtige Symptome vorlagen, welche an das Vorhandensein eines extraduralen Abscesses denken liessen, entzieht sich jetzt nachträglich der Beurtheilung, da das betreffende Krankenjournal verloren gegangen ist.

Fall 19. Martin Polzin[1]), 42 Jahre, Bergmann aus Egeln. Aufgenommen 23. October 1893. Entlassen 20. December 1893. Wiederaufnahme 28. Februar 1894. Entlassen 12. Mai 1894.

Diagnose am 23. October 1893: Subacuter Katarrh mit Entzündung am Warzenfortsatz.

Diagnose bei der Wiederaufnahme am 28. Februar 1894: Caries occipitis, Abscessus subduralis.

Anamnese: Früher soll das linke Ohr schon wiederholt etwas gelaufen haben, aber stets nur ein paar Tage; niemals Schmerzen. Vor fünf Wochen Brustschmerzen und Gelenkrheumatismus mit Anschwellung der Fuss- und Handgelenke. Während dieser Krankheit hat das linke Ohr wieder begonnen zu eitern mit Schmerzen in und hinter dem Ohr, starken Kopfschmerzen auf der linken Seite, besonders im Hinterkopf. Nach 8 Tagen hörte die Eiterung wieder auf, doch blieb Kopf- und Ohrschmerz bestehen.

Status praes.: Herz und Lunge normal. Starke Kopfschmerzen auf der ganzen linken Kopfseite, besonders im Hinterkopf, bei Percussion zunehmend. Links Leukoma adhaerens. Pupillen prompt reagirend. Kein Schwindel bei Gehen und Stehen mit geschlossenen Augen. Ueberhaupt sonst keine Cerebralsymptome. Urin eiweissfrei. Druckschmerz auf der Spitze des Proc. mast.

Gehörgang und Trommelfellbefund. Links: Gehörgang weit, Trommelfell grauroth, abgeflacht, in den oberen Partien hochroth, ohne deutliche Grenze gegen die obere Gehörgangswand. Verkalkungen.

Hörprüfung: Links Flüstersprache 35 Cm., rechts 6 Meter. Stimmgabeln: C, vom Scheitel nach links, Fis, beiderseits deutlich.

Ergebniss beim Catheterismus tubae. Rechts: Blasegeräusch. Links: Im Anfang dringt Luft schwer ein, dabei zähes Rasseln, Pauke voll Exsudat.

Therapie: Bettruhe. Catheter. Eisblase. Calomel.

25. October. Keine Schmerzen mehr im Ohr und hinter dem Ohr. Kopfschmerzen anhaltend. Antifebrin 0,5 ohne Erfolg, Eisblase auf den Kopf.

28. October. Abends gegen 7 Uhr heftiger Schüttelfrost von der Wärterin beobachtet. Temperatur 39,0°. Nach 2 Stunden profuser Schweiss, danach Wohlbefinden.

29. October. Abends 1 Grm. Chinin.

30. October. In der Nacht von gestern auf heute abermals Schüttelfrost mit folgendem Schweiss. Abends 1 Grm. Chinin.

1. November. Nachdem Patient gestern Abend kein Chinin bekommen, ist heute Nacht wieder Schüttelfrost erfolgt. Patient klagt wieder über vermehrten Kopfschmerz. Phenacetin (1 Grm.) beseitigt den Kopfschmerz nach 1/2 Stunde dauernd für den Tag. Exsudat in der Pauke, das während der Behandlung sich bedeutend vermindert, hat wieder zugenommen und füllt fast die Pauke. Abends 1 Grm. Chinin. Paracentese; Entleerung von flockigem Schleim und Eiter. Durchspülungen per tubam mit 0,75 proc. Kochsalzlösung.

3. November. Leichter Frostanfall, von Schweiss gefolgt, während desselben Temperatur 35,7°; Puls 104, die einzelnen Schläge in der Stärke wechselnd, sonst regelmässig; Respiration 28.

6. November. Allgemeinbefinden bedeutend besser. Kopfschmerzen viel geringer, treten überhaupt nur noch in kurzen Anfällen auf.

13. November. Heute ohne Kopfschmerz. Eiterung noch ziemlich stark. Perforation schlitzförmig.

20. November. Perforation geschlossen. Beim Catheterisiren Blasegeräusch. Trommelfell noch leicht geröthet. Zeitweilig sollen noch stechende Schmerzen hinter dem Warzenfortsatz auftreten. Entlassen.

Wiederaufnahme den 27. Februar 1894.

Anamnese: In den letzten 5 Wochen soll sich die Anschwellung hinter dem Ohr gebildet haben. In den letzten 14 Tagen hat Patient nicht schlafen können.

---

1) Cf. dieses Archiv. Bd. XXXVIII. S. 215. ff.

Status praes. den 28. Februar. Fieberfrei, Puls 88. Links keine Eiterung, keine Senkung und Röthung im Gehörgang. Trommelfell blass, vorn unten Narbe. Normales Blasegeräusch beim Auscultiren, Flüstern 1½ Meter. Hinter dem Ohr, 2 Finger breit hinter der Ansatzlinie der Ohrmuschel beginnend, breitbasige, sehr starke Infiltration. Dieselbe erstreckt sich nach hinten bis an die Mittellinie und ist von einer Zone ödematösen Gewebes umgeben. Halswirbelgelenke frei beweglich, kein Caput obstipum. Lymphdrüsen links am Halse mässig geschwollen, erbsengross, am hinteren Rande des Sternocleidomastoideus. Rechts weniger. Axillardrüsen nicht geschwollen.

Am 28. Februar und 1. März warme Umschläge.

Am 2. März fühlt sich Patient matt und hat sehr wenig Appetit. Jodanstrich, Eis.

5. März. Geschwulst hat sich über die Mittellinie hinaus nach rechts etwas vergrössert. Jodanstrich, Eis. Kein Fieber, doch ist heute tiefe Fluctuation fühlbar.

Operation am 8. März. Eröffnung eines extraduralen Abscesses. Schnitt von 15 Cm. Länge quer über die Geschwulst von vorn oben nach hinten unten durch die Haut und durch die sulzig infiltrirten Weichtheile. In einer Tiefe von 4 Cm. unter der Haut wird Eiter entleert, der unter hohem Druck hervorspritzt. Menge etwa 4 Esslöffel. Die Abscesshöhle liegt unter der Schädelbasis im Bereich des linken Occiput. Das Periost fehlt hier, und der Knochen ist rauh. Im vorderen Umfang dieser Stelle, etwa in der Mitte zwischen der Crista occipit. externa und dem Margo mastoid., ist der Knochen in Zweimarkstückgrösse durch Caries zerstört, so dass die graublaurothe, leicht pulsirende Dura vorliegt. Die Ränder des Knochondefectes sind zackig und werden mit Meissel und Knochenzange geglättet, so dass die Dura in Fünfmarkstückgrösse freigelegt wird. Excision der Abscessmembran. 3 Nähte. Jodoformgazetamponade. Verband.

12. März. Befinden gut. 1. Verbandwechsel. Gazetampons und Verband sind vom Eiter durchtränkt. Jodoformgazestreifen erneuert. Allgemeinbefinden gut.

1. Mai. Der weitere Heilungsverlauf ist ein normaler gewesen. Heute ist die Wunde fest vernarbt. Noch Klage über Schmerzen in der Narbengegend. Trommelfell eingezogen. Hörweite für Flüsterworte links 1 Meter.

12. Mai. Geheilt entlassen. Im Juli der Heilungsbestand durch Controle erwiesen.

Epikrise: Dass der grosse extradurale Abscess von dem Ohr aus inducirt ist, kann keinem Zweifel unterliegen, wenn es auch nicht möglich war, den Entzündungsweg vom Ohr aus nach dem Abscess nachzuweisen, da der Warzenfortsatz nicht eröffnet worden ist. Aber auch, wenn die Eröffnung des grossen extraduralen Abscesses mit der Mastoidoperation verbunden gewesen wäre, wäre es mehr als zweifelhaft gewesen, den Weg, welchen die Entzündung genommen hat, noch objectiv nachzuweisen. Vielmehr müssen wir nach dem ganzen klinischen Verlauf, sowie nach dem objectiven Ohrbefund zur Zeit der Wiederaufnahme annehmen, dass der Entzündungsweg unterdess zur spontanen Ausheilung gelangt war. Dass ein extraduraler Abscess vorhanden war, liess sich zwar zur Zeit der Wiederaufnahme nicht mit Sicherheit diagnosticiren, immerhin dachten wir bei der Localisation der breitbasigen Infiltration an die Möglichkeit des Vorhandenseins eines solchen.

Fall 20. Willi Müller, 6 Jahre, aus Weissenfels. Rec. 26. December 1896.

Chronische Ohreiterung rechts, in der letzten Zeit Ohrschmerzen. Vor 2 Tagen Delirien. Appetitlos. Seit 1 Tage Anschwellung hinter dem Ohre. Stat. praes.: Herz und Lungen gesund. Augenhintergrund normal, taumelt beim Gehen meist nach links.

Temperatur: Temperatur zwischen 37,6° und 39,2°. Puls 76—120, unregelmässig. Zunge stark belegt, foetor ex ore. Urin zucker- und eiweissfrei.

Umgebung des r. Ohres: Rechte Ohrmuschel steht vom Schädel ab; hinter derselben Röthung der Haut, fluctuirende Anschwellung der Umgebung der Spitze entsprechend mit umgebender Infiltrationszone.

Otoskop. Befund: Trommelfell in seiner hinteren Hälfte leicht geröthet; über dem Proc. brevis Krater mit herausgewachsener Granulation.

Functionsprüfung war nicht ausführbar.

Nachdem durch die Lumbalpunction das Bestehen einer diffusen eitrigen Meningitis ausgeschlossen war, wurde am 28. December zur Operation geschritten. Die Lumbalpunction ergab vermehrten, unter starkem Druck stehenden, aber krystallklaren Liquor cerebro-spinalis.

Operationsbefund: Weichtheile speckig infiltrirt. Eine Fistel führt nach unten zwischen die Halsweichtheile, aus welcher Eiter hervorquillt. Abscess direct unter der Spitze des Warzenfortsatzes. Die ganze Spitze des Warzenfortsatzes ist durch die umgebende Eiterung wie herausgeschält aus den an ihr inserirenden Weichtheilen und zeigt eine auffallend gelbe Farbe (durchschimmernder Eiter). Bei dem 1. Meisselschlage quillt Jauche in grosser Menge und unter sehr hohem Druck stehend hervor. Ein Durchbruch der Corticalis war nicht vorhanden. Die ganzen Mittelohrräume mit weithin erweichten Knochenwandungen versehen, sind erfüllt von einem grossen Cholesteatom. Amboss fehlt, Hammer cariös. Im hinteren Theile der grossen Operationshöhle lag die Sulcus sig.-Wand frei; sie war in grosser Ausdehnung grau verfärbt und erweicht. In derselben eine etwa ⅛ Pfennigstück grosse Oeffnung, aus welcher unter sehr hohem Druck stehende Jauche hervorquillt. Mit der Knochenzange wird dieser Defect im Sulcus erweitert. Der Sinus ist in grosser Ausdehnung theils mit einem eitrig fibrinösen, theils mit einem dunkelrothen Exsudat von Gallertconsistenz bedeckt. Diese Veränderungen machen es nöthig, die Dura in Handtellergrösse nach hinten und oben von der Spitze des Proc mast. freizulegen, bis man ins Gesunde kommt. Da der von Jauche umspülte Sinus den Sulcus nicht ausfüllte, nahm ich an, dass er thrombosirt sei, trotzdem ergab eine Probeincision flüssiges Blut. Nach unten der Sinus fast bis zum Bulbus venae jugularis verfolgt.

In den folgenden Wochen noch Fieber, theilweise mit ausgesprochenem pyämischen Charakter, z. B. am 2. Januar früh 36,6°, Abends 40,2°, ohne Schüttelfröste. Intercurrent Eiterretention unter dem oberen aus der hinteren häutigen Gehörgangswand gebildeten Hautlappen, deren Beseitigung durch Wiederablösen des Hautlappens indess nicht ein Verschwinden des Fiebers zur Folge hatte. Erst vom 2. Februar an fieberfrei.

Epikrise: Bei der Aufnahme des Kranken war das Krankheitsbild ein so schweres, dass man an das Vorhandensein einer Meningitis purul. ex otitide denken konnte. Durch die Lumbalpunction, welche krystallklaren, aber unter starkem Druck stehenden Liquor cerebro-spinalis ergab, wurde einestheils das Vorhandensein einer diffusen eitrigen Meningitis ausgeschlossen, andererseits nach unseren Erfahrungen die Wahrscheinlichkeitsdiagnose gestellt, dass eine raumbeengende Affection in der Schädelhöhle vorliegen müsse, welche wir natürlich mit Rücksicht auf das vorhandene Ohrleiden als eine otogene ansprachen. Dass ein uncomplicirter otogener Hirnabscess vorlag, dagegen sprach das vorhandene Fieber. Wir mussten also folgende Möglichkeiten in Erwägung ziehen: 1. Otogener Hirnabscess, complicirt mit Sinusphlebitis. 2. Otogener Extraduralabscess, complicirt mit Sinusphlebitis. 3. Otogener extrasinuöser Abscess mit oder ohne Sinusphlebitis. Eine weitere Differencirung der Diagnose war nicht möglich. Indess brauchten wir ja nur bei der wegen des grossen zerfallenen Cholesteatoms vorgenommenen Mastoidoperation der aufgefundenen äusseren Wegleitung operativ nachzugehen. Ob nicht neben dem grossen Extradural-, resp. extrasinuösem Abscess doch noch Sinusphlebitis bestanden hat, ist nicht ganz aufgeklärt. Dafür spricht der Temperaturverlauf nach der Operation, während ja der Umstand, dass die Punction des Sinus in operatione flüssiges Blut ergeben hat, kein Gegenbeweis sein kann, da ja ein wandständiger Thrombus im Sinus transv. oder ein Thrombus im Bulbus v. jug. vorhanden gewesen sein kann.

Fall 21. Anna Scheibe, 14 Jahre, aus Böllberg. Rec. am 29. Februar 1896.

Subacute Mittelohreiterung links seit ca. 3 Wochen. Seit einigen Tagen Schmerzen hinter dem linken Ohre, gleichzeitig diffuse Kopfschmerzen.

Stat. praes.: Die Allgemeinuntersuchung zeigt nichts Abnormes. Fieberfrei.

Umgebung des l. Ohres: Diffuse Schwellung hinter dem Ohr. Oedem Fluctuation. Druckempfindlichkeit weit nach dem Occiput zu, bis zu 10 Cm. Entfernung von der Ohrmuschel abgemessen.

Links: Schlitzförmige Gehörgangsstenose. In der Tiefe pulsirender Lichtreflex. Eitriger Ausfluss copiös.

Functionsprüfung: Flüstersprache links dicht am Ohr; C$_1$ vom Scheitel und ganzen Schädel nach der schlechter hörenden Seite. Rinne links negativ, Fis$_4$ links herabgesetzt.

Beim Cath. tub. links Perforationsgeräusch mit Rasseln.

Operation am 7. März 1896. Weichtheile speckig infiltrirt. Das Planum mast. ist bedeckt mit voluminösen Granulationen, die zum grossen Theile nekrotisch zerfallen sind. 2 kleine Granulationen haben die Corticalis durchwachsen, mehr nach hinten gelegen, als die typische Durchbruchstelle. Warzenfortsatz und Antrum erfüllt mit Eiter und Granulationen. Freilegung des Sinus transv. in 2 Qcm. Ausdehnung. Der Sinus verdickt und von Granulationen bedeckt. Kein Eiter zwischen Sinus und Knochen.

Der weitere Verlauf bis zu vollendeter Heilung zeigte keine Besonderheiten.

Dieser Fall ist nur angeführt] als Beispiel einer Pachymeningitis externa, bei welcher es indess noch nicht zur Bildung einer Eiteransammlung, also eines Abscesses, zwischen Knochen und Dura gekommen war.

Fall 22. Bruno Schenk, 18 Jahre, aus Merseburg. Rec. 6. Juil 1895.

Seit 6 Tagen Recidiv einer schon seit den Schuljahren sistirten alten Maserneiterung rechts. Schmerzen in und hinter dem Ohr. Stechende, rechtsseitige Kopfschmerzen. Schwindelgefühl seit mehreren Tagen bei der Arbeit.

Stat. praes.: Fieberfrei. Schwächlich gebaut, sonst gesund.

Umgebung des r. Ohres: Hinter dem oberen Theile der rechten Ohrmuschel stark oedematöse Schwellung des Unterhautzellgewebes. Erhebliche Druckempfindlichkeit des Warzenfortsatzes, besonders an der Spitze. Schmerzäusserung am und unter dem Warzenfortsatz bei Drehbewegungen des Kopfes.

Rechts: Gehörgangslumen durch Senkung der oberen Gehörgangswand schlitzförmig verengt.

Flüstersprache direct; Fis, stark herabgesetzt.

Operation am 11. Juli 1895. Weichtheile ödematös. Corticalis intact. Knochen osteosclerotisch. Im Antrum verdickte granuläre Schleimhaut und wenig Eiter. Auf der nach der Paukenhöhle durch den Aditus ad Antrum hindurchgeführten Sonde die hintere knöcherne Gehörgangswand entfernt. Hammer gesund, Amboss cariös. Nach oben einige mit eitrig infiltrirter Schleimhaut erfüllte Zellen verfolgt, schliesslich gelangt man bis zur Dura; zwischen Dura und Knochen wenig Tropfen freien Eiters.

Im weiteren Verlaufe nichts Bemerkenswerthes. Am 11. October geheilt entlassen.

Dieser Fall kann als Beispiel eines beginnenden extraduralen Abscesses dienen.

Nachtrag.

Während der Drucklegung dieser Arbeit hatten wir Gelegenheit, noch einen Fall zu operiren, welcher ein prägnantes Beispiel der im Capitel über Diagnose zuletzt erwähnten Kategorie darbietet.

Nur die Hartnäckigkeit der Eiterung, welche ganz acut eingesetzt hatte und trotz sachgemässer Behandlung und trotz des Fehlens constitutioneller Anomalien nicht heilen wollte, brachte uns, da auch keine deutlichen Zeichen von dem Vorhandensein von Eiter in dem Warzenfortsatze vorhanden waren, auf die Vermuthung, dass wohl ein extraduraler Abscess vorliegen könne, eine Vermuthung, welche dann auch bei der vorgenommenen probatorischen Operation ihre volle Bestätigung fand. Der Fall selbst ist der folgende:

Herr A. Römer, 39 Jahre alt, Lehrer in Eisleben, kam im August 1896 in unsere Behandlung weger acuter linksseitiger Influenza-Mittelohreiterung. Es waren ihm draussen im Beginn der Krankheit Blutegel auf den Tragus gesetzt und von den Blutegelstichen aus ein Erysipel entstanden, welches sich über die entsprechende Hals- und Schädelseite erstreckt hatte. Früher nie ohrenleidend gewesen.

Stat. praes.: Hohes Fieber, welches vom Erysipel abhing und nach ca. 5 Tagen kritisch abfiel. Keine Cerebralerscheinungen. Gehörgang nicht stenosirt, Trommelfell blauroth, Vorwölbung der hinteren Hälfte, auf der prominentesten Stelle der Vorwölbung enge Perforationsöffnung, welche dilatirt wurde. Hinter dem Ohr keine Spur von Oedem und Druckempfindlichkeit.

Ueber extradurale otogene Abscesse und Eiterungen. 133

Functionsprüfung: Flüstersprache direct am Ohr verstanden, C,
vom Scheitel und über die Mittellinie hinaus nach dem kranken Ohr verstärkt
gehört; hohe Töne gut.

Im weiteren Verlauf zeigte das Trommelfell im hohen Grade die Neigung
zum Verschluss, so dass häufig die Wiederbolung der Paracentese angezeigt
war. Oefter wurde die Paracentese galvanokaustisch ausgeführt; aber auch
auf diesem Wege war es nicht möglich, dauernd für guten Abfluss des Eiters
zu sorgen. Die Ursache hierfür lag in einer auffallend starken Schwellung
der Schleimhaut. Selbst wenn man eben eine grosse Oeffnung im Trommelfell angelegt hatte, erzielte man kaum bei Anwendung stärksten Druckes ein
Perforationsgeräusch, weil die so hochgradig geschwollene Schleimhaut sofort
wieder in die frisch angelegte Schnittöffnung im Trommelfell prolabirte. Dieser
Zustand blieb Monate lang unverändert, trotz regelmässiger und sachgemässer
Behandlung. Eine Indication zur Eröffnung des Antrum konnte nicht gestellt
werden, weil alle auf Empyem hindeutenden objectiven Symptome fehlten.
Der Gehörgang war zwar in seinem medianen Theile geröthet, aber nie zeigte
er auch nur eine Andeutung von Verengerung. Hinter dem Ohr bestand nur
sehr vorübergehend etwas Druckempfindlichkeit als Ausdruck einer stets nach
Application eines Jodanstriches rasch verschwindenden Periostitis. In den
letzten Monaten traten nie wieder Erscheinungen von Periostitis auf. Die
Ohreiterung war minimal oder zeitweise ganz versiecht, jedoch blieb das
schlechte Gehör unverändert, ebenso die auffällige Schwellung der Schleimhaut. In der letzten Zeit stellten sich vielfach Kopfschmerzen in der linken
Kopfhälfte ein, welche besonders in der linken Stirn- und Hinterhauptgegend
heftig waren. Auch in den von Kopfschmerz freien Intervallen bestand fast
beständig das Gefühl von Druck und Schwere im Kopfe. Zugleich bestand
hartnäckige Verstopfung. Der Ohrbefund war unverändert, abgesehen von
einer vorübergehenden Reizung im Gehörgang, welche auf die anderseitig an-
geordneten Einträufelungen von Sublimatspiritus bezogen werden konnte.

Wegen der hartnäckigen Kopfschmerzen entschlossen wir uns zur Vornahme der Operation.

Operationsbefund vom 6. August 1897. Weichtheile und Corticalis
normal. Knochen hart. Im Antrum Eiter und eitrig infiltrirte Schleimhaut.
Einzelne Zellen mit eitrig infiltrirter Schleimhaut ausgekleidet, lassen sich bis
in die hintere Schädelgrube verfolgen. Hier findet sich ein haselnussgrosser,
extrasinuöser Abscess. Sinus mit schwartigen Granulationen besetzt. Die
ganze Spitze ist voll Eiter. Durchbruch des Eiters median von der Incisura
mastoidea und beginnender Senkungsabscess.

Der weitere Verlauf bis zum heutigen Tage (17. August) ist ein normaler.
Schon beim ersten Verbandwechsel war die Ohreiterung versiecht, das Gehör
wesentlich gebessert (Flüstersprache mindestens 1 Mtr.), das Trommelfell
blass; bei der Auscultation des Ohres liess sich ein freies Blasegeräusch
constatiren. Kopferscheinungen verschwunden.

Epikrise: Wenn wir noch einige Tage mit der Operation
gewartet hätten, würde der bei der Operation gefundene beginnende Senkungsabscess deutlich objective Erscheinungen unter
der Spitze des Warzenfortsatzes gemacht haben, welche eine
sichere Indication zur Eröffnung des Processus mast. abgegeben
hätten. Wir hätten dann durch Verfolgung der äusseren Wegleitung (cf. Operationsbefund) auch den Abscess in der hinteren
Schädelgrube gefunden. So, wie der objective Ohrbefund zur
Zeit der Operation lag, haben wir ohne bestimmte Diagnose
operirt, wenn auch der ganze klinische Verlauf, sowie besonders
die hartnäckige hochgradige Schwellung der Schleimhaut uns den
Gedanken nahe legten, dass eine Complication der Paukenhöhlen-

eiterung vorliegen müsse. Ein längeres Abwarten glaubten wir
bei den Kopfbeschwerden des Kranken nicht rechtfertigen zu
können. Es wird wohl auch Niemand unter den obwaltenden
Verhältnissen die Berechtigung zur Vornahme der Operation absprechen können, wenn dieselbe auch, wie hier, bei dem Fehlen
einer bestimmten Diagnose nur den Charakter eines probatorischen
Eingriffes hat.

Aus der Kgl. Univ.-Ohrenklinik zu Halle a. S.

XI.

Ein neues operatives Verfahren zur Verhütung der Wiederverwachsung des Hammergriffes mit der Labyrinthwand nach ausgeführter Synechotomie und Tenotomie des M. tensor tympani.[1]

Von

Priv.-Doc. Dr. med. Grunert.

I. Assistenzarzt der Klinik.

Es ist bekannt, dass unter besonders günstigen Bedingungen die Möglichkeit vorhanden ist, in Fällen von Verwachsung des stark eingezogenen Hammergriffes mit der Labyrinthwand durch Trennung der Adhäsionen in Verbindung mit der Tenotomie des M. tensor tympani eine Hörverbesserung und Beseitigung gewisser subjectiver Beschwerden zu erzielen. Aber darin stimmt die Mehrzahl der Fachgenossen überein, dass der so erzielte Erfolg ein nur sehr temporärer ist. In der Regel sieht man spätestens wenige Wochen nach der Operation den Hammergriff wieder in seiner früheren Stellung, und Hand in Hand damit den erzielten functionellen Erfolg wieder verschwunden.

Man kann sich dann durch die Untersuchung mit dem Siegle'schen Trichter von dem Wiedereintritt der Beweglichkeitseinschränkung oder Aufhebung des Hammergriffes überzeugen, welche auf die Wiederbildung der Adhäsionen bezogen werden muss. Ob in solchen Fällen ebenfalls eine Wiederverwachsung der Sehnenenden des M. tensor tympani eingetreten ist, entzieht sich zwar dem objectiven Nachweise mittelst der Ohruntersuchungsmethoden und ist meines Wissens zur Zeit auch noch nicht durch die Section von Schläfenbeinen früher Tenotomirter anatomisch bewiesen, wird aber von der Mehrzahl der Fachcollegen angenommen. Mit Recht hat man in diesem Wieder-

---

[1] Vortrag, gehalten in der Section für Ohrenheilk. der 69. Versammlung deutscher Naturforscher und Aerzte zu Braunschweig.

eintritt der Verwachsungen die Ursache des Wiederverlustes des
ursprünglichen functionellen Operationserfolges erblickt und mit
allen möglichen Mitteln angestrebt, denselben zu verhüten. Alle
diese Versuche haben zu einem befriedigenden Resultate nicht geführt; vielfach haben sie vielmehr noch dadurch Schaden ange-
richtet, dass sie zu einer secundären Infection der Schleimhaut
und Obreiterung führten.

Mein Chef, Herr Geheimrath Schwartze, war so freund-
lich, mich in seiner Klinik in einigen Fällen ein operatives Verfahren erproben zu lassen, mittelst dessen es mir mit Sicherheit
gelang, den Eintritt der Wiederverwachsung zu verhüten. Wenn
ich nun auch nicht in der Lage bin, Ihnen, meine Herren, einen
Bericht über glänzende Erfolge in functioneller Hinsicht bieten
zu können, so giebt mir doch der Umstand, dass ich glaube,
diese Frage in technischer Hinsicht gelöst zu haben, den Muth,
Ihnen kurz über dieses Verfahren zu berichten. Dasselbe ist
folgendes:

Nach Anlegung zweier dem Hammergriff parallel verlaufender und nach oben bis an den Margo tympanicus reichender
Schnitte im vorderen oberen und hinteren oberen Trommelfellquadranten durchtrennt man mit dem in den hinteren Schnitt
eingeführten Schwartze'schen Tenotom in der von Schwartze
angegebenen Weise die Tensorsehne. Hierauf zieht man mit der
nach unten gerichteten Schneide desselben Tenotoms zwischen
Hammergriff und Labyrinthwand hinab und trennt unter sägen-
den Zügen die den Hammergriff mit der Labyrinthwand verbindenden Verwachsungen. Handelt es sich nur um strangförmige
Adhäsionen, so bietet dieses Verfahren keine Schwierigkeiten
dar, welche nur dann vorhanden sind, wenn flächenhafte
Verwachsungen vorliegen. Wenn man das Tenotom nun frei
unter dem Hammergriff hervorziehen kann, also Adhäsionen
nicht mehr vorhanden sein können, führt man eine an dem Ende
gekrümmte Sonde, die in unserer Klinik als „Tenotomsonde" bezeichnet wird, hinter den Hammergriff und zieht denselben so
weit in den Gehörgang vor, bis er senkrecht nach unten gerichtet ist. Bei diesem Hervorziehen zeigt er stets eine grosse
Neigung, von der Mitte abzuweichen und sich nach vorn dem
Margo tympanicus zu nähern; es ist deshalb rathsam, die Tenotomsonde zum Hervorziehen des Griffes in die vordere Schnittöffnung im Trommelfell einzuführen.

Wenn wir uns anschaulich machen wollen, welche Verände-

rungen an der Gelenkverbindung zwischen Hammer und Amboss
bei Ausführung unserer Operation Platz greifen, so können wir
dieselben am besten an einem frischen Schläfenbein studieren,
an welchem uns die Fortnahme des Tegmen tympani einen Einblick in die Paukenhöhle von oben gestattet. Wir können dann
direct jeden Act der Operation, soweit sie sich in der Paukenhöhle
abspielt, mit dem Auge verfolgen. Wir sehen, wie das Tenotom die
Tensorsehne durchtrennt. Die Sehnenenden liegen nach diesem
Act so nahe zusammen, dass man eine Lücke zwischen ihnen
gar nicht wahrnehmen und sich nur durch Hindurchschieben
einer Sonde von der stattgehabten Continuitätstrennung überzeugen
kann. In dem Momente, wo die gekrümmte Sonde den Hammergriff in eine mehr senkrechte Lage zu bringen bemüht ist, spannt
sich der obere Theil der Gelenkkapsel der Hammer-Amboss-
verbindung; bei stärkerem Hervorziehen des Hammergriffes
in den Gehörgang reisst sie ein, und wenn schliesslich der
Hammergriff in die erstrebte Stellung gebracht ist, sehen wir,
dass eine Subluxation des Hammer-Ambossgelenkes eingetreten
ist in dem Sinne, dass der Hammerkopf seine Lage gegen die
Gelenkfläche des Amboss verändert hat. Letztere ist in ihrer
ursprünglichen Lage geblieben, so dass auch eine Lageveränderung des langen Ambossschenkels nicht eingetreten ist. Die ge-
naueste Beobachtung mittelst der Lupe hat irgend eine Veränderung an der Amboss-Steigbügelverbindung nicht feststellen
können. Zwischen den Enden der durchschnittenen Tensorsehne
ist jetzt eine erhebliche Diastase eingetreten. Was nun unsere
Erfahrung am Lebenden anbetrifft, so verblieb der Hammergriff
im weiteren Verlaufe in der Stellung, welche ihm bei der Operation gegeben war. Er zeigte keine Neigung, in seine frühere
Stellung zurückzukehren. Unter dem aseptischen Occlusivver-
bande verheilte die Trommelfellöffnung in wenigen Wochen so,
dass der hervorgeholte Hammergriff zapfenförmig über das Niveau
des vernarbten Trommelfelles hervorragte.

Von Bedeutung für die Function scheint es mir bei diesem
Heilungsvorgange zu sein, dass die Gehörknöchelchenkette an
keiner Stelle unterbrochen ist.

In folgenden 3 Fällen haben wir das eben geschilderte Verfahren erprobt:

Fall 1. Anton Spottog, 43 Jahre, Vorarbeiter aus Freckleben bei
Sandersleben. Rec. am 15. November 1894.

Pat. will bis vor 2 Jahren stets ohrgesund gewesen sein; damals will er bei Gelegenheit eines starken Schneesnwetters mit Ohrensausen und sich daran anschliessender Schwerhörigkeit beiderseits erkrankt sein. Beide Symptome bestehen ohne Besserung bis heute fort. Hereditäre Belastung nicht nachweisbar.

Stat. praes.: Kräftig gebauter Mann, Herz und Lungen gesund. Puls 64, gut gefüllt. Resp. normal. Augenhintergrund normal. Urin ohne Zucker und Eiweiss.

Otoskop. Befund: Trommelfell beiderseits vermehrt concav; links Narbe hinten unten, vorn Verkalkung. Hammergriff adbärent (Siegle).

Functionsprüfung: Leise Flüstersprache links dicht am Ohr, rechts 3 Cm. Stimmgabeln in allen Tonlagen gut gehört; in den tieferen Lagen ist die Perceptionsdauer geringer als normal. Uhr beiderseits vom Knochen besser gehört als durch Luftleitung.

Ergebniss des Cathet. tubae: Blasegeräusch beiderseits. Nach Katheter keine Hörverbesserung.

Pat. wurde längere Zeit poliklinisch behandelt (Catheter, Schwitzcur), ohne jeden Erfolg.

Dann wurde zunächst nur die Synechotomie linkerseits ausgeführt mit dem Erfolg, dass das Ohrensausen sofort verschwunden war, und das Hörvermögen sofort sich wesentlich besserte bis auf 1 Meter für leise Flüstersprache.

Diese Hörverbesserung hielt nicht lange an, so dass 8 Tage nach der 1. Operation die Tenotomie und Hervorziehung des Hammergriffes ausgeführt wurde.

Reactionsloser Heilungsverlauf. Enderfolg am 4. März 1895: Links Hörvermögen für leise Flüstersprache $^3/_4$ Meter. Ohrensausen links verschwunden.

8. September 1897. Patient hat sich wieder vorgestellt. Er giebt an, intercurrent nach Schnupfen eine linksseitige Mittelohreiterung bekommen zu haben, welche die gute Gehör wieder vernichtet habe. Danach sei ebenfalls Sausen von neuem aufgetreten.

Otoskop. Befund: Wie nach Abschluss der Nachbehandlung. Flüstersprache nur noch einige Cm. gehört. Hohe Töne links schlecht gehört. Knochenleitung links schlecht.

Fall 2. Bernhard Prange, 15 Jahre, Musikerlehrling aus Halle a. S. 28. Januar 1896. Kommt wegen Schwerhörigkeit linkerseits.

Otoskop. Befund: Links hochgradige Einziehung des Hammergriffes; centrale Verwachsung desselben mit der Labyrinthwand. Rechts Hammergriff stark retrahirt (horizontal), vorn unten Verkalkung.

Functionsprüfung: Leise Flüstersprache links handbreit, rechts 1 Meter. C_1 vom Scheitel nach links verstärkt. Fis$_4$ links nicht herabgesetzt. Rinne links negativ. Uhr vom Knochen aus deutlich gehört, durch die Luft kaum.

Catheter macht keine Hörverbesserung.

2. Februar 1896. Links Synechotomie, Tenotomie des M. tensor tympani, Hervorziehen des Hammergriffes.

13. März. Die Trommelfellöffnung ist vernarbt; der Hammergriff steht nach vorn frei in den Gehörgang hinein. Flüstersprache links mindestens $^1/_2$ Meter.

12. September 1897. Hammergriffstellung unverändert; links Flüsterworte mindestens 1 Meter.

Fall 3. Liese Kl., 9 Jahre, aus Bielefeld. Rec. 18. November 1895.

Seit Juni 1895 bemerkte Pat. Schwerhörigkeit links mit Ohrensausen. Keine Schmerzen, weder beim Beginn, noch im weiteren Verlauf. Ursache nicht bekannt, erblich nicht belastet. Hat früher viel an Anschwellung der Gaumenmandeln gelitten. Qualität des Ohrgeräusches: monotones Zischen.

Otoskop. Befund: Links leichte Gefässinjection den Hammergriff entlang. Sowohl mit Siegle's Trichter als auch bei Inspection, während mittelst des Catheters Luft in die Paukenhöhle getrieben wird, lässt sich eine Adhäsion des Hammergriffsendes mit der Labyrinthwand feststellen. Rechts normal.

Functionsprüfung: Links leise Flüstersprache unsicher direct, rechts 6 Meter. C, vom Scheitel unbestimmt. Fis, links deutlich herabgesetzt. Uhr links vom Knochen noch gut gehört.

Nach Catheter keine Hörverbesserung.

Links Tenotomie, Synechotomie, Hervorziehen des Hammergriffes.

Nach 4 Wochen ist die Trommelfellöffnung vernarbt, der Hammergriff ragt frei nach vorn über das Trommelfellniveau in den Gehörgang hinein. Keine Hörverbesserung; das Geräusch macht zeitweise Pausen und hat eine geringere Intensität. Wie es später mit dem Ohrengeräusch geworden ist, konnte nicht eruirt werden.

Ergebniss: In allen 3 Fällen, in welchen wir dieses operative Verfahren anwandten, ging die Heilung in kurzer Zeit reactionslos von Statten. Das Trommelfell vernarbte; der Hammergriff verblieb in der Stellung, welche ihm bei der Operation gegeben worden war, so dass er dann nach dem Abschluss der Heilung frei in den Gehörgang hineinragte über das Niveau des vernarbten Trommelfelles hinweg. Er hatte somit eine Stellung, die den Wiedereintritt der ihn mit dem Promontorium verbindenden Synechienbildung von vorn herein ausschloss, eine Stellung, welche es auch wahrscheinlich macht, dass eine Wiederverwachsung der Schnittenden der Tensorsehne nicht eingetreten ist.

Was den functionellen Einfluss der Operation anbetrifft, so ersehen wir aus den Krankengeschichten, dass in den ersten beiden Fällen eine nennenswerthe Hörverbesserung eingetreten ist, welche allerdings in Fall 1. später durch eine acute Eiterung nach Schnupfen fast vollkommen wieder verloren gegangen ist. In dem 3. Falle war die Operation ohne Einfluss auf das Hörvermögen. Indess war ja auch nach dem Ergebniss der Functionsprüfung (Labyrinthbetheiligung) eine Hörverbesserung nicht zu erwarten. Das subjective Geräusch wurde aber insofern günstig beeinflusst, als es an Intensität geringer wurde und auch zeitweise Intermissionen machte. Auch in dem 1. Falle haben wir einen günstigen Einfluss auf das Ohrensausen zu constatiren, welches nach der Operation ganz verschwand, aber später (cf. Krankengeschichte) durch eine acute intercurrente Mittelohreiterung wiederkehrte.

Zum Schlusse mag noch einmal hervorgehoben werden, dass das eben geschilderte operative Verfahren nur unter besonders günstigen Bedingungen einen nennenswerthen functionellen Nutzen verspricht. Nur wenn die Schwerhörigkeit allein durch die Synechie des Hammers bedingt ist, und keine anderen Complicationen vorliegen, werden wir auf Erfolg rechnen können. Leider sind wir bisher nicht im Stande, durch unsere Untersuchungsmethoden alle Complicationen, welche den Effect unseres operativen Eingriffes von vornherein zu einem illusorischen machen können, diagnostisch auszuschliessen, so z. B. Veränderungen am runden Fenster, dessen Integrität doch eine Conditio sine qua non des Erfolges ist. Wenn wir uns unter diesen Verhältnissen auch nicht verhehlen können, dass diese functionellen Operationen im Mittelohr selbst bei völliger Intactheit des schallpercipirenden Apparates nur den Werth probatorischer Eingriffe haben, so hoffe ich doch, durch meine Worte die Fachcollegen anregen zu können, in geeignet scheinenden Fällen diese Operationsversuche nachzuprüfen.

XII.

Bericht über die Verhandlungen der otologischen Section auf der 69. Versammlung Deutscher Naturforscher und Aerzte in Braunschweig.

Von

Priv.-Doc. Dr. Grunert
in Halle a. S.

Eine erklärliche Congressmüdigkeit und die anhaltende schlechte Witterung der letzten Wochen hatten einen sehr spärlichen Besuch unserer Section zur Folge. Die Präsenzliste umfasste nur 9 Theilnehmer: Koch-Braunschweig, Kühne-Braunschweig, Schlegel-Braunschweig, Kümmel-Breslau, Barth-Leipzig, Gradenigo-Turin, Hoffmann-Dresden, Leutert und Grunert-Halle.

I. Sitzung
am 20. September Nachmittags.

Vorsitzender: Herr G. Gradenigo-Turin.

1. Begrüssung der zu den Verhandlungen der Section erschienenen Fachgenossen durch den Einführenden Herrn Koch-Braunschweig.

2. Herr Leutert-Halle spricht im Anschluss an zwei kurz geschilderte Fälle über die Symptomatologie der nach Durchbruch eines Furunkels durch den häutigen Gehörgang entstehenden periauriculären Abscesse. Von besonderem Interesse sind die durch die untere Gehörgangswand durchbrechenden Furunkel (2 Fälle), weil sie seines Wissens bisher in der Literatur noch nicht vertreten sind. Obgleich das Material, welches seinen Ausführungen zu Grunde liegt, nur 3 Fälle umfasst, so hat sich der Vortragende jetzt schon veranlasst gesehen, die differential-diagnostisch wichtigen Symptome gegenüber den vom Warzenfortsatz ausgehenden Abscessen hervorzuheben. Denn erstere können, sobald Erkrankungen des Proc. mast. coincidiren, infolge des sie

begleitenden hohen Fiebers eine Sinusaffection vortäuschen, und
solche Fälle bei Verkennung ihrer wahren Natur als Gegenbeweis gegen die von ihm vertretene Auffassung über den Werth
des hohen Fiebers für die Diagnose Sinusthrombose aufgefasst
werden. Als differential-diagnostisch wichtig bezeichnet der Vortragende die Lage des Abscesses, die Höhe des sie begleitenden
Fiebers, den Umstand, dass die Temperatur nach der Operation
anzusteigen pflegt, sowie den Inhalt des Abscesses. (Der Vortrag wird in diesem Archive veröffentlicht werden.)

3. Herr Grunert-Halle spricht über ein neues operatives
Verfahren, mittelst dessen es ihm mit Sicherheit gelang, in
Fällen von Verwachsung das stark retrahirten Hammers mit der
Labyrinthwand nach Synechotomie und Tenotomie des M. tensor
tympani den Wiedereintritt der Verwachsungen zu verhüten. Er
erbrachte den Beweis, dass es möglich ist, in einem solchen
Falle, bei dem eine anderweitige Behandlung keinen Nutzen in
functioneller Hinsicht brachte, mittelst dieses Verfahrens eine
stabil bleibende Hörverbesserung zu erzielen. Das Verfahren ist
folgendes:

Anlegung zweier dem Hammergriff paralleler Schnitte vor
und hinter demselben, nach oben bis zum Margo tymp. reichend.
Tenotomie des M. tensor tymp. nach Schwartze's Methode,
Synechotomie mit dem Tenotomom, Hervorziehen des Hammergriffes mit der „Tenotomsonde" in den Gehörgang hinein, bis
er senkrecht nach unten sieht. Der Hammer heilt in dieser
Stellung fest und ragt nach Ausheilung frei über das Niveau des
vernarbten Trommelfelles hinweg. Die Gehörknöchelchenkette
wird dabei an keiner Stelle unterbrochen, weil nur eine Subluxation des Hammer-Ambossgelenkes eintritt. Vortragender betont, dass nur unter besonders günstigen Bedingungen ein
functioneller Erfolg erzielt werden kann.

Discussion: Herr Kümmel erwähnt, dass er in einem
Falle unbeabsichtigt dieselbe Lageveränderung des Hammergriffes ausgeführt habe, und dass dann der Heilungsablauf sich
in der von Grunert geschilderten Weise abgespielt habe. Freilich sei das functionelle Ergebniss ein durchaus ungünstiges
gewesen.

Herr Grunert betont, dass, selbst bei intactem Labyrinth,
alle functionellen Operationen im Mittelohr nur probatorische

Eingriffe seien, weil gewisse, nicht zu diagnosticirende Complicationen, z. B. Veränderungen am runden Fenster, von vorn herein den Erfolg zu einem illusorischen machen könnten.

Herr Gradenigo fragt den Vortragenden, ob es sich in den günstigen Fällen um Folgezustände von Entzündungen gehandelt habe.

Herr Grunert bejaht diese Anfrage und hebt hervor, dass er nach den Erfahrungen der Halle'schen Klinik nur in solchen Fällen den Muth noch habe, operative Eingriffe zum Zweck der Hörverbesserung vorzunehmen. Seine pessimistische Anschauung über den Werth solcher Operationsversuche in Fällen von Sklerose finde neuen Boden durch das neulich erschienene Panse'sche Buch, welches nach einem viel versprechenden Anfange schliesslich, was die praktischen Erfolge anbetrifft, bei dem Leser eine wenig hoffnungsvolle Stimmung hervorrufen müsse.

4. Herr Gradenigo-Turin spricht über seine Erfahrungen bei Freilegung der Mittelohrräume. Vortragender nimmt an, dass jetzt allgemein als Regel die Eröffnung von hinten her, d. h. zuerst des Antrum, vorgenommen wird, nur unter besonderen Bedingungen würde das Antrum vom Gehörgange aus erreicht. Die Indication zur Operation sei zuweilen sehr schwer zu stellen; die lange Dauer der Krankheit und die Hartnäckigkeit gegenüber verschiedenen therapeutischen Eingriffen allein sei nie genügende Indication. Gegenwärtig würde in dieser Hinsicht zu oft operirt und den Gefahren eines operativen Eingriffes nicht genügend Rechnung getragen. Man müsse daher vor der grossen Operation eine rationelle Therapie einleiten und die chirurgischen kleineren Eingriffe vom Gehörgange aus anwenden (vorsichtiges Curettement, Excision der Ossicula etc.). Auch die Nachbehandlung, wie sie Stacke vorgeschlagen, liesse noch Vieles zu wünschen übrig. Die Endresultate hingen nicht nur von der Exactheit der Nachbehandlung ab, sondern auch von dem Charakter der Ohrerkrankung. Das Stehenlassen einer retroauriculären Oeffnung in Cholesteatomfällen sei unvermeidlich. Seine Operationstechnik unterscheidet sich dadurch von der Technik, die sonst üblich ist, dass er den Hautschnitt auf den oberen Theil des Sulcus postauricularis beschränkt. Um genügend vorklappen zu können, scheut er sich nicht vor einer Incision in den Muscul. temporalis, falls es die individuelle Beschaffenheit der anatomischen Verhältnisse nöthig macht. Hinterher näht er den

Muskel wieder mit Catgut. Von speciellen Fällen abgesehen, näht er die postauriculäre Wunde gleich nach der Operation und lässt den 1. Verband nicht länger als 4 Tage liegen. Er demonstrirt schliesslich einen Ohrmuschel-Gehörgangsbaken, welcher sich indess nur durch seine grössere Breite von dem von Schwartze in seiner Operationslehre (Handbuch II, S. 789) abgebildeten unterscheidet.

Discussion: Herr Grunert betont, es würde nicht zu viel, sondern leider noch zu wenig operirt. Ueber die Berechtigung zur Operation bei vitaler Indicationsstellung seien wohl alle Fachgenossen einig. Eine Divergenz der Meinungen bestände doch nur über die Berechtigung der prophylactischen Indication. Und hierbei sei doch der Gesichtspunkt der wichtigste, ob die Operation den Kranken mehr gefährdet, als das Leiden, um dessentwillen operirt wird. Diese Frage glaubt Gr. entschieden verneinen zu müssen. Die jetzigen Statistiken, so sehr sie schon für die Gefahren, welche eine chronische Ohreiterung involvirt, sprechen, so z. B. die neuere Statistik von Gruber, geben doch nur ein schwaches Abbild von der Quantität der Gefahr, weil vielfach bei der fehlenden Ohrsection ein Zusammenhang zwischen einer letalen Hirnkrankheit und einem vorliegenden Ohrenleiden verkannt ist. Das wird erst besser werden, wenn die Section des Schläfenbeines ein integrirender Bestandtheil einer jeden Section wird. Was die vermeintlichen Gefahren der Operation, wie sie Vortragender aufgezählt hat, anbetrifft, so schränkt sie Grunert auf das wirkliche Maass ein und betont insbesondere, dass die Befürchtung des Vortragenden, die Freilegung der Dura könne in späteren Jahren schwere nervöse Erscheinungen im Gefolge haben, bisher jeder anatomischen wie klinischen Unterlage entbehrt.

Herr Leutert schliesst sich ganz den Ausführungen Grunert's an und hält es in solchen Fällen, wo die Diagnose der Mitbetheiligung des Antrums an der Caries resp. Cholest. eine zweifelhafte ist, für geboten, von innen nach aussen zu operiren, wobei man es ja in der Hand hat, der Operation eine dem individuellen Befunde entsprechende Ausdehnung zu geben und eventuell die Operationswunde primär zu nähen.

5. Herr Grunert-Halle spricht über die pathologische Anatomie und Klinik des extraduralen otogenen Abscesses an der Hand eines reichen, in der Schwartze'schen Klinik beobach-

teten Materiales. (Die Arbeit ist bereits im Druck in diesem Archiv.)

Discussion: Herr Kümmel wundert sich über die grosse Häufigkeit, in welcher in Halle extradurale Abscesse beobachtet sind.

Herr Leutert erklärt diese Häufigkeit aus dem Zusammenströmen Ohrenkranker aus allen Provinzen und weit über die Grenzen des deutschen Reichsgebietes hinaus.

II. Sitzung
am 20. September.
Vorsitzender: Herr Grunert-Halle.

6. Herr Hoffmann - Dresden bespricht die Erkrankungen in der Orbita und die des Augapfels im Gefolge von Stirn- und Kieferhöhleneiterungen, sowie von Eiterungen des Siebbeinlabyrinthes und der Keilbeinhöhle. Weiter wird über einen Fall von Neuritis optica nach Keilbeinhöhlenempyem berichtet. (Der Vortrag wird in den Volkmann'schen Heften veröffentlicht werden.)

Discussion: An derselben betheiligen sich Koch, Hoffmann, Grunert, Schlegel, welch letzterer ausführlich auf die relative Seltenheit der Folgeerkrankungen des Auges und besonders des Augenhintergrundes bei Nebenhöhlenerkrankungen der Nase zu sprechen kommt.

7. Herr Gradenigo-Turin berichtet über eine Art von physiologischer Diplakusis beim Rinne'schen Versuch. Mit bestimmten, den drei tieferen Octaven von c (32, 64, 128 Schw.) entsprechenden Stimmgabeln, die so belastet sind, dass der auf dem Luftwege percipirte Ton auch bei der grössten Anfangsintensität keinen Oberton hören lässt, kann folgende Erscheinung beobachtet werden: Die auf die Schädelknochen aufgesetzte Stimmgabel (am besten C [64]) lässt nicht ihren Grundton, der bei der Luftleitung hervortritt, sondern nur den ersten Oberton, d. h. C (128) percipiren. Diese Erscheinung fehlt ganz bei den den oberen Octaven entsprechenden Stimmgabeln. Die in gewöhnlicher Weise belasteten tiefen Stimmgabeln sind alle nicht obertonfrei. Wahrscheinlich sind gewisse pathologische Alterationen des Mittelohres im Stande, in gleicher Weise den Oberton zu verstärken. Vielleicht sind gewisse Fälle von doppelseitiger harmonischer Diplakusis auf diese Art zu deuten. Schwieriger ist die Erklärung folgender Erscheinung:

Wenn man eine schwingende Stimmgabel, z. B. C (64), auf den Warzenfortsatz aufsetzt und dann demselben oder dem entgegengesetzten Ohre auf dem Luftwege eine Stimmgabel von 128 Schw. nähert, dann hört man zuerst den Oberton der tiefen Octave; entfernt und nähert man in kurzem Zeitintervalle die zweite Stimmgabel, dann tritt in der tieferen in Contact gehaltenen Stimmgabel der Grundton hervor, welcher früher vom Oberton vollständig verdeckt war. Die beschriebenen Erscheinungen hängen nach des Vortragenden Meinung vielleicht zum Theil von Eigenthümlichkeiten in der Construction der von ihm angewendeten Stimmgabeln ab.

8. Herr Barth-Leipzig spricht über Rachenmandel und Ohr. Die verschiedenen Methoden der Diagnosenstellung unterzieht er einer kritischen Besprechung. Er giebt auf Grund eigener Erfahrungen der Diagnose mittelst der Rhinoscopia anterior den Vorzug. Sie sei in der grössten Mehrzahl der Fälle sofort ausführbar; wenn ein Nasenloch verlegt sei, so genüge die vordere Rhinoscopie durch das andere zur Sicherung der Diagnose. Das anterhinoskopische Bild (Reflexe, Niveaudifferenzen etc.) sei ein so charakteristisches, dass ein Irrthum ausgeschlossen sei. Ob eine Verwechslung mit einer Encephalocele vorkommen könne, wüsste er nicht; indess sei dieses Vorkommniss so selten, dass man es nicht in Rechnung zu ziehen brauche. Diese Methode der Diagnosenstellung habe vor allem vor der digitalen Untersuchung den Vortheil, dass sie dem Patienten nicht so unangenehm sei wie jene, und man sich auch leichter über die Ausdehnung der adenoiden Vegetationen ein Urtheil bilden könne. Bei der digitalen Untersuchung weichen sie leicht in die Choanen aus. Man habe, wenn adenoide Vegetationen vorlägen, bei der anterhinoskopischen Untersuchung den Eindruck, dass die hintere Wand näher sei, auch seien die Lichtreflexe viel kleiner als die Reflexe der hinteren Rachenwand. Entgegen den Angaben Beckmann's über die Häufigkeit der Wucherungen hat er unter 2000 Ohren- und Halskranken der Leipziger Klinik nur 508 mal adenoide Vegetation im poliklinischen Journal notirt gefunden = 25 Proc. Ueber Ohrbeschwerden klagten 30 Proc. aller mit adenoiden Vegetationen behafteten Patienten. Zur Entfernung der Wucherungen giebt er dem Beckmann'schen Messer den Vorzug. Dass dabei manchmal die excidirte Rachentonsille nicht mit herauskäme, läge nicht immer daran,

dass der Patient dieselbe hinunterschluckt; dieselbe würde vielmehr häufig durch die Contraction der Rachenmuskeln im Nasenrachenraum zurückgehalten oder in die Choanen hineingepresst.

Weiterhin spricht der Vortragende über die Pathogenese der secundären Ohrfolgezustände und weicht bei der Erklärung ihres Zustandekommens mehrfach von den hierüber herrschenden Anschauungen ab.

Discussion: An derselben betheiligen sich Gradenigo, Koch, Hoffmann, Schlegel, Grunert. Es wird besonders betont, dass die digitale Methode der Untersuchung nicht zu entbehren sei, wenigstens nicht bei der Operation, wo man sich überzeugen müsse, ob alles gründlich entfernt ist, um auf diese Weise Recidive zu verhüten.

Herr Barth glaubt nicht, dass die Recidive von solchen stehen gebliebenen Resten ausgingen.

Herr Gradenigo kommt auf die Beziehungen zwischen Tuberculose und adenoiden Vegetationen zu sprechen und erwähnt, dass er durch den Impfversuch unter einer grossen Anzahl von Fällen nur zweimal beim Kaninchen Tuberculose habe erzeugen können, und zwar jedesmal nur locale Tuberculose an der Impfstelle.

Herr Grunert fragt, ob Jemand der Herren Collegen Fiebererscheinungen bei acuten Schwellungszuständen der adenoiden Vegetationen gesehen habe.

Herr Hoffmann und Schlegel erwähnen, dass sie folliculäre Entzündungen der Rachenmandel und Pfröpfe in derselben gerade wie bei der Gaumenmandel beobachtet hätten.

10*

XIII.

Eine Erwiderung

aus Krakau (Physikalisches Institut).

In dem Bande XLII, Heft 3—4, hat Prof. Lucae in einem
Aufsatze, der betitelt: „Historisch-kritische Beiträge zur Physiologie des Gehörorganes", sich der Hauptsache nach gegen Dr.
Hammerschlag wendet, auch mich[1]) in einer Form mit ange-
griffen, die eigentlich von jeder Antwort entbindet. Ich will
mich daher nur auf wenige Sätze beschränken. Ich habe Prof.
Lucae ohne Quellenangabe citirt, weil ich seiner nur Erwähnung gethan und weder auf die Resultate der Arbeiten, noch auf
den Gedankengang derselben eingegangen bin. Ich hole jedoch
nach, dass ich die Arbeit, betitelt: „Eine neue Methode zur Untersuchung des Gehörorganes, zu physiologischen und diagnostischen Zwecken mit Hülfe des Interferenzotoskopes" (dieses Archiv, Bd. III, S. 186 u. f.), hauptsächlich im Sinne gehabt habe.
Herr Prof. Lucae wird vielleicht zugeben, dass er in dieser
Arbeit sein Modell mehr als zu „Vorversuchen" gebraucht hat.
Die Arbeit schien mir jedoch unwichtig genug zu sein, um näher
besprochen zu werden.

Was meine eigene Untersuchung anbelangt, so hat sie positive Beweise zur Entscheidung der Accommodationsfrage gewiss
nicht gegeben. Ich habe wenigstens als einen solchen die unzweideutig am lebenden Menschen beobachteten Einziehungen des
Trommelfelles, die von der Contraction des Tensor herrührten,
nicht angesehen. Wichtig jedoch waren die negativen Resultate.
Es hat sich ergeben, dass die normalen Schwingungen des Trommelfelles so gering sind, dass sie mit der Vergrösserung, welche ein

---

1) Zur Function des Trommelfelles. Eine vorläufige Mittheilung. Centralbl. für Physiol. 27. Juni 1996. Heft 7. (Verhandlungen des Physiologischen
Clubs in Wien.)

Mikroskop zu leisten im Stande ist, nicht sichtbar sind, und
dass daher alle bis jetzt beobachteten Schwingungen des Trommelfelles anormal waren. Dadurch haben alle Versuche, in welchen
die Schwingungen untersucht wurden — diese waren aber für
meine Frage die wichtigsten — vollständig die Beweiskraft verloren, und können nicht gegen die etwaige Accommodations-
function des Trommelfelles sprechen. Es hat sich daraus weiterhin die Richtung ergeben, in welcher nach einer einwurfsfreien
Methode zu suchen ist, und ich glaube, mich jetzt auch im Besitze einer solchen zu befinden, weshalb ich auch zu der Hoffnung berechtigt zu sein glaube, die ganze Frage einmal in irgend
welchem Sinne zu entscheiden.

Antwort auf vorstehende Erwiderung
des Herrn Dr. Heinrich.

Von
A. Lucae.

Während ich keine Veranlassung hatte, auf die gegen meine
„Historisch-kritischen Beiträge zur Physiologie des Gehörorganes"
gerichtete Entgegnung des Herrn Dr. Hammerschlag etwas
zu erwidern, zwingen mich die in einen durchaus unberechtigten
Ton gekleideten Auslassungen des Herrn Dr. Heinrich zu
einigen berichtigenden Bemerkungen. Herr Heinrich scheint
in seinem Eifer ganz übersehen zu haben, dass ich der Angegriffene bin und dass ich mich lediglich gegen die von ihm auf-
gestellten historischen Unrichtigkeiten gewehrt habe. Dass er
bei Erwähnung meiner Arbeiten hauptsächlich meine Arbeit über
das Interferenz-Otoskop „im Sinne gehabt" hat, will ich gern
glauben. Für den Leser geht jedoch aus seinen Bemerkungen
über meine Versuche am Ohrmodell keineswegs klar hervor,
dass ausser diesen Vorversuchen in jener Arbeit eine grosse Reihe
von Versuchen am todten und lebenden Gehörorgane beschrieben
sind. — Auf eine weitere Discussion dieser Angelegenheit ver-
zichte ich.

Besprechungen.

1.

Der otitische Kleinhirnabscess.

Von Dr. Paul Koch, Oberstabsarzt der Kaiserl. Marine.
Berlin 1897 bei Otto Enslin.

Besprochen von
Priv.-Doc. Dr. Carl Grunert.

Die in den letzten Jahren in rascher Reihenfolge erschienenen
monographischen Bearbeitungen der intracraniellen Folgezustände
von Otitis beweisen nicht nur das hohe Interesse, welches man
zur Zeit diesen Erkrankungen entgegenbringt, sondern zeigen
uns auch, dass bei der reichen Literatur dieses Gegenstandes
wirklich ein Bedürfniss vorlag, das in den einzelnen Zeitschriften
zerstreute Material zusammenzustellen und kritisch zu verarbeiten.
Dieser Gesichtspunkt hat wohl auch den Verf. geleitet, auf Grund
einer eigenen Beobachtung, sowie auf einer casuistischen Grundlage von 122 zerstreut in der Literatur niedergelegten Fällen in
monographischer Form den otitischen Kleinhirnabscess zu bearbeiten. Und es ist ihm in der That gelungen, ein übersichtliches und abgeschlossenes Bild von dem Stande unseres jetzigen
Wissens über diese intracranielle Complication zu geben. Selbstverständlich ist hier nicht der Ort, auf die Monographie im Einzelnen einzugehen, zumal die Resultate des Verfassers bei der
kritischen Literaturverarbeitung keine wesentliche Bereicherung
unseres Wissens bringen. Indessen wird das Buch für jeden
Leser des Archivs, der sich mit dem otogenen Kleinhirnabscess beschäftigt und sich über irgend eine denselben betreffende Frage rasch orientiren will, als übersichtliches Nach-
schlagebuch willkommen sein. Ein eingehenderes Referat verdient der Fall, welchen Verf. selbst beobachtet hat. Der Fall

selbst ist folgender: 16jähriges Mädchen; Otorrhoe links seit
früher Jugend, zeitweise mit Erscheinungen von Eiterretention,
die nach kurzer Zeit wieder verschwanden. In der letzten Zeit
heftige Kopfschmerzen über den ganzen Kopf, Erbrechen. Stat.
praes.: Starke Abmagerung, schläfrig, theilnahmlos, stöhnt über
heftige Schmerzen im ganzen Kopf, Empfindlichkeit gegen Licht
und Geräusche, mehrmals täglich Erbrechen, hartnäckigste Opsti-
pation. Puls 52. Temperatur 36⁰. Geringe, aber deutliche
Nackensteifigkeit. Ausser starker Füllung und Schlängelung der
Gefässe am Augenhintergrunde nichts Besonderes. Foetide Otorrhoe;
in der Tiefe des Gehörganges Granulationen. Am hinteren Rande
des Warzenfortsatzes Percussionsempfindlichkeit. Bei der Operation im Antrum Granulationen, Eiter etc. Fistelgang führt in
die hintere Schädelgrube, welcher indess erst nach Eröffnung der
Fossa sigmoidea entdeckt wird. Extraduraler Abscess. Sinus zunächst nicht zu unterscheiden. „Nach Reinigung der Dura wurde
er aufgesucht und an kleiner Stelle eröffnet. Er war leer, und
nur in einer Nische lag ein fadenförmiges, gutartiges Gerinnsel.
Eine Sonde, die mit Vorsicht bis zum S. transversus vorgeschoben
wurde, fand nirgends einen Widerstand, und es folgte ihr kein
Tropfen Blut." Nach kurzdauernder Besserung des Zustandes
wieder erhebliche Verschlimmerung, heftige diffuse Kopfschmerzen,
grosse Unruhe, ausgesprochen pyämisches Fieber. Da in den
nächsten Tagen die auf Meningitis verdächtigen Erscheinungen,
keine Fortschritte machten, wurde ein Kleinhirnabscess angenommen. Zunächst wurde erfolglos der Eiter in der lateralen
Hälfte des Kleinhirnes gesucht. Daraufhin wird eine an der Spitze
abgebogene Sonde zwischen Dura und Hirn in Richtung auf die
Spitze der Felsenbeinpyramide median und vorwärts geführt. In
der Gegend des Porus acust. int. verschwand der Sondenkopf in
einer sich weich anfühlenden Stelle, und ein reichlicher Theelöffel
dicken Eiters quoll hervor. Nach 9 Tagen Oeffnung eines tiefen
Halsabscesses. Dann rasche Reconvalescenz. Obwohl die Mittel-
ohrräume nicht freigelegt wurden, war auch das Ohrleiden im
November 1895 geheilt. Die nach einem Jahre vorgenommene
Controle bestätigte das Andauern der Abscess- und Ohreiterung.
Leider ist der Beweis nicht erbracht worden, dass es sich in dem
Falle des Verf. wirklich um einen Kleinhirnabscess gehandelt
hat. Der Leser gewinnt vielmehr den Eindruck, dass gar kein
Cerebellarabscess vorgelegen hat, sondern wahrscheinlich ein
tiefer Abscess an der Innenfläche der Dura (Subduralabscess).

Auch muss es auffallen, dass Verf. aus dem Auffinden eines „gutartigen"(?) Gerinnsels im Sinus sigm. glaubt, eine purulente Sinusphlebitis ausschliessen zu können. Der infectiöse Thrombus hat
nach Meinung des Ref. an einer anderen Stelle gesessen. Der
Preis von 3 Mk. ist ein unmotivirt hoher.

2.

**De l'evidement pétro-mastoidien appliqué au traite-
ment chirurgical de l'otite moyenne chronique séche.**
Von Dr. Aristide Malherbe.
Paris bei Felix Alcan 1897.

Besprochen von
Priv.-Doc. Dr. Grunert.

In der Schrift des Verf. feiert die vor mehr als 100 Jahren
entstandene und in die That umgesetzte Idee, in der Eröffnung
des Antrums ein Heilmittel gegen „Schwerhörigkeit" zu erblicken,
nach langer Grabesruh ihre Wiederauferstehung. Zunächst stellt
Verf. die einzelnen Theorien über die physiologische Bedeutung
der Warzenzellen zusammen, denen er kurze entwicklungs-
geschichtliche, vergleichend anatomische und anatomische Notizen
über das Antrum beifügt. Er nennt dabei das normale Aussehen
der Antrumschleimhaut blanc rosé. (! der Ref.) Welche Ansicht
er selbst über die physiologische Bedeutung der Warzenzellen
hat, sagt er zwar nicht direct, aus seinen späteren Ausführungen
geht aber hervor, dass er den normalen Ausbau des Hohlraum-
systemes im Proc. mast. für wichtig für die Hörfunction hält. Er
hält in Fällen von Sklerose infolge der damit verbundenen (? Ref.)
Hyperostose eine Eburnisation des Warzenfortsatzes mit Verlust
eines Theiles seiner pneumatischen Zellen, mit Verkleinerung des
Antrums, mit Aufhebung der Communication zwischen Antrum und
Paukenhöhle durch neugebildetes Knochengewebe für eine regelmässige Begleiterscheinung jener Erkrankung und führt hierauf
einen grossen Theil der Schwerhörigkeit beim trockenen Katarrh
zurück. Deshalb erblickt er in einer Eröffnung des Antrums mit
dem Meissel und in einer Wiederherstellung einer möglichst
breiten Communication zwischen Antrum und Paukenhöhle mittelst
eines gekrümmten Styletts das wirksamste Heilmittel der Schwerhörigkeit bei der Sklerose. Ist der Aditus wieder hergestellt, so

führt er Häkchen in die Paukenhöhle hinein, mit welchen er Adhäsionen durchtrennen will. „Le but que nous nous sommes proposé consiste à ouvrir et à faire communiquer l'antre pétro-mastoidien par l'évidement osseux à l'aide de la gouge et du maillet."

Nach 5—6 Tagen ist der Kranke „geheilt". Die anderen functionellen, sonst bei der Sklerose geübten Operationen, so u. A. auch die Operationen am Steigbügel, weist er kurzer Hand von sich, nicht etwa auf Grund der zweifelhaften Resultate, wie sie uns die Literatur aufweist, sondern, wie dies unausgesprochen zwar doch deutlich aus seinen Ausführungen hervorgeht, weil er in den Veränderungen im Warzenfortsatz den wichtigsten Factor für das Zustandekommen der Schwerhörigkeit erblickt.

Verf. führt 5 Fälle seiner Praxis an, in denen er mittelst seines operativen Verfahrens die glänzendsten functionellen Resultate nicht nur auf dem operirten Ohr, sondern theilweise auch auf dem anderen, nicht operirten erzielt haben will. Wenn man Arbeiten, wie die des Verf. liest, bedauert man das Fehlen einer Censurbehörde für wissenschaftliche Arbeiten. Arbeiten, wie diejenige des Verf., sind nur im Stande, unsere Disciplin in den Augen der wissenschaftlichen Welt in Misscredit zu bringen.

XV.

Bericht über die Verhandlungen der otologischen Section auf der 68. Versammlung deutscher Naturforscher und Aerzte in Frankfurt a. M. (21.—26. Sept. 1896.)

Von

Dr. Sigismund Szenes
in Budapest.

I. Sitzung
am 21. September Nachmittags.

Vorsitzender: Herr O. Wolf-Frankfurt a. M.

1. Herr O. Wolf begrüsst als Einführender der Section die erschienenen Fachgenossen und entwirft eine kurze Geschichte unserer Specialwissenschaft, betonend die einzelnen hervorragenderen Momente derselben.

2. Herr O. Körner-Rostock: *Demonstrationen aus dem Gebiete der Erkrankungen des Schläfenbeines.*

Körner demonstrirt: 1. einen Schädel, an welchem rechterseits intra vitam die Spontanheilung eines Schläfenbeincholesteatoms zu Stande gekommen war; 2. ein Knochenpräparat zur Demonstration der operativen Freilegung sämmtlicher Mittelohrräume; 3. eine Reihe kranker Schläfenbeine, welche von tuberculösen Individuen stammen. K. bespricht und belegt mit Beispielen die verschiedene Entstehungsweise tuberculöser Mittelohr- und Schläfenbeinkrankheiten, sowie den eigenthümlichen klinischen Verlauf von Schläfenbeineiterungen nicht tuberculösen Ursprunges bei tuberculösen Individuen und fordert auf zur Abgrenzung bestimmter Krankheitsbilder dieser wechselvollen Erkrankungen. Erst nach der Abgrenzung wohlcharakterisirter klinischer Bilder ist das Studium der Pathogenese und der Prognose, sowie die Behandlungsweise der sehr verschiedenen in Rede stehenden Processe möglich.

Discussion: Herr v. Wild-Frankfurt a. M. erwähnt einen Fall von tuberculöser Erkrankung des Ohres und Warzenfortsatzes bei einem seit Jahren an Lupus vulgaris der Nase und des Gesichtes erkrankten jungen Manne. Wegen anhaltenden Fiebers und heftiger Schmerzen im Ohr und Warzenfortsatz wurde Patient zweimal auf der chirurgischen Abtheilung eines Krankenhauses operirt, ohne dass jedoch hierdurch Fieber und Schmerzen nachliessen. Nach der von v. Wild vorgenommenen Radicaloperation verschwanden Fieber und Schmerzen sofort.

Herr O. Wolf-Frankfurt a. M. lenkt die Aufmerksamkeit der Versammlung auf die von Katz gesandten Präparate[1]), welche u. A. die Frage der tuberculösen Erkrankung des Ohres erläutern.

Herr Jansen-Berlin bemerkt, die tuberculöse Affection des Ohres ist

---

[1]) Siehe Vortrag XVII.

bei Kindern häufig, führt jedoch nicht zu solch' rapider Knocheneinschmelzung, wie bei Erwachsenen. Durch operative Wegnahme wird die Einschmelzung in solchen Fällen oft sehr begünstigt. Die chronischen Mittelohreiterungen sind übrigens sehr häufig tuberculöser Natur, besonders bei Cholesteatom mit Granulationsbildungen, wo der Befund selbst kaum den Verdacht darauf erweckt. J. erinnert an den vor 3 Jahren in Frankfurt besprochenen Fall von Miliartuberculose in der Hirnsubstanz an einer Durafistel, welcher ebenfalls hierher gehört.

Herr Bloch - Freiburg erwähnt ein Präparat seiner Sammlung. An demselben ist vom Felsenbein fast nur noch die obere Kante vorhanden, alles Uebrige durch Tuberculose zerstört. Pat. war vorgeschrittener Phthisiker und wurde wegen fötider Eiterung und Fiebers operirt. Die Operation wurde gut vertragen, das Befinden besserte sich wesentlich, selbst das Fieber schwand für einige Zeit, doch erlag er bald der Lungen- und Darmtuberculose.

Herr Kümmel - Breslau glaubt, dass man bei Kindern das klinische Bild der tuberculösen Schläfenbeinerkrankungen nach allgemeinen Erfahrungen an grösserem pathologisch-anatomischem Material beurtheilen sollte, weniger aber auf Grund des Materiales otiatrischer Institute. Tuberculöse Kinder kommen ja oft selbst nach grösseren Knochenzerstörungen ganz gut fort. Im Allgemeinen ist er nicht für die Radicaloperation bei tuberculöser Erkrankung des Warzenfortsatzes und möchte sie nur dort ausführen, wo dringende Gründe für eine Operation vorliegen.

Herr Passow-Heidelberg meint, Kümmel gehe zu weit, wenn er die Radicaloperation bei Phthisikern gänzlich verwirft. P. hat manchmal gefunden, dass gerade bei hochgradigen Phthisikern auffallend schnelle Heilung erfolgt. P. erwähnt 3 Fälle, bei denen ein subperiostealer Abscess bestand, und nach der Operation erfolgte eine auffallende Besserung des Allgemeinbefindens; bei einigen späterhin Operirten erzielte P. auch weniger günstige, sogar schlechte Erfolge. Bei tuberculösen Kindern erfolgt manchmal die ausgedehnte Einschmelzung des Knochens, wie er dies kürzlich in einem Falle beobachten konnte. Es war ein Kind, bei dem es sich nach Durchschneidung der Haut und des verdickten Periostes herausstellte, dass eigentlich die Radicaloperation bereits bewirkt wurde; es brauchte nämlich nur noch eine kleine Knochenspange entfernt zu werden, und die Dura lag in grosser Ausdehnung frei. Der Fall endete letal, indem der Exitus durch einen grossen Solitärtuberkel im Cerebellum veranlasst wurde.

Herr Kuhn-Strassburg kann der Ansicht Kümmel's nicht ganz beipflichten, da man bei dem operativen Eingriffe gelegentlich der Tuberculose des Ohres gut unterscheiden muss, ob man es mit einer allgemeinen Tuberculose, als Ausdruck des Ohrprocesses zu thun hat, oder ob es sich um eine locale Tuberculose handelt. Bei der letzten Form, besonders bei Kindern, sind durch eine Operation zuweilen gute Erfolge zu erhoffen.

Herr Kümmel erwähnt zur Bekräftigung seiner gemachten Bemerkungen, dass die tuberculösen Gelenkserkrankungen, mit Ausnahme von Kniegelenken, von Seiten der Chirurgen, je weniger operirt werden.

Herr Hartmann-Berlin erwähnt einen Fall, in welchem es sich um Cholesteatom mit Tuberkelbacillen handelte, dasselbe war durch den Sinus in die Blutbahn durchbrochen und führte rasch zum Tode infolge von Miliartuberculose; der Tod hätte nicht durch einen operativen Eingriff verhindert werden können. Macht man in einem allgemeinen Krankenhause Sectionen von Tuberculösen, so kann man häufig ausgedehnte Zerstörungen im Warzenfortsatze finden, welche während des Lebens ohne besondere Erscheinungen bestanden; in solchen Fällen, wenn die Tuberculose bereits vorgeschritten ist, wird dem Pat. durch einen operativen Eingriff wenig genützt werden. Doch bei entzündlichen Erscheinungen, besonders bei Schmerzen am Warzenfortsatze, muss die Operation immer stattfinden.

Herr Jansen ergänzt noch seine erste Bemerkung dahin, dass man bei Kindern, um allein die Eiterung zu heilen, nicht operiren muss; der Eiterungsprocess schreitet bei Kindern weniger häufig auf die Labyrinthkapsel, als bei Erwachsenen.

Herr v. Wild erwähnt noch im Anschlusse 2 Fälle. Im 1. Falle
wurde wegen tuberculöser Erkrankung vor 5 Jahren gemeisselt, das Ohr ist
ausgeheilt, und jetzt besteht ein Ulcus laryngis. Im 2. Falle wurde bei
einem 8 Monate alten Kinde beiderseitig operirt, auf der einen Seite erfolgte
vollkommene Heilung, auf der anderen Seite blieb eine kleine Fistel zurück;
später traten eitrige Drüsenpackete auf, an denen das Kind wahrscheinlich
zu Grunde gehen wird.

II. Sitzung
am 22. September Vormittags.

Vorsitzender: Herr Kuhn-Strassburg.

3. Herr Ostmann-Marburg: *Ueber die Beziehungen zwischen Auge
und Ohr.*

Ostmann beschränkt sich auf die Besprechung derjenigen physiologischen und pathologischen Erscheinungen, welche directe oder indirecte
Beziehungen zwischen beiden Sinnesorganen erkennen lassen. Die durch
eine gemeinsame Ursache hervorgerufenen Veränderungen derselben bleiben
unberührt.

Das Auge wird sehr viel häufiger vom Ohr, als letzteres vom ersteren
beeinflusst, wenigstens sind die Mittheilungen über Folgeerscheinungen am
Gehörorgan bei Augenkrankheiten äusserst spärlich.

Die Folgeerscheinungen am Auge können herbeigeführt werden einerseits direct vom äusseren, mittleren oder inneren Ohr, und zwar vorwiegend
auf dem Wege des Reflexes durch Irradiation, resp. Miterregung motorischer
Bahnen, andererseits indirect durch Vermittelung otitischer Erkrankungen
des Sinus, der Hirnhäute oder der Blutleiter.

Die Nervenbahnen für die directe Auslösung von Folgeerscheinungen
am Auge vom Ohr aus sind der Nervus trigeminus, facialis und
acusticus.

Der Nervus trigeminus vermittelt einerseits durch Irradiation die
leichten Reizerscheinungen am Auge, die man zeitweise bei eitriger Mittelohrentzündung beobachtet, andererseits gehen von ihm bei Entzündung seiner
Hauptstämme, resp. des Ganglion Gasseri, die heftigen bohrenden Schmerzen in der Tiefe des Auges und die Gesichtsneuralgien aus. O. führt die
Fälle von v. Tröltsch, Bürkner, Kipp, Schmiegelow an und fügt
zwei selbst beobachtete hinzu. Bei einem derselben trat als neues Symptom
einige Tage dauernde, schmerzhafte Spannung in den Kaumuskeln auf, als
Ausdruck der Mitbetheiligung des 3. Astes des Trigeminus an der Entzündung.

Eine weitere Beziehung zwischen Auge und Ohr, vermittelt durch die
Ohräste des Nervus trigeminus, sei von Urbantschitsch betont worden,
denn er glaubt auf Grund seiner Untersuchungen über den Einfluss von Trige-
minus-Reizen auf die Sinnesempfindungen, insbesondere auf den Gesichtssinn,
annehmen zu müssen, dass von den Ohrästen des Acusticus der Gesichtssinn reflectorisch beeinflusst werden könne. O. haben weder die Unter-
suchungsprotokolle und Ausführungen U.'s von dem Bestehen einer solchen
directen reflectorischen Einwirkung ganz überzeugt, noch hat er bei Control-
versuchen mit Sicherheit das Bestehen einer solchen nachweisen können. Es
sei deshalb die Frage weiterer Prüfung zu unterwerfen.

O. kommt sodann auf die durch den Nervus acusticus am Auge
ausgelösten Reflexerscheinungen zu sprechen, von denen die durch den Ramus
vestibularis und Ramus cochlearis gesondert abgehandelt werden.

Der R. vestibularis bildet die centripetale Bahn eines Coordinations-
centrums, dessen centrifugale motorische Bahn die Augenmuskelnerven bilden.
Es werden die einschlägigen physiologischen Thatsachen erwähnt, aus denen
mit Sicherheit hervorgeht, dass durch Reizung der häutigen Bogengänge doppelseitiger Nystagmus entsteht.

In Uebereinstimmung mit diesen experimentellen Ergebnissen stehen die
klinischen Beobachtungen, die bei der apoplectiformen Taubheit mit Menière-

schen Symptomencomplex, bei luëtischer Erkrankung und traumatischer Läsion des Labyrinths, bei Vereiterung und cariöser Zerstörung der halbzirkelförmigen Kanäle doppelseitiger, und zwar horizontaler Nystagmus, resp. Intentionszittern beobachtet wurde.

Unerlässliche Vorbedingung für das Auftreten von Reflex-Nystagmus bei diesen Erkrankungen ist, dass die Endorgane des N. vestibularis reizfähig sind, resp. bleiben; demnach schliesst Nystagmus als Labyrinthsymptom die vollständige Zerstörung der häutigen Bogengänge aus. Eine genaue Diagnostik des Ortes der Tonus-Labyrinth-Erkrankung ist durch den Nystagmus vor der Hand nicht möglich. Nystagmus kann zu Beginn, wie im Verlauf der Labyrintherkrankung auftreten und dieselbe um viele Jahre überdauern; zeitweilig erscheint er gleichsam als krankhafte Mitbewegung bei Lidschluss, bei bestimmter Blickrichtung, und die Beobachtung von Bürkner, wo bei aufmerksamem Hören Augennystagmus auftrat, möchte O. gleichfalls dadurch erklären, dass bei Contraction des vom Facialis versorgten Stapedius der Nystagmus als krankhafte Mitbewegung einsetzte.

O. kommt dann auf die zahlreichen Beobachtungen zu sprechen, die scheinbar eine directe Erklärung des Augennystagmus vom Mittelohr annehmen lassen. Er ist im Gegensatz zu Urbantschitsch der Ansicht, und beweist diese Ansicht durch Besprechung der Einzelfälle, dass eine solche Anschauung durch keine stichhaltige Beobachtung gestützt ist. Das Gleiche gilt im Gegensatz zu Urbantschitsch von der Annahme, dass vom Mittelohr durch Reflex direct Veränderungen der Pupille oder Augenmuskellähmungen herbeigeführt werden. Die einschlägigen Beobachtungen erscheinen in keiner Weise stichhaltig. Deshalb empfiehlt O., im Verlauf von eitrigen Mittelohrentzündungen auftretende Augenmuskelsymptome als vom Tonuslabyrinth ausgelöst oder durch eine intracranielle Folgekrankheit herbeigeführt anzusehen.

O. bespricht sodann weiter den diagnostischen, resp. differentiell-diagnostischen Werth des Augennystagmus und kommt hierbei im Anschluss an die Untersuchungen von Baginski und Lucae auf die Auslösung des Nystagmus von der Hirnoberfläche zu sprechen; er weist darauf hin, dass die Verschiedenartigkeit der möglichen Ausgangspunkte die diagnostische Bedeutung dieses Augensymptomes sehr herabmindert.

Die Rückwirkungen vom Ramus cochlearis auf das Auge sind ganz anderer Art; einerseits sind es die sogen. Doppel- oder secundären Sinnesempfindungen, andererseits bestimmte physiologische Wechselwirkungen, die von Urbantschitsch studirt sind.

O. charakterisirt beide Erscheinungen in grossen Zügen und kommt dann auf die Erscheinungen zu sprechen, die vom N. facialis gleichzeitig am Auge und Ohr ausgelöst werden: so das vom Musc. stapedius ausgehende Muskelgeräusch bei Lidschluss, Blepharospasmus bei Krampf des M. stapedius etc.

Die 2. Gruppe von Veränderungen am Auge wird auf indirectem Wege der Vermittelung der otitischen Erkrankungen des Hirnes, der Hirnhäute und der Blutleiter bedingt. Mit Rücksicht auf die gerade in den letzten Jahren zahlreichen Arbeiten auf diesem Gebiet, welche auch die Augensymptome in gebührender Weise berücksichtigt haben, will O. nur auf die diagnostische, resp. differentiell-diagnostische Seite der Augensymptome näher eingehen. Er führt aus, dass dieselben entweder in Veränderungen des Augenhintergrundes oder in krankhaften Störungen des Augenmuskelapparates, in Circulationsstörungen im Gebiet der Vena ophthalmica oder in Eiterungsprocessen des retrobulbären Fettgewebes mit Ausgang in Panophthalmitis bestehen; als eine functionelle Störung ohne objectiven Krankheitsbefund schliesst sich die Amaurose an.

Die bei einer jeden eitrigen Mittelohrentzündung, die den leisesten Verdacht auf das Enstehen, resp. Bestehen einer intracraniellen Complication erregt, vorzunehmende Untersuchung beider Augen kann positiv oder negativ ausfallen, und es fragt sich, welche Bedeutung diesem oder jenem Ausfall beizumessen ist, oder inwieweit dadurch unser therapeutisches Handeln beeinflusst wird, resp. beeinflusst werden darf.

Es wird von ausschlaggebender Bedeutung sein, ob man annimmt, dass Augensymptome — Spasmen und Lähmungen von Augenmuskeln, Hyperämie der Papilla nervi optici etc. — allein vom erkrankten Mittelohr ohne Vermittelung des Tonuslabyrinths oder intracranieller Folgekrankheiten auftreten können oder nicht. An früherer Stelle sei erörtert, dass vor der Hand keine Beobachtungen vorliegen, die die Annahme berechtigt erscheinen lassen, dass Veränderungen des Augenmuskelapparates reflectorisch vom Mittelohr entstehen; es bliebe somit nur die wichtige Frage zu erörtern, ob man annehmen müsse, dass Veränderungen des Augenhintergrundes direct von dem eiternden Mittelohr herbeigeführt werden könnten. O. verneint diese Frage, da die geheilten Fälle von acuter, resp. chronischer Mittelohreiterung mit Veränderungen des Augenhintergrundes in keiner Weise einen hinreichenden Beweis liefern; dieselben hätten mit vollem Recht auf die Beobachter selbst den unzweideutigen Eindruck gemacht, dass sie mit intracraniellen Folgekrankheiten complicirt waren. Danach richte sich die diagnostische Verwerthung des Augenspiegelbefundes und somit auch seine Tragweite für unser therapeutisches Handeln.

Ein positiver Befund, und bestünde er nur in beginnender Röthung einer Papille, sei ein letzter Mahnruf, operativ einzugreifen, um der drohenden Gefahr zumeist tödtlicher Complication, wenn möglich, noch zuvorzukommen; ein negativer Befund dürfe uns aber andererseits nicht abhalten, so zu handeln, wie wir auf Grund der sonstigen Krankheitssymptome handeln zu müssen glauben, denn es fehle ihnen jede Beweiskraft. Weiter als zu dem Entschluss eines operativen Eingriffes überhaupt dürfe uns allerdings im Allgemeinen auch der positive Augenbefund nicht leiten, denn die Art und Grösse des Eingriffes werde wesentlich von der aus anderen Krankheitssymptomen gewonnenen Einsicht, insbesondere auch von den während der Operation selbst gemachten Beobachtungen hingeleitet werden müssen, da die bei den intracraniellen Folgekrankheiten auftretenden Augensymptome zu vieldeutig seien, um als sichere Zeichen für eine bestimmte Diagnose zu dienen. Gerade diese Vieldeutigkeit und Unregelmässigkeit des Auftretens der einzelnen Augensymptome neben dem Umstand, dass sich häufig mehrere intracranielle Folgekrankheiten gleichzeitig finden, von denen jede einzelne das Symptom bedingen könne, machen die Augensymptome für eine differentielle Diagnose entweder ganz unbrauchbar oder beschränken wenigstens in erheblicher Weise ihren differentiell-diagnostischen Werth. An dieser Thatsache ändere auch im Grossen und Ganzen der Umstand nichts, dass das eine Symptom procentuarisch häufiger bei dieser, das andere bei jener intracraniellen Folgekrankheit auftrete.

Diese Errungenschaften könnten indess unsere Wünsche nicht befriedigen, und weist O. darauf hin, auf welchem Wege man event. zu einer besseren, insbesondere differentiell-diagnostischen Verwerthung der Augensymptome kommen könne. Discussion: Herr Kümmel-Breslau erwähnt einen kürzlich beobachteten Fall, in welchem trotz der eitrigen Entzündung des Ganglion Gasseri keine Quintusneuralgie bestand; das Ganglion war durch Vermittlung von Cell. tymp. erkrankt, welchen Weg Urbantschitsch schon früher andeutete.

Herr Jansen-Berlin beruft sich auf seine Erfahrungen, wonach Nystagmus bei Labyrintherkrankungen häufig vorkommt und demselben eine gewisse Bedeutung nicht abzusprechen wäre.

Herr v. Stein-Moskau bemerkt, er hätte bei Untersuchungen mit der Centrifuge gelegentlich sklerotischer Mittelohr-, resp. Labyrinthaffectionen öfters Nystagmus beobachtet. In einem Falle tritt der Nystagmus bei einer Schnelligkeit von 4—5 Umdrehungen per Minute auf, hält mit offenen Augen über eine Minute an, bei gesunden Individuen hingegen verursachen selbst 30 und mehr Umdrehungen noch keinen Nystagmus.

Herr Schwartze-Halle: Die Gelegenheit, sich experimentell zu überzeugen von dem Eintritte des Nystagmus horizontalis durch Reizung der Halbzirkelkanäle biete sich am Lebenden häufiger, seitdem die Freilegung der Paukenhöhle wegen Caries eine allgemein ausgeführte Operation geworden sei.

Ich frage Herrn Ostmann nach seinem Standpunkte zu der Frage, ob Neuritis optica nur von isolirter Eiterung der Paukenhöhle herbeigeführt vorkomme, oder ob aus solcher stets auf eine intracranielle Complication der Otitis zu schliessen sei.

Herr Ostmann antwortet, die Neuritis deutet auf eine intracranielle Complication und bietet keine Contraindication zur Operation.

Herr Jansen bemerkt noch, dass er bei Defecten im Bogengange durch Berühren derselben weder Schwindel, noch Nystagmus erzeugen konnte.

Herr Schwartze erwähnt, bei Zerstörung der Ampullen fehlen diese Erscheinungen.

Herr O. Wolf-Frankfurt findet die von Schwartze erwähnten Zerstörungen der Ampullen ohne Schwindel physiologisch erklärt und fragt, ob Herr Schwartze bei Berührung der Halbzirkelkanäle auch Schwindel nebst Nystagmus beobachtet hat, was Sch. bejaht.

4. Herr Schwartze-Halle a. S.: *Cholesteatoma verum squamae.*[1]

5. Derselbe: *Ueber Caries der Gehörknöchelchen.*[1]

Discussion: Herr Jansen-Berlin glaubt, dass man von einer eiternden Fistel nicht immer den sicheren Rückschluss auf Caries des Hammers machen könne, da dieselbe häufig nur als Zeichen einer Eiterung aus dem Warzenfortsatze aufzufassen sei.

Herr Schwartze antwortet: Ich habe nicht behauptet, dass jede Fistelöffnung am oberen Pole des Trommelfelles oder in der Shrapnell'schen Membran pathognomonisch für Caries des Hammerkopfes sei, sondern ich habe nur von den senkrecht über dem Proc. brevis gelegenen Fistelöffnungen gesprochen.

6. Herr Leutert-Halle a. S.: *Ueber Sinusthrombose und Pyämie.*[1]

7. Herr Szenes-Budapest: *Zur Percussion und Auscultation des Warzenfortsatzes.*

Sz. bespricht an der Hand einiger einschlägiger Fälle die Grenzen, innerhalb welcher die Lücke'sche Knochenpercussion und die von Okunev empfohlene Auscultationsmethode, vermittelst welcher die Veränderungen der Knochenschallleitung am Warzenfortsatze geprüft und diagnostisch verwerthet werden. Als physikalische Untersuchungsmethoden müssten Percussion und Auscultation und die bei denselben sich ergebenden Befunde in den Krankengeschichten allgemeine Aufnahme finden, denn nur dann könnte eine Vervollkommnung dieser Methoden erzielt werden.

Discussion: Herr Schwartze-Halle: Nach den in der Halle'schen Klinik mit dem Okunev'schen Verfahren zur Auscultation des Warzenfortsatzes angestellten Versuchen hat sich dasselbe für diagnostisch unsicher herausgestellt.

Herr Szenes antwortet: Ich möchte auf die Bemerkung des Herrn Geheimrath Schwartze bemerken, dass die Unsicherheit des diagnostischen Werthes schon von der Schwierigkeit berührt, wonach bei der vergleichenden Untersuchung die Entfernungen zwischen Stimmgabel und Otoskop auf beiden Seiten schwer zu finden ist, und schon bei Differenzen von wenigen Millimetern erhält man verschiedene Resultate. Meine letztere Behauptung basirt auf Versuchen, die ich am Cadaver, an macerirten Präparaten, wie auch bei Patienten anstellte; war die Distanz zwischen Otoskop und Stimmgabel grösser, so war auch der fortgeleitete Schall gedämpft. Im Uebrigen aber will ich ja die Auscultation nicht für immer verwerthlich hingestellt haben und glaube blos, dass wenn selbst Positives nur in ganz wenigen Fällen nachzuweisen wäre, Controlversuche doch am Platze sein dürften.

---

[1] Die Vorträge 4, 5 und 6 sind in diesem Archiv, Bd. XLI, veröffentlicht. Die Discussion zum Vortrag Leutert's wird bis nach den Vorträgen 9, 10 und 11 verschoben, da diese ein ähnliches Thema behandeln.

8. Herr **Kuhn-Strassburg**: *Casuistische Mittheilungen.*
Kuhn berichtet über **zwei Fälle. Im** 1. Falle handelte es sich um
einen 23 Jahre alten Mann, bei dem eine acute eitrige Entzündung des linken
Mittelohres aufgetreten war, zu der sich stürmische Gehirnsymptome gesellt
hatten; von letzteren hebt K. besonders die deutlich ausgesprochene **am-
nestische Aphasie** hervor, welche mit grösster Wahrscheinlichkeit einen
Abscess im linken Schläfenlappen annehmen liess. Die Operation ergab einen negativen Befund, und 24 Stunden später erfolgte Exitus. Bei der
Autopsie wurde eine **Meningitis purulenta** gefunden, die vorwiegend den
vorderen Theil des Schläfenlappens betraf.
Der 2. Fall betrifft ein 15 Jahre altes Mädchen mit **Mittelohr-
cholesteatom**; während des operativen Eingriffes erfolgte der Tod infolge
von **Lufteintritt in den leicht verletzten Sinus sigmoideus.**
Discussion: Herr **Guye-Amsterdam** erinnert an einen Fall, den er
vor Jahren beobachtet hat, wo er noch in der alten Manier mit einem Bohrer
die Eiteransammlung im Warzenfortsatze anbohren wollte und dabei den
Sinus eröffnete. Es strömte eine Welle Blut heraus, und sogleich bei der
Einathmung hörte man die Luft mit rasselndem Geräusch eindringen. Das
wiederholte sich noch einmal und hörte dann auf, als G. die Wunde mit dem
Finger zudrückte und mit dem Periost die kleine Oeffnung ausfüllte. Blutung
und Lufteinsaugung hörten auf, und G. war sehr gespannt auf die Folgen
des Luftansaugens, doch blieben dieselben vollends aus. Am nächsten Tage
wurde etwas mehr nach vorn gebohrt und der Eiter entleert. Der Fall verlief sehr günstig mit Restitutio ad integrum. Dass hier der Lufteintritt keine
üblen Folgen hatte, beruht offenbar auf dem geringen Quantum Luft, welches
in die Circulation gelangte.

III. Sitzung
am 22. September Nachmittags.
Vorsitzender: Herr **Hartmann-Berlin.**

9. Herr **Eulenstein-Frankfurt a. M.**: *Demonstration eines durch
Excision der thrombosirten Vena jugularis interna sinistra geheilten Falles
von otitischer Pyämie.*

Bei dem 25 Jahre alten Manne war ein etwa kleinwallnussgrosses Cholesteatom in die hintere Schädelgrube durchgebrochen, hatte dortselbst einen
grossen **perisinuösen Abscess** und **Pachymeningitis externa**, sowie eitrige **Sinusphlebitis** hervorgerufen. Nachdem die Mittelohrräume
freigelegt waren, wurde der mit Eiter gefüllte **Sinus transversus** gespalten;
weder central-, noch peripherwärts war ein solider Thrombus zu fühlen. Da
die Schüttelfröste nicht nachliessen, wurde am 3. Tage nach der 1. Operation
zur Unterbindung der Jugularis geschritten; dieselbe erwies sich, obwohl
äusserlich, ausser einer durchaus mässigen Druckschmerzhaftigkeit, keine Anzeichen von Phlebitis vorhanden waren, beim Durchschneiden als thrombosirt;
der Thrombus war im eitrigen Zerfall begriffen. Es wurde nun weiter unten ligirt,
auch hier der gleiche Befund; nun wurde der Sternocleidomastoideus zur Seite
gezogen und die Vene so tief unten als nur immer möglich ligirt; hier war in der
Ligaturstelle ein noch etwas röthlich gefärbter Thrombus. Es konnte also
durch die Operation der Thrombus nicht ganz vollständig von der Blutbahn
abgeschlossen werden, und demgemäss fanden auch noch nach der Operation
Verschleppungen statt. Es trat auf ein **Infarct des rechten Mittellappens**,
ein **Lungenabscess** des linken Unterlappens, der in die Bronchien durch-
brach, ein **Milzinfarct**, ausserdem war durch rückläufige **Thrombophlebitis der Vena facialis** ein eine **Phlegmone** der linken Gesichtshälfte aufgetreten, die eine Reihe von Incisionen nöthig machte. Pat. ist
vollständig genesen und seit 8 Wochen wieder arbeitsfähig; die Mittelohrräume sind epidermisirt und trocken.

10. Herr **Hartmann-Berlin**: *Eröffnung eines Hirnabscesses im Schläfenlappen und des thrombosirten Sinus transversus, Unterbindung der Vena
jugularis interna, Exitus letalis.*

Pat., 23 Jahre alt, acquirirte im 5. Lebensjahre nach Scharlach eine

rechtsseitige Otorrhoe; Polypen musaten wiederholt entfernt werden. Vor
einem Jahre traten Schwindel und Kopfschmerzen auf, welche nach Entfernung von Polypen nachliessen. Vor einigen Monaten abermals Schwindel,
Fieber, Schüttelfrost und epileptische Krämpfe, Entfernung von Polypen und
wieder Erleichterung. Nach 3 Tagen Wiederholung der Symptome, desshalb
Radicaloperation; mittlere Schädelgrube und Sinus zeigen hierbei keine Veränderungen; 9 Tage später Punction des freigelegten Sinus und Eröffnung
der mittleren Schädelgrube über dem äusseren Gehörgang, Entleerung fötiden
Eiters; 3 Tage später Entleerung wenigen Eiters aus dem Sinus, 2 Tage
später Unterbindung der Vena jugularis interna, nach 4 Tagen Exitus. Bei
der Section fand sich eine verkleinerte Abscesshöhle im Schläfenlappen, oberhalb des cariösen Tegmen tympani ein fünfzigpfennigstückgrosser Defect der
Dura, der Sinus war im oberen Theile thrombosirt, im unteren von Eiter
umspült; keine Meningitis.

11. Herr L. Wolff-Frankfurt a. M.: *Operirter Fall von eitriger Sinusthrombose und Pyämie.*

Bei der Patientin, einer Frau von 21 Jahren, bestand seit 3 Wochen
eine Ohreiterung auf der rechten Seite, in den letzten Tagen verbunden mit
heftigen Kopfschmerzen und Behinderung in der Kopfbewegung. Ausser einer
leicht icterischen Färbung der Haut fiel es auf, dass die Frau es ängstlich
vermied, den Kopf zu drehen oder zu beugen und ihn krampfhaft nach rechts
neigte. Die rechte Halsseite war geschwollen, ein deutlicher Strang in der
Schwellung nicht zu fühlen; die Gegend des rechten Proc. mast. etwas ödematös und auf Druck empfindlich. Im rechten Ohr machten eingetrocknete
eitrige Massen einen genaueren Trommelfellbefund undeutlich. Es bestand
hohes Fieber, Puls sehr frequent. Zu diesen Symptomen kommen in den
nächsten 2 Tagen noch Schüttelfröste, Erbrechen und Schwindel; die Milz
war vergrössert zu fühlen, der Augenhintergrund normal, Sensorium frei. —
Als Ursache der geschilderten pyämischen Symptome nahm W. eine Sinus
transversus-Thrombose als wahrscheinlich an.

Die Operation, bei der Herr Eulenstein assistirte, ergab bei der Aufmeisselung eine weite, mit schlaffen, grossen Granulationen gefüllte Höhle im
Proc. mast. Die Wand des Sinus, der ohne Schwierigkeit in grosser Ausdehnung freigelegt werden konnte, war verdickt und mit fibrinösen Granulationen bedeckt. Es wurden 2 Punctionen gemacht, von denen die eine
Eiter und Blut ergab, die andere den Sinus leer fand. Ein ergiebiger Längsschnitt öffnete den Sinus; der ca. 2 Cm. lange, nicht übelriechende Thrombus
wurde mit dem scharfen Löffel vorsichtig entfernt. Eine Blutung aus dem
peripheren Ende des Sinus erforderte Tamponade und Beendigung der Operation. Die Unterbindung der Vena jugularis interna wurde in Aussicht genommen, wenn die Schüttelfröste sich wiederholten, das war aber nicht mehr
der Fall. Nach einigen Tagen hatte Pat. Temperaturen von 40° und mehr.
Ein metastatischer Abscess im Unterhautzellgewebe des linken Ober-
armes heilte nach Incision. Ein sehr ausgedehnter tiefer Halsabscess
mit fötid-eitrigem Inhalt aus der rechten Seite ist noch nicht ganz ausgeheilt,
doch ist die Secretion einige Zeit ganz geruchlos und in steter Abnahme.
Seit 14 Tagen ist Pat. fieberfrei und ohne Schmerzen, die Secretion aus dem
Mittelohr hörte bald nach der Operation auf. W. glaubt annehmen zu
dürfen, dass der Fall in vollständige Heilung übergeht.

Discussion[1]: Herr Kümmel-Breslau bemerkt Leutert gegenüber,
er glaube nicht, dass L. in einigen Fällen, die als otogene Pyämie imponiren,
Thromben im Bulbus oder sonst wo gefunden hätte, was die osteophlebitische
Pyämie überhaupt irgendwie tangirt; es handle sich dann aber nicht um Osteo-
phlebitis, sondern um Thromben. Dann werden aber auch die von sorg-
fältigen Beobachtern erhobenen negativen Befunde nicht hinfällig. Man muss
dann auch die ganzen Felsenbeine durchmikroskopiren, um den von L. gestellten Anforderungen an die Diagnose „osteophlebitische Pyämie" zu genügen.

---

1) Zu den Vorträgen von Leutert (6) und 9, 10, 11.

Herr Jansen-Berlin begrüsst mit Freuden die Ausführungen Leutert's
über die Entstehung der Pyämie, welche sich mit den seinigen decken, ebenso
auch betreffs der Frage der Diagnose. Was die Neuritis optica betrifft,
muss J. festetellen, dass er denselben Process, als wie in seinen Veröffentlichungen auch in den späteren Beobachtungen wiedergefunden hätte, manchmal sogar in der N. optica den einzigen Anhaltspunkt für den cerebralen
Charakter des Leidens sah. Statt der von L. empfohlenen Incision in den
Sinus räth J. das Punctiren, endlich bei umschriebener Meningitis erwartet
J. von der Lumbalpunction keinen Aufschluss.

Herr Grunert-Halle a. S. meint, eine umschriebene Meningitis dient
nicht als Contraindication weiterer Eingriffe, und sprach Leutert ja nur von
der diffusen Meningitis.

Herr v. Wild-Frankfurt a. M. meint, wenn die Anschauungen von
Leutert richtig wären, wonach zu dem Zustandekommen der otogenen Pyämie
und Septicämie eine Sinusthrombose nothwendig wäre, dann wäre die Folge
daraus, dass jeder Pyämie und Septicämie die Thrombose einer grösseren Vene
vorausgebe. Doch ist eine solche Anschauung vom pathologisch-anatomischen
Standpunkte aus nicht haltbar und sprechen auch die zahlreichen Sections-
ergebnisse dagegen.

Herr Leutert: Herrn Kümmel gegenüber bemerke ich, dass ich das
Vorkommen von Thromben in kleinen Venen des Warzenfortsatzes nicht ge-
leugnet habe, nur führen derartige kleinere Thromben nicht zu einer Pyämie.
— Herrn v. Wild erinnere ich, dass ich in meinem Vortrage hohes Fieber bei
ausgedehnten septischen Processen, zumal an Orten, welche sich wie das
Knochenmark durch ihren Reichthum an weichen und dünnwandigen Venen
auszeichnen, zugegeben habe; ausgesprochene Pyämie geht stets von einem
Thrombus einer grösseren Vene aus, wenn dieser auch nicht immer gefunden
wird. Letzteres ist oft nicht leicht, beweist es ja die Bezeichnung „krypto-
genetische Septicämie", welche doch eben nur sagen will, dass der Thrombus
nicht entdeckt wurde.

Herr Körner-Rostock: Um Klarheit in das ungemein vielgestaltige
Krankheitsbild der otitischen Pyämie zu bekommen, müssen wir zuerst einzelne wohl charakterisirte Bilder klinisch abgrenzen. Ein solches abge-
grenztes Krankheitsbild ist das, was ich „Osteophlebitis-Pyämie" genannt
habe. Dieses Bild ist so scharf charakterisirt, dass es nicht mehr aus der
Welt geschafft werden kann. Eine andere Frage ist, ob dieses Krankheitsbild immer durch eine Phlebitis der kleinen Knochenvenen hervorgerufen
wird. Ich habe stets betont, dass ausnahmsweise auch eine latente Sinus-
erkrankung unter dem Bilde der Osteophlebitis-Pyämie verlaufen kann,
namentlich die Erkrankung eines der kleinen Sinus. Dass aber eine Osteo-
phlebitis im Warzenfortsatze nicht vorkomme, oder wenn sie vorkommt, keine
Pyämie hervorrufen könne, ist von Niemand und auch nicht von Herrn
Leutert bewiesen worden.

IV. Sitzung
am 24. September Vormittags.

Vorsitzender: Herr Guye-Amsterdam.

12. Herr Jansen-Berlin: *Ueber eine häufige Form von Labyrintherkrankungen bei chronischen Mittelohreiterungen.*

Jansen bespricht die eitrigen Erkrankungen des Labyrinthes, welche
durch Cholesteatom der Paukenhöhle bedingt und zumeist mit Defecten am
horizontalen Bogengang einhergingen. Die Schnecke war seltener ergriffen.
In ca. 10 Proc. der Fälle trat Meningitis ein; einige Male trat a spontane
Heilung der Labyrintherkrankung ein. Manches Mal verlief die Labyrintherkrankung ganz ohne Symptome, besonders bei Kindern, zumeist aber bestanden: Schwindel, taumelnder Gang, Nystagmus, gleich jenen Symptomen,
welche traumatische Läsionen begleiten.

Discussion: Herr Adler-Breslau berichtet über eine grössere Anzahl
von Kranken, welche nach Schädelbasisbrüchen, Hirnhautentzündung, Laby-

rinthverletzungen oder im Anschluss an chronische Mittelohreiterung neben hochgradiger Schwerhörigkeit auf dem Ohr der erkrankten Seite erhebliche Gleichgewichtsstörungen eigenthümlicher Art zeigten.

In typischen Fällen haben die Patienten beim Stehen mit offenen Augen kein Schwindelgefühl. Beim Gehen, besonders wenn dasselbe rasch erfolgt, taumeln sie nach der verletzten Seite. Lässt man beim Stehen die Augen schliessen, so stellt sich mehr oder weniger starkes Schwindelgefühl ein. Die Patienten schwanken nach der kranken Seite, und einige wären zu Boden gestürzt, wenn man sie nicht gehalten hätte.

Bewegt man bei offenen oder geschlossenen Augen den Kopf nach der gesunden Seite, oder geschieht das willkürlich, so stellt sich bei einigen Personen geringes, bei anderen überhaupt kein Schwindelgefühl ein. Bei activen oder passiven Kopfbewegungen (Drehungen, Beugungen, Neigungen), nach der kranken Seite aber tritt heftiger Schwindel auf. Die Kranken erbleichen, die Athemfrequenz nimmt zu, und bei passiver Bewegung macht sich zuweilen ein erheblicher Widerstand der Halsmusculatur der verletzten Seite bemerklich. Ein Patient machte die Angabe, es sei ihm dabei, als ob der Kopf gegen ein Gummiband gedrückt werde, das sich um so straffer anspanne, je weiter man den Kopf bewege. Ausser dem Schwindelgefühl treten Scheinbewegungen der Aussenwelt in der Richtung der Bewegung auf. In einem Falle verharrten bei Kopfdrehung nach der verletzten Seite die Augen abnorm lange in ihrer Anfangsstellung, ehe sie der Bewegung des Kopfes ruckweise folgten. Geschehen die Kopfbewegungen bei geschlossenen Augen, so haben die Patienten die Empfindung, als ob sie nach der kranken Seite versänken, oder wenn sie sassen, bei Kopfdrehungen, als ob sie auf einem Drehschemel in dieser Richtung gedreht würden, bei Beugungen oder Neigungen des Kopfes scheint der Körper mit sammt dem Stuhl in der Richtung der Bewegung zu versinken.

Active Wendungen des Gesammtkörpers nach der gesunden Seite erfolgen prompt und sicher, bei solchen nach der kranken aber taumeln die Patienten nach dieser Seite. Geschehen die Wendungen bei geschlossenen Augen, so haben sie die Empfindung, als ob sie mit dem Bein der kranken Seite in ein Loch träten, und drohen hinzustürzen. Wird der Kopf festgehalten und der Rumpf allein nach der kranken Seite gedreht, so treten keinerlei Gleichgewichtsstörungen auf.

Weiterhin stellen sich in horizontaler Lage bei Drehungen des Gesammtkörpers nach der gesunden Seite keine Schwindelerscheinungen ein, während bei solchen nach der kranken Seite erhebliches Schwindelgefühl auftritt. Bei offenen Augen scheint dabei die Aussenwelt eine Bewegung in derselben Richtung zu machen, bei geschlossenen aber der eigene Körper nach der kranken Seite zu versinken.

Bemerkenswerth ist, dass in allen Fällen, in denen die galvanische Erregbarkeit des N. acusticus geprüft wurde, dieselbe erheblich gesteigert war, und dass ein Patient bei lautem Hineinrufen der Vocale „a" und „o" in das erkrankte Ohr Schwindelgefühl bekam und auf den Rufenden zufiel. Diese Erscheinungen führten zu der Vermuthung, dass der beschriebene Symptomencomplex durch eine Ueberregbarkeit der Gleichgewichtsorgane der verletzten Seite bedingt sei. In der That lassen sich bei Annahme einer solchen die beobachteten Phänomene: das Entstehen starken Schwindelgefühles bei Wendungen ausschliesslich nach der erkrankten Seite, die Richtung der Scheinbewegungen ebendahin, sowie das abnorm lange Verharren der Augen in der Anfangsstellung bei Kopfdrehung nach der lädirten Seite unter Zuhilfenahme der Ewald'schen Theorie von der Wirkung des Tonuslabyrinthes und der Hitzig'schen Beobachtungen beim Galvanisiren des Kopfes erklären.

Schwindelgefühl nämlich tritt auf, wenn eine bestimmte Kopfstellung nicht mit den gewohnten, durch das Functioniren der Gleichgewichtsorgane verursachten Muskelempfindungen verbunden ist. Nach den Experimenten Ewald's besteht nun ein dauernder Tonus in den Gleichgewichtsorganen beider Körperhälften, so dass bei Ueberregbarkeit des Gleichgewichtsor-

11*

ganes einer Seite, auch bei Geradehaltung des Kopfes, Schwindelgefühl zu
erwarten ist. Letzteres ist bei den beschriebenen Fällen auch vorhanden,
wenn die Augen geschlossen sind; dass es bei offenen Augen fehlt, kann
nicht auffallen, da dann die Orientirung im Raume mittelst des Gesichtsfeldes,
wie bei Tabikern, compensatorisch wirkt. Weiterhin findet nach Ewald
bei Kopfbewegungen eine Verstärkung des Tonus in dem Gleichgewichtsorgane — speciell dem in der Ebene der Bewegung gelegenen Bogengange —
derjenigen Seite statt, nach welcher die Bewegung gerichtet ist und eine Verminderung in dem der anderen Körperhälfte, und zwar ist die Verminderung
eine quantitativ weit geringere, wie die Erhöhung. Bewegen nun die Patienten
mit einseitigen Verletzungen der Gleichgewichtsorgane den Kopf nach der
contralateralen Seite, so wird demgemäss nur eine unbedeutende Steigerung
des Missverhältnisses zwischen Kopfstellung und Muskelempfindungen entstehen, während bei solchen nach der kranken Seite dasselbe erheblich gesteigert wird. Hierdurch erklärt sich die geringe Zunahme des Schwindelgefühles bei Bewegungen nach der intacten, die bedeutende bei solchen nach
der kranken Seite.

Ferner hat Hitzig beim Galvanisiren des Kopfes gefunden, dass die
Untersuchten bei Kettenschluss, wo die Reizung an der Kathode stattfindet,
die Empfindung hatten, als ob sie nach dieser Seite versänken oder in der
Richtung auf die Kathode zu gedreht würden, und auch die Scheinbewegungen
der Aussenwelt fanden nach dem negativen Pole hin statt. In den oben erwähnten Fällen nun traten die Scheinbewegungen der Gegenstände und des
Körpers nach der verletzten Seite auf. — Die Versuchspersonen Hitzig's
schwankten bei Kettenschluss allerdings nach der Anodenseite, eine Reactiv-
bewegung, welche durch das Gefühl des Versinkens nach der Kathode veranlasst wurde, und wie bei einem Patienten Guye's, bei A.'s Patienten ausblieb, dass die Drehungsempfindung nicht überwältigend genug war. — Sie
verhielten sich also bei Kopfbewegungen nach der kranken Seite genau so,
wie die Hitzig'schen Fälle, so dass die Annahme gerechtfertigt erscheint,
dass durch dieselben eine abnorm starke Reizung des Gleichgewichtsorganes
dieser Körperhälfte eintritt. Dasselbe gilt von der pathologischen Augenmuskelinnervation, welche ein Kranker bei Drehung des Kopfes nach der
verletzten Seite zeigte, indem auch bei den Hitzig'schen Personen die lang-
samere Augenbewegung von der reizenden Kathode fort erfolgte. Diese Scheinbewegungen sind ähnlich den Doppelbildern bei Augenmuskellähmungen,
ein weit feineres Reagens auf Störungen der Augenmuskelinnervation, wie
die mit blossem Auge sichtbaren Bewegungsbeschränkungen.

Herr Bloch-Freiburg erwähnt in einem Falle ebenfalls den horizontalen Bogengang operativ freigelegt zu haben, jedoch nur den knöchernen.
Der Verlauf war ganz symptomlos. B. glaubt, dass bei Vermeidung der Eröffnung des Lumens diese Blosslegung ebenso ungefährlich zu sein scheint,
als diejenige an der Dura.

Herr Rudloff-Wiesbaden: Im Anschlusse an die Mittheilungen des
Herrn Jansen möchte ich einen Fall anführen mit dem gleichen Symptomencomplexe wie der von J., jedoch mit Ausnahme der Augenstörungen. Einem
72 Jahre alten Manne wurde die rechte Ohrmuschel wegen Caucroides entfernt; wegen eines Recidives an der oberen hinteren Gehörgangswand ging ich
nun nach Art der Radicaloperation vor, verletzte dabei den horizontalen
Bogengang, infolge dessen die oben geschilderten Symptome auftraten, mit
Ausnahme des Nystagmus. Rückgang der Symptome nach einigen Wochen;
nach einem Jahr noch kein Recidiv.

Herr Kessel-Jena: Die Flourens-Goltz'sche Hypothese ist nicht
auf den Menschen zu übertragen. Das hervorragende Symptom bei Verletzungen der Bogengänge bei Thieren sind Zwangsbewegungen, und diese treten
beim Menschen unter gleichen Bedingungen nicht ein; auch nicht bei Extraction des Steigbügels und Lähmungen des N. facialis, also bei positiven
und negativen Druckerhöhungen, auch nicht bei Entzündungen und Blutungen
in das Labyrinth.

Herr Szenes-Budapest: Zur Bekräftigung der von Herrn Adler ausgeführten Beobachtungen, dass Gleichgewichtsstörungen beim Drehen des Kopfes nach der gesunden Seite zurückgehen, möchte ich einen einschlägigen Fall erwähnen, wo Symptome einer Labyrintbreizung infolge Eindrängens blos ganz weniger Tropfen lauwarmen Wassers durch ein Paukenröhrchen über 3 Stunden lang andauerten. Auf's Kanappé hingelegt, befiel Pat. ein Schwindel, nach 1—2 Minuten erfolgte Erbrechen, und dies wiederholte sich unzählige Male, trotzdem sich Patient wagerecht hingelegt hatte. Kalter Schweiss befiel nun Pat., Puls Anfangs 100, später 56, das Bewusstsein war nicht geschwunden, und immer klagte er Pat. über eine peinliche Herzbeklemmung, so oft er nicht ganz tiefe Inspirationen machte. Nach 2 Campher-Aetherinjectionen liess ich ihn nun verschiedene Lagerungen mit dem Kopfe suchen, um neueren Erbrechungen vorzubeugen, was endlich gelungen war, als Pat., sich auf die gesunde Seite legend, den Kopf ein wenig nach oben stützte; bei Aenderung dieser Lage wiederholten sich Schwindel und Erbrechen. In dieser Seitenlage liess ich nun Pat. ins Spital überführen, wo er sich nach fünftägigem Bettlager erholte. Später machte Herr Geheimrath Schwartze in Halle eine Radicaloperation beim Pat., und zur Bekräftigung seines sicheren Gleichgewichtssinnes möchte ich nur noch erwähnen, dass Pat. seit seiner Genesung auch dem Bicyclesport huldigt. — (Der Fall wurde ausführlicher in meinem Vortrage: „Ueber traumatische Läsionen des Gehörorganes", beim Otologencongress in Florenz mitgetheilt.)

Herr Guye-Amsterdam: Meine Erfahrungen belehrten mich dahin, dass bei Erkrankungen des rechten Ohres die Druckempfindung um die verticale Axe nach rechts und umgekehrt stattgefunden. Von vielen 100 Fällen war's nur ein einziger, wo die Bewegung durch Drehen nach der gesunden Seite veranlasst wurde. Die Annahme eines statischen Sinnes im N. octavus ist gar nicht denkbar, und man kann dies als überwundenen Standpunkt betrachten.

Herr Adler: Ich bitte zu berücksichtigen, dass die Fälle mehrere Monate oder nach der Verletzung von Schädelbasisfracturen, noch zu einer Zeit, wo die Allgemeinerscheinungen sicher zurückgegangen sein müssten, die Gleichgewichtsstörungen zeigten, und dass ich das Hauptgewicht auf den Symptomencomplex, gleichgültig, wo die anatomische Läsion localisirt werden mag, gelegt habe.

Herr Jansen: Ich habe die Gleichgewichtsstörungen nur ganz selten so lange fortbestehen sehen, wie Herr Adler, dessen Material ja nur theilweise hierher gehört. Die Kranken zeigten die Gleichgewichtsstörungen auch beim Umdrehen nach dem gesunden Ohre. Ich werde in Zukunft mein Material darauf untersuchen, ob der Schwindel unter Umständen nur beim Umdrehen des Kopfes nach der kranken Seite vorhanden ist.

13. Herr Guranowski-Warschau: Zur Casuistik der Labyrinthnekrose.

G.'s Fall betrifft ein 2½ Jahre altes Mädchen, das in ihrem 9. Lebensmonate eine Scharlach-Panotitis des linken Ohres durchgemacht hatte. Zu mehreren Sitzungen wurden Granulationen aus der Paukenhöhle und auch der cariöse Hammer entfernt. Nachdem Paralyse des Facialis und Recidive der Granulationen in der Paukenhöhle eintraten, wurde der Warzenfortsatz aufgemeisselt. Relative Heilung. Nach Verlauf von 6 Monaten 2. Operation (Eröffnung der Narbe hinter dem Warzenfortsatz), bei der eine Knochenspange (ein Theil des Annulus tympanicus) und ein grosser Sequester entfernt wurde.

Der entfernte Sequester war vollständig mit Granulationen umgeben und stellt ein vorzügliches Präparat aller knöchernen Bogengänge und des hinteren Vorhoftheiles vor. Man sieht an dem demonstrirten Präparate keine Spuren von Spongiosa, und das knöcherne Gehäuse ist vollständig gut erhalten. Im Vorhof sind die 5 Oeffnungen, also die Mündungen der Bogengänge, deutlich sichtbar.

G. betont schliesslich die Seltenheit einer so vollständigen Elimination der knöchernen Bogengänge und behauptet, in der Literatur kaum einen ähnlichen Fall publicirt zu finden.

14. Herr Vohsen-Frankfurt a. M.: *Zur operativen Freilegung des Kuppelraumes.*

Vohsen meint, dass wir für die Fälle, in denen das Bedürfniss besteht, die laterale Wand des Kuppelraumes der Paukenhöhle vom Gehörgange aus radical zu entfernen, sei es nach oder ohne Ablösung der Ohrmuschel, bis jetzt kein zweckmässiges Instrument noch besitzen. V. hat ein solches construirt, und besteht dasselbe aus einer an einem winklig abgebogenen Handgriff befindlichen Trephine, die vom Elektromotor getrieben wird. Die Trephine läuft in eine Führungsröhre, die an ihrem vorderen Ende einen Einschnitt trägt, so dass die Trephine selbst freiliegt. Das Führungsrohr schliesst distal mit einem festen schmalen Ring ab, über den hinaus die Trephine nicht vordringen kann. An seinem proximalen Ende trägt das Führungsrohr einen Ring für den Zeigefinger des Operateurs. Der distale Ring wird in den Kuppelraum eingeführt; was zwischen ihm und der Trephine liegt, wird rasch und leicht durchschnitten.

An einem vorgelegten Präparate zeigt sich durch zweimaliges Eingehen der Kuppelraum völlig freigelegt. Bei der Raschheit des Verfahrens konnte es in einem Falle ohne Narkose mit Erfolg angewendet werden. Da jedoch meist ein zweimaliges Eingehen erforderlich sein dürfte, empfiehlt sich die Narkose. [1]

15. Derselbe: *Zur Gehörgangsplastik.*

Zur Sicherung des Lappens dient eine Hautknochennaht, welche Vohsen folgendermaassen ausführt: Durch den Knochen wird eine Bohrnadel in beliebiger Länge geführt, die durch den Elektromotor bewegt wird; am distalen Ende trägt die Nadel einen Einschnitt, in den vermittelst eines Fadenfuhrers Catgut gebracht wird, das durch Zurückziehen der Nadel in dem Knochenkanal liegt; der Faden wird alsdann entweder über dem Lappen geknüpft oder durch die beiden unteren Lappenzacken durchgeführt und dann geknüpft. Die Uebersichtlichkeit der Wundhöhle ist nach dieser Art der Lappenfixation eine vortreffliche. Die Ränder der Lappen rollen nicht ein, und der Lappen kann unter dem Tampon nicht verschoben werden.

16. Herr Seligmann-Frankfurt a. M.: *Zur Therapie der subjectiven Gehörsempfindungen.*

Seligmann demonstrirt einen maschinellen Ersatz zum Betrieb des Siegle'schen Trichters, bestehend aus einer Pumpe an Stelle des luftverdünnenden Ballons, einem den Kolben der Pumpe bebenden Elektromotor zum Anschluss an Accumulatoren oder Centralleitung.

Häufigere Anwendung der Luftverdünnung im äusseren Gehörgange bei Sclerose des Mittelohres hat mehr oder weniger vorübergehende Beseitigung des Ohrensausens, niemals aber eine Besserung der Schwerhörigkeit bewirkt.

Discussion: Herr v. Stein-Moskau: Ich wende nach Prof. Maklakoff die elektrische Feder von Edison an, welche mit einer Röhre armirt ist. Das distale Ende ist mit Gummimembranen überzogen. Durch Aufblasen erhält man eine Gummiblase, welche, auf das Trommelfell applicirt, keinen Schmerz verursacht. Damit erziele ich, wie mit der Lucae'schen Drucksonde, eine Localisation der Wirkung, was in einigen Fällen wünschenswerth ist, da das Ausaugen eine allgemeine Affluxion des Blutes bewirkt.

17. Herr Katz-Berlin: *Demonstration von anatomischen Präparaten.* [2]

1. Querschnitt durch die erkrankte Schnecke.

Tuberculöse, wallartig geschwollene Schleimhaut der medialen Paukenhöhlenwand, in welcher man mehrere umschriebene Tuberkel, zum Theil mit centraler Verkäsung, sieht; Zerstörung des Promontoriums an einer kleinen

---

1) Die Instrumente --- Trephine mit Führungsrohr — sind in 3 Grössen von Braunschweig in Frankfurt a. M. zu beziehen.

2) Die Präparate wurden eingesendet und von den Anwesenden besichtigt.

Stelle bis zum Endosteum der Schnecke, welche sich abgehoben hat; innerhalb der Schnecke, besonders in der Scala vestibuli fibrinöse Entzündung. Corti'sches Organ aufgequollen, theilweise destruirt; Membrana Reisneri mit Rundzellen reichlich bedeckt, gegen die Scala vestibuli stark vorgebaucht. Stria vascularis in ihrer zelligen Verbindung stark gelockert und mit Rundzellen infiltrirt; Nervus cochleae wenig alterirt. Nirgends noch Zeichen einer Neubildung von Bindegewebe. Der Vorhof zeigt ebenfalls an den verschiedensten Stellen zellige Infiltration: Steigbügel theilweise cariös zerstört, hängt nur noch locker im ovalen Fenster; Trommelfell, Hammer und Amboss fehlen. — Der 40jährige Pat. war beiderseits vollständig taub; Stimmgabel vom Scheitel und Warzenfortsatz nur als Vibration empfindend.

2. Querschnitt durch die tuberculös entartete Schnecke auf der anderen Seite; innerhalb der Scala vestibuli an der basalen Schneckenwindung ein tuberculöses Infiltrat, welches zum grössten Theil verkäst ist; Promontoriumswand theilweise bis auf das Endosteum von einer (ca. 1,5 Mm.) im Quadrat) Stelle zerstört; die Schleimhaut der Paukenhöhle wallartig geschwollen, in derselben einzelne umschriebene Tuberkel sichtbar mit wenigen Riesenzellen.

3. Querschnitt durch das ganze Labyrinth eines 62jährigen taubstummen Mannes. Totale Atrophie des Nervus cochleae innerhalb des Modiolus und zwischen den Platten der Lamina spiralis ossea; die letztere auffallend verdünnt, wie dies regelmässig bei lange Zeit bestehender Atrophie des Nervus cochleae beobachtet wird. Innerhalb des Porus acusticus int. sind die Nervenfasern vorhanden, jedoch verschmälert; die Ganglienzellen im Canalis spiralis fehlen vollständig. Entzündliche Erscheinungen oder deren Producte innerhalb der Schnecke fehlen; Corti'sches Organ atrophisch. Im Vorhof zeigen sich die Nerven der Säckchen unwesentlich verdünnt. Der ganze Paukenapparat, spec. Steigbügel und Ringband intact, ebenso das Trommelfell.

4. Querschnitt durch eine erkrankte Paukenhöhle.

Es handelt sich um ein ca. bohnengrosses Cholesteatom des Atticus, welches von einer Perforation der Shrapnell'schen Membran seinen Ausgang genommen hat. Das Cholesteatom hat seine Zapfen auch an's Hammer-Amboss-Gelenk ausgesandt, wodurch es zu einer Eröffnung des Gelenkes gekommen ist; nach hinten erstreckt es sich bis an den Aditus ad antrum. An einigen Stellen liegt die Matrix des ziemlich runden Cholesteatoms mit einem Kissen von lockerem Bindegewebe, in welchem sich mehr oder weniger grosse runde oder ovale ein- und vielkernige Zellen in reichlicher Menge vorfinden. Die verschieden grossen Zellen sehen theilweise wie Riesenzellen aus, viele haben ungefähr die Grösse der bipolaren Ganglienzellen im Rosenthal'schen Kanal. Manche der grösseren Zellen machen geradezu den Eindruck von Protozoen; eine Entscheidung möchte jedoch Katz vorläufig noch nicht machen. Der Pat., welchem das Präparat angehörte, hatte auch auf dem anderen Ohre ein Cholesteatom, welches sehr umfangreich war und das Tegmen tympani und den Sinus sigmoideus durchbrochen hatte.

5. Corti'sches Organ eines Kaninchens. Querschnitt durch die Schnecke.

Man sieht die radiären Fasern quer durch den Tunnel zu dem unteren Ende der äusseren Stäbchenzellen ziehen. Die Stäbchenzellen stecken in dem zangen-becherförmigen Gebilde, welches, wie K. früher beschrieben hat, mit den Stützfasern innerhalb der Deiters'schen Zellen eng zusammenhängen. Das zangen-becherförmige Gebilde ist an seinem oberen Theil in der Richtung gegen den Tunnelraum offen, und durch diesen offenen Raum treten die radiären Nervenfasern zu dem unteren Ende der Stäbchenzellen. Das Ende des Nervus cochleae umgiebt kelchartig das untere Ende der Stäbchenzellen. — Am Zupfpräparat der Maus, bei dem eine Formalin-Conservirung vorangegangen ist, hat K. dieses kelchartige Ende des Nervus cochleae als grobgranulirte Masse an den unteren Enden der Corti'schen Zellen Stäbchenzellen) deutlich sehen können.

6. Querschnitt durch das Labyrinth eines siebenjährigen taubstummen Kindes.

Die Nervenfasern innerhalb des Modiolus sind atrophisch, besonders in der unteren Schneckenwindung, wo gar keine Faser deutlich sichtbar ist; die Ganglienzellen im Canalis spiralis erheblich vermindert; Corti'sches Organ verkümmert; Utriculus und Sacculus sind wohl ausgebildet, jedoch die Nerven ebenfalls atrophisch; die Ganglienzellen in der Intumescentia ganglionaris Scarpae dagegen sehr gut conservirt und intact; die Lamina spiralis ossea nur unwesentlich verdünnt, der Paukenapparat war ganz normal.

Nachtrag.

Als Nachtrag mögen die fünf folgenden Vorträge dienen, welche in gemeinsamen Sitzungen mit anderen Abtheilungen gehalten wurden.

18. Herr Oppenheim-Berlin: *Die Differentialdiagnose des Hirnabscesses.* [1]

Oppenheim beschränkt sich auf die Erörterung der Hirnabscesse traumatischer und otitischer Aetiologie; die metastatischen Abscesse schliesst O. aus. Bei traumatischen Abscessen müssen vom differential-diagnostischen Standpunkte in Betracht gezogen werden: 1. traumatische Meningitis, 2. traumatische Apoplexie, besonders die traumatische Spätapoplexie, 3. traumatische Encephalitis haemorrhagica non purulenta, 4. traumatischer Tumor, 5. traumatische Epilepsie, 6. traumatische Neurosen: Hysterie, Neurasthenie und Friedmann'scher vasomotorischer Symptomencomplex. Als otogene Hirnkrankheiten und Symptomencomplexe werden bezeichnet: 1. die Hirnsymptome uncomplicirter Otitis media mit Einschluss des Menière'schen Schwindels, 2. der extradurale Abscess, 3. die Sinusthrombose, 4. die Meningitis cerebrospinalis purulenta circumscripta et diffusa, 5. die Meningitis serosa, 6. Hirnsymptome infolge der Aufmeisselung des Warzenfortsatzes.

O. legt seine Schlussfolgerungen auf Grund von 35 einschlägigen Beobachtungen nieder.

In der Discussion betont Herr Leutert den differentiell-diagnostischen Werth der Lumbalpunction bei Meningitis und Sinusthrombose; Herr Eulenstein erörtert einen Fall von Hirntuberkeln und Erweichungsherd nach vorhergegangener Ohreiterung, um die Schwierigkeit des Unterschiedes zwischen Hirntumor und Abscess zu bekräftigen; Herr Körner betont den grossen Unterschied des Symptomencomplexes bei Kindern und Erwachsenen.

19. Herr Guye-Amsterdam: *Ueber die Behandlung von Eiterungen der Nebenhöhlen der Nase mit dem Menthol-Insufflator und dem Politzer'schen Verfahren.* [2]

Hartmann machte zuerst die Bemerkung, dass mit dem Politzer-schen Verfahren nicht nur in die Paukenhöhle, sondern auch in die Nebenhöhlen der Nase die Luft eingetrieben wird; H. war auch der Erste, der mit dem Menthol-Insufflator Luft durch den Katheter in die Paukenhöhle getrieben hat. Seit einigen Jahren combinirte nun Guye diese 2 Angaben, und zwar mit sehr gutem Erfolg. G. bestreitet zuförderst die Bedenken, die in den letzten Jahren gegen das Politzer'sche Verfahren angeführt wurden, und theilt dann 4 Fälle mit, in welchen der Nutzen desselben, combinirt mit der Anwendung des Menthol-Insufflators, sehr auffallend war. Nach G. besteht der Nutzen des Politzer'schen Verfahrens hauptsächlich darin, dass

---

1) Gemeinsame Sitzung der Abtheilungen: Ohrenheilkunde, Neurologie und Psychiatrie am 22. Sept. Vormittags. — Der Vortrag ist Berliner klin. Wochenschr. Nr. 45. 1896 in extenso mitgetheilt.

2) Gemeinsame Sitzung der Abtheilungen: Otologie und Rhino-Laryngologie am 22. Sept. Nachmittags.

durch Schwellung der Ausführungsgänge der Nebenhöhlen diese abgeschlossen sind, und die darin enthaltene Luft von dem Blute resorbirt wird. Es erfolgt dann eine Hyperämie und eine Exsudation ex vacuo. Dieses Vacuum wird durch das Politzer'sche Verfahren aufgehoben, und zwar mit dem besten Erfolg. Die Gefahren des Verfahrens sind dreierlei Art: 1. dass die eingeblasene Luft im Ballon stagnirt hat, somit Staub und Krankheitskeime enthalten kann; 2. dass pathologische Producte, Schleim und dergl., aus der Nase in die Nebenhöhlen getrieben werden können; 3. dass Secrete aus der Paukenhöhle in das Antrum mastoideum getrieben werden.

Ad 1 will G. gestehen, dass er oft mit misstrauischem Blick den grossen klassischen Ballon betrachtet hat, den viele Collegen noch immer gebrauchen. Er benutzt darum seit vielen Jahren hierzu ausschliesslich den Menthol-Insufflator, welcher mit einer kleinen Wattekammer versehen ist, wodurch die durchgetriebene Luft als sterilisirt betrachtet werden kann. — Ad 2 übt G. das Politzer'sche Verfahren nie aus, ohne vorher die Nase mit Salmiak-Salzlösung durchgespritzt, und wenn dazu Veranlassung vorliegt, den Nasenrachenraum mit einem Sublimattampon ausgewischt zu haben. — Ad 3 gilt es eine Gefahr, welche man stets im Auge behalten muss, hauptsächlich wenn keine spontane Trommelfellperforation zu Stande gekommen ist. In solchen Fällen hat G. oft dem Politzer'schen Verfahren eine Paracentese des Trommelfelles vorangehen lassen, und zwar mit dem befriedigenden Erfolge, dass das Secret aus der Trommelhöhle in den äusseren Gehörgang geschleudert wurde. Mit diesen Vorsichtsmaassregeln hat G. noch nie durch das Politzer'sche Verfahren Schaden entstehen sehen. Das einzige ist, dass, wenn Patienten selbst das Verfahren mit dem Menthol-Insufflator üben, sie dann und wann etwas schwindlig wurden; G. hat ihnen dann gerathen, es mit leichterem Drucke zu machen, und dann blieb der Schwindel aus.

Die vier mitgetheilten Fälle sind in Kürze folgende:

Eine Dame hatte sich bei der Explosion einer Spirituslampe das Gesicht verbrannt und hatte durch das Einathmen der Flamme Schwellung in der Nase bekommen. Nach 2 Wochen zeigte sie sich mit acutem Stirnhöhlenkatarrh beiderseits. Durchleuchtung mit negativem Erfolg; bei dem 2. Besuch ebenso. Nach dem Durchspritzen der Nase und Ausübung des Politzer'schen Verfahrens war das Resultat der Durchleuchtung in derselben Sitzung auf der einen Seite noch schwach, auf der anderen sehr deutlich positiv. Pat. wurde geheilt.

Der 2. Fall war eine ausgesprochene Influenza-Otitis auf beiden Ohren, auf dem einen mit einer spontanen Perforation, auf dem anderen nach einer Paracentese geheilt. Zu gleicher Zeit beiderseits acute Sinusitis in der Oberkieferhöhle mit täglicher Exacerbation der Schmerzen und der Röthe in der Infraorbitalgegend. Mit Einspritzungen und dem Politzer'schen Verfahren mit dem Menthol-Insufflator in einigen Wochen vollkommene Heilung.

Der 3. Fall war eine Sinusitis frontalis nach Erkältung. Pat. kam nach einer 3 Monate versuchten Behandlung anderen Ortes zu G., und da das Politzer'sche Verfahren nur schnell vorübergehenden Erfolg erzielte, wurde der Sinus frontalis nach der Methode von Kuhnt eröffnet. Die Höhle fand sich mit Granulationen und Eiter ausgefüllt. Mit dem Politzer'schen Verfahren konnte täglich die Luft durch die Stirnhöhle geblasen werden; der Fall endete mit Restitutio ad integrum.

Der 4. Fall war der einer alten Dame mit subacuter Sinusitis der rechten Stirnhöhle. Catheterismus der Stirnhöhle war eine Zeit lang ohne Erfolg versucht worden, als G. zur Consultation gerufen wurde. Er verschrieb Einspritzungen, Menthol-Einblasungen und Politzer'sches Verfahren, alles dreimal täglich. Sogleich entstand Linderung der Schmerzen, anfänglich nur vorübergehend, allmählich aber dauernd, und nach wenigen Monaten war Pat. geheilt.

20. Herr Körner-Rostock: *Ueber seröses Exsudat in der Kiefer höhle.*[1]

Körner empfiehlt zunächst zu diagnostischen Zwecken die Probeaushoborung der Kieferhöhle und demonstrirt einen hierzu geeigneten Apparat. — Ferner theilt K mit, dass er in der letzten Zeit auffallend häufig bei der Probepunction der Kieferhöhle klare, dünnflüssige Secrete gefunden hat. Das Hauptsymptom war stets Supraorbitalschmerz.

21. Herr Ewald-Strassburg: *Ueber die Beziehungen zwischen der excitabeln Zone des Grosshirnes und dem Ohrlabyrinth.*[2]

Ewald berichtet über die seit Jahren fortgesetzten Thierversuche, welche er an Hunden anstellte, indem er ihnen erst ein Labyrinth entfernte und nach fast vollständiger Ausgleichung der hierdurch entstandenen Störungen das 2. Labyrinth zerstörte; nach Rückbildung der hierauf erfolgten Störungen trägt nun E. die excitable Zone des Grosshirnes für das Vorder- und Hinterbein der einen Seite ab, wobei sich das Thier so verhält, als wäre der Eingriff an einem normalen Hunde ausgeführt worden, und endlich wird nach einigen Wochen die excitable Zone der anderen Seite zerstört, worauf turbulente Erscheinungen — der Hund kann nicht springen, laufen, gehen, stehen etc. — auftreten, aus welchen sich das Thier im Hellen erholt, im Dunkeln jedoch wieder unfähig wird, reflectorischen Gebrauch von seinen Extremitäten machen zu können. Dass trotz der Zerstörung der Labyrinthe die hierdurch bedingten physiologischen Ausfallserscheinungen allmählich verschwinden, erklärt E. in der Weise, dass die Functionen nur latent geworden, in Wirklichkeit aber nicht aufgehoben waren, und schliesst hieraus, dass der 8. Gehirnnerv akustische und nichtakustische Functionen hat; der Nervus cochlearis vermittelt vorzugsweise akustische, der N. vestibularis nichtakustische Functionen. Durch Fortnahme der Labyrinthe wird die absolute Muskelkraft herabgesetzt, den Bewegungen fehlt es an Präcision, und endlich fehlt das Muskelgefühl.

22. Herr Passow-Heidelberg: *Ueber den Nachweis der Simulation von Hörstörungen bei Militärpflichtigen.*[3]

In der Einleitung weist P. auf die Schwierigkeiten der Hörprüfungen im Allgemeinen hin, dass nur bei ausserordentlicher Geduld und Ruhe zuverlässige Resultate erzielt werden können. Alle Untersuchungen müssen wiederholt angestellt und durch Prüfungen an Gesunden und zweifellos Kranken controlirt werden. Unbedingtes Erforderniss ist ferner — dies wird von Nichtspecialisten leider noch immer nicht genügend berücksichtigt, — dass man sich durch genaue Untersuchung des Ohres, der Nase und des Nasenrachenraumes ein möglichst klares Bild über den Zustand dieser Organe bildet, bevor man der Frage der Simulation näher tritt.

Ausgehend von den für das deutsche Reichsheer geltenden Bestimmungen zählt P. im Weiteren die älteren und neueren Methoden auf, welche zur Entlarvung von Simulation, totaler Taubheit, einseitiger Taubheit und doppelseitiger Schwerhörigkeit angegeben sind, und hebt ihre Vorzüge und Mängel hervor. — Da die Kopfknochenleitung auch bei Flüstersprache nicht völlig auszuschliessen, einseitige Taubheit daher schwer zu constatiren ist, so kann es vorkommen, dass ein thatsächlich einseitig Tauber, wenn er correcte Angaben macht, auf dem tauben Ohr scheinbar noch hört und eingestellt wird. Es sollten ähnlich wie in Oesterreich nicht einseitig Taube, sondern schon einseitig Schwerhörige bis zu einer Hörweite von ca. 0,5—1,0 Mtr. für Flüstersprache untauglich zum activen Dienste sein Wirklich brauchbar für den Dienst sind solche Leute nicht, schon wegen der erschwerten Localisation des Schalles.

1) Gemeinsame Sitzung der Abtheilungen: Otologie und Rhino-Laryngologie am 22. Sept. Nachmittags.
2) Gemeinsame Sitzung sämmtlicher medicinischen Abtheilungen am 23. Sept — Der Vortrag ist Berliner klin. Wochenschr. Nr. 42. 1896 in extenso mitgetheilt.
3) Abtheilungen für Militär-Sanitätswesen, am 24. Sept.

In Fällen, in denen es zweifelhaft ist, ob einseitige Taubheit besteht, leistet Bloch's neuerdings angegebenes Verfahren (Zeitschr. f. O. Bd. XXVII) gute Dienste. — Giebt ein Mann stets mit Bestimmtheit an, dass der ihm durch einen Doppelschlauch in beide Ohren geleitete Ton einer Stimmgabel lauter wird, wenn man den zum kranken Ohr führenden Schlauch schliesst, leiser, wenn man ihn öffnet, so ist er sicher einseitig taub. Die Teuber-schen Doppelröhren führen nicht immer zum Ziel, auch ist die Methode recht umständlich; auch Coggin's, Voltolini's und Müller's Methoden haben Fehler. Frei davon ist ein neuerer Apparat von Lauterbach (Wiener med. Presse 1895) ebenfalls nicht. Derselbe beruht auf einem ähnlichen Princip, wie der Teuber'sche, ist aber einfacher und in manchen Fällen, wie P. sich überzeugte, mit Erfolg anwendbar; einige kleine Fehler in der Construction müssten noch geändert werden. Glücklich ist der Gedanke L.'s, dem gesunden Ohre das leise Ticken einer Taschenuhr, dem kranken ein lauteres Geräusch zuzuführen. Der Simulant lässt sich verleiten, anzugeben, dass er das laute Geräusch hört.

Was die Moos'sche Methode anbelangt, so hat sich P. bei seinen Versuchen gewundert — es ist darauf schon von Heller u. A. aufmerksam gemacht —, wie oft Leute, an deren Glaubwürdigkeit nicht zu zweifeln ist, die bestimmte Angabe machen, dass sie die auf den Scheitel gesetzte Stimmgabel nicht mehr hören, wenn das gesunde Ohr verschlossen wird. Die Methode lässt einen viel weniger sicheren Schluss auf die Glaubwürdigkeit des Untersuchten zu, als man meinen sollte.

Bei Besprechung des für die Simulation von doppelseitiger Schwerhörigkeit angegebenen Verfahrens, von denen das Burchardt'sche noch am zuverlässigsten ist, weist P. darauf hin, dass auch hierfür die Bestimmungen der Dienstanweisung zu streng sind. Es macht doppelseitige Schwerhörigkeit von 4—1 Mtr. Flüstersprache untauglich zum Eintritt in das active Heer. Demnach würde ein Mann, der auf einem Ohr noch auf 5—4 Mtr. Flüstersprache hört, auf dem anderen nur auf 3—1 und 0,5 Mtr., tauglich sein. Bei der Truppe führen solche Leute eine unglückliche Existenz und sind für die Compagnie kein Gewinn. — Um Ungleichheiten in den Attesten zu vermerken, müsste es Bestimmung sein, dass die verwertheten Zahlen in Klammern beigefügt werden.

XVI

Bericht über die 6. Versammlung der Deutschen otologischen Gesellschaft am 4. und 5. Juni 1897 zu Dresden.

Von

Prof. K. Bürkner.

I. Sitzung.

Freitag, 3. Juni Vormittags.

Der Vorsitzende, Herr Zaufal-Prag, ertheilt zunächst das Wort dem Hofrath Grenser-Dresden, welcher die Versammlung im Namen der Gesellschaft für Natur- und Heilkunde zu Dresden bewillkommnet. Der Vorsitzende dankt dem Redner in warmen Worten und verleiht seiner lebhaften Genugthuung Ausdruck, dass die Aerzte Dresdens der Deutschen otologischen Gesellschaft so freundliches Interesse entgegenbringen.

Sodann dankt der Vorsitzende im Namen der Gesellschaft dem Präsidenten des Königl. Sächs. Landesmedicinalcollegiums, welcher die Räume seiner Behörde für die Sitzungen und die reich beschickte Instrumentenausstellung zur Verfügung gestellt habe.

Zum geschäftlichen Theile der Sitzung übergehend, verkündet Herr Zaufal, dass der Ausschuss für das Jahr 1897/98 Herrn Siebenmann-Basel zum Vorsitzenden, Herrn Bezold-München zum stellvertretenden Vorsitzenden, Herrn Walb-Bonn zum 2. Schriftführer gewählt habe.

Die Zahl der Mitglieder beläuft sich nach dem Austritt zweier und der Aufnahme von 35 neuen Mitgliedern auf 175. Die Namen der Neuaufgenommenen werden verlesen.

An Stelle des verhinderten Schatzmeisters, Herrn Oskar Wolf-Frankfurt a. M., verliest Herr Bürkner-Göttingen den Cassenbericht. Nach Prüfung der Rechnung und der vorgelegten Belege durch die Herren Barth-Leipzig und Schmaltz-Dresden wird dem Schatzmeister Decharge ertheilt.

Als Ort für die nächste, vor Pfingsten 1898 abzuhaltende Versammlung wird von der Mehrheit der Versammlung Würzburg gewählt.

Wissenschaftliche Sitzung.

1. Herr Manasse-Strassburg i. E.: *Ueber knorpelhaltige Interglobularräume in der menschlichen Labyrinthkapsel.*

Der Vortragende berichtet über ein eigenthümliches System von Hohlräumen, welche bei Individuen jeglichen Lebensalters fest in die knöcherne Kapsel des Labyrinthes eingebettet sind, theils runde, theils längliche Form besitzen, meist jedoch lange, weitverzweigte Strassen bilden, deren Ausläufer miteinander communiciren. Die Wand der Hohlräume besteht aus fester Knochensubstanz, von der aus massenhafte knöcherne Buckel und Kugeln (Globuli) in das Innere vorspringen. Der Inhalt dieser von Knochenkugeln umsäumten Hohlräume besteht aus hyalinem Knorpel, welcher verkalkt ist. Die Hohlräume besitzen keine nähere Beziehung zu den Gefässen und gehen häufig in compacte Knochenstränge über, indem die Globuli sich immer näher treten.

Mit der Untersuchung der Beziehungen der Interglobularräume zur fötalen, resp. kindlichen Ossification des Labyrinthes ist der Vortragende noch beschäftigt.

Discussion: Herr Scheibe-München bestätigt die Ausführungen des Vortragenden und hat ebenfalls regelmässig diese Knorpelinseln gesehen.

Herr Barth-Leipzig erwähnt, dass Waldeyer ihn im Jahre 1883 auf das regelmässige Vorkommen von Knorpelinseln selbst in Felsenbeinen ältester Leute aufmerksam gemacht habe.

Herr Habermann-Graz hat diese Knorpelinseln bei ihrem fast regelmässigen Vorkommen in der eigentlichen knöchernen Labyrinthkapsel für einen normalen Befund gehalten und sie als Reste der ursprünglichen periotischen Kapsel angesehen, welche, wie Gradenigo angegeben hat, nach innen und hinten in directem Zusammenhange mit der knorpeligen Anlage der Schädelbasis steht. Ein von Manasse citirter, vom Redner publicirter Fall bezog sich auf einen pathologischen Befund, indem ein Knorpelherd im untersten Theile der Spongiosa des Felsentheiles lag; in einem anderen Falle fand Redner bei einem rhachitischen Kinde mit Hydrocephalus einen grösseren Knorpelherd zwischen den Bogengängen.

Herr Katz-Berlin kann die Mittheilungen des Herrn Manasse bestätigen, er hat regelmässig in allen untersuchten knöchernen Labyrinthkapseln Knorpelräume gefunden, welche er als Reste des embryonalen Knorpels auffasst.

Herr Manasse-Strassburg i. E. ist zwar erfreut, dass die Befunde von Knorpel in der Labyrinthkapsel auch von anderer Seite bestätigt werden, muss jedoch bemerken, dass es auf den Knorpel allein nicht ankommt, sondern ebenso auf die Globuli ossei und die Beziehungen beider zu einander.

2. Herr Bezold-München: *Die Abschwingungscurve der Stimmgabeln.*

Wenn wir die Zeit, in welcher irgend eine Stimmgabel vor dem normalen Ohre abschwingt, mit 1 bezeichnen, so können wir die bei Schwerhörigen gefundene Hörzeit als Bruchtheil von 1 bestimmen und verschiedene Grade von Schwerhörigkeit, welche wir mit verschiedenen Stimmgabeln geprüft haben, untereinander vergleichen. Die gemessene Zeit steht aber nicht in einem einfachen, sondern in einem complicirten Verhältnisse zu der Hörempfindlichkeit des Ohres. Unerlässlich für eine richtige Abschätzung der Maasse, welche wir durch die Bestimmung der Hörzeit gewinnen, ist der Satz, dass die Stimmgabel, wie jeder in einem elastischen Medium tönende Körper, nicht in arithmetischer, sondern annähernd in geometrischer Progression abschwingt. Das logarithmische Decrement bleibt, abgesehen von den starken ersten Schwingungen, beim Abschwingen bis zum Ende ungefähr das gleiche. Wenn man die successive Abnahme der Amplitude in gleichen Zeiteinheiten graphisch darstellt, so erhält man nicht eine gerade Linie wie für den successiven Ablauf der Hörzeit, deren Dauer wir messen, sondern eine Curve, welche Anfangs sehr rasch in verticaler Richtung absinkt, um gegen das Ende sich immer langsamer der Horizontalen zu nähern.

Der Vortragende hat den Physiker Dr. Edelmann angeregt, eine Anzahl von Stimmgabelmessungen vorzunehmen, deren Curven er der Versammlung vorlegt zugleich mit einer Curve, welche nach Edelmann's Versuchen allen Stimmgabeln gemein ist.

Das Resultat der Untersuchungen von Edelmann lautet: „Wenn man beobachtet 1., B = der Zeitdauer der Wahrnehmbarkeit des Tones von dem Moment an, in dem man die Gabel möglichst stark erregte, bis zu dem Momente des Erlöschens des Tones; 2 , A = der Zeitdauer vom Moment möglichst starken Antriebes bis dahin, wo die Amplitude um $^2/_3$ abgenommen hat, dann ist das Verhältniss $\frac{B}{A}$ bei allen Gabeln, mögen dieselben belastet sein oder nicht, das gleiche. Mit anderen Worten: Bei Abnahme der Schwingungsamplitude vom Maximum der Elongation bis zum Verschwinden der Vibrationen folgen alle Gabeln dem gleichen Gesetze mit einer wahrscheinlichen Genauigkeit von mindestens 6°/o."

Discussion: Herr Rudolf Panse-Dresden fragt den Vortragenden, ob bei Stimmgabeln verschiedener Höhe der Punkt, bei dem nicht mehr gehört wird, der gleichen Amplitude entspreche?

Herr Barth-Leipzig glaubt, diese Frage zum Theil beantworten zu können; die Zeitdauer, während welcher eine stark angeschlagene Stimmgabel vom normalen Ohre gehört werde, stimme beinahe genau überein mit der Zeit, während welcher das 10—20fach vergrösserte Bild der schwingenden Stimmgabel noch Elongationen zeige, so dass man danach berechtigt sei, die Schärfe der Wahrnehmung zwischen Auge und Ohr gleich zu setzen.

3. Herr Barth-Leipzig: *Einiges über unsere Instrumente und Untersuchungsmethoden.*

Der Vortragende tadelt die an vielen Instrumenten angebrachten ungeschickten Handgriffe, besonders die abgebogenen, die oft bei feinen Arbeiten hinderlich sind; ferner die Unzweckmässigkeit und Ungleichmässigkeit der Ansatzstücke bei Ohreathetern. Firmenstempel seien auf den Instrumenten nicht anzubringen. Nicht allein die von Ohrenärzten verwendeten Stimmgabeln seien ungleich, sondern oft auch das Vorgehen bei Hörprüfungen, so dass es in den Veröffentlichungen manchmal schwer sei, dass einer den anderen verstehe.

Der Vortragende beantragt, dass der Ausschuss der Gesellschaft oder, wenn dieser schon mit Arbeiten überhäuft sei, eine zu wählende Commission geeignete wissenschaftliche oder praktische Fragen aus eigener Initiative oder im Auftrage des Vorstandes oder der Gesellschaft bearbeiten, darüber bei der Jahressitzung referiren und geeignete Themata zur Beschlussfassung vorlegen solle.

Für den Fall der Annahme dieses Antrages schliesst der Vortragende den 2. Antrag an, dass für das nächste Jahr der Ausschuss oder die zu wählende Commission berichten solle: „Ueber Hörprüfungsmittel und die praktische Hörprüfung." In Bezug auf die Letztere sollen zugleich Normen zur Abstimmung vorgeschlagen werden.

In der Discussion ergiebt sich, dass der erste Antrag auf lebhaften Widerspruch stösst; Herr Barth stellt deshalb den neuen Antrag, zunächst nur für das nächste Jahr eine Commission von 8 Mitgliedern zu wählen, welche eine Norm für die praktische Ausführung der Hörprüfungen zur Discussion und Beschlussfassung vorlegen soll.

Die Mehrheit beschliesst demgemäss und ernennt zu Mitgliedern der Commission die Herren Barth-Leipzig, Bezold-München, Panse-Dresden, Schwabach-Berlin und Dennert-Berlin.

4. Herr Körner-Rostock: *Demonstrationen zur Anatomie des Schläfenbeines.*

Herr Körner demonstrirt:

1. Präparate über die Lage des Sinus transversus. Dieselben sind mit den amerikanischen Zahnbohrmaschinen hergestellt. Der Sulcus sigmoideus ist von der Aussenseite des Knochens her so freigelegt, dass nur noch die ihn bildende Lamina vitrea stehen geblieben ist.

2. Einen Kinderschädel mit beiderseits symmetrischer Nekrose des ganzen Warzenfortsatzes und des Labyrinthes.

5. Herr Denker-Hagen i. W.: *Demonstration von Corrosionspräparaten des Säugethierohres.*

Der Vortragende demonstrirt Ausgusspräparate von den Gehörorganen des Gorilla, welche eine hervorragende Aehnlichkeit mit den Präparaten des menschlichen Ohres erkennen lassen; besonders auffallend ist die Uebereinstimmung bezüglich der lufthaltigen Räume des Warzenfortsatzes, die überhaupt ausser dem Menschen nur bei den anthropoiden Affen vorkommen. Das vom Eisbären stammende Präparat hat eine gewisse Aehnlichkeit mit dem früher schon demonstrirten des Pferdes; auffallend ist darin ein weiter,

quer über den knöchernen Gehörgang verlaufender Kanal, dessen Bedeutung
der Vortragende noch nicht feststellen konnte. Die Kleinheit des vom Riesenkänguru stammenden Präparates zeigt, dass die Grösse der Hohlräume des
Ohres absolut nicht in directem Verhältniss zur Grösse des Thierkörpers steht.
Die vordere Hälfte der oberen äusseren Paukenhöhlenwand ist beim Riesen-
känguru häufig; nach Entfernung der Membran liegt der Hammerkopf frei.
Beim Leopard erscheinen die übrigen Hohlräume des Ohres gegenüber der
colossalen Bulla ossea klein; ein äusserer knöcherner Gehörgang fehlt.
Ferner zeigt der Vortragende Präparate vom Wasserschwein und vom
Ameisenbär; bei Letzterem wie beim Walross, beim Eisbären, beim
Seehund und beim Riesenkänguru zeigt sich der Ausguss eines grossen
Hohlraumes, welcher wahrscheinlich dem Ductus subarcuatus entspricht und
in dessen Wandungen sich ganz oberflächlich die halbzirkelförmigen Kanäle
befinden. Die Ohrlöcher des Seehundes sind mit verschliessbaren Klappen
versehen; der knöcherne Gehörgang und die Tube weisen grosse Dimensionen
auf. Auch der Gehörgang des Walrosses ist sehr lang und weit. —

6. Herr Kümmel-Breslau: *Referat über die Neubildungen des Ohres.*

Redner verbreitet sich zunächst über die Aetiologie der Geschwulstbildung und hebt besonders das fast regelmässige Bestehen einer Ohreiterung
hervor. Den Sammelbegriff der „Ohrpolypen" empfiehlt Redner, am besten
ganz fallen zu lassen; abgesehen von den seltenen wahren Fibromen, Angi-
omen und verwandten Tumoren handele es sich durchweg um Granulome
und deren Verwandlungsproducte, deren Dasein an einen Entzündungsprocess
und die damit einhergehende Bildung gefässreichen jugendlichen Bindege-
webes gebunden ist. Veranlassende Momente sind in erster Linie Fremdkörper, wie abgestorbene Gewebspartikel, Cholesteariokrystalle, nekrotische
Knochenstückchen; ferner chemische oder infectiöse Reizungen und mechanische Einwirkungen, welche zur Stauungshyperämie führen. Die Stielbildung,
welche zur Bezeichnung der Granulome als Polypen geführt hat, ist auf das
Herauswachsen des Tumors aus einem engen Raume in einen weiteren zurückzuführen. Da das Endproduct der Granulome Bindegewebe ist, so ist
es natürlich, dass vielfache Uebergänge zwischen Granulations- und fibrösem
Gewebe gefunden werden. Die Form ihres Epithels wechselt; bald ist es
flimmerndes oder nicht flimmerndes Cylinderepithel, bald ein- oder mehr-
schichtiges Plattenepithel, je nachdem der Ueberzug der Ursprungsstelle gestaltet war. Geschichtetes Plattenepithel kann bei Ursprung von epidermis-
tragenden Flächen von Anfang an vorhanden sein oder secundär durch
Metaplasie entstehen, wobei allerlei Reize, wie Einwirkung der Luft, eine
Rolle spielen.

Die in der Paukenhöhle beobachteten Fibrome sind alle nicht ganz
einwandfrei; sicher als wahre Fibrome sind die im Gehörgang und an der
Muschel vorkommenden sehr festen fibrösen Tumoren aufzufassen. Hierher
gehören auch die Keloide des Lobulus. Angiome kommen vor in den
Formen des Naevus vasculosus, des Teleangiectasie und des Angioma cavernosum. Sehr selten sind Aneurysmen. In einem vom
Redner beobachteten Falle von Aneurysma racemosum der art. auricul.
post., welches sich in die tiefe Halsmusculatur hineinerstreckte, bestand ein
mit dem Pulse isochrones Geräusch, welches durch Druck auf eine bestimmte
Stelle des Warzenfortsatzes zum Verschwinden gebracht und durch Exstirpation der Neubildung beseitigt wurde.

Chondrome sind, von den kleinen congenitalen Auricularanhängen
abgesehen, sehr selten; häufiger kommen Knochengeschwülste vor als
Ecchondrosis ossificans, Exostosis eburnea und Exostosis spongiosa. Lieblingssitze sind die beiden Enden des Gehörganges. Wohl von
ihnen zu unterscheiden ist die diffusere Hyperostose, welche vorwiegend
bei bestehenden Mittelohraffectionen beobachtet wird. Die typischen Exostosen dürften meist analog wie an den Epiphysengrenzen der Extremitäten-
knochen auf eine Wachsthumsstörung an den Wänden des Os tympanicum
zurückzuführen sein, für welche die Disposition in manchen Fällen durch
Familien- oder Raceeigenthümlichkeiten, d. h. durch erbliche Belastung ge-

schaffen oder gesteigert wird. Die Operation der Knochengeschwülste und
ihre Indicationen werden vom Redner eingehend besprochen.

Zu den seltenen Tumoren am Ohre gehören die Lipome und Myxome;
sehr unsicher ihrer histologischen Stellung nach sind die cystischen Tumoren der Ohrmuschel, welche dem Cholesteatome ähnlich sind. Ihr
Inhalt ist entweder serös oder zäh schleimig; sie beginnen zuweilen mit entzündlichen Erscheinungen, und man muss sie entweder als Erweichungs-
cysten des Ohrknorpels oder als seröse Perichondritiden auffassen.

Den Uebergang zwischen gutartigen Tumoren der Bindegewebs- und
der Epithelreihe bilden die Papillome, die aber nur selten vorkommen und
nicht immer leicht von Carcinomen zu unterscheiden sind. Von cystischen
Epithelialtumoren werden Milien, Comedonen und ähnliche Reten-
tionscysten beobachtet, welche selten Gegenstand der Behandlung werden;
störend sind zuweilen die Atherome und Dermoidcysten, deren erstere
auf die Ohrmuschel beschränkt sind. Die Dermoidcysten sind congenitale,
durch Einstülpung von Epidermispartien beim Schluss fötaler Spalten entstandene Tumoren, ihr Inhalt besteht entweder aus festen, zwiebelschalen-
artig abgelagerten Epidermiszellen mit Haaren oder einer breiartigen, meist
auch Haare enthaltenden Masse.

Wahre Adenome, wie Klingel zwei beschrieben hat, sind sehr selten.

Was die Cholesteatome betrifft — eine Bezeichnung, welche der
Vortragende am liebsten fallen lassen möchte —, so ist allen den verschiedenen unter diesem Namen zusammengefassten Bildungen die Anhäufung von
platten, schüppchenartigen Zellen oder Zellproducten nach Art der Zwiebel-
schalen gemein. Die fraglichen Bildungen im Ohre können endothelialer oder
epidermoidaler Abstammung sein; erstere Abstammung ist etwas zweifelhaft.
Ein grosser Theil der im Ohre gefundenen sogen. Cholesteatome ist aber
überhaupt nicht als Neubildung, sondern als Product einer desquamativen
Entzündung aufzufassen; die wahren epidermoidalen Perlgeschwülste sind
viel seltener. Zu diesen primären Geschwülsten gehören auch die kleinen
Perlgeschwülste im Epitympanum, nach deren Entfernung häufig eine ganz
glattwandige, trockene Höhle zurückbleibt. Bei den desquamativen Producten handelt es sich um eine Ersetzung des niedrigen Epithels des
Mittelohres durch ein epidermoidales, meist vom Gehörgange eingewandertes
Epithel. Denkbar ist auch eine von innen heraus, ohne Einwanderung von
aussen, vor sich gehende Metaplasie, wie sie an der Nasenschleimhaut beobachtet ist. Auch die wahren Perlgeschwülste dürften wohl stets durch,
vielleicht im Laufe der Entwicklung eingeschlossene, Epidermiskeime entstehen; sie wären also als angeboren zu betrachten.

Die am Trommelfelle beobachteten Perlgeschwülstchen betrachtet Redner
nicht als „Cholesteatome", sondern als Hornbildungen; die gelegentlich in
Polypen gefundenen kugeligen „Cholesteatome" sind abgestossene, lebensun-
fähige und als Fremdkörper vom Granulationsgewebe aufgenommene Epi-
dermisschüppchen.

Von den eigentlichen bösartigen Geschwülsten ist äusserst selten am Ohre
das nur bedingungsweise maligne Endotheliom, dessen Geschwulstzellen
in eigenthümlich plexiformen Strängen, entsprechend den Lymphbahnen, an-
geordnet sind. Das charakteristisch bösartige Carcinom tritt als Cylinder-
und Plattenepithelgeschwulst auf; erstere Form ist sehr viel seltener als
letztere. Die Entstehung von Cancroiden aus der Mittelohrschleimhaut würde
eine vorherige Metaplasie des normalen Mittelohrepithels oder die bösartige
Degeneration einer wahren Perlgeschwulst voraussetzen. Sarkome scheinen
häufiger vorzukommen, als man früher anzunehmen geneigt war; am äusseren
Ohre handelt es sich vorwiegend um Spindelzellengeschwülste und Fibrosar-
kome, von der Paukenhöhle entspringen Rund- und Spindelzellensarkome,
daneben kommen auch Myxosarkome vor, die wohl von Resten des fötalen
Schleimpolsters ausgehen. Am seltensten sind die melanotischen Sarkome
und die Mischformen, von denen Theil als Endotheliome aufzufassen sein
dürften. Sarkome des inneren Ohres gehen alle von der Gegend des Acusticus aus und sind zunächst wohl stets intracraniell gelegen.

Discussion: Herr Treitel-Berlin legt das Präparat eines Ohr-carcinoms vor, dessen Träger er längere Zeit zu beobachten Gelegenheit hatte. Der Gehörgang war mit schnell wuchernden Granulationsmassen er-füllt. In situ sah man nach Herausnahme des intacten Gehirnes die linke hintere Schädelgrube bis zur Mitte von einer unregelmässigen weichen Masse ausgefüllt; nach Fortnahme derselben zeigte sich die Hinterfläche des Felsen-beines grösstentheils ulcerirt. Der Porus acusticus internus ist frei, der obere Bogengang scheint verschont zu sein, während die Sonde darunter in weiches Gewebe dringt. Der Sinus sigmoideus ist durch Tumormassen er-setzt, die sich nach hinten bis zur Mitte des Sinus transversus erstrecken, dessen Rest blutleer ist. Ebenso ist der Warzenfortsatz und der angrenzende Theil der Schuppe zum grossen Theile zerstört. Beim Entfernen der über dem Tegmen tympani festhaftenden Dura liegt die Paukenhöhle bloss; sie ist mit Tumormassen erfüllt; der Hammer scheint erweicht zu sein.

Herr Barth-Leipzig hat zweimal bei der Aufmeisselung des Warzen-fortsatzes zwischen Granulationen eingebettete zahlreiche, weissglänzende Bröckel gesehen. In dem 1. Falle misslang die nähere Untersuchung; neuerdings hat sich aber im 2. Falle feststellen lassen, dass es sich um kleinste Haufen epidermoider Zellen handelte. Ponfick erklärte die Massen als beginnendes Cholesteatom. Redner kann sich das Entstehen nur durch epidermoide Degeneration von zwischen den Granulationen stehen ge-bliebenen Resten der normalen Mittelohrauskleidung erklären.

Herr Walliczek-Breslau erwähnt, dass er selbst einmal ein Lipom an der Ohrmuschel eines Kindes operirt habe, und möchte gegenüber dem vom Vortragenden geäusserten Zweifel, dass Chondrome am Gehörorgane beobachtet seien, feststellen, dass er ein von der hinteren oberen Fläche des knorpeligen Gehörganges ausgehendes Chondrom gesehen habe.

Herr Leutert-Halle fragt Herrn Barth, weshalb er die erwähnten weissen Gebilde nicht für identisch mit den von ihm (Leutert) in operirten und nicht operirten Ohren gesehenen und mit Erklärung der Entstehung be-schriebenen gehalten habe?

Herr Jansen-Berlin zeigt ein Präparat von ausgeheiltem Carcinom, bei dem er ³/₄ Jahr vor dem an Bronchopneumonie erfolgten Tode die Neu-bildung aus dem Gehörgange, der Paukenhöble, dem Antrum und der Tube durch Radicaloperation entfernt hatte. Bezüglich des Cholesteatoms müssten noch bessere Unterscheidungsmerkmale zwischen den verschiedenen Arten dieses Krankheitsprocesses aufgefunden werden.

Herr Brieger-Breslau betonte, dass Angiome der Paukenhöhle zu verhängnissvollen Verwechselungen mit Polypen führen können; er erwähnt einen Fall, in welchem die Abtragung eines cavernösen Angioms eine lebens-gefährliche Blutung hätte zur Folge haben können. Bei Carcinomen des Mittelohres müsse wenigstens der Versuch einer Radicaloperation unter-nommen werden; eine solche wirke vorübergehend schmerzstillend. Hoch-gradige ausstrahlende Schmerzen können auch die Abtragung der sonst ihres langsamen Wachsthums wegen selten die Operation erfordernden Cancroïde der Ohrmuschel indiciren.

Exostosen seien nur in den Fällen zu operiren, in denen die radicale Freilegung der Mittelohrräume au sich indicirt ist. Sonst empfehle sich im Hinblick auf die schweren functionellen Schädigungen, welche ihrer Abtragung folgen können, ein mehr abwartendes Verfahren.

7. Herr H. Schmaltz-Dresden: Zur Aetiologie der Otitis externa.

Schmaltz greift aus der Menge verschiedener Krankheitsbilder, welche in den Rahmen der Otitis externa diffusa gehören, dasjenige heraus, welches dadurch charakterisirt ist, dass auf ein von gesteigertem Juckreiz eingeleitetes, von wechselnd starkem, im Ganzen aber mässig bleibendem Schmerz be-gleitetes acutes Stadium einer entzündlichen Hautschwellung, die meist rasch eine Anfangs wässerige, häufiger auch dünneiweissartige, später nur biswilen schwach eiterige Absonderung setzt, eine völlig entzündungslose Zwischen-pause folgt, während welcher sich im Gehörgang nur reichlich weisse Schüppchen abstossen, worauf in kürzeren oder längeren Intervallen eine verschieden grosse Reihenfolge von Recidiven auftritt, ohne dass es zu einem wirklich chronischen Verlaufe zu kommen pflegt. Besonders gern werden Leute von dieser Otitis befallen, deren Kopfhaut, bezw. Haarboden nachweislich schon länger seborrhoisch erkrankt war, und solche, die an Acne vulgaris der Gesichtshaut leiden, und zwar hört die Neigung zu Recidiven erst auf, wenn die Erkrankung der Kopfhaut mit Erfolg bekämpft worden ist. Der Vortragende bezeichnet diese Otitis, welche mit den erwähnten Hautkrankheiten des Kopfes in ursächlichem Zusammenhange steht, als Otitis externa seborrhoica und rechnet sie zu den mykotischen Entzündungsvorgängen.

8. Herr H. Schmaltz-Dresden stellt ferner einen Kranken vor, den er vor Jahresfrist operirt hatte. Der Kranke kam einer schmerzhaften Anschwellung am Warzenfortsatze wegen in Behandlung; die Anamnese ergab, dass er 14 Jahre früher bei Gelegenheit der Abgabe einer Ehrensalve einen Schlag hinter das betreffende Ohr erhalten hatte, worauf Blutung aus der entstandenen Hautwunde und dem Gehörgange erfolgt war. Weitere Beschwerden waren indessen nicht aus der Verletzung entstanden. Die Untersuchung ergab, dass bei Druck auf den sehr empfindlichen Warzenfortsatz Eiter aus dem Gehörgange quoll, dessen hintere Wand stark vorgewölbt war. Bei der Operation finden sich die Weichtheile in eine feste Schwarte umgewandelt, nach deren Spaltung ein zu zwei Dritteln seiner Länge im Knochen eingekeilter Fremdkörper zum Vorschein kommt: ein 32 Mm. langes, an der Basis 12 Mm., an der Spitze 6 Mm. breites Sprengstück eines Gewehrlaufes, welches bis ins Antrum vorgedrungen war. Austamponirung der ziemlich grossen Wundhöhle. Heilung.

9. Herr Katz-Berlin: *Pathologisch-anatomische Demonstrationen.*

Die von Katz vorgezeigten Präparate beziehen sich a) auf die anatomischen Verhältnisse im Bereiche der Nische des runden Fensters beim Menschen. Sägt man die der Nische gegenüberliegende hintere und untere Paukenhöhlenwand ab, so sieht man zuweilen unterhalb des eigentlichen Rahmens der Membr. tympani secundaria und im Bereiche der Nische eine mehr oder weniger tiefe Bucht, die sich nach vorn und unten zieht, „recessus sub fenestra rotunda", in welcher leicht Entzündungsproducte zurückgehalten werden können.

b) Ein mikroskopisches Präparat zeigt verzweigte Knorpelzellen im hyalinen Knorpel der Tube jugendlicher Individuen. Der Vortragende ist nicht geneigt, diese verzweigten Knorpelfortsätze auf Schrumpfungsvorgänge bei der Präparation zurückzuführen.

c) Mikroskopischer Durchschnitt durch eine secundär entzündete Schnecke. Die Fortleitung der Entzündung vom Mittelohre auf das Labyrinth war vom Vortragenden intra vitam festgestellt worden. Die Schleimhaut des Promontoriums zeigte sich an einer kleinen Stelle nekrotisch, und der darunter liegende Knochen war bis zum Endosteum der Skalen cariös ausgenagt. In der Schnecke beiderseits ziemlich reichliches fibrinöses Exsudat; Reissner'sche Membran gut erhalten, Corti'sches Organ zerfallen, im Ductus cochlearis diffuse Rundzellenanhäufung. Auch der Vorhof war entzündet.

d) Zwei mikroskopische Präparate, welche die Endausbreitung des Nerv. vestibuli in den Cristae und Maculae acusticae zeigen. Man sieht nach der Behandlung mit Hermann'scher Lösung und Holzessig aufs Deutlichste, wie der markhaltige Nerv excentrisch in die Macula eintritt, sodann marklos die Basalmembran durchbricht und zunächst senkrecht als ein äusserst fein gekörntes Fibrillenbündel zwischen den unteren Körpern der Stützzellen zu den Haarzellen aufsteigt, an deren unterem Ende er eine horizontale Richtung einschlägt und sich in einzelne kelchartig die unteren Enden der Haarzellen umgebende Bündelchen auflöst. In dem zweiten, mit Golgi'scher Lösung behandelten Präparate erkennt man innerhalb des Epithels der Maculae den senkrecht aufsteigenden Theil zwischen den Stützzellen, aus diesem hervorgehend ein horizontal verlaufendes, enges Nervengeflecht, und aus letzterem einzelne Nervenfasern an den Seiten der Haarzellen zuweilen bis zur

Limitans aufsteigend. Es existirt somit ein wirkliches Contactverhältniss zwischen Sinnesepithelien und Nerv.

e) An dem Schnittpräparate durch das Corti'sche Organ eines jungen Kaninchens zeigt sich die Ausstrahlung der äusseren Nervenfasern gegen das untere Ende der äusseren Corti'schen Zellen, resp. den Körper der Deiters-schen Zelle. Der Vortragende ist zu der Ueberzeugung gekommen, dass auch am Corti'schen Organ ganz dieselben Verhältnisse der Nervenendigung stattfinden wie am Sinnesepithel der Crista und Macula acustica. Die Sinnes-zelle ruht auf einer filzartigen Endausbreitung der äusseren radiären Nerven-fasern, welche den Raum zwischen der Basis der Corti'schen Zelle und dem vom Vortragenden früher beschriebenen zangen-becherförmigen Gebilde ausfüllen.

10. Herr Beckmann-Berlin: *Rachenmandel und Ohr.*

Der Vortragende fand bei der Berechnung der Zahl der Rachenmandel-Operationen aus etwa 30 der neuesten Jahresberichte der einschlägigen An-stalten, dass die Zahl bei den einzelnen Autoren zwischen 1 und 12 Proc. schwankt, als Durchschnitt etwa 8 Proc., eine Zahl, die der schon von Wilh. Meyer angegebenen (7,4 Proc.) ziemlich nahekommt. Aus dem Materiale seiner eigenen Poliklinik in den letzten 6 Jahren, das ca. 12000 Patienten umfasst, berechnet der Vortragende, dass er bei mittelohrkranken Kindern in 95 Proc. der Fälle, im Ganzen etwa in 50 Proc. aller Ohren-kranken die Rachenmandel entfernt hat.

Die wesentlichen in Betracht kommenden Erkrankungen sind die acuten Entzündungen, die Vergrösserung und die Herderkrankungen. Die acuten Entzündungen, die bisher so wenig beachtet worden sind, bilden die häufigste Erkrankung, die den Menschen trifft. Jeder typische, acute, infectiöse Schnupfen besteht in einer Entzündung der Rachenmandel, an der sich die Nase und die Luftwege überhaupt, sowie das Mittelohr secundär betheiligen. Diese acuten Entzündungen führen in Gemeinschaft mit einer gewissen er-erbten Disposition zur Vergrösserung der Rachenmandel und zu Herd-erkrankungen, die nun ihrerseits wieder die Entstehung von Entzündungen begünstigen.

Da somit die Rachenmandel den Angelpunkt der Erkrankungen der Luftwege und des Mittelohres darstellt, hat unsere Therapie zunächst hier einzusetzen.

Der Vortragende geht dann näher auf den Tubenmechanismus ein und betont, dass, während man sich früher vorstellte, dass die adenoiden Zapfen direct die Tubenmündung verschlössen oder einen chronischen Tubenkatarrh bewirkten, die Verlegung des Tubenostiums vielmehr dadurch zu Stande komme, dass die vergrösserte Rachenmandel eine ausreichende Auf- und Einwärtsbewegung der oberen Tubenlippe hindert. Auch kann durch die dauernde Behinderung und die häufigen Infectionen der Constrictor paretisch und insufficient werden.

Die Abtragung der Rachenmandel muss die Fibro-cartilago mit einbe-ziehen, so dass der Raum zwischen Choane und hinterer Rachenwand einer-seits und den Rosenmüller'schen Gruben andererseits vollständig glatt ist. Eine andere Therapie kann so wenig nützen, dass überhaupt nur die Ope-ration in Frage kommt.

Der Erfolg ist nicht nur für die Nasenathmung auffallend, sondern auch für das Mittelohr: einfache Tubenverlegungen sind sofort beseitigt, acute und chronische Exsudate gelangen schnell zur Aufsaugung, acute Mittelohrbreiterungen bilden sich meist überraschend schnell zurück; eine locale Behandlung des Ohres, ebenso auch der Nase, ist meist gar nicht mehr erforderlich. —

Discussion: Herr Brieger-Breslau giebt zu, dass die acute Ent-zündung der Rachenmandel häufig vorkommt und oft als Grundlage des Pfeiffer'schen Drüsenfiebers angesehen werden muss, warnt aber vor der Abtragung der acut entzündeten Rachenmandel, weil dem Gewebe derselben schützende Eigenschaften zukommen. Ueber den hohen Procentsatz der adenoiden Vegetationen in Beckmann's Praxis ist Redner sehr erstaunt.

Herr Joél-Gotha erwähnt einen an einem 11 Monate alten Kinde beobachteten Fall von acuter Entzündung der Rachenmandel, in welchem
sich bei der wegen fortdauernden Fiebers vorgenommenen Auskratzung des
Nasenrachenraumes gleichzeitig mit der Rachenmandel etwa ein Esslöffel voll
Eiter entleerte.

Herr Jansen-Berlin hat bei weit über 20 Proc. seiner Kranken die
Rachenmandel sicher nicht geschwollen gefunden. Der Vortragende scheine
das adenoide Gewebe für schädlich zu halten. Redner hat häufig acute
Schwellungen der Rachenmandel schwinden sehen. Eiter könne auch nur
von Nebenhöhlen der Nase oder von acuter Rhinitis herrühren; übrigens
kommen die Nasenschwellungen keineswegs regelmässig nach der Entfernung
der Rachenmandel spontan zum Schwinden.

Herr Friedrich-Leipzig möchte gegenüber den von Herrn Brieger
geäusserten Bedenken auf die Mittheilung Fraenkel's hinweisen, dass Ex-
stirpationen von acut entzündeten Tonsillen reactionslos geheilt sind.

Herr Kümmel-Breslau hat einmal nach der Entfernung acut entzündeter Tonsillen eine schwere, auf das Ohr übergreifende Pharyngitis entstehen sehen und möchte deshalb vor der Entfernung acut entzündeter
Rachenmandeln warnen. Auch die zwar nicht klar bewiesene Rolle der
Mandel als Schutzorgan sei in Betracht zu ziehen.

Herr Noltenius-Bremen neigt mehr der Auffassung von Beckmann
zu, dass die Entfernung der Rachenmandel viel häufiger erforderlich ist, als
anscheinend allgemein angenommen wird. Ohrleidende Kinder dürften in den
meisten Fällen mit adenoiden Vegetationen behaftet sein, deren Entfernung
überraschend günstig auf das Ohrleiden einwirke. Die digitale Palpation
halte er nicht für gefährlich, wenn sie mit Vorsicht ausgeführt werde.

Herr Winckler-Bremen bezweifelt, dass alle Kinder unter 12 Jahren
durch die Entfernung der Rachenmandel von der Nasenverstopfung geheilt
werden. So ausgedehnte polypöse Entartung der unteren Muscheln, wie er
sie in zahlreichen von Kindern unter 12 Jahren entnommenen Präparaten in
Lübeck vorgezeigt habe, müssen auch nach der Ausräumung des Nasenrachenraumes bestehen bleiben. Die vollständige Rückkehr der Nasenschleimhaut zur Norm könne nur angenommen werden, wenn die Kinder mit ge-
schlossenem Munde schlafen. Redner empfiehlt die Benutzung des Habroek-
schen Lungenschoners als eines guten Controlmittels für das Resultat der
Operation.

Herr Jens-Hannover fragt den Vortragenden, ob er auch bei acuter
Otitis ohne Perforation operire. Hartmann habe ihn früher davor gewarnt,
weil dadurch leicht das Ohrleiden bedeutend verschlimmert werde.

Herr Beckmann-Berlin will nur mittheilen, dass die acuten infectiösen Entzündungen der gesammten oberen Luftwege der Regel nach
ihren Ausgang von der Rachenmandel nehmen, und dass Nase, Rachen, Kehl-
kopf und Ohr sich nur secundär daran betheiligen; diese Thatsache, für die
er verschiedene Beweise angeführt habe, scheine ihm allerdings neu. Wenn
Herr Brieger dann noch gegen die Häufigkeit der Operationen geltend
mache, dass er von der Untersuchung mit nicht reinem Finger oder bei der
Auskratzung infolge Infection von der Nase her Böses erlebt habe, so lasse
sich darüber nicht discutiren. Wenn Herr Jansen gesagt habe, dass er bei
etwa 20 Proc. der untersuchten mittelohrkranken Kinder positiv keine Vergrösserung der Rachenmandel constatirt habe, so sei ja „Vergrösserung"
ein relativer Begriff. Redner kann nur sagen, dass die von ihm bei Kindern
vom 3 Jahre an entfernten Rachenmandeln mindestens 1 Cm. dick waren.

Herrn Kümmel erwidert Redner auf seine Bemerkung, dass die Rachenmandel als Schutzorgan anzusehen sei, früher, bei anderer Lebensweise und
geringerer Dichtigkeit der Bevölkerung, möge die Mandel als Schutzorgan der
Athmung genützt haben, heute aber, bei dem dichten Zusammenleben, der
Verschlechterung der Atmosphäre, der grossen Verbreitung und wohl auch
grösseren Virulenz der in Betracht kommenden Bacterien, reiche sie nicht
mehr zur Bewältigung ihrer Aufgabe aus.

Den Habroek'schen Lungenschoner oder ein ähnliches Instrument hält Redner für überflüssig. Er begnügt sich damit, die Kinder längere Zeit im Schlafe beobachten zu lassen. Haben die Kinder hier dauernd den Mund geschlossen, so ist das ein Zeichen, das für eine genügende Vollendung der Operation spricht.

11. Herr Friedrich - Leipzig: *Beiträge zur Frage der tabischen Schwerhörigkeit.*

Der Vortragende hat sich die Aufgabe gestellt, auf Grund der anatomischen und klinischen Befunde Erörterungen über die wahrscheinliche Natur der tabischen Ohrerkrankung anzustellen, denen er die an 27 Tabikern angestellten Ohruntersuchungen zu Grunde legen kann. In 2 Fällen konnte die Schwerhörigkeit mit Sicherheit auf die Tabes bezogen werden; es wird also auch durch diese Zahl die Seltenheit der tabischen Ohrerkrankung bewiesen.

Das Wesen dieser Erkrankung liegt nach den Einen in einer Affection des schallpercipirenden Apparates und unterscheidet sich von der Otitis interna dadurch, dass die Perception der hohen Töne relativ gut erhalten ist, und der Defect mehr die mittleren und tiefen Töne betrifft; nach den Anderen hat man zwei klinische Formen zu unterscheiden, von denen die eine als eine rein tabische Acusticusatrophie, die andere als syphilitische Labyrintherkrankung aufzufassen ist; erstere beginnt allmählich und schreitet langsam, oft mit Ohrensausen, nie mit Schwindel, bis zur vollständigen Taubheit fort, während die letztere apoplectiform unter Ménière'schen Erscheinungen einsetzt und häufig rapid zu totaler Taubheit führt.

Für die verschiedenen Erklärungen der Ohrsymptome, welche entweder eine Acusticusatrophie oder eine trophische Störung im Mittelohre durch eine tabische Trigeminuserkrankung oder eine syphilitische Affection annehmen, sind hinreichende anatomische und nach allen Seiten beweisende klinische Beobachtungen nicht vorhanden.

Der Vortragende betrachtet die Ohrerkrankungen bei Tabes von dem Standpunkte aus, dass es sich bei dem Grundleiden um eine Neuronerkrankung handelt. In einem von Habermann und zwei von Haug beschriebenen Fällen fand sich eine sichere Betheiligung der Endausbreitungen des N. cochlearis und vestibularis, in einem Falle von Gellé zeigte sich eine Atrophie in den peripheren Endigungen des N. cochlearis, in einem Falle von Strümpell Acusticusatrophie bei wahrscheinlich intacten Kernen, endlich in einem 3. Falle von Haug eine tiefgreifende Erkrankung des Acusticus und seiner Endausbreitungen, sowie eine zweifelhafte Erkrankung der Acusticuskerne. Die am constantesten befallenen Theile der Acusticusbahn sind also die Endausbreitungen des N. cochlearis mit seinem Gangl. spirale, der N. vestibularis und der Acusticusstamm, während über Kernerkrankungen keine einwandfreien Beobachtungen vorhanden sind.

Nachdem an den peripheren Endigungen sensibler Nerven bei Tabes Atrophien nachgewiesen worden sind und, in jüngster Zeit Moxter die Opticuserkrankung als eine Neuronerkrankung dargestellt hat, erachtet der Vortragende es nicht für vermessen, auch bei der tabischen Gehöraffection von einem in den peripheren Auffaserungen des primären Neurons des Acusticus localisirten Krankheitsprocess zu sprechen. Zu dieser Auffassung passt auch das klinische Bild, eine von der Atrophie abhängige, langsam fortschreitende Schwerhörigkeit mit Ohrgeräuschen, wie auch durch den einen von den vom Vortragenden erwähnten beiden Fällen illustrirt wird, während der andere Fall der apoplectiform auftretenden Taubheit entsprach.

Für diese 2. Form muss ein anderer Sitz des Leidens angenommen werden, wobei wenigstens in dem Falle des Vortragenden von Syphilis abgesehen werden muss. Wahrscheinlich ist bei dieser Form die tabische Erkrankung des Acusticus in den Kernen der Oblongata localisirt, wofür auch die Beobachtung spricht, welche Haug in seinem dritten, apoplectiform verlaufenen Falle an den Acusticuskernen gemacht hat.

Discussion: Herr Habermann-Graz hat unter den von ihm untersuchten Tabikern sechs mit Hörstörungen gefunden und hält die tabische Ohrerkrankung für ziemlich häufig. Bei allen Kranken bestand ziemlich hochgradige Schwerhörigkeit, fast ausnahmslos starke subjective Geräusche, in der Hälfte der Fälle Schwindel. Die Hörprüfung ergab Fehlen des Gehöres für die Uhr vom Knochen, schlechtes Hören der Stimmgabel c vom Warzenfortsatze bei stark positivem Ausfall des Rinne'schen Versuches, schlechtes Gehör für die hohen Töne, keinen oder nur unbedeutenden Ausfall der tiefsten Töne.

12. Herr Alt-Wien: *Pathologie der Luftdruckerkrankungen des Gehörorganes.*

Der Vortragende bespricht zunächst das physiologische Verhalten des Gehörorganes unter veränderten Luftdruckverhältnissen, schildert die unangenehmen Empfindungen bei der Compression, sowie das Verhalten unter stationärem Drucke. Er weist darauf hin, dass die Hörschärfe in comprimirter Luft keine Veränderungen erleidet, dass aber die Klangfarbe der Stimme und der Töne wesentlich alterirt wird. Eingehende Schilderung erfahren die Empfindungen während der Decompression bei Caissonarbeitern, Tauchern und Luftschiffern, wobei die Erfahrungen einer von dem Vortragenden im Verein mit seinen Mitarbeitern unternommenen Ballonfahrt bis 3100 Mtr. Höhe verwerthet werden.

Als ätiologische Umstände für die Entstehung pathologischer Veränderungen gelten einerseits das mechanische Moment der nicht ausgleichbaren Druckdifferenz zwischen Mittelohr und umgebendem Raume, andererseits die nach rascher Decompression auftretenden Gasembolien im Gefässsysteme. Während der Compression kommt es durch behinderte Wegsamkeit der Tube zu einem negativen Druck im Cavum tympani mit Saugwirkung auf die Gefässe; es können auftreten Retraction des Trommelfelles mit livider Verfärbung, Ekchymosen und Rupturen, Paukenhöhlenblutung und Meningitis acuta. Während des Aufenthaltes in verdichteter Luft unter stationärem Druck können primär keine Läsionen des Gehörorganes auftreten.

Ein Theil der Decompressionserkrankungen ist gleichfalls durch den behinderten Ausgleich der Druckdifferenz bedingt. Sie präsentiren sich als Vorwölbung des Trommelfelles mit Injection, als Hämorrhagien im Trommelfell und den Gehörgang und als Rupturen. Ist die Decompression eine zu rasche, hat deshalb die Lunge nicht mehr Zeit, das absorbirte Gas durch die Athmung abzugeben, so wird dasselbe im Blute in Form kleiner Bläschen frei, und es sind nun dieselben Umstände gegeben, wie nach der künstlichen Eintreibung von Luft in das Gefässsystem. Es können nun auch der Hörnerv und seine Endausbreitung, sowie die centrale Hörbahn durch ungenügende Ernährung infolge des im Gefässsystem kreisenden Gases Schaden leiden, so dass es zu vorübergehenden oder dauernden Functionsstörungen kommt. Auch Transsudation und Blutung im Mittelohr und Labyrinth kann durch die Blutdrucksteigerung verursacht werden. (Demonstration von Präparaten und Zeichnungen, welche die geschilderten Zustände illustriren.)

Discussion: Herr Bezold-München macht darauf aufmerksam, dass die nachträglichen Blutungen in das Labyrinth sich vielleicht dadurch erklären lassen, dass noch nachträglich der im Mittelohre entstandene vermehrte Luftdruck durch Verklebung der Tube einige Zeit sich erhält, dann plötzlich die comprimirte Luft bei einer Schluckbewegung aus dem Mittelohre sich entleert, und in diesem Momente eine rasche Vorwölbung der runden Fenstermembran eintritt mit gleichzeitiger plötzlicher Entlastung der Gefässwände.

13. Herr Scheibe-München: *Zwei Fälle von Felsenbeinfractur.*

Im 1. Falle handelte es sich um eine 27jährige Fabrikarbeiterin, welche durch eine Transmission zur Seite geschleudert worden war. Bewusstlosigkeit, Blutung aus dem linken Ohre, 4 Tage nachher Sausen in beiden Ohren, Schwerhörigkeit. Nach 7 Tagen plötzlich Meningitis, später Collaps, rechtsseitige Lähmung, Somnolenz, 3 Wochen nach dem Unfalle Exitus. Section: Traumatische Basilarmeningitis, mässiger Hydrocephalus internus nach Basisfractur, doppelseitige hypostatische Pneumonie. Die Fissur verläuft, von den seitlichen Theilen des Keilbeines ausgehend, senkrecht nach aussen und oben in die linke Squama temporis. Da nur ein Felsenbein herausgenommen werden durfte, wurde das rechte, in welchem keine Fractur zu sehen war, gewählt; auch auf dieser Seite hatte Taubheit bestanden. In der oberen Gehörgangswand blutig suffundirter Streifen, Shrapnell'sche Membran und Umgebung des kurzen Fortsatzes von dunkler Farbe; Kuppelraumauskleidung graubräunlich verfärbt, nicht geschwollen. Schwärzliche Verfärbung in den Fensternischen, anscheinend durch Blutung ins innere Ohr bedingt. Nach dem Entkalken zeigte sich eine schmale Fissur, welche nicht durch das ganze Felsenbein hindurchging und deshalb nicht geklafft hatte. Sie verläuft über die hintere Fläche der Pyramide 1 Mm. lateral vom inneren Gehörgange, geht über die obere Pyramidenfläche hinweg und endet am Proc. cochlearis des Semican. pro tensore tympani. Durch Serienschnitte liess sich feststellen, dass die Fissur der Schnecke auswich, die dünne Wand zwischen innerem Gehörgang und Vorhof durchsetzte, direct neben dem Ringbande des Steigbügels durch den vorderen Rand des Foramen ovale ging; nach abwärts endet die Fissur unterhalb des inneren Gehörganges und eröffnet vorn, nachdem sie den Vorhof durchlaufen hat, noch den gestreckten Theil der ersten Schneckenwindung. Mikroskopisch lässt sich erkennen, dass an mehreren Stellen noch einzelne kurze und schmale Nebenfissuren vom Hauptspalt im spitzen Winkel abgehen; eine derselben verläuft durch die Nische des runden Fensters und die Ampulle des unteren Bogenganges. Die Dura ist im inneren Gehörgange nicht zerrissen, sondern nur vom Knochen abgehoben, die weichen Hirnhäute jedoch, welche den Nerv begleiten, sind verletzt. Im Labyrinthe finden sich geringe entzündliche Erscheinungen, auf der Membran des runden Fensters auch Blutreste. Die Reissner'sche Membran ist überall deprimirt und auf einer kurzen Strecke zerrissen. Noch geringer sind die Veränderungen im Vorhofe. Sowohl in der Schnecke als in den Bogengängen findet sich etwas Eiter in sprunghafter Ausbreitung.

Der 2. Fall betrifft einen 16 jährigen Klempner, welcher etwa 10 Mtr. tief herabgestürzt war. Am 4. Tage klagte er über das linke Ohr. 16 Tage nach dem Unfall Meningitis, grüngelbe Verfärbung hinter dem linken Ohre, operative Freilegung einer deprimirten Fractur, Abmeisselung ihrer Ränder. Abnorme Fluctuation der blossgelegten Dura, Entleerung von trüber Cerebrospinalflüssigkeit bei Probepunction, Streptokokken in geringster Menge enthaltend. Nach der Operation Sensorium freier. Tod nach 4 Wochen. Prof. Bezold hat 17 Tage nach dem Unfall die Hörprüfung vorgenommen. Flüstersprache rechts 6 Mtr., links nicht gehört, Conversationssprache links 5 Cm., untere Tongrenze rechts 19½, links erst von a² an. Galton rechts 1,1, links 1,9. Im linken Trommelfelle oben geringe Injection, keine Continuitätstrennung.

Section: Fractur des Schädeldaches und der Basis, eitrige Meningitis und Hydrocephalus internus. Von der Operation herrührend im linken Schläfenbein Knochendefect.

Die Fractur des Schädeldaches beginnt am Scheitelbeine, verläuft etwas nach vorn, geht in die Mittellinie gegen das Stirnbein zu, weicht von der Mittellinie nach links ab und erstreckt sich gegen die Knochenwunde zu. In der mittleren Schädelgrube sieht man eine ganze Anzahl von Fracturen; die eine, das Ohr in Mitleidenschaft ziehende, verläuft von der Knochenwunde nach innen und hinten und geht über den medianen Theil der Schläfenbeinpyramide nach hinten, noch weiter über das Hinterhauptsbein bis ins Foramen occipitale. Senkrecht zu dieser verläuft eine 2. Fissur, eine dritte von der Schädelwunde gerade nach rückwärts.

Durch die feinere Untersuchung wird festgestellt, dass die Fractur im Felsenbeine ziemlich genau senkrecht auf die Pyramidenkante verläuft; es fällt in sie vorn der Hiatus canalis Falloppii, rückwärts die äussere Grenze des Eingangslumens vom Meatus auditor. internus; in der Gegend des Aquäductus cochleae ist das Foramen lacerum durchsetzt. Im Porus acusticus und an den Nerven keine Veränderung. Im Antrum, Aditus und Paukenhöhle Eiter, Schleimhaut injicirt, nicht geschwollen. Die Fractur geht, wie

Durchschnitte des Schläfenbeines zeigen, auch durch die Innenwand der
Paukenhöhle nach abwärts. Auch hier lässt sich die Continuitätsstörung
noch weiter verfolgen; auch die Schnecke ist durchsetzt lateralwärts vom
Modiolus direct neben demselben. Durch Nebenfissuren sind Vorhof und
Bogengänge eröffnet. Das Lumen der Schnecke ist durch die Producte einer
heftigen Entzündung fast ganz aufgehoben, die Gebilde des Ductus cochlearis
sind vollständig zerstört. Der Hörnervenstamm zeigt sich im inneren Gehörgange durch vom Periost aus wuchernde Granulationen comprimirt, in den
Interstitien kleinzellig infiltrirt.

Heilungsvorgänge waren in beiden Fällen an den Fracturen in verschiedener Ausdehnung zu erkennen.

Discussion: Herr Habermann-Graz legt der Versammlung einige
Photographien und mikroskopische Präparate vor, welche sein Assistent
Dr. Barnick gelegentlich einer demnächst erscheinenden Arbeit über Basisfracturen und ihre Beziehungen zum mittleren und inneren Ohre angefertigt
hat. Es werden durch die Abbildungen einige Längs- und Querbrüche des
Felsenbeines und durch die Präparate ausgedehnte Blutungen in die Paukenhöhle, die Ampullen und Bogengänge, in die einzelnen Windungen der Schnecke
und in den Acusticus und Facialis veranschaulicht.

Bezüglich der Therapie möchte Redner noch erwähnen, dass es ihm
wichtig erscheine, bei den die Basisfracturen complicirenden Verletzungen
des Ohres jede Infection fernzuhalten.

Herr Barth-Leipzig hat sich bei einigen Fällen gewundert, wie trotz
Abfluss von Liquor cerebrospinalis und hinzutretender Eiterung aus dem
Ohre keine Meningitis hinzutrat. In der ersten Zeit nach der Verletzung
empfiehlt Redner, nur leicht Jodoform einzublasen und zu tamponiren.

Herr Kümmel-Breslau bittet die Collegen, welche über ein gewisses
Material von Verletzungen verfügen, doch darauf zu achten, ob bestimmte
Verlaufsrichtungen der Fissuren und bestimmte therapeutische Eingriffe
(Spülungen) einen nachweisbaren Einfluss auf die Infection des Schädel-
inneren haben?

Herr Brieger-Breslau erwähnt einen von ihm beobachteten Fall, in
welchem bei intactem Trommelfelle durch Vermittelung einer Paukendach-
fissur Infection der Meningen eingetreten sei. Unzweckmässige Behandlung
möge wohl meist die Infection verschulden, doch könne letztere auch ohne
solche begünstigende Bedingungen eintreten.

Herr Zaufal-Prag erinnert daran, dass er im Anfang der sechziger
Jahre bereits den Versuch gemacht hat, den Zug der Fissuren im Schläfenbeine bei den verschiedenen Traumen des Schädels durch eine gewisse Gesetzmässigkeit nach den anatomischen Eigenthümlichkeiten des Schläfenbeines
zu erklären.

14. Herr Bezold-München: *Sechs weitere Fälle von Labyrinthnekrose
und Facialisparalyse.*

Zu den 41 vom Vortragenden im Jahre 1886 aus der Literatur zusam-
mengestellten und beschriebenen fünf eigenen Fällen, — inzwischen ist die
Zahl von Th. Bec bis 1694 auf 65 ergänzt — fügt Herr Bezold sechs
neue Beobachtungen hinzu.

Das Krankheitsbild der Labyrinthnekrose ist ein so scharfes, dass der
Vortragende in den letzten beiden von ihm beobachteten Fällen schon Monate
vorher das künftige Erscheinen eines Labyrinthsequesters voraussagen konnte,
den er dann später thatsächlich extrahirt hat.

In den meisten Fällen, die übrigens sonst gesunde Individuen betrafen,
war eine jahrelange Eiterung des Mittelohres vorausgegangen; alle Fälle
kamen erst in die Behandlung des Vortragenden, als die Symptome für das
Uebergreifen der Eiterung auf das innere Ohr unzweifelhaft ausgesprochen
waren. Ueber den Weg, welcher bei diesem Uebergreifen eingeschlagen wird,
geben die demonstrirten 9 Sequester einigen Aufschluss. Unter diesen 9 Se-
questern findet sich sechsmal ausschliesslich, einmal zugleich mit einem Vor-
hofsanhang, das mehr oder weniger vollständig erhaltene innere Knochenge-

rüst der Schnecke, von den übrigen 2 Fällen umfasste der eine Sequester
den grössten Theil des Felsenbeines mit dem ganzen knöchernen Labyrinth;
der andere Sequester gehört wahrscheinlich der Vorhofswand an. Es ist
somit weitaus am häufigsten das innere Schneckengerüst, und zwar meist mit
Betheiligung der ganzen oder eines Theiles der 1. Windung, welches der
Nekrose anheimfällt. Die sequestrirten Knochenstücke sprechen für eine
Invasion der Labyrinthhöhle durch Vermittelung des runden Fensters. Des
Vortragenden eigene wie aus der Literatur gesammelten Beobachtungen zeigen,
dass die Sequesterbildung in den ersten Lebensjahren eine viel grössere Ausdehnung zu erreichen pflegt als in den späteren Jahren. Es kann hier entweder ein suppurativer Entzündungsprocess der sehr entwickelten und blut-
reichen spongiösen Substanz in der Umgebung des Labyrinthes, oder es
können extradurale Eiterungsprocesse sein, welche zu so umfangreichen Ex-
foliationen führen.

Die Tuberculose spielt bei der Labyrinthnekrose, wenn überhaupt, jedenfalls eine untergeordnete Rolle.

Um die Zeit zu bestimmen, welche vom Beginn der Labyrinthinvasion
bis zur Ausstosung des Sequesters verläuft, müssten wir das Hörvermögen
von Anfang an verfolgen können. Einen besseren Anhaltspunkt bietet der
Eintritt von Schwindelerscheinungen, denen nach einem oder mehreren Monaten die Facialisparese oder Paralyse zu folgen pflegt, wahrscheinlich schon
als ein Zeichen für die fortschreitende Demarkirung und die beginnende
Wanderung des Sequesters. Unter den zehn vom Vortragenden beobachteten
Fällen war Facialähmung neunmal vorübergehend oder (fünfmal) dauernd
vorhanden, und auch im zehnten konnte sie nicht gefehlt haben, da der Sequester fast den ganzen Facialkanal enthielt.

Ein weiteres Symptom sind heftige und andauernde Schmerzen in Ohr
und Kopf, die meist mehrere Monate vor der Sequesterausstossung zurück
datirt werden. Niemals fehlt ferner die Bildung polypöser Wucherungen von
grosser Regenerationsfähigkeit. In einem Falle waren sämmtliche Granulationen central durchbohrt.

Die Behandlung bestand in regelmässiger antiseptischer Behandlung, wo
es anging, mit dem Paukenröhrchen, und alle 3—4 Tage wiederholter Abtragung der Wucherungen. Einmal war der Wilde'sche Schnitt erforderlich,
und zweimal musste der schweren Allgemeinerscheinungen wegen die Radicaloperation vorgenommen werden. Der Endausgang war sechsmal definitive
Ausheilung mit Epidermisirung der Höhle; auch bei dem 7. Falle scheint
vollständige Heilung eingetreten zu sein; im 8. Falle hat sich eine Gehör-
gangsatresie gebildet; der 9. vom Vortragenden nur zweimal gesehene Fall
und der 10. Fall endeten, letzterer 11 Tage nach Entfernung des Sequesters, letal.

Was das Hörvermögen der beobachteten Fälle betrifft, so war es auffallend, dass eine grössere Annäherung an das labyrinthlose Ohr das Verständniss nicht annähernd in dem Maasse bessert wie bei jedem nur schwerhörigen Ohre.

Die Stimmgabelprüfung der craniotympanalen Leitung giebt unsichere
Resultate, weil das andere Ohr nicht genügend ausgeschaltet werden kann.
Entscheidend für die Frage, ob ein labyrinthloses Ohr noch Gehör besitzt,
ist die Prüfung mit der Luftleitung. Der untere Grenzton bewegte sich in allen
sieben genau geprüften Fällen zwischen a¹ und a, und zwar wurde a dreimal erreicht; als obere Grenze wurde nur einmal 0,4 erreicht, bei 5 Kranken
schwankte sie zwischen 1,9 und 4,7, im 7. Falle fand sich für die obere
Grenze eine noch stärkere Verkürzung, nämlich bis zu 7,3.

Die Feststellung der Hördauer innerhalb des vorhandenen Stückes der
Tonscala, zu welcher unbelastete Stimmgabeln verwendet wurden, ergab von
a, resp. a, an aufwärts ein auffallend gleichmässiges Verhalten der labyrinth-
losen Gehörorgane. Durchgängig findet sich nämlich, mit Ausnahme eines
Falles, ein continuirliches Ansteigen der Hördauer vom untersten bis zum
obersten innerhalb der vorhandenen Hörstrecke zur Prüfung gekommenen
Tone. Es erklärt sich diese Thatsache, sobald wir annehmen, dass die ge-

fundenen Hörreste lediglich der Ausdruck sind für die Unvollkommenheit, mit welcher das hörende Ohr auszuschalten ist.

Das Resultat der Hördauerprüfung bei den Kranken, welche auch auf dem anderen Ohre schwerhörig waren, spricht dafür, dass diese Annahme richtig ist, dass also auf dem labyrintblosen Ohre ein selbständiges Hören nicht stattfindet. Zugleich ergiebt sich aber auch, wie sich ein jedes gehörlose Ohr bei der Prüfung verhält, wenn auf der anderen Seite ein mehr oder weniger normales Hörvermögen besteht.

Discussion: Herr Lucae-Berlin bemerkt hinsichtlich der beiden Fälle von doppelseitiger Schneckennekrose von Gruber und Max, dass die zur Prüfung benutzten Stimmgabeltöne nicht genannt worden. Der Fall von Max sei darum merkwürdig, weil eine Gewehrsalve nicht gehört, der Schuss eines Scheibengewehres hingegen als dumpfer Knall angeblich empfunden wurde.

Herr Barth-Leipzig hat als Assistent von Lucae im Jahre 1884 einen letalen Fall von Schneckennekrose beobachtet, der heute durch Operation hätte geheilt werden können. Bei einem Manne mit chronischer Mittelohreiterung und Faciallähmung, bei welchem infolge eingetretener Hirnerscheinungen der Warzenfortsatz eröffnet worden war, fand sich nach dem bald nach der Operation erfolgten Tode die ganze Schnecke als ein in Granulationen eingebetteter Sequester vor. Der Eiter hatte, da er von dem Sequester zurückgehalten wurde, die Dura nach dem Kleinhirn durchbrochen.

Herr Rudolf Pause-Dresden zeigt ein Präparat von beginnender Schneckennekrose. Obwohl die Abstossung noch nicht vollendet ist, erscheint doch der Acusticus bereits bindegewebig degenerirt. Dieser Befund entspricht den Beobachtungen von Bernstein und Matte, welche beim Thierexperiment Degeneration des Hörnerven bis ins Hirncentrum nachwiesen. Solche Beobachtungen lehren, dass auch kein reactionsfähiger Acusticusstumpf nach Schneckennekrose denkbar ist und das scheinbare Hören bei doppelseitiger Schneckenausstossung als falsch gedeutete Gefühlsempfindung zu betrachten ist.

Herr Habermann-Graz betont die Wichtigkeit der genauen Kenntniss der functionellen Verhältnisse, insbesondere der Frage, wie weit in Fällen von einseitiger Schneckenerkrankung bei der Hörprüfung der Ton nach der anderen Seite hinübergehört werde, auch für die Indicationsstellung für Operationen. Redner führt 2 Fälle aus seiner Praxis an, bei denen die Hörprüfung die Indication zu tieferen operativen Eingriffen herbeiführte.

15. Herr Hessler-Halle a. S.: *Ueber rareficirende Ostitis des Warzenfortsatzes nach Otitis externa ex infectione.*

Hessler berichtet über 2 Fälle von secundärer rareficirender Warzenfortsatzerkrankung nach Selbstverletzung des äusseren Ohres durch Kratzen beim gewohnheitsmässigen Reinigen des Ohres, beide bei Damen. Im ersten Falle war auf mehrfach vorausgegangene Ohrfurunkel ein Schüttelfrost gefolgt, eine zunehmende Beeinträchtigung des Allgemeinbefindens, Schlaflosigkeit. Der Gehörgang zeigte Furunkel in verschiedenen Entwicklungsstadien, das Trommelfell war hyperämisch. Kein Fieber. Eisbeutel und später Priessnitz'sche Umschläge steigerten die Schmerzen. Zunahme der Infiltration und der Kopfsymptome machten in der 4. Krankheitswoche die Aufmeisselung des Warzenfortsatzes nothwendig. Knochenoberfläche unverändert; in der Tiefe von 0,5 Cm. bräunliche Verfärbung der brüchigen Spongiosa, besonders nach dem Antrum zu. Keine cariöse Auszackung der Knochenscheidewände, keine entzündliche Schwellung der Auskleidung, kein Tropfen Secret. Auch im breit eröffneten Antrum kein Secret. Sehr langsamer Wundverlauf, nach 4 Wochen noch 2 Cm. langer Hautfistelgang.

Im 2. Falle war der Verlauf wesentlich rascher ohne Schüttelfrost. 2 Blutegel ohne Erfolg; rasch zunehmende Schwellung am Warzenfortsatz, Beeinträchtigung des Allgemeinbefindens, linksseitige Kopfeingenommenheit und absolute Schlaflosigkeit, so dass Pat. am 4. Krankheitstage die Aufmeisselung verlangt, da Eisbeutel die Beschwerden eher gesteigert hätten.

Trommelfell, Auscultationsbefund, Gehör ganz normal. Kein Fieber. Befund
bei der Aufmeisselung derselbe wie im 1. Falle; als besonders typisch fand sich
in einer johannisbrotkerngrossen isolirten Höhle der Knochenüberzug silber-
glänzend über dem gelb durchscheinenden Knochen; nirgends Injection, Exsudation oder Caries, nur Entkalkung des Knochens. Auch hier war die
Reconvalescenz langsam; Ende der 1. Woche trat Perforation des hinteren
oberen Trommelfellquadranten mit leichter Otitis media auf, die aber in
weiteren 8 Tagen geheilt war. In der Mitte der 7.—8. Woche nach der Aufmeisselung stiessen sich mehrmals kleine Knochensequester ab. Ende der
6. Woche Metastase im linken unteren Lungenlappen, die innerhalb 8 Tagen
ausheilt. Heilung der Operationswunde Anfang der 11. Woche.

Der Process war beide Male am Antrum am intensivsten, aber im Antrum selbst weder Schwellung, noch Secret. Die Infection des Knochens von
der Furunkelbildung im Gehörgang aus war unzweifelhaft.

Discussion: Herr Barth-Leipzig bittet den Vortragenden um genauere Angaben der subjectiven und objectiven Erscheinungen, da, obwohl
die angegebene Erklärung nicht unmöglich ist, doch eine gewisse Skepsis berechtigt erscheint.

Redner theilt einen den Hessler'schen Beobachtungen ähnlichen Fall
mit, in welchem aber eine acute Mittelohrentzündung den Ausgangspunkt
bildete. Die Weichtheile des Warzenfortsatzes waren kaum geschwollen,
aber ausserordentlich druckempfindlich. Die Aufmeisselung förderte weder
Eiter noch Granulationen zu Tage, die hyperämische Spongiosa war an einzelnen Stellen graublau verfärbt. Schnelle Heilung.

Herr Treitel-Berlin hat einen jungen Mann behandelt, der zu Entzündungen des Gehörganges disponirte und vor 5 Jahren von anderer Seite
am Warzenfortsatze operirt worden war, worauf die Ausheilung sehr lange
Zeit in Anspruch nahm. Da im vorigen Jahre der 2. Warzenfortsatz stark
schmerzte, wünschte Pat. auch auf diesem operirt zu werden. Es wurde jedoch davon Abstand genommen und der Schmerz durch Elektrisiren beseitigt.
Redner glaubt, dass in solchen Fällen nervöse, vielleicht hysterische Hyperästhesie vorliege, und dass man, wenn keine Mittelohreiterung besteht, nicht
vorschnell operiren solle.

Herr Reichert-Breslau wünscht zu wissen, wie stark der Gehörgang
geschwollen war, und ob in den beiden Fällen zunächst Incisionen in den
Gehörgang gemacht worden sind?

Herr Joël-Gotha zeigt ein Präparat, das von einem im Anschluss an
Otitis media acuta an Meningitis purulenta zu Grunde gegangenen Patienten
herrührt. Heftige Schmerzen und eine teigige Schwellung am Warzenfortsatze, die auch nach Incisionen in den geschwollenen Gehörgang nicht nachliessen, veranlassten die Aufmeisselung. Da aber bis in eine Tiefe von
1¼ Cm. der Knochen gesund war, wurde von dem Vordringen bis ins Antrum Abstand genommen. Kurze Zeit darauf erkrankte Patient an der letal
endigenden Meningitis. Die Section lehrte, dass der eiterige Process vom
Antrum nach hinten fortgeschritten war. Ein grosser cariöser Herd fand
sich im Sulcus transversus.

Redner erwähnt den Fall, weil er zeigt, dass man selbst bei normaler
Beschaffenheit des Warzenfortsatzinneren sich nicht von der Eröffnung des
Antrums abhalten lassen solle.

Herr Hessler-Halle erwidert

1. Herrn Barth, dass in beiden Fällen das Mittelohr nicht entzündlich verändert, und der Warzenfortsatz beim Percutiren nicht empfindlich war;

2. Herrn Treitel, dass man bei beiden Patienten förmlich zur Operation gezwungen war, also nicht länger abwarten konnte;

3. Herrn Reichert, dass die constant vorhandene entzündliche Schwellung im Gehörgange die so nothwendige und wichtige Incision und Desinfection
des primären Infectionsherdes unmöglich machte.

16. Herr Brieger-Breslau: *Prinzipielle Gesichtspunkte für die arznei-
liche Localbehandlung von Mittelohreiterungen.*

Der Vortragende stellt fest, dass der Zuwachs an brauchbaren Arznei-

mitteln für die locale Therapie der Mittelohreiterungen in den letzten Jahren
nicht gross gewesen ist. Bei der Anstellung principieller Gesichtspunkte
für die Heilung localer Infectionen ist zunächst die Frage zu erörtern, ob
auch Spontanheilungen vorkommen? Bei der acuten Eiterung ist dies zuweilen der Fall, und jedenfalls soll man nicht im Stadium acuter Entzündungserscheinungen anders als rein symptomatisch vorgehen. Man hat sich
auf die Sicherung freien Secretabflusses und Fernhaltung jeder Möglichkeit
secundärer Infection zu beschränken. Auch die früher empfohlenen feuchten
Umschläge sind verwerflich, weil sie leicht zu einer Ausbreitung der Eiterung
und ausgedehnter Nekrosirung führen können. Der Vortragende verwendet
bei den frühen Stadien der acuten Mittelohrentzündung Eingiessungen von
Wasserstoffsuperoxyd. Was die Abortivwirkung des Carbolglycerins betrifft,
so könne dieselbe nicht erheblich sein, da Carbolsäure in Glycerin nur un-
vollkommen keimtödtend wirken und fast gar nicht in die intacte Dermis
eindringen könne; auch sei an eine Einwirkung auf die tief im Gewebe der
Paukenhöhle sitzenden Krankheitserreger durch das intacte Trommelfell hindurch kaum zu denken.

Auch bei der chronischen Eiterung ist die Möglichkeit der Spon-
tanbildung nicht anzuzweifeln, aber häufig sind diese Spontanheilungen
sicher nicht.

In der Therapie der chronischen Eiterungen kommt zunächst die sym-
ptomatische in Betracht. Ob den Ausspülungen oder der trockenen Behandlung der Vorzug zu geben sei, lässt sich allgemein nicht entscheiden; hier
muss individuell von Fall zu Fall entschieden werden. Principiell erscheinen
freilich die Spülungen gefährlicher, gefährlicher auch als die Lufteinblasungen
durch den Catheter, deren Gefahr in der letzten Zeit übertrieben worden ist.
Bezüglich der antiseptischen Behandlung betont der Vortragende, dass dieselbe nur Erfolg haben könne, wenn das gewählte Mittel die Möglichkeit
einer Tiefenwirkung gewahrt. Praktisch können nur flüssige und feste Stoffe
in Betracht kommen, wobei es sehr wesentlich ist, dass — soweit möglich —
sämmtliche Buchten des Mittelohres von dem Medicamente getroffen werden.
Nach den Erfahrungen des Vortragenden haben sich am besten bewährt
Jodtrichlorid und Chlorwasser, alle übrigen Antiseptica haben in wässerigen
Lösungen nicht genugt: nur bei den Ohreiterungen der Kinder verdienen
auch stärker concentrirte Ichthyollösungen Beachtung. Die wichtigste anti-
septische Behandlung bleibt die caustische Silbernitratbehandlung nach
S c h w a r t z e, bei der aber auch Lösungen anderer Metallsalze (Blei,
Zink, Kupfer) anwendbar sind. Was den diesen Adstringentien nahestehen-
den Alkohol betrifft, so ist die principiell zutreffende Möglichkeit der
Thrombenbildung nicht besonders zu fürchten; seine Fähigkeit, das Eindringen antiseptischer Lösungen in das Gewebe zu erleichtern, ist nicht gering anzuschlagen; so wird die Wirkung des Silbernitrats durch 50 Proc.
Alkoholzusatz erheblich verstärkt.

Um eine dauerndere Einwirkung des Medicamentes zu erzielen, hat
man sich pulverförmigen Mitteln zugewandt. Die günstigen Ergebnisse der
Borsäurebehandlung zeigen, dass es nicht so sehr auf die hier geringe anti-
septische Wirkung des Mittels als auf die Austrocknung der Schleimhaut
und den Schutz vor eindringende Saprophyten ankommt. Secretretention
ist aber bei Borsäurebehandlung nicht ausgeschlossen, obwohl dieselbe bei
anderen Mitteln, wie Wismuthverbindungen, leichter eintritt. Alumnol hat
sich dem Vortragenden nicht bewährt, zumal sich oft harte Concremente vor
beim Alaun bildeten. Versuche mit Argonin haben günstige Resultate ergeben, besonders wenn dem Mittel ein Adstringens vorausgeschickt wurde,
wie überhaupt die Combination von Mitteln, welche sich gegenseitig ergänzen,
die besten Aussichten eröffnen dürfte.

D i s c u s s i o n: Herr Bezold-München weist auf den Werth einer ausgedehnten einheitlichen Statistik hin und führt ein Experiment an, welches
viele der gegen die Borsäurepulverbehandlung erhobenen Einwände zu ent-
kräften im Stande ist.

Wenn Borpulver trocken ist, so ist jeder Tropfen Flüssigkeit im Stande,
dasselbe zu heben und fortzuschwemmen. Ist eine Borsäuremenge durch-

nässt gewesen und wieder getrocknet, so braucht man nur einen Tropfen gefärbter Flüssigkeit zuzuführen, um sofort die Farbe sich über die ganze Masse ausbreiten zu sehen. Ebenso beobachte man an der nach der Paracentese bei serösem Exsudat in den Gehörgang eingeblasenen Borsäure, dass sie vom Secret honiggelb gefärbt wird. Das Pulver hat also hier ansaugend auf das Exsudat gewirkt, wie wir es von einem guten Verbandmittel verlangen, und es sei in dieser Beziehung viel idealer wie z. B. die Gehörgangstamponade. Gehörgang und Trommelfell bleiben bei der Borsäurebehandlung frei von Excoriationen und zeigen einen normalen Epidermisüberzug. Redner vermisst auch eine genügende Hervorhebung des für die Behandlung so wichtigen Paukenröhrchens.

Herr Schmiedt-Leipzig-Plagwitz verwendet zur Nachbehandlung nach Mastoidoperationen nach Entfernung des ersten trockenen Verbandes feuchte Verbände, d. h. Mull mit einer Lösung von essigsaurer Thonerde (1:4), Guttapercha und Binde. Obwohl er bei acuten Ohreiterungen viele Jahre lang mit gutem Erfolge Borsäurepulver verwendet hat, hat er neuerdings auch hier den feuchten Verband versuchsweise herbeigezogen und war mit der Wirkung zufrieden.

Herr Stacke-Erfurt betont, dass es viel weniger auf die Anwendung der verschiedenen Heilmittel ankommt, obwohl er die Wirksamkeit derselben, wofern sie nicht irritirend wirken, nicht in Abrede stellen will, als vielmehr auf strengste Individualisirung und Berücksichtigung der anatomischen und pathologischen Verhältnisse; Sorge für freien Secretabfluss, Beseitigung von Granulationen, Dilatation enger Oeffnungen, also überhaupt die chirurgische Behandlung, welche ebensowohl diese kleinen Encheiresen vom Gehörgange aus wie die Radicaloperation umfasst. Was diese letztere anbetrifft, so komme sie bei anscheinend reinen Schleimhauteiterungen in Betracht, wenn die Nebenhöhlen in Mitleidenschaft gezogen sind, was man aus der Erfolglosigkeit der hinreichend lange durchgeführten anderweitigen Behandlung schliessen müsse.

Gegen die Borsäurepulver-Behandlung habe er sich niemals principiell ablehnend verhalten, nur gegen die Verallgemeinerung der Indicationen; er selbst mache ausgedehnten Gebrauch von dem Borsäurepulver, wo er es für indicirt halte, insbesondere bei der Nachbehandlung nach der Radicaloperation.

Die Bedeutung der Invasion bacterieller Noxen vom Gehörgange aus in die Paukenhöhle möchte Redner bestätigen. Die früher üblichen häufigen Ausspritzungen mögen infolge der Lockerung des Epithels und Mobilisirung der Mikroorganismen des Gehörganges manchen Misserfolg verschuldet haben. Sehr günstig wirke zur Ausschaltung dieser Noxen die zeitweise Tamponirung mit 1 procentiger Lapislösung, da diese nicht nur hervorragend antiseptisch wirke, sondern auch die Epithelien fester und widerstandsfähiger mache.

Herr Scheibe-München hat durch Versuche festgestellt, dass nach Einstreuung von Jodoformpulver in die Wunde nach Aufmeisselung acuter Empyeme in dem zur Untersuchung entnommenen Secrete wohl mikroskopisch Eiterkokken nachgewiesen werden können, dass aber im Reagensglase keine Colonie aufgeht. Ebenso verhalte es sich mit der in den Gehörgang eingeblasenen Borsäure, wenigstens bei geringer Secretion. Nur wenn bei starker Secretion sämmtliche Borsäure gelöst wurde, wachsen Bacterien auf dem Nährmaterial.

Herr Manasse-Strassburg i. E. berichtet zu der Bemerkung des Herrn Schmiedt, dass im Laufe des letzten Halbjahres an der Strassburger Ohrenklinik besonders bei acuten Fällen recht günstige Resultate mit den feuchten Verbänden nach Aufmeisselungen gemacht worden sind.

Herr Jens-Hannover vertheidigt die Borsäure, die er auch bei engen Perforationen verwendet; nur achtet er darauf, dass die Perforation niemals ganz verlegt wird. Der Fötor schwindet bei der Borsäurebehandlung schnell.

Herr Lucae-Berlin empfiehlt auf Grund zweijähriger Erfahrungen bei der Behandlung von chronischen Mittelohreiterungen das Formalin (20 Tropfen

auf 1 Liter, im Falle der Reizung stärker verdünnt). Zum Ausspritzen verwendet er Spritzen mit nur seitlich geöffneten Gummikanälen, weil durch
diese weniger leicht Schwindel ausgelöst wird.

Herr Hartmann-Berlin hat beobachtet, dass Carbolglycerin derartig
coupirend wirkt, dass meist sofort nach der Einträufelung sämmtliche Erscheinungen zurückgehen.

Herr Beckmann-Berlin hält die Empfehlung von Arzneimitteln zur
Behandlung chronischer Eiterungen für wenig zweckmässig. Es komme vielmehr darauf an, die Ursache des Fortbestehens der Eiterung (Caries, Nekrose,
Cholesteatom, Secretverhaltung, mangelnde Tubendrainage) festzustellen, dann
werde man zur richtigen Therapie und zu Erfolgen kommen.

Die Wirksamkeit der Borsäure scheint dem Redner auf eine Desinfection
und bessere Wegsammachung der Tube zurückzuführen zu sein.

Herr Stimmel-Leipzig bemerkt, dass sicher in der Praxis durch unver-
ständiges Einblasen grösserer Mengen von Borsäurepulver oft schwere Reten-
tionserscheinungen verschuldet werden. Er empfiehlt als völlig unschädlich die
concentrirte Borsäurelösung, welche auch den Vorzug hat, in alle Ausbuch-
tungen der Paukenhöhle zu gelangen. Was das Carbolglycerin betrifft, so
sei dasselbe entschieden wirksamer als das blosse Wasser entziehende
Glycerin, weil die Carbolsäure ein kräftiges Analgeticum sei.

Herr Katz-Berlin ist von den mehrere Jahre hindurch angewandten
Formalininfectionen zurückgekommen, weil sie oft Schmerzen verursachen,
und das Eindringen der Lösung in die Tube besonders unangenehm ist.

Herr Brieger-Breslau giebt die zuweilen eintretende anästhesirende
Wirkung des Carbolglycerins zu, hat aber einen Einfluss auf den Verlauf
der Entzündung nicht erkennen können. Herrn Schmiedt erwidert Redner,
dass er bei feuchten Verbänden vielfach Maceration neugebildeter Epidermis
beobachtet habe. Herrn Bezold gegenüber betont Redner, dass der Werth
statistischer Untersuchungen allein nicht genüge, um den Werth der Borsäurebehandlung, die in der Hand des erfahrenen Arztes gute Erfolge erzielen kann, darzuthun, und dass einzelne ungünstige Erfahrungen die positiven Ergebnisse der Statistiken erschüttern können. Ueber Formol besitzt
Redner keine Erfahrung.

17. Herr Richard Hoffmann-Dresden: *Beitrag zur otitischen Sinusthrombose.*

Der Vortragende hat ein seit dem 1. Lebensjahre mit Otorrhö behaf-
tetes vierjähriges Kind behandelt, welches seit 8 Tagen unter Anschwellung
der Ohrgegend an heftigen Schmerzen litt. Es liess sich am Halse und in
der Submaxillargegend Drüsenschwellung und eine starke Schwellung nachweisen, welche sich nach vorn bis auf die Fossa temporalis, nach hinten bis
zum Occiput erstreckt; auch bestand links Oedem der Augenlider. Die Senkung der hinteren oberen Gehörgangswand macht den Einblick in die Tiefe
unmöglich. Bei der am folgenden Tage ausgeführten Operation fand sich ein
jauchiger, subperiostaler Abscess bei gesunder Corticalis des Warzenfortsatzes;
in der Paukenhöhle Granulationen und Cholesteatom, Caries am Hammer
und Amboss, sowie an der lateralen Adituswand; Cholesteatom in Antrum
und Aditus. In der linken Wand des Warzenfortsatzes grosser cariöser
Defect, in welchem Sinus und Dura des Kleinhirnes freiliegen. Punction des
Sinus ergiebt missfarbige Jauche in demselben, bei der Spaltung zeigt sich
sein Lumen nur in einer Ausdehnung von ca. 1 Cm. erhalten; central und
peripher ist er durch bindegewebige Verwachsung seiner Wände obliterirt.
Ausgang in Heilung.

Discussion: Herr Jansen-Berlin hat in 7 Fällen von Operationen
am Sinus mit 6 Heilungen die Jugularis unterbunden, in 8 Fällen von Operationen mit 5 Heilungen die Jugularis nicht unterbunden. Diese Zahlen
sprechen auf den ersten Blick für die Jugularisligatur; aber ein Rückblick
auf den klinischen Verlauf lässt den Redner doch an seiner früher darge-
legten Anschauung festhalten.

Redner bespricht sodann noch 2 Fälle von Heilung ohne Operation und ohne nachweisbare Thrombose, bei denen aber doch Thrombose im Bulbus angenommen werden musste.

Herr Kümmel-Breslau zeigt Präparate von Jugularisphlebitis, welche von einer mit Erfolg resecirten Jugularvene stammen.

Herr Habermann-Graz spricht sich gegen ein zu schematisches Vorgehen bei den Operationen der Sinusthrombose, insbesondere gegen die obligate Jugularisunterbindung aus. In einem Falle von subduralem Abscesse in der hinteren Schädelgrube und festem Thrombus im Sinus war die Venenwand ganz missfarbig. Redner entfernte das missfarbige Stück der Jugularis, liess aber den Thrombus grösstentheils unberührt. Ausgang in Heilung.

Herr Brieger-Breslau hält die Jugularisligatur nur dann für gerechtfertigt, wenn der Thrombus centralwärts nicht sicher begrenzt werden kann und sich in die Jugularis selbst fortsetzt. Der Verschluss dieses Weges schütze nicht einmal sicher gegen die Verschleppung von Partikeln eines zerfallenen Thrombus. Redner hat in einem Falle von Sinusphlebitis, in welchem er die Jugularis tief unterbunden hatte, embolische Lungenprocesse nachweisen können.

Herr Scheibe-München theilt im Anschluss an die Demonstration des Herrn Kümmel mit, dass er bei Sinusphlebitis infolge acuter Mittelohrentzündung immer den Streptococcus pyogenes gefunden hat.

18. Herr Rudolf Panse-Dresden: *Beiträge zur isolirten Erkrankung und Entfernung der Gehörknöchelchen.*

Der Vortragende demonstrirt an einem Holzmodelle die bevorzugten Erkrankungsstellen bei isolirter Ambosscaries; zunächst ist es meist der am schlechtesten ernährte lange, nächst diesem der kurze Fortsatz, welcher erkrankt, während der Körper und besonders der Theil an der Gelenkfläche, der am besten ernährt ist, am längsten seinen Periostüberzug und seine Lebensfähigkeit behält.

Für die genaue Diagnose der isolirten Ambosserkrankung stellt der Vortragende folgende charakteristische Befunde auf:

1. Chronische spärliche Eiterung.
2. Perforation im hinteren oberen Quadranten.
3. Oft Erhaltensein des Limbus daselbst.
4. Polypen oder Eiter direct von oben.

Bei der Behandlung der Caries der Gehörknöchelchen unterscheidet der Vortragende 3 Gruppen. Die erste will durch Spülungen und Pulvereinblasungen die Heilung herbeiführen, ein Vorgehen, das nur bei Freiliegen der kranken Theile, also bei Fehlen der lateralen Kuppelwand, zweckmässig ist; die 2. Gruppe, Entfernung der Gehörknöchelchen, ist nothwendig, wo sich auch nur ein Theil des Zellenbaues der Kuppel erhalten hat. Die 3. Gruppe bezweckt zur Heilung die radicale Freilegung aller Mittelohrräume. Diese Behandlung dürfte um so seltener erforderlich erscheinen, je sicherer man lernen wird, die isolirte Erkrankung der Knöchelchen, besonders des Ambosses, zu diagnosticiren.

Zur Technik der Ambossentfernung bemerkt der Vortragende, dass seine Erfolge nicht sehr ermuthigend sind. Es gelang ihm, in seiner Praxis unter 25 Fällen von Ambosscaries nur achtmal, also in etwa $1/3$ der Fälle, den Amboss mit zu entfernen. Allerdings hat der Vortragende auch keine einzige Facialislähmung und niemals Schwindel erlebt. Uebrigens heilten auch von den 17 Fällen, in denen nur die Hammerentfernung glückte, 12, also $2/3$.

Zum Schluss macht der Vortragende noch auf die Gefahr der Cholesteatombildung aufmerksam, die vielleicht dadurch gefördert werde, dass bei dauernd offener Paukenhöhle der Epidermis der Eingang auch ins Antrum erleichtert wird.

Discussion: Herr Scheibe-München hält es nicht für berechtigt, jeden Defect an den Knöchelchen als cariös zu betrachten. Zur Entscheidung der Frage, wieviel Defecte ausgeheilt sind, seien Untersuchungen an einem grossen Materiale erforderlich. Er selbst verfüge über ein solches

nicht, weil er auch bei der Radicaloperation die defecten Knöchelchen —
und zwar ohne Nachtheil für die Heilung der Eiterung — stehen lässt.

Herr Stacke-Erfurt hält es für wesentlich, die Knöchelchen in Fällen,
in denen sie gesund sind, zu schonen und die Radicaloperation mit mög-
lichster Erhaltung von Hammer und Amboss zu machen. In einem nach
dieser Methode vom Redner behandelten Falle wurde das Gehör von ½ auf
6 Meter Flüstersprache gehoben. Es sei deshalb nicht immer richtig, bei
sonst unheilbarer Eiterung die Knöchelchen vom Gehörgange aus zu entfernen, bevor man sich zur Radicaloperation entschliesst.

Herr Jansen-Berlin hat schon auf der 2. oder 3. Otologenversamm-
lung vorgeschlagen, in geeigneten Fällen bei der Radicaloperation Trommelfell und Knöchelchen in situ zu lassen. Nach diesem Verfahren hat Redner
in über 20 Fällen Ausheilung mit Erhaltung des Gehöres für Flüstersprache
auf 9—10 Meter erzielt. Ausheilung ohne Excision hält er bei auf die
Knöchelchen beschränkter Erkrankung für häufig möglich.

Herr Rudolf Panse-Dresden hält das Vorgehen des Herrn Scheibe
für unzweckmässig, weil hinter den Knöchelchen in den Buchten die Eiterung fortbestehen kann. Er hat in einigen Fällen den bei der Radicaloperation stehen gelassenen Hammer später noch entfernen müssen.

Gegen die Empfehlung der Herren Stacke und Jansen, die Knöchelchen aus akustischen Gründen zu conserviren, spreche der so häufige Defect
des langen Ambosschenkels, durch welchen ohnehin die Kette unterbrochen
sei. Uebrigens hat Redner auch nach Entfernung der beiden äusseren
Knöchelchen Flüstergehör auf 6 Meter erlebt.

19. Herr Rudolf Panse-Dresden: *Die operative Behandlung hochgradiger Schwerhörigkeit.*

Der Vortragende macht an der Hand von Präparaten darauf aufmerksam, dass das Labyrinth in der vorderen unteren Ecke des ovalen Fensters
1½—2 Mm. von der Stapesbasis entfernt ist, daher bei Eingriffen nicht leicht
verletzt werden kann, und dass auch die Gefahr der Facialisverletzung an
dieser Stelle erheblich vermindert ist, weil der Nerv im vorderen Drittel der
Platte sowohl ½—1 Mm. lateralwärts liegt als auch nach aussen und unten
durch eine mächtige Knochenlage geschützt ist.

An einem von der Operation am Lebenden herrührenden Präparate
demonstrirt der Vortragende noch besonders, dass der Stapes mit seiner
Knorpelplatte entfernt wurde, die nach seiner Ansicht überhaupt immer mit
entfernt werde. Trotzdem fliesse kein Liquor cerebrospinalis aus und ent-
stehe kein Schwindel.

Der Vortragende empfiehlt, ehe man zur Operation sich entschliesst,
durch Verkleben oder Belasten des Paukenfenster vor- und nachherige
Hörprüfung die Wirksamkeit eines künstlichen Operculum systematisch zu
erforschen, da von dieser die Erfolge der Stapesextraction abhängen.

Discussion: Herr Habermann-Graz erwähnt einen Fall, bei welchem
im Leben rechts vollständige Taubheit und links nur Gehör für die tiefsten
Töne vom Knochen aus bestanden hatte, und die Section vollständiges Verlegtsein der ovalen und runden Fensternischen, aber keine wesentlichen
Veränderungen im Labyrinthe ergab. Der Befund bestätige die von Herrn
Panse in seinem Buche über die Schwerhörigkeit durch Starrheit der Paukenfenster aufgestellte Behauptung, dass bei Verlegtsein der Nischen ein Hören
nicht möglich sei.

Herr Passow-Heidelberg kam auf den Gedanken, ob durch Anlegung
einer Oeffnung in der Labyrinthwand nicht dasselbe Resultat erzielt werden
könne wie durch die oft schwierige Stapesextraction. Mit Hülfe eines durch
einen Stahlmantel geschützten Bohrers legte er in einem Falle von Stapesankylose nach Vorklappung der Ohrmuschel ein 1—1½ Mm. weites Loch
nach vorn unten vom ovalen Fenster an, worauf der vorher sehr heftige
Schwindel und die Ohrgeräusche verschwunden waren und Flüstersprache
durch den Verband auf ½ Meter gehört wurde. Im weiteren Verlaufe wurde
dann Abnahme, später neuerdings wieder eine geringe Zunahme der Hörfähigkeit beobachtet. Das Sausen ist nicht wiedergekehrt, Schwindel tritt

nur hier und da beim Bücken ein. In einem 2., noch nicht abgeschlossenen Falle war das Sausen zunächst geschwunden, trat aber später wieder ein.

Herr Hoffmann-Dresden fand bei einem Versuche, den Steigbügel in einem Falle von continuirlichen Geräuschen zu beseitigen, das Knöchelchen in Adhäsionsprocessen eingebettet.

Herr Jansen-Berlin fragt, ob Herr Panse genügendes Material gewonnen hat für die Annahme, dass eine Fixation des Stapes bestehe, wenn das feuchte Wattekügelchen keine Hörverbesserung erzielt? Bei der Radicaloperation hat Redner nach der Extraction der Knöchelchen bei vorher gutem Gehör nahezu regelmässig eine bedeutende Verschlechterung constatirt, die sich häufig durch das von ihm regelmässig angewandte feuchte Wattekügelchen nicht wieder bessern liess, obwohl der Steigbügel sicher in wenigen Fällen beweglich war.

Herr Zarniko-Hamburg macht darauf aufmerksam, dass die Wand des Facialkanales nach dem ovalen Fenster viel dünner sei, als sie gewöhnlich dargestellt wird. Man müsse sich bei der Operation vorsichtig an die vordere untere Peripherie des ovalen Fensters halten.

Herr Kessel-Jena führt die Einwirkung einer einseitigen Ohroperation auf die Besserung der Hörschärfe des anderen Ohres, auf die Labyrinthdruckänderung, resp. auf die im Gefolge stehende Binnenmuskelwirkung zurück, wie sich dies besonders bei der Tenotomie nachweisen lasse.

Herr Rudolf Panse-Dresden bedauert, die schwer zugänglichen Beobachtungen des Herrn Habermann nicht haben verwenden zu können. Bei Ankylose beider Fenster bestehe nicht nur völlige Taubheit, sondern auch Neigung zu secundärer Acusticusdegeneration, die bei Erkrankung eines Fensters äusserst selten sei.

Für die Diagnose der Stapesankylose sei der Versuch mit dem feuchten Wattekügelchen schon deshalb schwer verwerthbar, weil es in Fällen, in denen es sicher hilft, schwierig sei, die richtige wirksame Stelle zu treffen.

Den Versuch, den Herr Passow beschreibt, habe Redner in seinem Buche auch erwähnt, und mit der Iridektomie verglichen. Es sei bei diesem Verfahren nur $\frac{1}{4}$ Mm. gewonnen, weil so nahe unter dem Foramen ovale das Ligam. spirale liege.

Die auch von Urbantschitsch oft erwähnte Beeinflussung der subjectiven Geräusche auf dem nicht operirten Ohre hat Redner wiederholt beobachtet. Aeussere Geräusche werden nach der Operation in das gesunde Ohr verlegt.

Atrophie der Stapesschenkel fehlte in Redners Fällen dreimal.

Zum Schluss bittet Redner nochmals, extrahirte Steigbügel gut zu conserviren und Proben mit Prothesen anzustellen.

20. Herr Noltenius-Bremen: *Zur Frage der Radicaloperation der Mittelohrräume.*

Der Vortragende hat bisher 132mal die Aufmeisselung des Warzenfortsatzes, darunter 107mal die Radicaloperation ausgeführt. In diesen 107 Fällen begann er 64mal mit der Aufmeisselung, zumeist nach Zaufal, trug die hintere Wand schichtweise ab und drang so ins Mittelohr vor; bei den übrigen 43 Fällen verfuhr er nach der Stacke'schen Methode. Unter den sämmtlichen 132 Fällen endigten nur 2 mit dem Tode, beides schon in desolatem Zustande in die Klinik aufgenommene Kranke.

Im Allgemeinen hält der Vortragende die Radicaloperation auch da für indicirt, wo es zunächst den Anschein haben kann, als wenn die Extraction der Knöchelchen vom Gehörgange aus den Process zur Heilung bringen würde. Er hat mit dieser kleinen Operation zu oft Scheinheilungen erlebt, um sie allgemeiner empfehlen zu können.

Die Stacke'sche Operation ist nach Meinung des Vortragenden nicht besonders schwierig und nicht gefährlicher, als die von Zaufal angegebene, bei welcher im Gegentheil das zuletzt erfolgende Fortnehmen des innersten Gehörgangstheiles hinsichtlich der Nebenverletzungen bedenklicher ist.

Den Körner'schen Lappen hat der Vortragende, nachdem er schon vor Körner's 1. Mittheilung selbständig auf dasselbe Verfahren gekommen war, regelmässig angewandt und kann ihn sehr empfehlen. zumal Entstellungen der Ohrmuschel nicht zu fürchten sind, und die Methode in der Regel die Vernähung der postauriculären Wunde nach der Operation zulässt.

Was die Heilungsdauer betrifft, so erwähnt der Vortragende, um ein Missverständniss aufzuklären, dass er niemals gesagt habe, er könne jeden Fall von Radicaloperation in 6 Wochen zur Ausheilung bringen. Dies sei nur in besonders günstigen Fällen vorgekommen; im Durchschnitt dürfte die Heilungsdauer in seinen Fällen 3—4 Monate betragen haben.

Discussion: Herr Denker-Hagen hat neuerdings die Thierschsche Transplantation insofern modificirt, als er, in der Erwägung, dass die überpflanzten Läppchen schneller und fester unter der austrocknenden Einwirkung der Luft verkleben werden, nicht, wie bisher üblich, die Operationshöhle austamponirt, sondern nur auf den Boden derselben einen sterilen Gazestreifen legt und im Uebrigen die Höhle offen lässt. Zur Vermeidung äusserer Schädlichkeiten wird durch Bindentouren um den Kopf eine Esmarch'sche Maske ausgespannt. Da die Secretion in den ersten Tagen recht stark zu sein pflegt, muss der Gazestreifen häufig erneuert werden.

Herr Jens-Hannover hat in seinem letzten Falle auch primären Verschluss der Operationswunde mit gutem Erfolge angewandt. Betreffs des Lappens hat er eine Modification erprobt, indem er ausser dem oberen Längsschnitte und dem senkrechten Schnitte auch nach unten einen Längsschnitt anlegt, der aber nicht so weit nach aussen reicht wie der obere. Es wird dadurch ein grösserer Wundrand für die Ausbreitung des Epithels gewonnen.

Herr Rudolf Panse-Dresden demonstrirt einen nach einem englischen Mundsperrer construirten Wundsperrer; erwähnt eine von ihm beobachtete Ausheilung einer anderweitig herbeigeführten Faciallähmung nach 9 Monaten und hebt hervor, dass er seine Lappenbildung für zweckmässiger halte als die von Körner, weil die letztere auch verdächtigen Knochen decke. So habe Gomperz unter einem Körner'schen Lappen eine Cyste beobachtet.

Herr Kümmel-Breslau zieht wegen der rascheren Epidermisirung von einem grösseren Lappen aus die Körner'sche Plastik vor. Für die Wunde hinter dem Ohre empfiehlt er eine genaue Adaptirung mit Anlegung gar keiner oder blos einer Naht statt der exacten festen Vernähung.

Herr Körner-Rostock hält seine Methode für besonders geeignet bei weiter Gehörgangsöffnung; ist letztere eng, so zieht er Stacke's Gehörgangsplastik vor. Operationsnekrose und Cystenbildung unter dem Lappen hat er bisher nicht gesehen. Gerade die frühzeitige Deckung der Meisselfläche scheine ihm die Nekrosenbildung zu verhindern. Perichondritis hat Redner einmal beobachtet; diese könne bei jeder Art der Plastik vorkommen. Transplantationen hat Redner nie nöthig gehabt.

Herr Hartmann-Berlin schliesst der Radicaloperation stets die hintere Wunde, die per primam heilt, jedoch stets in Verbindung mit Erweiterung des Gehörganges unter Anwendung des Körner'schen Lappens. Wird letzterer nicht gebildet, so fehlt der freie Einblick in die Wundhöhle. Bei erweitertem Gehörgang kann offene Wundbehandlung stattfinden.

Herr Jansen-Berlin hat häufig durch Thiersch'sche Transplantation eine Ueberhäutung sonst nicht zur Vernarbung neigender Wundflächen erzielt. Die erwähnte Cystenbildung sei kein so erheblicher Einwand gegen die Methode, sie komme auch ohne jede Plastik unter anscheinend vollendet guter Narbe vor. Perichondritis hat Redner leider oft gesehen; die acuten Fälle führten zu völliger Verkrüppelung der Ohrmuschel, später hat Redner gelernt, die Muschel in ihrer Form zu halten. Es handelt sich um eine mit Streptokokken durchsetzte sulzige Schwellung meist an der hinteren Fläche des Knorpels, der Knorpel ist durch Granulationsgewebe zerstört oder nekrotisch. Durch Excisionen bis ins Gesunde kommt der Process regelmässig zum Stehen.

Facialislähmung sieht Redner regelmässig und ohne Elektrisirung zurückgehn, öfter allerdings erst nach 4—6 Monaten. Nur in einigen, nicht von ihm selbst operirten Fällen sah er die Lähmung bestehen bleiben.

Herr Rudolf Panse-Dresden hält es für gleich, ob man, wie Herr Kümmel vorschlägt, eine oder 3 Nähte anlegt. Die Thiersch'sche Transplantation sei überflüssig, da die Epidermis bei gesunder Granulationsbildung schnell überwächst. Die guten Resultate des Herrn Jansen bei Epithelüberpflanzung hält Redner für abhängig von der vorhergehenden Auskratzung.

Herr Hessler-Halle a. S. bespricht 1 Fall von chronischer Mittelohreiterung mit Polypenbildung, der ohne Austamponirung des Gehörganges und der Wundhöhle in 3 Wochen ausgeheilt ist. Die Nachbehandlung müsse vom chirurgischen Standpunkte ohne feste, die Höhle ausfüllende Tamponade ausgeführt werden, die lose einzulegenden Tampons sollen nur das rasch abnehmende Wundsecret nach aussen leiten.

Redner sah in 2 Fällen circumscripte Perichondritis im unteren Gehörgangslappen. In 1 Falle von Faciallähmung nach Blosslegung des Nerven, in welchem 2 Monate lang keine Besserung zu bemerken war, trat schon nach der 1. Anwendung des constanten Stromes eine bessere Gesichtsbeweglichkeit ein. Redner hält es für unbedingt nothwendig, solche Fälle den Elektrotherapeuten zu überweisen.

Herr Stimmel-Leipzig glaubt, dass es für manchen der betreffenden Kranken sehr verhängnissvoll werden dürfte, wenn man nach Herrn Jansen's Angabe bei Facialisparesen nicht elektrisiren wollte. Redner behandelt ein 6 jähriges Kind, bei dem die Radicaloperation mit ausgezeichnetem Erfolge ausgeführt worden, bei dem aber Facialislähmung eingetreten war. Auf seinen Wunsch wurde das Kind schon frühzeitig galvanisirt; da jeder Erfolg ausblieb, übernahm Redner die Behandlung wieder selbst, und zwar unter gleichzeitiger Galvanisation und Faradisation; schon nach 5 Tagen Besserung; nächstens wird der Facialis normal sein.

Herr Zaufal-Prag glaubt, dass nur diejenige Methode der Freilegung als einfach und gefahrlos zur allgemeinen Anwendung empfohlen werden kann, welche nach allgemein giltigen, chirurgischen Grundsätzen verfährt. Diese bestehen zunächst in der breiten Freilegung des Krankheitsherdes und in der Entfernung alles Krankhaften unter Leitung des Auges. Diesen Grundsätzen entspricht die von Küster durch schichtweise Abmeisselung des Warzenfortsatzes und der hinteren knöchernen Gehörgangswand angebahnte, und vom Redner durch die zielbewusste Wegnahme der Pars epitympanica ergänzte Methode, welche Redner im Gegensatz zu den anderen Methoden die „chirurgische $\kappa\alpha\tau'$ $\dot{\epsilon}\xi o\chi\dot{\eta}\nu$" nennen möchte.

Von den anderen Operationen komme hauptsächlich jene in Betracht, welche den engen knöchernen Gehörgang als Führungsrohr für den Blick und die Instrumente benutzt, um von innen heraus zuerst die Pars epitympanica, dann die äussere Wand des Antrums zur Freilegung des letzteren und, wenn erforderlich, auch noch die übrige Partie der hinteren Wand und den Rest des Warzenfortsatzes abzumeisseln (Stacke's Operation). Erwäge man, dass im Momente der Abmeisselung der Pars epitympanica sich in dem engen Gehörgang gleichzeitig der Schutzhebel und der Meissel befinden, so glaube er, dass das Aeusserste geschehe, was überhaupt gegen die chirurgischen Grundsätze geschehen könne. Dazu kommt, dass der den Schutzhebel fixirende Assistent die Lage des Instrumentes nicht controliren kann und gerade im Momente des Meisselschlages durch eine unwillkürliche Verschiebung des Hebels der Facialis getroffen werden kann. Zu einer allgemeinen Anwendung kann Redner diese Operationsmethode jedenfalls nicht empfehlen, obwohl sie in Ausnahmefällen, z. B. bei stark vorgelagertem Sinus und bei auf den Recessus epitympanicus localisirter Caries in Frage kommen kann.

Bei der vom Redner angegebenen Methode sei eine Verletzung des Facialis ganz unmöglich, wenn man die Querrinne oder Mulde bis in die Tiefe ausmeisselt, wobei das Antrum meist in seiner Mitte zuerst eröffnet wird und die Gegend, in der man auf den Nerven stossen könnte, intact bleibt. Diese Theile werden erst von der in das Antrum gemeisselten Oeffnung aus mit der schlanken gekrümmten Hohlmeisselzange in kleinen Stückchen abgezwickt, wobei eine Verletzung des Facialis nicht vorkommen kann.

13*

In weit über 200 so operirten Fällen hat Redner niemals eine Verletzung des Nerven gesehen.

Der Gang der Operation, wie er an Redners Klinik jetzt typisch geworden ist, ist folgender:

1. Breite Freilegung des Operationsfeldes.
2. Nach Abhebung des die Muschel enthaltenden Lappens Loslösung der hinteren oberen membranösen Gehörgangswand bis zum Trommelfellrand.
3. Ausmeisseln der transversalen Furche oder Mulde mit Schonung der innersten Spange der hinteren oberen Gehörgangswand.
4. Ausschneiden des P a n s e 'schen Lappens und Zurückschlagen desselben.
5. Vorsichtige Vertiefung der Mulde bis zur Eröffnung des Antrums, falls dasselbe nicht schon früher eröffnet worden ist.
6. Abbrechen der lateralen Wand des Antrums von der gemachten Lücke aus und der innersten Partie der hinteren oberen Gehörgangswand mit der Hohlmeisselzange. Entfernung der Gehörknöchelchen und der Pars epitympanica.
7. Ausräumung der Paukenhöhle und des Antrums.
8. Bildung des K ö r n er 'schen Lappens.
9. Naht. Verband.

Eine Perichondritis hat Redner bei der grossen Zahl von Fällen, in denen er den K ö r n er 'schen Lappen gebildet hat, niemals gesehen.

Herr Stacke - Erfurt erwidert dem Vorredner, dass man eine Methode, welche sich bereits hinreichend bewährt hat, wohl nicht deshalb als „unchirurgisch" bezeichnen könne, weil sie, von innen beginnend, nach aussen fortschreitet, und weil sie angeblich der räumlichen Verhältnisse halber technisch schwierig sei. Von einem Operiren im Dunkeln könne nicht die Rede sein, weil der Punkt, an welchem die Knochenoperation beginnt, durch eine anerkannt chirurgische Voroperation vollkommen übersichtlich freigelegt wird. Zudem habe das Operiren von innen nach aussen den Zweck, zunächst die Nebenräume so weit zu eröffnen, dass eine sichere Orientierung gewonnen und damit jede Gefahr bei der nun folgenden breiten Freilegung von aussen ausgeschlossen werde. Redner erkennt den Werth der Z a u f a l'schen Methode für die Fälle vollkommen an, in welchen Hinweise auf eine Autrumerkrankung vorliegen, hat auch nie seine Operation für alle Fälle empfohlen, sondern nur für solche, wo die Betheiligung des Antrums vorher nicht erkennbar ist, also bei vorwiegend prophylaktischer Indication. Wenn Herr Z a u f a l selbst zugiebt, dass Redners Methode bei der Vorlagerung des Sinus seiner eigenen vorzuziehen sei, so könne er nicht deutlicher einräumen, dass seine (Z a u f a l's) Operation gerade für abnorme Verhältnisse von beschränkter Anwendbarkeit sei.

Herr Noltenius - Bremen hat bisher niemals T h i e r s c h'sche Transplantation angewandt, erinnert sich nicht, jemals bei K ö r n e r 'scher Lappenbildung Perichondritis und als Folgezustand Muschelverkrüppelungen gesehen zu haben, hat ebensowenig Nekrose des Gehörganges beobachtet und glaubt, dass sich alle diese Vorkommnisse bei sorgfältiger aseptischer Behandlung werden vermeiden lassen.

21. Herr Winckler-Bremen: *Operative Eingriffe zur Freilegung der oberen Nebenhöhlen der Nase.*

Der Vortragende hält die Methode der Frontalsinuseröffnung von J a n s e n, wobei der orbitale Theil des Stirnhöhlenbodens fortgenommen und die Lamina papyracea durchbrochen wird, um gleichzeitig das miterkrankte Siebbein auszuräumen, für einen sehr riscanten Eingriff. Die K u b n t'sche Methode der subperiostalen Fortnahme der vorderen Stirnhöhlenwand bietet keine technischen Schwierigkeiten oder Gefahren und gestattet einen guten Ueberblick über den Sinus. Liegt aber nicht eine isolirte Stirnhöhleneiterung, sondern zugleich eine Siebbeinerkrankung vor, so genügt diese Operation nicht; auch ist ihr kosmetisches Resultat bei geräumigen Stirnhöhlen kein günstiges. K i l l i a n will mit seiner, die vorderen Siebbeinzellen mit berücksichtigenden Methode hauptsächlich eine bequeme Verbindung zwischen Stirnhöhle und Nase herstellen.

Bei einseitiger Erkrankung des Siebbeines und der Stirnhöhle dürfte eine grössere Oeffnung genügen, die sich durch eine Combination der Methode von Killian mit der von Roser zur Entfernung hochsitzender Nasenpolypen angegebenen Operation unschwer herstellen lasst. In zwei schweren Fällen konnte sich der Vortragende von der Zweckmässigkeit dieses Verfahrens überzeugen. Er ging dabei so vor, dass er ungefähr von der oberen Grenze des Sinus frontalis in der Mittellinie mit einem Schnitte bis zur Nasenspitze die Weichtheile durchtrennte, das Periost soweit zurückschob, bis die Nahtverbindungen zwischen Stirn- und Nasenbein sichtbar wurden und die Nasenbeine in der Mitte spaltete. Es folgte dann die Ablösung des Nasenbeines vom Stirnbeine und die subperiostale Durchtrennung der Verbindung des Proc. frontalis ossis maxill. mit dem Stirnbeine. Bei einem Knaben konnte der Vortragende jetzt schon Nasenbein und Stirnbeinfortsatz so lateralwärts umbiegen und einknicken, dass er nach der Blutstillung einen guten Ueberblick über den oberen Nasenraum hatte; bei einem Erwachsenen musste erst intranasal in der Höhe des Infraorbitalrandes mit einer Stichsäge der Nasenfortsatz des Oberkiefers eingekerbt werden, worauf die Einbrechung der seitlichen Nasenwand ohne Schwierigkeit gelang. Ist nun mittelst einer Sonde die Mittellinie der Stirnhöhle festgestellt, so nimmt man nahe an letzterer subperiostal ein Stück der vorderen Wand fort und hat nun den Theil des Stirnhöhlenbodens, in welchem das Ostium gelegen ist, vor sich. Mit Zange oder Meissel nimmt man vom Boden so viel fort, dass man den kleinen Finger vom Sinus nach der Nase einführen kann und hat nun freien Ueberblick über das Siebbein. Nach der Ausräumung werden die Räume tamponirt und die Oeffnung in der Stirn wird 4—5 Wochen lang offen gelassen. Die Entstellung ist nach der Heilung nur gering.

Bei beiderseitiger Erkrankung der Nasenhöhlen kann man sie sich nach der Methode von Ollier durch Herunterklappen des knöchernen Nasengerüstes oder nach der Methode von Gussenbauer durch Heraufklappen der Nase zugänglich machen; die letztere Operation dürfte für die schweren Erkrankungen die Methode der Zukunft sein; sie liefert ein gutes kosmetisches Resultat und gewährt eine gute Uebersicht der oberen Nebenhöhlen. Der Vortragende beschreibt diese Operation und giebt verschiedene Modificationen derselben an, je nachdem man nur die Sinuswand oder die Stirnhöhlen und das Siebbein zu sehen wünscht oder auch einen Ueberblick über die vordere Wand des Sphenoidalsinus gewinnen will.

Was die operative Behandlung rhinitischer Hirnerkrankungen betrifft, so ist die Aussicht auf Erfolg hier noch viel geringer als in der Otochirurgie, weil es unmöglich ist, die der Schädelhöhle zugekehrten Abschnitte der Nase in ihrer ganzen Ausdehnung freizulegen. Bei Erkrankung des Hirns von der hinteren Stirnhöhlenwand aus kann man sich eine ausreichende Uebersicht über die Dura des Stirnlappens, sowie der Lamina cribrosa dadurch verschaffen, dass man 2—3 Querfinger über der Nasenwurzel einen Horizontalschnitt anlegt, dessen äussere Grenzen etwas über die Incisurae supraorbitales hinausgeben und von dessen Endpunkten man senkrecht über den Orbitalrand bis zur Nasenwurzel geht. Meisselt man nun einen Knochenlappen aus und klappt ihn nasalwärts um, so sieht man die hintere Stirnhöhlenwand, die man, wenn nöthig, ganz fortnehmen kann.

Discussion: Herr Brieger-Breslau hat bei Anwendung des Kuhntschen Verfahrens durch partielles Auswachsen der aufgepflanzten Hautlappen Kammerbildung entstehen sehen. Ihm scheint principiell die Methode von Jansen die günstigste zu sein, weil bei ihr allein eine Verödung der Stirnhöhle erreicht und eine fortlaufende Controle ermöglicht wird. Bei dem von Kuhnt angegebenen Verfahren kann ebenso wie bei der vom Redner empfohlenen Operation Scheinheilung eintreten. Operative Freilegung der Stirnhöhle ist aber nach Feststellung einer Eiterung in diesem Hohlraume unbedingt angezeigt, weil bei der Tendenz zum Uebergreifen auf die cerebrale Wand secundäre endocranielle Eiterungen zu befürchten sind. Redner hat Hirnabscess und Meningitis entstehen sehen.

Herr Hartmann-Berlin ist der Ansicht, dass so grosse Operationen,
wie sie der Vortragende geschildert hat, nicht oft nothwendig sein werden.
Die Stirnhöhlenempyeme lassen sich nicht selten durch Beseitigung von
Kieferhöhleneiterungen, durch Abtragung des vorderen Endes der mittleren
Nasenmuschel und Erweiterung des Einganges zur Stirnhöhle und den Sieb-
beinzellen heilen. Erst wenn auf diese Weise Heilung nicht erzielt wird,
muss die Stirnhöhle von aussen eröffnet und eine breite Communication zur
Nase hergestellt werden.

Herr Jansen-Berlin hat bei seiner Methode der Stirnhöhleneröffnung,
von der er übrigens nicht befriedigt ist, weder Orbitalphlegmone noch Phlebitis gesehen, wohl aber manchmal Meningitis und in einem Falle Amaurose
durch Druck des Verbandes. Die Uebersichtlichkeit ist eine vollständige.
Bei hoch hinauf reichenden Höhlen nahm Redner den unteren Rand der
vorderen Wand fort. In letzter Zeit hat er einen zweiten senkrechten
Schnitt angelegt und diesen nach Fortnahme der ganzen vorderen Knochenwand primär vernäht. Bei Redners Methode ist es möglich, nicht nur die
Stirnhöhle anzugreifen, sondern man kann das ganze Siebbein freilegen und
ausschaben. die vordersten wie die hintersten Zellen und die ganz lateralen,
über der Kieferhöhle liegenden; man hat die Keilbeinhöhle vor sich liegen,
ja man kann durch Fortnahme der dünnen Knochenwand, welche hinten
medial und oben das Antrum umgrenzt, die Kieferhöhle breit eröffnen.
Durch die breite Freilegung werden, wenn es auch nicht gelingt, die Kiefer-
höhleneiterung zur Heilung zu bringen, die Beschwerden gehoben.

Herr Winckler-Bremen erwidert Herrn Hartmann, dass er natürlich einfach katarrhalische Fälle nicht extranasal operiren werde. Wenn
Herr Jansen mit seiner Methode auch die Highmorshöhle in Angriff nehmen
könne, so leuchte sie ihm mehr ein als die von Gussenbauer.

Im Uebrigen habe er nur die Collegen auffordern wollen, bei der Behandlung schwerer rhinitischer Eiterungen dieselben Principien anzuwenden,
wie bei der Behandlung der Mittelohreiterung.

22. Herr Jansen-Berlin: *Bemerkungen über Hindernisse in der Ausheilung chronischer Mittelohreiterung nach operativer Behandlung.*

Bei ausbleibender Heilung operirter chronischer Mittelohreiterungen
handelt es sich gewöhnlich um folgende Verhältnisse: 1. Tief stehender
unterer Paukenraum; 2. Hyperostose und massige Bildung der hinteren
unteren Gehörgangswand, infolgedessen schlechte Zugänglichkeit der Paukenhöhle und Verdeckung des unteren Trommelfellabschnittes; 3. Prominenz
des Margo tympanicus posterior, welcher einen weiten hinteren Paukenhöhlenraum bilden hilft und in letzterem eine hartnäckige Eiterung unter-
hält. Es kommen ferner in Betracht Sequester am vorderen Theil des
Paukenbodens, Fistelgänge, meist Kiemengangsfisteln, die von hier ausgehen,
Caries der Tubenwandung, bisweilen mit Eiterung an der Schädelbasis: Verhältnisse, welche das Freilegen des vorderen Abschnittes erfordern.

Was die Beobachtung Anderer betrifft, dass das Offenbleiben der Tuben
die Ursache von Recidiven der Paukenhöhleneiterung sei, so hat der Vortragende eine abweichende Meinung; er hat gefunden, dass es sich hier
häufig um ein Fortbestehen der Eiterung in der kranken Tube oder um
ein Wiederauftreten von eiterigem Katarrh in ihr nach Infection vom Nasenrachenraume her handle. Uebrigens habe er fast nie gesehen, dass die
narbige Auskleidung der Knochenhöhle unter diesem Wiederauftreten der
Eiterung gelitten habe.

Der Vortragende legt den hinteren Raum der Paukenhöhle in zweifelhaften Fällen, besonders bei Caries des langen Ambossschenkels, gern frei,
was meist sehr einfach sei, da man einen beträchtlichen Theil der hinteren
unteren Gehörgangswand, soweit er die laterale Wand des hinteren Pauken-
raumes bildet und sich umgreifen lässt, fortmeisseln kann, ohne auf den
Facialis zu stossen. Nach der Operation bilden sich zuweilen massenhafte
Granulationen, welche schleunigst ausgeschabt werden müssen: öfters bringt
erst die Bedeckung mit Thiersch'schen Lappen eine Wendung zum
Besseren. Zuweilen schiessen aus den Ecken und Winkeln des Antrums

und der Pauke langsam Granulationen auf, welche sich mit ihrer schön zur
Ueberhäutung neigenden Oberfläche unter coulissenartiger Verschiebung
immer senkrechter zur Axe des Gehörganges stellen, hinter denen aber nicht
gesundes Gewebe liegt, sondern von krankem Knochen oder Cholesteatommassen eine Eiterung unterhalten wird.

Bei niedrigem Antrum tritt leicht eine Verwachsung des horizontalen
Bogenganges mit dem Tegmen tympani ein unter Bildung eines eiternden
Fistelganges. Man kann ohne Gefahr für den Bogengang den neugebildeten
Knochen abmeisseln. Schliesslich macht der Vortragende noch auf die Mög-
lichkeit einer bei der Wundheilung eintretenden Knochenverbiegung aufmerk-
sam, an die man bei der Anlage der Knochenhöhle denken müsse.

23. Herr Kretschmann-Magdeburg: *Weitere Mittheilungen über Erkrankung des Recessus hypotympanicus.*

Erkrankungen des Recessus hypotympanicus oder nach Grunert und
Körner des „Kellers" der Paukenhöhle hat der Vortragende bei Radical-
operationen häufig gefunden und diesen Raum in 20 Fällen freigelegt. In
drei von diesen Fällen konnte aus den vom Recessus entspringenden Granulationen mit Sicherheit schon vor der Operation auf die Erkrankung geschlossen werden, bei den übrigen Fällen war vor der Operation der Nachweis nicht zu erbringen. Nur in 2 Fällen fanden sich in dem freigelegten
Kellerraume keine Veränderungen, sonst war stets die Schleimhaut erheblich
geschwollen und entartet, von glitzernder Oberfläche infolge von Ansammlung präcipitirter Cholestearinkrystalle, die auch vorhanden waren, wenn
keine Cholesteatombildung in den Mittelohrräumen vorlag. Zweimal fand
der Vortragende im Kellerraume wirkliche Cholesteatommassen; gleichzeitig
bestand auch im Warzenfortsatze Cholesteatom.

Auffallend weit lateralwärts erweitert, die untere Gehörgangswand unter-
minirend, war die Bucht in 3 Fällen. Von dem eigenthümlich sinuösen Bau
des Paukenbodens war in keinem der Fälle etwas zu finden, der lang-
dauernde Reiz ähnlich wie im erkrankten Warzenfortsatze auch hier zur
Eburnisirung führt.

Was die Technik der Freilegung des Kellerraumes betrifft, so hat der
Vortragende die Operation Anfangs mit dem Meissel, in der letzten Hälfte
der Fälle mit der rotirenden walzenförmigen Fraise vorgenommen. Vorher
eröffnet er, um Platz zu gewinnen, den Kuppelraum und das Antrum und
entfernt die hintere knöcherne Gehörgangswand. Bei der Operation, die in
unmittelbarer Nähe des Facialis ausgeführt wird, muss das Gesicht des
Patienten sorgfältig überwacht werden, damit im Falle einer Zuckung sofort
die Richtung des Instrumentes geändert werden kann.

Auf eine Verkleidung der zuweilen recht grossen Knochenwandhöhle
durch Plastik hat der Vortragende bisher verzichtet, weil die Ueberhäutung
verhältnissmässig rasch von Statten zu gehen pflegt.

Die Radicaloperation wird, wie der Vortragende ausführt, erst dann
eine radicale, wenn sie auch den Kellerraum in ihr Bereich zieht; denn
während diese Erweiterung der Operation keine erheblichen Gefahren in
sich schliesst, erwachsen aus der Fortnahme der lateralen Wand des Raumes
grosse Vortheile, da wir den oft cariös erkrankten Paukenboden dem Auge
zugänglich machen, die Stagnation von Secret daselbst verhüten und die
nach hinten und unten vom Promontorium gelegene Partie der Labyrinthwand, welche sonst nicht controlirbar ist, freilegen.

24. Herr Richard Hoffmann-Dresden: *Ein Fall von Empyem der Keilbeinhöhle mit Betheiligung der Orbita.*

Die vom Vortragenden behandelte 29jährige Patientin, welche seit
kurzer Zeit an Verstopfung der linken Nasenseite mit häufiger Entleerung
von Eiter und Blut, ferner an heftigen Kopfschmerzen, an Druckerscheinungen im Auge beim Bücken, an Schwindel litt, zeigte eine polypös de-
generirte untere und mittlere Nasenmuschel, Hyperplasie der Septumschleim-
haut; zwischen vorderer Lefze des Hiatus semilunaris und mittlerer Muschel
trat dicker, rahmiger Eiter nach dem Abwischen immer von Neuem hervor

Allmähliche Entfernung der die linke Nase fast ganz verlegenden Schwellungen. Schon nach der 1. Sitzung Besserung der Beschwerden von Seiten des Kopfes und Auges. Ausspülung der Kieferhöhle ergab negatives Resultat. Sondirung der Stirnhöhle gelang nicht mit Sicherheit, eine in der Richtung nach der Keilbeinhöhle geführte Sonde drang leicht durch die vordere Wand in diese ein, und sofort entleerte sich ein dicker Klumpen Eiters. Da keine Augenbeschwerden mehr bestanden, trat Patientin aus der Behandlung. Nach fast 2 Jahren stellte sie sich indessen wieder mit Verstopfung der rechten Nase vor, welche durch polypöse Wucherungen an der unteren Muschel bedingt war und durch Abtragung der Wucherungen beseitigt wurde. Jetzt entschloss sich die Kranke auch zu einer weiteren Behandlung ihrer linken Nase, zumal da nicht nur Druck im Auge und verminderte Sehschärfe (5/10), sondern auch etwas Strabismus bestand.

Abtragung der mittleren Muschel mit der Knochenzange und Resection eines Theiles der unteren Muschel, Abtragung der vorderen Wand der Keilbeinhöhle mit Meissel und Zange in 3 Sitzungen, Auskratzung von Granulationen, Ausfüllung der Höhle mit Jodoform und lockere Tamponade. Es erfolgte darauf bald Besserung der Augensymptome. Da aber Stirnkopfschmerz und in der Nase die Eiterung fortbestand, schritt der Vortragende zur Eröffnung der Stirnhöhle nach Jansen. Dieselbe war frei von Eiter, hingegen steckte das freigelegte Siebbein voll von Eiter und Granulationen. Ausschabung der letzteren unter Fortnahme der orbitalen und nasalen unteren Wand des Siebbeines. Reactionsloser Verlauf, Schluss der Fistel, keine Entstellung.

25. Herr Bürkner-Göttingen: *Demonstration eines otiatrischen Taschenbestecks.*

Das möglichst compendiöse, bequem in jeder Rocktasche Platz findende Besteck enthält die nothwendigsten Instrumente: Stirnspiegel, 3 Ohrtrichter, Kniepincette mit Schiebervorrichtung, Stimmgabel, 2 Catheter, ein Blechkästchen mit 2 Paracentesennadeln, einem Furunkelmesser, einer Sonde, welche an einen gemeinschaftlichen blattförmigen (auf Wunsch vierkantigen) Handgriff passen, und schliesslich 2 Gläser mit sterilen Gazestreifen und Watte. Für anderweitige kleine Instrumente ist noch etwas Raum vorhanden. (Bezugsquelle: Mahrt & Hoerning, Fabrik chirurg. Instrumente in Göttingen.)

26. Herr Joél-Gotha: *Pathologisch-anatomische Demonstration.*

Ober- und Unterkieferabgüsse von einem Falle von angeborener linksseitiger Choanalatresie. Der Unterkiefer zeigt typische rhachitische Veränderungen, während sich am Oberkiefer ein deutlicher Hochstand des Gaumens ohne die für adenoide Vegetationen charakteristische Knickung des Alveolarrandes findet.

27. Herr Rudolf Panse-Dresden: *Demonstration von Instrumenten und Präparaten.*

1. Tretcontact, durch dessen kürzeren oder längeren Schluss die Fraise des Elektromotors in Ruhe an Ort und Stelle geführt und zu beliebig vielen Drehungen gebracht werden kann.

2. Einen einfachen sterilisirbaren Pulverbläser.

3. Ein Schläfenbein mit Defect im Bulbus venae jugularis genau dem üblichen Paracentesenschnitte entsprechend.

4. Ein taubeneigrosses Nasenconcrement ganz aus Aspergillus niger bestehend.

5. Einen Ausguss einer ganzen Nasenhälfte ohne Mikroorganismen und aus Fibrin bestehend.

28. Herr Denker-Hagen i. W.: *Demonstration eines Instrumentes für die Entfernung der adenoiden Vegetationen.*

Das Instrument ist eine Scheere, welche in der Regel mit einem einzigen, glatt abtrennenden Schnitte die ganze hypertrophische Tonsille entfernt und mit einigen weiteren nach oben und seitlich gerichteten Schnitten die übrigen Vegetationen forträumt. Die abgeschnittenen Massen werden von dem Instrumente festgehalten.

29. Herr Hessler - Halle a. S: *Demonstration seines Pharynxtonsillotoms.*

Vorderer Theil und Gliederung des Ganzen wie bei dem Instrumente von Schütz; Handgriff scheerenförmig, durch Federn gespannt und stumpfwinkelig nach unten abgebogen. Durch Schliessen der Branchen wird das zweischneidige Messer vorgeschoben und durch Oeffnen geht es von selbst zurück. Das in gedecktem Schienengang laufende Messer schneidet scharf durch und nimmt sicher alle Theile der Rachenmandel nach vorn und oben mit.

30. Herr Treitel-Berlin: *Ueber den Werth der Injection von Pepsinlösung zur Besserung des Gehöres.*

Der Vortragende hat Versuche mit der von Cohen-Kysper angegebenen Pepsin-Therapie angestellt, und zwar im Ganzen an 10 Fällen. In 3 Fällen handelte es sich um alte Trommelfelldefecte, in 4 Fällen um Narben, in 3 Fällen um chronisch-hypertrophischen Mittelohrkatarrh.

In den 3 Fällen von Perforation trat keine Besserung durch die Einträufelung ein, wohl aber besserte sich das Gehör auf dem einen ohne Erfolg behandelten Ohre, als der Vortragende auf der entgegengesetzten Seite den stark retrahirten Hammer entfernt hatte.

In 3 von den 4 Narbenfällen trat kurze Zeit nach der Einspritzung eine Besserung um das Zwei- bis Dreifache ein, die sich aber bald auf ein Minimum reducirte. Die Reaction war in diesen Fällen kurz, aber zum Theil ziemlich heftig (Sausen, Hyperacusis). Der Vortragende lässt die Frage offen, ob man die vorübergehende Besserung auf die Injection oder nicht vielleicht auf die Durchstechung des Trommelfelles zurückzuführen habe.

In den Fällen von trocknem hypertrophischen Katarrh sah der Vortragende ausser einer geringen Erleichterung der subjectiven Beschwerden keinen Erfolg.

31. Herr Habermann-Graz: *Ein Fall von traumatischer Neurose.*

Der Kranke, ein 46jähriger Mann, hatte beim Holzhacken eine starke Prellung am rechten Arme und im Kopfe gespürt und war plötzlich unter dem Gefühl des Explodirens auf dem rechten Ohre taub geworden. 3 Tage später war Schallempfindlichkeit auf dem erkrankten Ohre aufgetreten, sowie starkes Sausen, besonders bei Verschluss des linken Ohres. Die Untersuchung ergab Einziehung beider Trommelfelle, rechts ausserdem eine kleine Hämorrhagie, rechts im Gehörgang dicht am Trommelfelle, links im Trommelfelle selbst. Laute Sprache wurde rechts nicht verstanden, nur die laut ins Ohr gerufenen Vocale a, e, i nachgesagt; Rinne'scher Versuch negativ, Perceptionsdauer ¹/₂. Weber'scher Versuch nach links, tiefere Stimmgabeln bis c³ vom rechten Warzenfortsatze, per Luft weder tiefe, noch hohe. Auch links ziemlich erhebliche Schwerhörigkeit mit Ausfall der Knochenleitung für die Uhr und verminderter (— 5) Perceptionsdauer. Am Tage nach der Aufnahme starker Schwindelanfall, der sich dann öfters wiederholte. Die Erscheinungen von Seiten der Ohren und ebenso von Seiten des Allgemeinbefindens schwankten bei jahrelanger Beobachtung, doch blieb hochgradige Schwerhörigkeit bestehen. Es handelte sich um eine typische traumatische Neurose.

Präsenzliste.

a) Mitglieder:

1. Barth-Leipzig.	7. Treitel-Berlin.
2. Jansen-Berlin.	8. Wiebe-Dresden.
3. Lindemann-Berlin.	9. v. Riedl-München.
4. Jürgensmeyer-Bielefeld.	10. Lommatzsch-Wiesbaden.
5. Rudloff-Wiesbaden.	11. Donalies-Leipzig.
6. Alt-Wien.	12. Zimmermann-Dresden.

13. Körner-Rostock.
14. W. Haenel-Dresden.
15. Lucae-Berlin.
16. Kessel-Jena.
17. Bürkner-Göttingen.
18. Bezold-München.
19. Zaufal-Prag.
20. Kleinknecht-Mainz.
21. Rhese-Inowrazlaw.
22. Manasse-Strassburg.
23. Müller-Altenburg.
24. Schmiedt-Leipzig.
25. Joél-Gotha.
26. Kretschmann-Magdeburg.
27. Brandt-Strassburg.
28. Moldenhauer-Leipzig.
29. Hartmann-Berlin.
30. Pfeiffer-Leipzig.
31. Zinti-Prag.
32. Noebel-Zittau.
33. Pluder-Hamburg.
34. Röll-München.
35. Nobis-Chemnitz.
36. Krebs-Hildesheim.
37. Müller-Dresden.
38. Scheibe-München.
39. Hessler-Halle a. S.
40. Breitung-Coburg.
41. Hecke-Breslau.
42. Beckmann-Berlin.
43. Farwick-Leipzig.
44. Friedrich-Leipzig.
45. Mackenthun-Leipzig.
46. Walliczeck-Breslau.
47. Kickhefel-Danzig.
48. Reichert-Breslau.
49. Noltenius-Bremen.

50. Salzburg-Dresden.
51. Stimmel-Leipzig.
52. Friederich-Dresden.
53. Rohden-Halberstadt.
54. Denker-Hagen.
55. Jordan-Halle a. S.
56. Hübner-Stettin.
57. Ulrichs-Halle a. S.
58. Mann-Dresden.
59. Leutert-Halle a. S.
60. Katz-Berlin.
61. Schlesinger-Dresden.
62. v. Wild-Frankfurt a. M.
63. Robitzsch-Leipzig.
64. Seyfert-Dresden.
65. Passow-Heidelberg.
66. Habermann-Graz.
67. Edg. Meier-Magdeburg.
68. Zarniko-Hamburg.
69. Kayser-Breslau.
70. Bönninghaus-Breslau.
71. Rösch-Dresden.
72. Thies-Leipzig.
73. Kümmel-Breslau.
74. Becker-Dresden.
75. Brieger-Breslau.
76. Müller-Lindenau.
77. Anton-Prag.
78. H. Schmaltz-Dresden.
79. Hoffmann-Dresden.
80. Schwabach-Berlin.
81. Panse-Dresden.
82. Stacke-Erfurt.
83. Winkler-Bremen.
84. Roller-Trier.
85. Weiss-Pilsen.
86. Jens-Hannover.

b) Gäste:

87. Grenser-Dresden
88. Fr. Haenel-Dresden.
89. Osterloh-Dresden.
90. Unruh-Dresden.
91. Rich. Schmaltz-Dresden.

92. Beschorner-Dresden.
93. Bottermund-Dresden.
94. Fischer-Dresden.
95. Fiedler-Dresden.
96. Günther-Dresden.

XVII.

Bericht über den V. internationalen Otologencongress in Florenz (23.—26. September 1895).

Von

Dr. Sigismund Szenes
In Budapest.

Laut Beschluss des IV. internationalen Otologencongresses zu Brüssel (1868) sollte der V. Congress schon im Jahre 1892 in Florenz stattfinden. Doch mit Rücksicht auf den XI. internationalen medicinischen Congress, welcher für 1893 in Rom anberaumt, doch erst 1894 abgehalten wurde, beschloss das Organisationscomité, den internationalen Otologencongress erst vom 23. bis 26. September 1895 abzuhalten.

Das Organisationscomité, mit Prof. Grazzi-Florenz an der Spitze, hat wohl Alles aufgeboten, damit der Congress je prächtiger gelingen möge, und es wäre ungerecht gehandelt, nicht auch hier der überaus zuvorkommenden Liebenswürdigkeit des Herrn Grazzi, der Stadt Florenz und unserer italienischen Specialcollegen zu gedenken; doch hatten wir nur Wenige das Glück, dieser Liebenswürdigkeit theilhaft zu werden, da sich nahezu die Hälfte der Theilnehmer aus Italien selbst und nur die andere Hälfte aus der Reihe ausländischer Fachgenossen rekrutirt hatte.

Nach den verschiedenen Ländern haben folgende Fachcollegen an dem Congresse theilgenommen:

Aus Italien die Herren Arslan-Padua, Avoledo-Mailand, Baldwin-Florenz, Bargelini-Florenz, Bianco-Turin, Bobone-San-Remo, Brunetti-Venedig, Buscaroli-Imola, Campi-Livorno, Canepele-Montegna, Chiucini-Rom, Coldstream-Florenz, Corradi-Verona, D'Aguanno-Palermo, Damato-Neapel, Damieno-Neapel, Ferreri-Rom, Ficano-Palermo, Galetti-Mailand. Garzia-Neapel Gradenigo-Turin, Grazzi-Florenz, Locatelli-Pesaro, Masini-Genua, Moltisanti-Syracusa, Mongardi-Bologna, Palazzolo-Agira. Putelli-Venedig, Ricci-Savona, Secchi-Bologna, Steele-Florenz, Zapparoli-Mantua — 32.

Aus England die Herren Bronner-Bradford, Browne-Belfast, Creswell Baber-Brighton, Dundas Grant-London, Macnaughton Jones-London, Saint-Clair Thomson-London, Slimon-London, Stone-Liverpool, Urban Pritchard-London — 9.

Aus Frankreich die Herren Bar-Nizza, Gellé-Paris, Gouguenheim-Paris, Helme-Paris, Lubet-Barbon-Paris, Madeuf-Paris, Martin-Paris, Moure-Bordeaux, Rattel-Paris — 9.

Aus Belgien die Herren Capart-Brüssel, Coosemans-Brüssel, Delie-Iprès, Delstanche-Brüssel, Goris-Brüssel, Rutten-Namur — 6.

Aus Russland die Herren Bonni-Warschau, Heimann-Warschau, Okuneff-St. Petersburg, Pietkowski-Radom — 4.

Aus Deutschland die Herren Brieger-Breslau, Kirchner-Würzburg, Krzywicki-Königsberg — 3.

Aus Oesterreich-Ungarn die Herren Morpurgo-Triest, Po-
litzer-Wien, Szenes-Budapest = 3.
Aus Spanien die Herren Sune y Molist-Barcelona, Verdos-
Barcelona = 2.
Aus Amerika die Herren Daly-Pittsburgh, De Roaldes-New-
Orleans = 2.
Aus der Schweiz Herr Secretan-Lausanne = 1.
Die Gesammtzahl der Theilnehmer belief sich kaum auf die des IV.
Congresses zu Brüssel; und wenn ich noch erwähne, dass unsere italienischen
Collegen zur gleichen Zeit den II. Congress ihrer „Societa Italiana di
laringologia, otologia e rinologia" im selben Gebäude abhielten, zum Theil
also auch aus diesem Grunde so zahlreich erschienen waren, viele Staaten
nur spärlich, andere sogar überhaupt nicht vertreten waren, so kann der
Besuch des Congresses im Allgemeinen nur als schwacher bezeichnet werden.
Es wird dies wohl seine Begründung darin finden, dass nahezu in jedem
Staate otologische Gesellschaften bestehen, in welchen unsere Specialität
ihre Förderer findet. Andererseits aber folgen die Congresse in einem solch'
raschen Nacheinander, dass nur Wenige sich den häufigen Reisen unterziehen.
Die officiellen Sprachen waren wohl französisch, englisch, deutsch und
italienisch, doch nur die Herren Brieger, Kirchner, Okuneff und
Szenes haben ihre Vorträge in deutscher Sprache gehalten, sonst wurde
zumeist französisch gesprochen mit Ausnahme der wenigen italienischen und
englischen Vorträge, welche allsogleich durch unseren polyglotten Collegen
Morpurgo in der genialsten Weise französisch resumirt wurden.

I. (Eröffnungs-)Sitzung
am 23. September Vormittags.

Herr Grazzi-Florenz als Einführender des Organisationscomités begrüsst in einer längeren Ansprache die erschienenen Theilnehmer auf's Herz-
lichste, gedenkt in kurzen Worten der Verluste unserer Wissenschaft infolge
des Todes von v. Tröltsch, Sapolini, Tafani, Longhi, Joli, Helm-
holtz und Moos und erklärt schliesslich im Namen Seiner Majestät
Humbert I., des Königs von Italien, den V. internationalen Otologencongress für eröffnet.
Herr Delstanche-Brüssel als gewesener Präsident des Congresses in
Brüssel dankt dem Organisationscomité für die Vorbereitungen und nach
der Begrüssung des Congresses von Seiten der Stadtverwaltung Florenz'
liest Herr Politzer-Wien den Nekrolog auf Moos[1]), und endlich erwähnt
Herr Bobone-San-Remo jene Fachcollegen, die ihr Fernbleiben begründet
hatten.
Auf Vorschlag des Herrn Delstanche wurden ernannt zum Präsi-
denten des Congresses Herr Grazzi, zu Schriftführern die Herren Benni-
Warschau, Bobone-San Remo, Chiucini-Rom und Creswell Baber-
Brigthon.
Endlich wurde noch auf Antrag des Herren Gellé-Paris ein Be-
grüssungs-Telegramm an S. Majestät den König von Italien abgesendet.

II. Sitzung
am 23. September Nachmittags.
Vorsitzender: Herr Grazzi-Florenz.

1. Herr Gellé-Paris: *Allgemeine Behandlung der Ohrenkrankheiten*
(Referat).
Gestützt auf die Regeln der allgemeinen Pathologie und pathologischen
Physiologie beweist Gellé, wie nothwendig eine Allgemeinbehandlung bei
Ohrenkrankheiten ist, besonders wenn dieselben constitutioneller, hereditärer
oder infectiöser Natur sind. Von prophilaktischem Standpunkte hat man
die verschiedenen Infectionen des Fötus und des Neugeborenen zu berück-

---

1) Dieses Archiv. Bd. XL. S. 25.

sichtigen, da Eiterungsprocesse des Ohres bei Kindern intrauterinären Ursprunges sein können.

Bei Otitis media acuta, insbesondere wenn dieselbe mit Knochencomplicationen einhergeht, ist wohl eine Allgemeinbehandlung selten von Erfolg, doch nie unnützlich. Gellé hofft in der Serumtherapie die Immunität zu erzielen, überhaupt ist die verallgemeinerte Antisepsis die Medicin der Zukunft.

Bezüglich der Otitis media chronica wird an erster Stelle die Otorrhoe erwähnt, dieselbe kann zufolge ihrer Aetiologie tuberculöser, diabetischer, cachectischer etc. Natur sein, und sind hier indicirt oder contraindicirt salz-, schwefel-, arsenhaltige Bäder oder Seebäder, nebst der localen Behandlung des Ohres.

Bei den übrigen chronischen Fällen, welche nicht suppurativer Natur sind, hat ebenfalls eine Allgemeinbehandlung Platz, welche in Verabreichung verschiedener interner Medicamente bestehen kann, hierher gehören ferner die Hypnose, Elektricität etc.

Schliesslich meint Gellé, dass nebst der localen Therapie auch die Allgemeinbehandlung zu berücksichtigen ist.

2. Herr Arslan-Padua: *Ueber adenoide Wucherungen des Nasenrachenraumes.*

Arslan fand unter 4080 Ohren-, Kehlkopf- und Nasenkranken 426mal adenoide Wucherungen. Die Schlussfolgerungen des Vortrages sind:

1. In Italien kommen adenoide Vegetationen ziemlich häufig vor.

2. In ätiologischer Beziehung sind in erster Reihe Erblichkeit und Dyscrasie zu erwähnen, ferner aber auch noch das feuchte Klima und Infectionsprocesse.

3. Das operative Entfernen der Wucherungen hat möglicher Weise in einer einzigen Sitzung zu geschehen. — Arslan giebt dem Moritz Schmidt'schen Messer den Vorzug gegen alle übrigen Instrumente.

4. Arslan empfiehlt für die Operation die Bromäthyl-Narkose, dieselbe wird der Narkose mit Chloroform, Aether oder Lustgas vorgezogen.

5. Als wichtigste und häufigste Complicationen der Wucherungen sind die Erkrankungen des Ohres anzusehen.

6. In allen Fällen, wo das Vorhandensein der Wucherungen festgestellt ist, hat auch die Entfernung zu geschehen, selbst wenn es sich nur um kleine Massen handelt.

7. Alle Kinder sollten vor ihrer Aufnahme in die Schule einer Untersuchung ihres Nasenrachenraumes unterzogen werden.

Discussion: Herr Corradi-Verona theilt die Ansicht Arslan's, dass nämlich die Kinder, bevor sie in die Schule, besonders aber bevor sie in eine Taubstummenanstalt aufgenommen werden, einer Untersuchung ihres Nasenrachenraumes unterzogen werden sollten. Corradi erwähnt, Taubstumme mit grossen adenoiden Vegetationen gesehen zu haben, bei denen das Gehörvermögen nicht ganz verloren war; vielleicht hätte man in diesen Fällen, durch einen rechtzeitigen chirurgischen Eingriff, die Taubstummheit verhüten können.

Herr Goris-Brüssel meint, dass man die Operation in Chloroform-Narkose machen soll; es lässt sich hierdurch Alles mit einem Male entfernen. — Um das Einfliessen des Blutes in die oberen Luftwege zu vermeiden, macht G. die Operation bei hängendem Kopfe.

Herr Helmo-Paris meint, eine locale Anästhesie durch Cocain sollte bei Kindern unter 14 Jahren nicht versucht werden; das Cocain wirkt wohl anästhesirend, doch vermag es nicht, die Furcht des Kindes zu verringern, weshalb das Kind, trotz der Anästhesie, unruhig sein wird. Die Bromäthyl-Narkose dauert zu kurze Zeit, um eventuell Alles vollkommen abzutragen. — Nach vollendeter Operation soll man die von Arslan empfohlene nachträgliche Digitaluntersuchung vermeiden, da eine Gefahr der Infection der Operationswunde besteht.

Herr Gradenigo-Turin bemerkt, dass bezüglich der Anästhesie sich keine allgemeinen Regeln aufstellen lassen. Kinder, welche früher

weder operirt, noch digital untersucht wurden, kann man auch ohne Anästhesie
ganz gut operiren. Die Operation selbst soll rasch gemacht werden, da
dieselbe kaum peinlicher ist, als die einfache Digitaluntersuchung. Ist eine
Anästhesie nothwendig, dann giebt G. dem Bromäthyl den Vorzug gegenüber
dem Chloroform. In der Chloroform-Narkose erfolgt leicht die Contraction
der Kaumuskeln, und infolge derselben können Blut und Vegetationspartikeln
leicht in die oberen Luftwege gerathen. Stellung nimmt G. gegen die nach
der Operation eventuell gemachten Nasenirrigationen, wegen der zumeist offen
stehenden Tubenöffnungen, wodurch das Mittelohr in Gefahr kommt. Ist
doch das Blut selbst das beste Antisepticum, und somit wird eine Ausspülung mit antiseptischen Lösungen vollkommen überflüssig.

Herr Urban Pritchard-London erwähnt, unter Anästhesie zu operiren, und lässt der Operation stets eine Irrigation der Nase mit einer antiseptischen Lösung folgen.

Herr Creswell Baber-Brighton erinnert an die strenge Desinfection der Instrumente und meint, man müsse sich vom prognostischen
Standpunkte aus für gewisse Fälle reservirt äussern, da es sich auch um
die von Lermoyer beschriebenen tuberculösen Geschwülste handeln
könnte.

Herr Brieger-Breslau ist, wie Gradenigo, ein Gegner der allgemeinen Anwendung der Narkose. Bei der Gefahr, die mit jeder
Narkotisirungsmethode, auch mit Bromäthyl, einhergeht, muss man die Narkose nur für solche Fälle reserviren, in denen sie wirklich unumgänglich ist. Die
Digitaluntersuchung am Schlusse der Operation ist zur Controle unerlässlich
und ist auch bei einiger Vorsicht unbedenklich; blos einmal sah B. bei ungenügender Desinfection der Digitaluntersuchung eine Entzündung der Rachentonsille folgen. Ausspülungen nach der Operation hält B. mit Gradenigo
für entbehrlich, und wenn auch nach Ausräumung des Nasenrachenraumes
die Gefahr der Ablenkung nach der Tuba geringer, als vorher ist, doch
unter Umständen selbst bei Anwendung des von ihm allein verwendeten Zer-
stäubers, bedenklich.

Herr D'Aguanno-Palermo hält für die Operation sowohl die locale
Anästhesie wie auch die allgemeine Narkose für unnöthig. Er benutzt mit
Vorliebe das Löwenberg'sche Instrument, operirt in einer Sitzung und
schreibt der Blutung gar keine Bedeutung zu, da dieselbe gewöhnlich
nachlässt, wenn das Kind zu weinen aufhört.

Herr Moure-Bordeaux erwähnt bezüglich der Anästhesie das bekannte
Sprichwort „les deux extrêmes se touchent". In einigen Fällen muss man
nämlich immer narkotisiren, in anderen hingegen nie. Es hängt dies nicht
von der Folgsamkeit des Kindes ab, sondern von dem Sitz der Vegetationen;
wenn dieselben lateral sitzen, sind sie schwerer zu entfernen, als wenn sie
an der hinteren Rachenpartie aufsitzen. Uebrigens ist es nicht unbedingt
nothwendig, bei adenoiden Wucherungen eine totale Ausräumung zu machen,
wie bei malignen Tumoren, es genügt, so viel zu entfernen, dass die Respi-
rationen und die Function der Tuben hergestellt werde. — Was das Einführen des Fingers in den Nasenrachenraum betrifft, glaubt M., dass man
dies bei genügender Asepsie vor und nach der Operation ohne jeden Nachtheil ganz gut machen kann.

Herr Secretan-Lausanne erwähnt, dass in der Schweiz die adenoiden
Wucherungen häufig vorkommen. Er operirt fast immer ohne Narkose;
auf diese Weise erfolgt ihm immer eine sichere Wegnahme aller Theile.
Das geronnene Blut verhindert nicht das Fühlen der Wucherungen mit der
Pincette, und man kann so Alles wegoperiren. S. benutzt auch deshalb
nicht schneidende Instrumente (Gottstein), sondern Pincetten; er
operirt in mehreren Sitzungen. Sind die Kinder unbändig, dann geht
S. zur allgemeinen Narkose über, das kommt jedoch blos in 5 Proc. der
Fälle vor.

Herr Dundas Grant-London operirt immer bei Nitroxyd (Stick-
stoffprotoxyd), wegen seiner Ungefährlichkeit. Um rasch zu operiren, beginnt er mit dem Nagel (sterilisirt durch Lysol oder absoluten Alkohol), wobei
er sich bezüglich der Ausdehnung, Bau und Lage der Wucherungen orientirt;

sitzen die Wucherungen an der hinter,e̦n Wand des Nasenrachenraumes, bedient er sich der Gottstein- oder Delstanche'schen Curette, wenn hingegen dieselben am Dache sitzen, wird die Schech'sche Zange gebraucht.

Herr Bobone-San Remo stimmt mit der Ansicht Arslan's überein, dass nämlich die adenoiden Wucherungen in Italien relativ öfter vorkommen, doch bezieht sich dies nicht auf die neben der Meeresküste liegenden Städte, da die Wucherungen in der Riviera nur selten beobachtet werden. — Die Möglichkeit der Ausführung der Operation ohne Anästhesie hängt stets von der Gehorsamkeit und Intelligenz des Kindes ab

3. Herr Okuneff-Petersburg: *Die Auscultation des Warzenfortsatzes bei seiner Sklerose.*

Die Wichtigkeit der Beantwortung der Frage, ob der Warzenfortsatz bei der chronischen Eiterung des Mittelohres sklerosirt ist, ist wohl jedem Specialisten klar. Durch die Möglichkeit, den Krankheitsherd im Warzenfortsatze zu suchen, erleichtert bedeutend die Aufgabe bezüglich der Therapie. Otitiden, welche durch Sklerose des Warzenfortsatzes complicirt sind, unterscheiden sich gar nicht von dem gewöhnlichen Verlauf der Mittelohreiterungen. Das einzige Symptom der Sklerose in den meisten Fällen ist erhöhte Fiebertemperatur ohne locale Schmerzen und ohne Infiltration der Weichtheile.

Vermittelst der Auscultation des Warzenfortsatzes (s. d. Arch. f. Ohrenheilkunde, Bd. XXXVIII, S. 161—176) ergiebt sich uns ein werthvolles Zeichen und wird hierdurch eine frühe Diagnose ermöglicht, bezüglich des Zustandes des Knochens, mit dem wir es zu thun haben. Denn beim Auscultiren des durch den Schädel geleiteten Stimmgabeltones nimmt man im Falle einer Veränderung des Warzenfortsatzknochens durch die Sklerose einen lauteren klareren und stärkeren Ton auf der kranken Seite wahr, als auf der gesunden Seite, daher unterscheidet sich der sklerosirte Knochen vom normalen durch bessere Schallleitung.

Discussion: Herr Morpurgo-Triest erwähnt, den von Okuneff im Archiv für Ohrenheilkunde veröffentlichten Aufsatz gelesen zu haben und hat auch in Anbetracht der Wichtigkeit der Sache die Versuche wiederholt, leider aber mit negativem Resultate, was vielleicht dem Mangel an entsprechender Technik zuzuschreiben sei. Darum wäre es erwünscht, dass Okuneff sein Verfahren in einer der nächsten Sitzungen an Kranken demonstrire.[1]

4. Herr Avoledo-Milano: *Ueber die Erfolge der intratympanalen Chirurgie bei der Behandlung der an Mittelohreiterungen sich anschliessenden Schwerhörigkeit.*

Avoledo kommt in seinen Auseinandersetzungen zu dem Schlusse, dass in gewissen Fällen das Versiegen lange anhaltender Otorrhoen mit einer Verminderung der Hörschärfe einhergebe. Besteht nun die Affection beiderseits, dann sind Hammer und Amboss zu entfernen, um hierdurch die Last der Steigbügelplatte zu verringern. Um Exsudate zur Resorption zu bringen, verbindet Avoledo die erwähnte chirurgische Behandlung zu gleicher Zeit mit der Anwendung des Pilocarpins, wie dies Politzer empfiehlt. Diese Behandlungsart ergab die besten Erfolge.

Discussion: Herr Ficano-Palermo meint, der Erfolg des Eingriffes bestehe mehr in der Mobilisirung des Steigbügels, wodurch Adhäsionen zwischen Steigbügel und Fenestra ovalis zerrissen werden.

Herr Morpurgo-Triest[2] bemerkt, man müsse intratympanale Operationen zu akustischen Zwecken, und solche zur Sistirung der

---

1) Herr Gradenigo-Turin sprach ebenfalls den Wunsch aus, dass Okuneff sein Verfahren an einschlägigen Fällen demonstriren möge, doch kam es infolge Zeitmangels nicht mehr dazu. Ref.

2) Die hier angeführte Fortsetzung der Discussion erfolgte in der III. Sitzung. Ref.

Eiterung unterscheiden. Was Erstere betrifft, sei es doch bekannt, dass die eventuell erlangte Besserung des Gehöres sehr häufig zurückgeht; andererseits sei es bedenklich, eine oft auch nach Jahren sistirte Eiterung durch einen operativen Eingriff, trotz Asepsis und Antisepsis, möglicher Weise wieder zu erzeugen. Was die 2. Reihe von Operationen anbelangt, so möge man erst nach Erschöpfung aller, wenn auch durch lange Zeit angewendeten, conservativen Methoden, den H a m m e r extrahiren, aber was den A m b o s s anbelangt, es sich doch überlegen, denn die Fälle von, durch dessen Extraction hervorgerufenen F a c i a l i s p a r a l y s e n, veröffentlicht und unveröffentlicht, sind gewiss nicht so selten, als man angiebt. Muss man aber in derlei Fällen, wegen bedenklicher Symptome, zum Messer greifen, dann sei es doch besser und c h i r u r g i s c h e r, die R a d i c a l o p e r a t i o n vorzunehmen. G o m p e r z's und S c h e i b e's Publicationen haben übrigens gezeigt, dass man unter gegebenen Verhältnissen mit den c o n s e r v a t i v e n Methoden gut auskommt. R e c i d i v e der Eiterung seien übrigens, bei chirurgisch activer Behandlung, keine Rarität.

Herr G e l l é - Paris meint, es wäre unbestreitbar, dass durch die jüngsten Fortschritte der Chirurgie auch in der Behandlung der Mittelohreiterungen schöne Erfolge erzielt wurden. Doch muss man bedenken, dass sowohl bei persistenten, als bei recidivirenden Mittelohreiterungen, selbst nach Entfernung der cariösen Gehörknöchelchen, der Krankheitsherd in der Paukenhöhle zurückbleibt, ja selbst nach Eröffnung der Warzenzellen und des Antrums, weshalb man stets für eine sorgfältige Desinfection der Paukenhöhle zu sorgen hat. Zur Restitution der Nebenhöhlen ist eine Heilung der Paukenhöhle selbst erforderlich.

Herr G r a d e n i g o - Turin bemerkt, die Mittelohreiterung wird infolge einer Mitaffection des Atticus oder des Antrums chronisch; man muss deshalb eine möglichst präcise Diagnose stellen. Operativ hat man einzuschreiten, wenn eine sorgfältigst ausgeführte Localbehandlung, durch mehrere Monate hindurch, erfolglos bleibt.

Herr D u n d a s G r a n t - London reflectirt zuförderst auf die Bemerkung G e l l é's und meint, es liesse sich in vielen Fällen schwer nachweisen, dass zugleich auch eine i n t r a m a s t o i d e a l e Eiterung besteht, welche die Aufmeisselung des Warzonfortsatzes erheischt, wo hingegen die leichtere Operation, die Entfernung der Gehörknöchelchen, versucht werden könnte. Letztere wird ja mit Hülfe des D e l s t a n c h e'schen Instrumentes sehr erleichtert. Es giebt auch zahlreiche mindere Operationen, die einen effectiven Werth haben, so beobachtete er erhebliche Verbesserung des Gehörvermögens und Verminderung der Eiterung, nach Durchschneidung eines festen Bandes hinter dem kurzen Hammerfortsatz, welches cholesteatomatöse Massen retenirte und auch die Beweglichkeit des Steigbügels erschwerte.

Herr F e r r e r i - Rom erwähnt die günstigen Erfolge der c a u s t i s c h e n Behandlung chronischer Mittelohreiterungen mit concentrirter Chlorzinklösung.

Herr M o u r e - Bordeaux meint, man müsse bei Paukenhöhleneiterungen auf den v e r s c h i e d e n e n S i t z der Krankheit achten. Eiterungen, welche von der unteren Partie der Paukenhöhle ausgehen, heilen gewöhnlich auf medicamentöser Behandlung; jene, welche in der oberen vorderen Partie sitzen, können wohl auf Ausspritzungen, Insufflationen oder Instillationen heilen, erheischen jedoch oft die Extraction des Hammers. Endlich solche Eiterungen, die von dem hinteren oberen Theile der Paukenhöhle ausgehen, benöthigen gewöhnlich einen chirurgischen Eingriff, welcher sich auf die Entfernung der Gehörknöchelchen, der betreffenden Paukenhöhlenwand oder auf die Eröffnung des Antrums erstreckt.

Herr A r s l a n - Padua befürwortet seine Erfolge mit der C h r o m s ä u r e.

Herr D e l s t a n c h e - Brüssel erwähnt, er hätte bei Eiterungen im Atticus nach erfolgter Extraction des Hammers von Ausspülungen und Aetzungen mit Chlorzinklösung, in den meisten Fällen die besten Erfolge erzielt, so dass es nur selten zur Entfernung des Ambosses oder zur Eröffnung des Warzenfortsatzes kommen musste.

Herr Delle-Jprès bemerkt, man müsse in der Therapie der Mittelohreiterungen nicht nur die Eiterung selbst mit ihren objectiven Localerscheinungen beachten, sondern auch der Natur der Krankheit nachgehen, da dieselbe luëtischen, scrophulösen oder tuberculösen Ursprunges sein kann. In solchen Fällen erfordert jede Diathese nebst der speciellen Behandlung auch eine allgemeine. Delie empfiehlt besonders für Otorrhoen tuberculöser Art 10—50proc. Milchsäure, von welchem Mittel er in solchen Fällen Genesungen oder Erleichterungen sah, wo alle anderen Heilmittel Nichts nützten.

Herr Politzer-Wien erwähnt jene intratympanalen Operationen, welche zur Verbesserung des Gehörvermögens dienen, solcher narbigen Gebilde, die nach Verlauf der Eiterung eine Verschlechterung des Gehöres verursachen, nach deren Durchtrennung jedoch das Gehör verbessert wird.

5. Herr Coosemans-Brüssel: *Cornu cutaneum des rechten Ohrläppchens.*

Der Fall betrifft einen 71 Jahre alten Mann, welcher sonst gesund war, und Aehnliches wurde auch bei Niemandem in der Familie beobachtet.

Vor einem Jahre bildete sich am rechten Ohrläppchen eine kleine schmerzlose, harte Warze, welche Patient mit dem Finger herunterkratzte. Nach einem Monate war das Gebilde wieder da. Dasselbe ist 15 Mm. hoch, der Umfang beträgt 45 Mm.; die Basis ist etwas breiter wie die Spitze, die Farbe braun, das Gebilde ist hart wie Horn. Spontan bestanden keine Schmerzen, doch verursachte das Drücken desselben mit dem Finger oder das Liegen auf demselben Schmerzen.

Das Gebilde wurde mit dem scharfen Löffel abgetragen und die Stelle pacquelinisirt. — Die mikroskopische Untersuchung ergab eine Wucherung von Zellen aus der Malpighi'schen Schichte und Epithel, ohne Nerven und Blutgefässe, mithin ähnlich dem Horn der Thiere, dem Nagel des Menschen und den gewöhnlichen Verdickungen der Haut.

Aehnliche Beobachtungen sind in der englischen Literatur von Buck, Burnett, Pomeroy und Mc. Bride, jedoch nur in gedrängter Kürze, mitgetheilt und nicht so ausführlich, wie dies Coosemans thut.

III. Sitzung
am 24. September Vormittags.

Vorsitzender: Herr Politzer-Wien.

6. Herr Gradenigo-Turin: *Ueber die Allgemeinbehandlung der Otitis interna* (Referat).

Seitdem die Otologie zu einer speciellen Disciplin der Medicin geworden, concentriren die Ohrenärzte ihr Hauptaugenmerk auf das Gehörorgan und vergessen ganz, dass, obwohl sie Specialisten sind, eigentlich auch Biologen und Aerzte sein müssten. Die Therapie wurde hierdurch zu sehr exclusiv und somit weniger erfolgreich, besonders in der ersten Hälfte dieses Jahrhunderts.

Ein bedeutender Fortschritt wurde erzielt in der Behandlung der Ohrenkrankheiten, durch die Entdeckung des Zusammenhanges derselben mit den Erkrankungen des Nasenrachenraumes, ebenso wie durch die Fortschritte der Chirurgie. Die Pathologie des Schläfenbeines machte Fortschritte infolge der chirurgischen Behandlung anderer Knochenerkrankungen, doch weist Gradenigo besonders darauf hin, dass der Otolog heutzutage mehr Chirurg als Arzt ist.

Die Erkrankungen des äusseren und mittleren Ohres sind wohl zugänglich für eine locale chirurgische Behandlung, doch die Krankheiten des inneren Ohres können zumeist nur durch eine Allgemeinbehandlung behoben werden.

Bis zu einem gewissen Punkte sind die klinischen Erscheinungen der Ohrenkrankheiten nur nebensächlich, die Aetiologie hingegen überaus wichtig, auch vom therapeutischen Standpunkte. Ein und dasselbe ätiologische Moment, wie z. B. die Lues, kann die verschiedensten klinischen Erscheinungen hervorrufen, andererseits hingegen können ganz analoge klinische Symptome von ganz verschiedenen Ursachen herrühren. Will man daher eine rationelle Therapie einleiten, dann darf man sich nicht nur auf die Untersuchung des kranken Organes allein beschränken, wie dies heutzutage eine grosse Anzahl der Specialisten zu thun pflegt, sondern man muss auch an die verschiedensten Momente denken.

Die internen Otitiden, welche zu einer progredirenden Taubheit führen, können im Allgemeinen in 2 Categorien eingetheilt werden, nämlich in solche, welche acquirirt werden, und solche, welche hereditären Ursprunges sind. Erstere sind am häufigsten die Folge einfacher primärer Labyrintherkrankungen und sind zumeist luëtischer oder rheumatischer Natur, letztere hingegen sind am häufigsten infolge professioneller Berufe, der Tuberculose oder infectiöser Krankheiten entstanden. Bei recenten luëtischen Erkrankungen giebt die specifische Behandlung die besten Resultate, bei rheumatischen Erkrankungen sind die therapeutischen Erfolge gewöhnlich weniger günstig, manchmal sogar gleich Nichts; die professionellen Erkrankungen pflegen sich auf Jod zu bessern, die tuberculösen auf eine Allgemeinbehandlung.

Die hereditären Erkrankungen kennzeichnen sich durch eine merkliche verringerte Widerstandsfähigkeit den pathogenen Ursachen gegenüber aus und finden ihren klinischen Ausdruck in der Tendenz der Erkrankung; bei Kindern recidiviren die acuten Katarrhe der Luftwege, nehmen einen chronischen Charakter an und ziehen die nachbarlichen Schleimhäute in das Bereich der Erkrankung; vom Nasenrachenraume schreitet nun das Uebel auf das mittlere und auch innere Ohr über. Der Typus dieser Otitiden ist die secundäre Erkrankung des Labyrinthes infolge des Mittelohrkatarrhs, die eigentliche Sklerose.

Die Fälle hereditärer Otitis interna theilt Gradenigo in drei Gruppen: 1. Sclerosis paratuberculosa, bei nicht Tuberculösen, die jedoch einer tuberculösen Familie angehören. 2. Sclerosis parasyphilitica (im Sinne Fournier's), bei Leuten, die von luëtischen Eltern abstammen, und endlich 3. Otitis hereditaria, bei Individuen, die einer Familie angehören, wo ähnliche Erkrankungen häufig sind; gewöhnlich sind die Eltern solcher Kranken mit Rheumatismus, Arthritis oder Gicht behaftet. — Bei den ersten 2 Gruppen muss es sich nicht immer um eine hereditäre Tuberculose oder Lues im strengsten Sinne des Wortes handeln, man hat es nur mit einer hereditären Belastung zu thun, infolge derer die Ernährung herabgesetzt und die Widerstandsfähigkeit geschwächt ist.

Im Allgemeinen giebt die Behandlung mit weniger günstigen Erfolgen einher, selbst bei den parasyphilitischen Formen, was nur dadurch zu erklären ist, dass die Patienten uns nicht frühzeitig consultiren und uns zumeist mit schon vorgerückter Krankheit aufsuchen. Man soll daher auf die nasopharyngealen Erkrankungen im Kindesalter besonderes Gewicht legen.

Discussion: Herr Morpurgo-Triest meint, es sei wohl selbstverständlich, dass der Ohrenarzt bei seinen therapeutischen Maassnahmen dem Zustande des ganzen Organismus Rechnung tragen und aus der Anamnese wichtige Winke ableiten möge. Wenn man aber die Syphilis ausnimmt, sei leider gegen die Affectionen des inneren Ohres nicht viel anzufangen. Man veröffentlicht wohl hier und da Günstiges von der Pilocarpinbehandlung (subcutan), aber in wie vielen Fällen bleibt das Mittel erfolglos?! Der Ohrenarzt müsse wohl den Allgemeinzustand berücksichtigen, aber Rheumatismus und Gicht als ursächliche Momente bei unseren lückenhaften Kenntnissen der Krankheiten des inneren Ohres leichthin anzunehmen, wäre nicht förderlich.

Herr Cresswell Baber-Brighton[1]) erwähnt, in vielen Fällen von Labyrinthaffectionen Pilocarpin versucht zu haben, doch nur wenige Male

---

1) Auf Antrag Politzer's wird hier die Discussion auch betreffs des Gellé'schen Vortrages: „Allgemeine Behandlung der Ohrenkrankheiten" fortgesetzt. Ref.

erfolgte eine Besserung. Ueberhaupt kann man die Pilocarpinbehandlung auslassen, wenn nach 3—4 Injectionen keine Besserung erfolgt. — In einigen Fällen von Schwerhörigkeit, welche sich dem Myxödem hinzugesellte, erzielte Cresswell Baber von Thyreoidintabletten einzelne Erfolge.

Herr Moure-Bordeaux meint, es gebe nur eine Krankheit. wobei die Allgemeinbehandlung unerlässlich ist, und dies sei Diabetes. Selbst wenn es zu operativen Eingriffen bei Diabetikern kommt, so hat sowohl vor der Operation als auch nach derselben in der scrupulösesten Weise eine Allgemeinbehandlung stattzufinden.

Herr Dundas Grant-London betont die Nothwendigkeit einer richtigen Diagnostik bei den verschiedenen Formen der Schwerhörigkeit, da man nur dann eine erfolgreiche Allgemeinbehandlung einleiten kann. Bei Nerventaubheit ist Pilocarpin contraindicirt, da der Kranke durch das Pilocarpin nur noch mehr entkräftet wird: hingegen hat Dundas Grant von einer energischen Strychninbehandlung in ähnlichen Fällen vortreffliche Erfolge erzielt. Bezüglich des Myxödem kann Dundas Grant die erwähnten Erfolge von Cresswell Baber nur bekräftigen. Besonders wichtig ist die Allgemeinbehandlung bei Ohraffectionen, welche mit Gicht und Morbus Brighti einhergehen.

Herr Corradi-Verona erwähnt, sehr wenige Erfolge von Pilocarpin gesehen zu haben, besonders, wenn es sich nicht um frische Fälle, luëtischer oder rheumatischer Natur, handelte. Doch glaubt Corradi bei solchen Labyrinthaffectionen nicht schon nach der 3.—4. Injection von dem Pilocarpin abzuweichen, da sich Erfolge oft erst nach der 10.—12. Einspritzung einstellen.

Herr Delie-Jprès erinnert an die Fälle, in welchen Jod indicirt ist, doch muss genanntes Mittel oft des Auftrittes von Jodiamus wegen weggelassen werden. Delie kennt jedoch ein Präparat, von welchem selbst grosse Gaben kein Symptom von Jodismus hervorbringen, es ist dies der Vin jodotanné. Selbst kleine Kinder nehmen letzteres Präparat gerne, und es scheint, dass das Tannin die schädliche Wirkung des Jods paralysirt.

Herr Gellé empfiehlt ebenfalls das von Delie befürwortete Präparat. —

7. Herr Brieger-Breslau: *Ueber primäre Ostitis des Warzenfortsatzes.*

Das Vorkommen primärer selbständiger Erkrankungen des Warzenfortsatzes ist strittig. Gegenüber der Anschauung Küster's, welcher primäre Tuberculose des Warzenfortsatzes für häufig, die Localisation acuter infectiöser Osteomyelitis am Processus mastoideus für möglich hält, vertritt Schwartze den durch unsere bisherigen Erfahrungen allein gerechtfertigten Standpunkt, dass erstere eminent selten, das Vorkommen der letzteren aber in einwandsfreier Weise noch niemals bewiesen worden ist.

In den letzten Jahren sind wiederholt acute Erkrankungen des Warzenfortsatzes, bei denen die Erscheinungen von Seiten des Knochens von vornherein prävalirten, die Betheiligung der Paukenhöhle untergeordnet oder gar erst nachträglich einzutreten schien, als primäre Ostitis des Warzenfortsatzes beschrieben worden. — In diesen Fällen scheinen indessen Verwechselungen mit isolirten, gegen die Paukenhöhle abgeschlossenen Empyemen nicht überall ausgeschlossen zu sein. Als primäre acute Ostitis des Warzenfortsatzes können aber nur solche Fälle anerkannt werden, bei denen der Process nicht von der mucös-periostalen Auskleidung der Warzenzellen, sondern von wirklicher Osteomyelitis seinen Ausgang genommen hat. Es ist charakteristisch für die Osteomyelitis platter Knochen, dass sie sich bald als Entzündung aller Abschnitte, als Ostitis, darstellt, im Gegensatz zu der Osteomyelitis der langen Röhrenknochen, deren Structur das Fortschreiten auf die Corticalis erschwert.

Die Localisation acuter infectiöser Osteomyelitis an diploëtischen Warzenfortsätzen ist theoretisch möglich. Warzenfortsätze mit oft mässig entwickelter Spongiosa können ebenso von Osteomyelitis befallen werden, wie die mit noch schwächerer Diploë erfüllten Gesichts- und Schädelknochen, an denen Osteomyelitis bereits sicher beobachtet worden ist.

14*

Brieger glaubte sich zur Annahme einer Osteomyelitis des Warzenfortsatzes in einem Falle sogenannter Bezold's cher Mastoiditis berechtigt.
Die Schwere der Allgemeinerscheinungen, durch welche der locale Process
von vornherein mitverdeckt wurde, die schon von Anfang verstärkte Druckempfindlichkeit und Schwellung der Warzengegend bei nur unerheblicher,
rasch vorübergehender Erkrankung der Paukenhöhle, die rasche Sequesterbildung mit Entwicklung einer fast typischen Knochenlade in dem diploëtischen Warzenfortsatze, machten diese Annahme wahrscheinlich.

In den Fällen von Durchbruch durch die untere Wand ist die vor-
wiegende und frühzeitige Erkrankung des Warzentheiles bei geringfügiger,
oft nicht einmal zur Trommelfellperforation führender Paukenaffection sehr
häufig. Allerdings ist gerade hierbei das Vorhandensein grösserer Warzenzellen die Regel. Vielleicht ist aber in Fällen dieser Art, wenn die Operation
diploëtische Beschaffenheit des Warzenfortsatzes erzielt, an die Möglichkeit
primärer Ostitis zu denken.

Für die operative Behandlung dieser Formen ergiebt sich daraus die
noch nicht allgemein anerkannte Nothwendigkeit, immer bis an die Durchbruchsstelle an der Unterfläche des Warzenfortsatzes vorzudringen. Dagegen wird man bei freier Pauke auf die Eröffnung des Antrums verzichten
dürfen.

Das Vorkommen primärer Ostitis als Nachkrankheit anderer Infectionskrankheiten ist nur für den Abdominaltyphus erwiesen, für Masern
und Influenza zum mindesten zweifelhaft. — Eine Otitis media dia-
betica, welcher primäre Ostitis des Warzentheiles zu Grunde liegen soll,
vermag Brieger nicht anzuerkennen.

Die primäre Tuberculose des Warzentheils ist excessiv selten.
Auch secundäre, von der Pauke fortgeleitete Tuberculosen des Warzen-
theiles kommen nur selten zur Beobachtung. Der Beweis für die tuberculöse
Natur des Knochenprocesses ist oft schwer zu erbringen. Die Bacillen-
Untersuchung im Eiter oder in den Granulationen ergiebt in klinisch gut
charakterisirten Fällen, wie bei Knochentuberculosen überhaupt, oft negative
Resultate. Intraperitoneale Impfung der Granulationen bei Meerschweinchen
misslingt meist wegen gleichzeitiger Anwesenheit pyogener Mikroorganismen.

IV. Sitzung
am 24. September Nachmittags.
Vorsitzender: Herr Gellé-Paris.

Discussion: (Zum Vortrage Brieger's.)
Herr Murpogo-Triest möchte Genaueres über Trommelfellbefunde und
Gehör im Beginne des Leidens erfahren.

Herr Brieger bemerkt hierauf, dass ihm nicht allein das zeitliche
Verhältniss der Paukenerkrankung zur Affection des Warzenfortsatzes, sondern vor Allem die frühzeitige Sequesterbildung in dem überwiegend diploëtischen Warzenfortsatz bei rascher und vollständiger Rückbildung des Paukenprocesses die Annahme einer
primären Ostitis in seinem Falle wahrscheinlich gemacht habe. Ein absolut
sicherer Beweis dafür ist freilich aus diesem Falle nicht erbracht und
wohl auch schwerlich jemals zu erbringen, da es bei den engen Beziehungen zwischen Pauke und Warzentheil, bei den Erkrankungen des letzteren
wohl immer zu einer Coaffection der Pauke kommen wird, deren Vorhandensein die Beurtheilung des Abhängigkeitsverhältnisses erschwert oder
unter Umständen unmöglich macht. — Anfangs konnte blos eine Hyperämie
der Paukenhöhlenschleimhaut nachgewiesen werden; nach 3 Tagen wurde
mittelst Paracentese seröses Secret entleert, welches sich wohl bald von
Neuem bildete, doch war dasselbe nach einer Woche vollkommen geschwunden und bildete sich nicht mehr.

Herr Holmo-Paris glaubt, dass man selbst bei Paukenhöhlensklerose
Eiter hinter dem Trommelfell finden kann, ohne dass dies bei der Besich-
tigung des Trommelfelles zu erkennen wäre. Er hat mit Lermoyez einen
Fall beobachtet, in welchem es sich um eine ernste Complication von Seiten

des Warzenfortsatzes handelte, ohne dass ein Verdacht vorhanden gewesen wäre, hinter dem Trommelfell Eiter finden zu können; man konnte bloss eine habituelle Verminderung des Gehörvermögens annehmen. H. glaubt daher, dass man bei Mittelohrsklerose nur dann eine primäre Warzenfortsatzerkrankung diagnosticiren darf, wenn man sich mittelst Paracentese überzeugt hat, dass hinter dem Trommelfell kein Eiter ist.

Herr Gellé-Paris erwähnt einen Fall von circumscripter Ostitis des Warzenfortsatzes, welche nach einem kalten Bade aufgetreten war. Nach Eröffnung des Abscesses fanden sich 2 Knochenfisteln vor; G. beobachtete längere Zeit hindurch den Fall und konnte Tuberculose ausschliessen. Auffallender Weise bestand kein einziges Symptom einer Paukenhöhlenaffection, und auch das Gehörvermögen war intact.

8. Herr Corradi-Verona: *Ueber traumatische Perforationen des Trommelfelles.* C. erörtert vorzugsweise jene Verletzungen des Trommelfelles, welche infolge von Traumen auf den Kopf, ohne Fractur der Knochen, entstehen; dieselben sind wohl im Allgemeinen äusserst selten, doch sitzen sie zumeist am Trommelfellrande und sind daher als wirkliche Trennung des Trommelfelles von seinem knöchernen Rahmen anzusehen. C. meint, dass dieser Umstand besonders vom gerichtsärztlichen Standpunkte für die Beurtheilung einer Trommelfellverletzung wichtig wäre.

Discussion: Herr Gellé-Paris glaubt, die frühere pathologisch-anatomische Beschaffenheit des Trommelfelles wäre von besonderer Wichtigkeit für das Zustandekommen einer Verletzung desselben infolge eines Traumas. Als Beweis führt G. den Fall einer jungen Krankenwärterin an, welche im Scherze 2 Ohrfeigen von einer Freundin bekam und infolge dieser 2 Schläge auf jedem Trommelfell eine Ruptur erhielt. Nun stellte es sich aber heraus, dass wohl der traumatische Insult die Verletzung herbeiführte, doch hatte schon früher ein geschwächtes Gehörvermögen, infolge von Obstruction beider Eustachi'schen Röhren, bestanden.

Herr Politzer-Wien betont den Unterschied zwischen den traumatischen Trommelfellrupturen und den pathologischen Perforationen. Bei ersteren sind die Ränder mit Blutgerinnsel bedeckt, und dringt hier bei dem Valsalva'schen Versuche leicht die Luft durch, bei letzteren hingegen sind die Ränder frei, und die Luft dringt weniger leicht durch.

Herr Corradi bemerkt hierauf, dass in frischen Fällen, wo es sich um durch erhöhten Luftdruck entstandene Rupturen handelt, Blutgerinnsel thatsächlich an den Rändern zu finden sind. Doch das Durchdringen der Luft bei dem Valsalva'schen Versuche ist ein Symptom von weniger diagnostischer Bedeutung für die Ruptur selbst, da dies eigentlich von Verhältnissen, welche im Nasenrachenraum, in der Eustachi'schen Röhre oder in der Paukenhöhle bestehen, abhängt, abgesehen von der Natur oder dem Zustande der Perforation. Selbst die diagnostische Wichtigkeit der Blutgerinnsel an den Rändern wird die Perforationen durch indirecte Ursachen, infolge von Traumen auf den Kopf, um was es sich eigentlich im Vortrage handelte, sehr abnehmen.

9. Herr Ferreri-Rom: *Ueber senile Veränderungen des Mittelohres.*

F. stellte Untersuchungen an, um sich davon zu überzeugen, ob die das Greisenalter begleitende Schwerhörigkeit die Folge einer Otitis media hyperplastica oder aber die eines Involutionsprocesses ist. Die Untersuchungen erstreckten sich auf über 200 Insassen des S. Cosimato-Hospizes zu Rom, deren Gehörvermögen F. vermittelst Uhr, Sprache und Stimmgabel prüfte; in 2 Fällen, bei einer 92 und bei einer 112 Jahre alt gewordenen Frau, konnte F. die Veränderungen post mortem auch histologisch nachweisen. Es handelte sich hier um eine Otitis media hyperplastica, die mikroskopischen Veränderungen waren: Deformation des Steigbügels infolge von Umfangszunahme des Köpfchens und Vergrösserung der Schenkel, reichliche Gefässvermehrung an letzteren Stellen, doch das Knochengewebe selbst war atrophisch.

Schliesslich resumirt F. seine Folgerungen in folgende 7 Punkte

1. Im Greisenalter wird die Knochenleitung vorzugsweise durch das rechte Ohr vermittelt.

2. Die Luftleitung hingegen vorzugsweise durch das linke Ohr.

3. Von 201 untersuchten greisen Individuen bestand mit Ausnahme von nur 21 Fällen stets eine Mitaffection des Labyrinthes.

4. Im Greisenalter ist die Perception für die Uhr besser als für die Flüstersprache.

5. Grösstentheils findet man bei Greisen viel häufiger gesunde als kranke Ohren.

6. Bei greisen Männern erkrankt häufiger das linke Ohr, bei greisen Frauen hingegen häufiger das rechte Ohr.

7. Der Häufigkeit nach fand F. folgende Veränderungen als Ursache der Verminderung des Gehörvermögens im Greisenalter: Cerumen obturans, Otitis media hyperplastica, Folgezustände von Paukenhöhleneiterungen, chronische Mittelohreiterungen, endlich am seltensten Affectionen des Gehörnerven.

Discussion: Herr Gradenigo-Turin erwähnt seine zahlreichen Untersuchungen, welche er bei Kranken, Sträflingen und anderen Individuen anstellte, und meint, dass die mehr oder weniger ausgesprochene Schwerhörigkeit im Greisenalter die Folge einer senilen Involution ist, welche wohl oft nicht localisirt werden kann, doch scheint letztere eher den schallleitenden als den schallempfindenden Theil des Ohres zu betreffen.

Herr Politzer-Wien erinnert an seine Mittheilung in der otologischen Section des XI. internat. med. Congresses[1]), wo er als Ursache der Schwerhörigkeit im Greisenalter eine primäre Knochenerkrankung der Labyrinthkapsel erwähnte.

Herr Gradenigo meint, der Unterschied zwischen den Ergebnissen der Untersuchungen von Ferreri und Politzer wäre darin zu suchen, dass Ersterer nur an greisen Individuen, Letzterer hingegen an greisen Schwerhörigen die Untersuchungen vornahm.

Herr Masini-Genua ist der Ansicht, dass die Schwerhörigkeit im vorgerückten Alter — im Gegensatze zu Gradenigo's Anschauung — auf der erschwerten Articulation der Gehörknöchelchen beruht, vielleicht auch, wie Politzer meint, auf der blossen Ankylose des Steigbügels. Da im Allgemeinen das Nervensystem von den Folgen des vorgerückten Alters in physiologischer Hinsicht am wenigsten zu leiden hat, liegt ja kein Grund vor, für das Ohr eine Ausnahme zu machen und somit bei demselben eine so weitgehende Störung der Functionen vorauszusetzen. Es wäre daher logischer anzunehmen, dass wie alle Articulationen überhaupt, so auch diejenige der Gehörknöchelchenkette, mit dem Alter bedeutende Veränderungen und Störungen erleidet, welche die Abnahme des Gehörvermögens zur Folge haben. Letztere muss demnach als ein physiologischer Vorgang, welcher mit der Involution des Gehörorganes zusammenhängt, betrachtet werden.

Herr Gellé-Paris erinnert daran, dass es in einem Falle von Taubheit oft nicht leicht zu bestimmen ist, ob es sich um eine Ohrenaffection oder um eine senile Veränderung handelt, denn es könne oft im greisen Alter eine Schwerhörigkeit bemerkbar werden, ohne dass im Mittelohr etwas Krankhaftes zu finden wäre.

10. Herr Bar-Nizza: *Ueber einen Fall von Mittelohreiterung mit consecutiver Warzenfortsatz-Erkrankung infolge von Abtragung adenoider Vegetationen aus dem Nasenrachenraume während einer Influenza-Epidemie.*

In Bromäthylnarkose entfernte Bar adenoide Wucherungen aus dem Nasenrachenraume eines Kindes mit Hülfe der Löwenberg'schen Zange und des Gottstein'schen Ringmessers und ging nach der Operation in der von DDr. Lermoyez und Helme empfohlenen Weise vor, indem er den Nasenrachenraum mit Borsäurelösung ausspülte und Aristol insufflirte. 3 Tage später traten die ersten Symptome einer linksseitigen Mittelohr-

---

1) Archiv f. Ohrenheilk. Bd. XXXVII. S. 46.

entzündung auf, nach weiteren 2 Tagen seröses Secret, und trotz der sofort eingeleiteten Behandlung am nächsten Tage Mitaffection des Warzenfortsatzes. Nach 3 Wochen vollkommene Heilung ohne nöthig gewordene Eröffnung des Warzenfortsatzes.

In seinen Reflexionen giebt wohl B. einestheils der zur Zeit bestandenen Influenza Schuld, betreffs der entstandenen Ohrenerkrankung, anderentheils warnt er jedoch zugleich vor den Nasenirrigationen, welche das Ohr per tubam leicht inficiren können.

Discussion: Herr Baber-Brighton fragt, ob kein einseitiger Verschlus der Nase, vielleicht infolge einer Deviation des Septums, das Eindringen der Spülflüssigkeit per tubam verursachte. Herr Bar bemerkt, anatomische Veränderungen, wie Deviation des Septums oder ungenügende Beweglichkeit von Seiten der Tubenmuskel, waren in dem erwähnten Falle vollkommen ausgeschlossen.

11. Herr Delstanche-Brüssel: *Ueber den therapeutischen Werth der intratympanalen Injectionen mit Vaselinum liquidum.*

Delstanche empfiehlt auf Grund neuerer Beobachtungen von Neuem das flüssige Vaselin und bekräftigt die im Jahre 1892g egebenen Mittheilungen[1]) indem er zugleich die bis nun veröffentlichten Erfahrungen anderer Beobachter bespricht.

Discussion: Herr Sune y Molist-Barcelona glaubt die von Delstanche empfohlene Dosis von 3—4 Gr. ist überflüssig; es genügen einige Tropfen zu einer Injection. Im Uebrigen vermag ein grösseres Quantum nicht in die Paukenhöhle einzudringen, die Flüssigkeit geräth in den Rachen und ruft leicht Brechreiz, eventuell auch Erbrechen, hervor.

Herr Secretan-Lausanne gebraucht seit 2 Jahren das Vaselin und erzielte in acuten Fällen zumeist günstige Erfolge, doch in chronischen Fällen, besonders bei sklerotischen Erkrankungen, war dies weniger der Fall.

Herr Dundas-Grant-London erwähnt, mit dem flüssigen Vaselin überaus gute Resultate erzielt zu haben. D. treibt vermittelst der Weber-Liel'schen intratympanalen Röhre das Vaselin in die Paukenhöhle ein, und es ist ihm gelungen, hierdurch intratympanale Verwachsungen durchzutrennen. — Bezüglich der Contraindication des Mittels bei der Sklerose glaubt D., es giebt wohl Fälle, wo die Diagnose „Sklerose" unverkennbar ist, in diesen Fällen könnte sich wohl der Kranke jede locale Behandlung ersparen, doch andererseits hat D. Fälle von exsudativer Otitis gehabt, bei welchen eine energische Behandlung unerlässlich war; nun giebt es aber auch viele Zwischenfälle, in welchen eine experimentelle Behandlung gerechtfertigt ist, und von sämmtlichen Behandlungweisen verdient die Delstanche'sche eine genaue Beachtung.

Herr Helme-Paris glaubt, Massendurchspülungen der Paukenhöhle sind selbst bei ausgesprochenen Warzenfortsatzerscheinungen zu versuchen, wie dies die Gynäkologen bei intrauterinären Infectionen täglich mit dem Uterus machen; doch zweifelt H., dass die von Delstanche empfohlene Vaselin-Injection den Werth einer Paracentese ersetzen könnte.

Herr Brieger-Breslau: In einer nicht geringen Zahl von Fällen trockenen Mittelohrkatarrhs wirken die Delstanche'schen Vaselin-Injectionen jedenfalls besser, als die einfachen Lufteintreibungen, in Fällen sicherer Sklerose und bei Stapesfixationen kaum; in jedem Falle jedoch ist das Verfahren unschädlich. Die Blutungen, welche man hierbei bekommen kann, stammen daher, dass man Synechien löst, welche den einfachen Lufteintreibungen widerstanden haben. Ueberflüssig ist, das Paraffin zu sterilisiren, da es stets keimfrei gefunden wird; Infectionen werden dadurch nicht vermittelt.

Herr Madeuf-Paris erwähnt die Vortheile des Vaselins bei Nasenaffectionen.

Herr Politzer-Wien erwähnt, bei chronischen Paukenhöhlencatarrhen ist mehr oder weniger eine Verbesserung nach Vaselin-Injectionen zu beob-

---

1) Referirt in diesem Archiv, Bd. XXVII. S. 318.

achten, selbst in solchen Fällen, wo Verwachsungen zwischen den Gehörknöchelchen und der Paukenhöhle stattgefunden haben. Doch bei der
Sklerose, sei dieselbe primär oder secundär, durch Verknöcherung
der Labyrinthkapsel oder durch Ankylose des Steigbügels bedingt, wird eine
Localbehandlung keinen Erfolg erzielen.

Herr Delstanche erwidert: Die Injection weniger Tropfen genügt aus dem Grunde nicht, weil es sich bei dem Verfahren nicht nur um
eine Befeuchtung der Paukenhöhlenschleimhaut handelt, sondern um
einen Chock der Flüssigkeit auf die Paukenwände, andererseits können
mittelst weniger Tropfen keine Verwachsungen losgetrennt werden.
Die Fälle selbt müssen längere Zeit in wohlbeobachteter Behandlung bleiben,
bevor man über den therapeutischen Werth endgültig urtheilen will. Bezüglich der Paracentese behauptet D., dass dieselbe nur ausnahmsweise
in seiner Praxis vokommt; die Ursache vermag er nicht zu erklären, möglich wegen der günstigen Erfolge der Vaselin-Injectionen. Was die von
Dundas-Grant erwähnte Anwendung der Weber-Liel'schen Röhre bei
den Injectionen betrifft, will D. für die Zukunft gern davon Kenntniss
nehmen.

12. Herr Macnaughton-Jones-London: *Hypertrophie der hinteren
Nasenmuschelenden und deren Beziehung zur Schwerhörigkeit mit besonderer Rücksicht auf die operative Entfernung derselben (Turbinotomie).*

Nachdem Macnaughton-Jones auf die in den letzten Jahren zu-
genommene Anzahl von operativer Entfernung der Nasenmuschelenden bei
verschiedenen Krankheiten hingewiesen, erörtert er die Frage, ob die Operation die rascheste und sicherste Methode wäre, den für das Gehör durch
die hypertrophische Nasenmuschel entstehenden Gefahren vorzubeugen, oder
ob nicht etwa gleich gute Erfolge durch weniger radicale Eingriffe, als die
Operation, erzielt werden könnten. Diesbezüglich unterzog M. die Beziehungen der chronischen Rhinitis und der hypertrophischen Nasenmuschelenden zur Schwerhörigkeit und zum Ohrensausen einer Prüfung, wie auch
die mögliche physiologische Zweckmässigkeit der Nasenmuscheln; auch lenkte
er die Aufmerksamkeit auf die neueren Untersuchungen in Bezug auf die
pathologischen Veränderungen dieser hypertrophischen Zustände. Betreffs
der Schwerhörigkeit citirt M. die ihm diesbezüglich mitgetheilten Ansichten mehrerer hervorragender Ohrenärzte Europas und Amerikas, ebenso
ihre Anschauungen über die Vor- und Nachtheile der Entfernung der
Nasenmuschelenden bei Schwerhörigkeit, Ohrensausen und auraler Migräne.
Eine allgemeine Folgerung aus diesen eingeholten Anschauungen wäre, dass
Hypertrophie der Nasenmuschelenden, mit und ohne Deformität des Septum
nasi, eine häufige Begleiterscheinung von Ohrenleiden sei, und ist dieselbe
nicht geradezu eine höchstwahrscheinliche Ursache der Ohrenkrankheit,
dann verschlimmert sie dieselbe zweifellos.

In 300 Fällen von Schwerhörigkeit und Ohrensausen wurde die Nase
sorgfältig untersucht; bei 230 war keine erwähnungswerthe Nasenverstopfung
zu verzeichnen. In den übrigen 70 Fällen, wo Hypertrophie vorlag, fand
sich 48 mal das Ohrenübel auf d er Seite der verstopften Nasenhälfte;
Deviation oder anderweitige Deformität des Septum nasi lag in 18 Fällen
vor. M. hat diese Fälle seiner Privatklinik, auf Grund seiner 27jährigen
Beobachtungsdauer, entnommen. Auch weist M. auf Beispiele hin, in denen
ein vorzügliches Gehör trotz hochgradiger Nasenverstopfung bestand, und
kommt schliesslich zu folgenden Schlüssen:

1. Die Hypertrophie der Nasenmuscheln hat man als ernste Complication von Schwerhörigkeit und anderen Störungen im Gehörorgane zu betrachten; in jenen Fällen, wo dieselbe den Ohrensymptomen vorangeht,
kann sie mit Recht als Hauptursache der letzteren betrachtet werden.

2. In allen Fällen, wo die hypertrophische Veränderung entdeckt wird,
können wirksame Mittel, — Galvanokauter, Chrom- oder Essigsäure — zu
deren Rückbildung angewendet werden.

3. Deviation, Verkrümmung oder Vergrösserung des Septum nasi sind

selten, vielleicht gar nie Ursache von Schwerhörigkeit, und können es nur dann werden, wenn sie die Hypertrophie der Nasenmuscheln verursachen.

4. In den Fällen, wo die Verstopfung einer Nasenhälfte infolge einer Deviation oder Verdickung des Septums bedingt wird, muss die Deviation behoben werden.

5. Die operative Entfernung der Nasenmuscheln soll nur auf diejenigen Fälle beschränkt werden, wo sich eine anderweitige Behandlungsweise für nutzlos beweist. Dies jedoch kann sich nur auf eine verhältnissmässig kleine Anzahl von Ohrenfällen beziehen.

Discussion: Herr Dundas-Grant-London erwähnt, die operative Entfernung der hypertrophischen Nasenmuscheln in vielen Fällen ausgeführt zu haben, doch bei Weitem nicht so oft wie Herr Macnaughton-Jones, dem auch das Verdienst gebührt, das frühere Spencer Watson'sche Instrument hierzu praktisch modificirt zu haben. D. erinnert sich wohl keiner ungünstigen Erfolge, doch er glaubt, dass man sich leicht zur Vornahme dieser Operation verleiten lässt. Wegen Schwerhörigkeit soll dieselbe nur dann ausgeführt werden, wenn zugleich Verstopftheit der Nase besteht. Wahrscheinlich ist's, dass bei Congestionen im mittleren und auch inneren Ohre die Blutung aus der hypertrophischen Nasenmuschel sich als gut wirkende Ableitung erweist. Schade, dass der Vortrag des Herrn Cozzolino: „Ueber nasale Manometrie im Verhältnisse zur Manometrie des Ohres", aus den Verhandlungen des Congresses wegblieb, aus welchem D. wichtige Indicationen für die Anwendung der nasalen Operation bei Erkrankungen des Ohres erwartet hätte.

V. Sitzung
am 25. September Vormittags.

Vorsitzender: Herr Delstanche-Brüssel.

13. Herr Kirchner-Würzburg: *Sarkom des Warzenfortsatzes.*

Kirchner demonstrirt das Schläfenbein eines 40 Jahre alten Mannes, der lange Zeit an chronisch-eitriger Mittelohrentzündung gelitten hatte. Einige Wochen vor seinem Tode wurde der Pat. infolge rasch auftretender Schmerzen im Proc. mast. operirt. Es zeigte sich bei der Eröffnung des Knochens, dass der ganze Warzenfortsatz mit einer wallnussgrossen Geschwulst angefüllt war, welche mit der Sonde sich umgreifen und auf einige Cm. in die Tiefe verfolgen liess.

Bei der Section zeigte sich das ganze Schläfenbein so erweicht, dass das ganze Präparat mit dem Messer, ohne Zuhülfenahme von Meissel und Säge, aus dem Schädel herausgeschnitten werden konnte, nur im Felsenbeine, der Schnecke entsprechend, fand sich noch eine harte Stelle. Die Erweichung des Knochens erstreckte sich auf das Hinterhauptbein und reichte bis auf die andere gesunde Schädelhälfte, indem sie den Clivus und das Hinterhauptloch umfasste.

Mikroskopisch erwies sich die Geschwulst als myelogenes Sarkom, ausgehend von den Zellen des Proc. mast. Als besondere Eigenthümlichkeit zeigte sich, dass die Spindelzellen sich um die grossen Knochenmarkzellen in concentrischen Lagen gruppirten, so dass Bilder entstanden, welche an Cholesteatom erinnerten. Zugleich trat an verschiedenen Stellen eine fortschreitende schleimige Metamorphose zu Tage.

Discussion: Herr Ferreri-Rom erwähnt zwei von ihm veröffentlichte Fälle von primärem Epitheliom des Warzenfortsatzes, hervorhebend den diagnostischen Werth der capillaren Punction, wie dieselbe an der Ohrenklinik in Rom bei einschlägigen Fällen geübt wird.

Herr Gradenigo-Turin hat in diesem Jahre einen Fall von Warzenfortsatz-Sarkom beobachtet, dasselbe ging vom Periost aus; die Halsdrüsen waren stark infiltrirt, doch das Mittelohr war vollkommen gesund.

Herr Brieger-Breslau erwähnt zur Bemerkung Gradenigo's einen Fall von Carcinom des Gehörorganes, bei dem sich das Neoplasma durch

Vermittelung des Perioste des Warzenfortsatzes auf den Knochen weiter
verbreitete, ohne die Paukenhöhle mitafficirt zu haben.

Herr Gellé-Paris meint, Kirchner hätte nichts erwähnt von dem
Bestand der Drüsen.

Herr Moure-Bordeaux erwähnt 2 Fälle von primärem Mittelohr-
Sarkom mit hochgradiger Infiltration und Facialisparalyse beobachtet zu
haben; als frühzeitiges Symptom war grosse Schmerzhaftigkeit aufgetreten.

Herr Politzer-Wien hat einen Fall von Warzenfortsatz-Sarkom nach
chronischer Mittelohreiterung beschrieben; dasselbe nahm seinen Weg gegen
die Paukenhöhle, perforirte die Schneckenspitze und drang durch den
inneren Gehörgang bis an die Schädelbasis.

Herr Sune y Molist-Barcelona bemerkt, in Spanien kämen häufig
Osteosarkome des Warzenfortsatzes zur Beobachtung; dieselben dringen
in die hintere Schädelgrube ein und comprimiren das Cerebellum. Patho-
gnomische Symptome dieser Compression sind: Occipitalgie, Schwindel und
endlich Coma.

14. Herr Barr-Glasgow: *Zur Behandlung intracranieller Abscesse infolge von eitrigen Entzündungen des Ohres* (Referat).[1]

Barr empfiehlt das operative Einschreiten für folgende Fälle: 1. Gross-
hirnabscesse, speciell für solche des Lobus temporo-sphenoidalis;
2. Kleinhirnabscesse; 3. Extra- und Subduralabscesse; 4. Infections-Throm-
bose des Sinus sigmoideus. Zuvörderst sind stets die Mittelohrräume
zu eröffnen. Die Eröffnung der Schädelhöhle beginnt B. mit dem Trepan,
doch nur bis zur Lamina vitrea, wo dann vom Meissel Gebrauch gemacht wird. Nach einzelner Besprechung der erwähnten 4 Erkrankungs-
formen bespricht B. auch die einzelnen Mischformen und legt schliesslich
folgende Thesen zur Discussion vor:

1. Soll bei otogenen intracraniellen Abscessen der Ohrenarzt oder der
Chirurg operiren?

2. Soll das Schädelinnere auch dann eröffnet werden, wenn bereits
Symptome einer Meningitis diffusa bestehen?

3. Soll bei Sinusthrombosen die Unterbindung oder Spaltung
der Jugularis vorgenommen werden?

4. Wo hat die Eröffnung des Knochens zu geschehen?

5. Ueber den Werth der operativen Behandlung der Mittelohrräume,
bei unheilbaren Mittelohreiterungen intracraniellen Abscessen vorzubeugen.

15. Herr Gradenigo-Turin: *Ueber endocranielle Complicationen der
Mittelohreiterungen.*

Gradenigo hat in 65 Fällen von Warzenfortsatzerkrankungen vierzehnmal endocranielle Complicationen beobachtet, und zwar fünfmal einen
Extraduralabscess, zweimal einen Grosshirnabscess, zweimal einen
Kleinhirnabscess, dreimal Sinusthrombose und zweimal Meningitis.
An der Hand seiner Beobachtungen bespricht auch noch G. die Schwierigkeiten betreffs der Diagnose und der Operationstechnik der intracraniellen Erkrankungen.

Discussion: Herr Pritchard-London bemerkt zu den von Barr
gestellten Schlusssätzen: 1. Der Ohrenarzt soll nur in kleinen Städten selbst
operiren, da es hier zuweilen Mangel an guten Chirurgen giebt; 2. es ist
besser, das Schädelinnere zu eröffnen; 3. der Unterbindung der Jugularis
ist die Eröffnung vorzuziehen; 4. zur Operation soll man Hammer und
Meissel benutzen; nur bei sklerotischen Knochen kann man der Trephine
Vorzug geben.

Herr Bobone-San Remo berichtet über einen Fall, um zu beweisen,
wie schwierig es manchmal sein kann, eine richtige Diagnose zu stellen.
Es handelt sich um einen Pat. mit chronischer Mittelohreiterung linkerseits, bei dem nun Fieber, Schwindelanfälle, Gleichgewichtsstörungen,

1) Dasselbe wurde von Herrn Pritchard verlesen.

Schmerzen in der Mitte des Kopfes und linksseitige Facialisparese aufgetreten waren; Sensorium frei, kein Erbrechen. B. stellte die Wahrscheinlichkeitsdiagnose auf Gehirnabscess, der herbeigerufene Chirurg,
ebenso auch ein Internist, haben sich ebenfalls für die wahrscheinliche Anwesenheit eines solchen Abscesses ausgesprochen, ohne jedoch denselben
localisiren zu können. Es wurde die Operation vorgenommen; der stark
eburnificirte Warzenfortsatz wurde aufgemeisselt, der Sinus sigmoideus
freigelegt, und als letzterer gesund befunden wurde, ging der Chirurg nicht
weiter und beendete die Operation. 3 Wochen nach der Operation Exitus;
bei der Autopsie wurde gefunden: diffuse Meningitis, linksseitige Encephalitis und endlich ein Extraduralabscess von der Grösse eines Tauben-
eies, jedoch rechterseits.

Herr Politzer-Wien meint, dass trotz der bedeutenden Fortschritte
in der Diagnostik der Hirnabscesse es noch immer Fälle mit ausgesprochenen
Abscesssymptomen giebt, ohne dass ein solcher gefunden wurde, andererseits findet man bei der Autopsie einen Abscess, ohne dass in vita Hirnsymptome bestanden hätten. P. erinnert auch an einen Fall von otogenem
Hirnabscess im Temporallappen, wo nach der Operation die schweren Symptome geschwunden waren, doch 6 Tage später erfolgte Exitus, und bei der
Autopsie wurde hinter dem operirten Abscess ein solcher im Occipitallappen gefunden. Ueberhaupt soll man mit der Prognose nach intracraniellen Operationen vorsichtig sein.

Herr Brieger-Breslau kann die Meinung, dass die Diagnose endo-
cranieller Complicationen leichter und sicherer geworden ist, nicht theilen.
Als Fortschritt in diagnostischer Beziehung hebt B. vor Allem die Lumbalpunction hervor, deren positives Ergebniss gestatte, eine klinisch zweifelhafte Meningitis sicher zu erkennen. B. meint gegenüber Pritchard, dass
der sichere Nachweis einer complicirenden Meningitis vorläufig noch eine
unbedingte Contraindication gegen die Operation des Hirnabscesses darstelle,
und dass in dieser Beziehung dem Resultate der Lumbalpunction eine erhebliche praktische Bedeutung zukomme. — B. giebt der Operation mit
Hammer und Meissel den Vorzug, wenngleich er zugiebt, dass dabei, wenn
Hirnabscesse dem Durchbruch in die Ventrikel nahe sind, die Gefahr, die
Perforation zu begünstigen, unzweifelhaft besteht. B. hält es für richtig,
principiell vom primären Krankheitsherde, d. h. von den operativ
freigelegten Mittelohrräumen aus vorzugehen. — Gegenüber Gradenigo
bemerkt B., dass die Wahl dieses Weges auch in dringenden Fällen indicirt
scheine und nicht nur keinen Zeitverlust verursache, sondern im Gegen-
theile die Chance gewähre, dass die Benutzung von dort zum Hirnabscess
führender Fisteln, wie dies B. in 2 Fällen möglich war, die Operation zu
erleichtern und abzukürzen. Eine Ausnahme von dieser Regel macht B.
vor Allem dann, wenn die Diagnose des Abscesses unsicher ist, und damit
die Gefahr besteht, das Schädelinnere und die ganz gesunde Hirnpartie in
directen Connex mit den eiternden Mittelohrräumen zu bringen. Dann ist
B. so vorgegangen, dass er nach vorausgegangener Freilegung der Mittelohrräume, am Orte der Wahl osteoplastisch die Schädelhöhle eröffnete,
nach Incision der Dura das Hirn punctirte und bei negativem Punctions-
ergebniss den Haut-Periost-Knochenlappen wieder reponirte. Ergiebt sich
aber dabei der Befund eines Abscesses, dann ist es eventuell ein Leichtes,
diesen nach den Mittelohrräumen hin zu drainiren. — Die Prognose der
Hirnabscesse hält B., auch wenn es gelingt, den Abscess zu erreichen und
zu entleeren, immer für zweifelhaft. Erst vor kurzer Zeit hat B. einen
Fall beobachtet, in welchem trotz des günstigen Resultates der Operation
nach anfänglich günstigem Verlauf der Tod infolge einer vielleicht toxisch
bedingten Herzlähmung auftrat. Wesentlich günstiger ist der Erfolg der
operativen Behandlung der Sinusphlebitis. B. bespricht 2 Fälle von
Thrombose des Sinus cavernosus, deren einer im Anschluss an die
operative Eröffnung des Sinus transversus rasch heilte. Gestützt auf
den Sectionsbefund in dem 2. von vorn herein ungünstigen Falle nimmt B.
an, dass der Eröffnung des Sinus transversus vielleicht dadurch, dass
durch den nach der Incisionsstelle gehenden Blutstrom Thromben auch aus

benachbarten Blutleitern mitgerissen werden können, eine günstige Wirkung
auch für die Thrombose des Sinus cavernosus zukommt.

Herr Goris-Brüssel zeigt im Anschlusse ein Schläfenbein, welches
einer Frau entstammt, bei der G. wegen plötzlich aufgetretener Hirnerscheinungen den Warzenfortsatz eröffnete. Einige Tropfen Eiter wurden unter
dem Temporallappen gefunden; die Eiterung war aus der Paukenhöhle
durch das Paukendach hierher gerathen.

Herr Morpurgo-Triest meint, dass eine sorgfältige Behandlung des
Mittelohrleidens die Zahl der schweren Complicationen gewiss herabsetzen
würde; so sei es unzweifelhaft, dass die ambulatorische Behandlung der
acuten Mittelohrentzündungen den Vorschriften einer rationellen Pflege nicht
entsprechen. Während Iritiden, Keratitiden sogleich der Spitalsbehandlung
zugeführt werden, ist man den Kranken mit beginnender Otitis media
gegenüber ziemlich zurückhaltend mit der Aufnahme, und falls diese stattfindet, fragt es sich, ob die entsprechende Behandlung im Spital zu finden
sei; eine Frage, die bei dem Mangel an in den Krankenhäusern angestellten
solchen Aerzten, die mit der Behandlung des Ohres vertraut sind, durchaus
am Platze ist.

M. kann es nicht unterlassen, bei dieser Gelegenheit die von Chirurgen
und auch von Ohrenärzten angefochtene Meinung, dass die Lufteintreibungen
bei entzündlichen Mittelohrleiden verwerflich, ja gefährlich sei, zu berühren.
Diese Meinung stützt sich hauptsächlich auf die Annahme, dass die Luft
pathogene Keime in die Trommelhöhle mitreisse. Dieser Annahme steht
nun die Thatsache gegenüber, dass bis vor wenigen Jahren, bei beginnenden acuten Mittelohraffectionen, die Lufteintreibungen so ziemlich allgemein
angewendet wurden, und zwar oft mit gutem Erfolg; hat doch v. Tröltsch
sogar behauptet: Die Luftdouche sei häufig das beste Antiphlogisticum.

Bezugnehmend auf seine Ausführungen über die Unzulässigkeit der
ambulatorischen Behandlung acuter Mittelohrentzündungen, schlägt M. vor,
der Congress möge beschliessen: „In Anbetracht des Schadens der
ambulatorischen Behandlung der acuten Mittelohrentzündungen verlangt der Congress, dass in jedem grösseren Spitale
eine eigene Abtheilung für Ohrenkranke errichtet werde,
deren Vorstand specielle Kenntnisse in der Ohrenheilkunde
besitze.

Mit Bezug auf die These, ob der Ohrenarzt oder ein Chirurg die
endocraniellen otitischen Affectionen operiren soll, kann M. sein Staunen
nicht unterdrücken, dass man eine solche Frage aufstellt. Es ist ja komisch
sich vorzustellen, dass der Ohrenarzt die Warzenfortsatzoperation vornehme,
um eventuell gleich darauf das Messer einem Chirurgen zu überlassen. Wie
die Sachen heute stehen, muss jeder Ohrenarzt trachten, das ganze Gebiet
zu beherrschen. Uebrigens sieht M. nicht ein, warum man Küster so viel
zu verdanken in einem fort angiebt, als ob wir nicht lange vor ihm, durch
Schwartze's unvergängliches Vorbild geleitet, die schwierige typische
Warzenfortsatzeröffnung zum Heile so vieler und vieler Kranken nicht täglich
vorgenommen hätten. M. schliesst mit der Bemerkung, es sei gewiss leichter,
im Gehirn einen Abscess zu öffnen, leichter einen Sinus zu spalten, als
eine typische Aufmeisselung mit Umgebung aller Gefahren, unter Berücksichtigung der Function des Gehörorganes vorzunehmen.

16. Herr Heiman-Warschau: *Ueber einen Fall von otogenem Kleinhirnabscess.*

Der Fall betrifft einen Patienten, der sich 2 Monate vorher auf der
internen Abtheilung des Spitales wegen einer scheinbaren Meningitis befand;
seit einem Jahre leidet Patient an rechtsseitiger Otorrhoe. Als H. den
Patienten zum 1. Male sah, waren ausgesprochene Symptome eines
Abscesses in der Schädelhöhle und am wahrscheinlichsten eines Kleinhirnabscesses vorhanden. Puls: 48—52, Temperatur: 39°; unerträgliche Kopfschmerzen, die am deutlichsten in der rechten Occipitalgegend ausgesprochen

waren; Schwindel, Coordinationsstörungen (der Kopf schwankte fortwährend
von rechts nach links und von hinten nach vorn); anhaltendes Erbrechen,
Stuhlverstopfung, Schlingbeschwerden, Ungleichheit der Pupillen, Parese des
rechten Facialis und der linken Extremitäten; Gelenkreflexe gesteigert,
Apathie, Somnolenz und allgemeine Schwäche.

Patient wurde sofort trepanirt, der Abscess wurde entgegen der Meinung
von H. im Temporallappen gesucht. Obgleich man keinen Eiter fand, trat
dennoch eine sichtbare Besserung ein. Es schwanden Apathie und Somnolenz, die paralytischen Erscheinungen verminderten sich bedeutend, das
Erbrechen sistirte fast vollständig. — Nach kurzer Zeit Verschlimmerung
der Symptome: nach erfolgloser antiluetischer Kur Eröffnung des Warzenfortsatzes mit Resection der oberen Trommelhöhlenwand, schliesslich noch-
malige Trepanation des Schädels in der Gegend des rechten Kleinhirn-
lappens, doch wurde Eiter nicht gefunden. Besserung hierauf nur von kurzer
Dauer. — Ein halbes Jahr vor dem Tode trat eine linksseitige Otorrhoe
mit heftigen Schmerzen in der linken Temporal- und Parietalgegend auf.
Letztere hielten 2 Monate an, und mit dem Nachlass derselben traten die
rechtsseitigen Occipitalschmerzen wieder auf. Nach 22 Monate langer Beobachtung und Spitalbehandlung erlag Patient einer allgemeinen Tuberculose. Bei der Section fand sich ein Abscess im rechten Kleinhirn-
lappen und Processus vermiformis mit Caries des rechten Felsenbeines nebst
allgemeiner Tuberculose.

H.'s epikritische Bemerkungen sind: Ganze Krankheitsdauer 3 Jahre;
der Kleinhirnabscess entwickelte sich vor etwa $2^1/_2$ Jahren; die vorgenommenen therapeutischen und chirurgischen Maassnahmen riefen eine temporäre
Besserung zu Tage, infolge der Herabsetzung des endocraniellen Druckes;
die Tuberculose betrachtet H. als Folge der Otorrhoe und Felsenbeincaries,
obgleich auch eine consecutive Infection nicht unwahrscheinlich ist, da
Patient längere Zeit hindurch zwischen Lungenkranken gelegen war. Der
Hirnabscess hat mit der allgemeinen Tuberculose nichts Gemeinsames und
entstand auch früher als unmittelbare Folge des Ohrenleidens. Der negative Befund bei der Operation kann nur als zufällig betrachtet werden und
schliesst keineswegs die Anwesenheit eines solchen aus.

17. Herr St. Clair Thomson-London: *Zur Antisepsis und intranasalen Medication.*

Nach ausführlichen Erörterungen kommt Thomson zu folgenden
Schlusssätzen:

1. Da das Innere der Nasenhöhle praktisch aseptisch ist, ist eine Antisepsis nicht nothwendig.

2. Die Anwesenheit irgendwelcher Fremdkörper in der Nase verursacht
eine stärkere Absonderung der Schleimhaut, und das Flimmerepithel derselben befördert die fest anhaftenden Partikelchen nach aussen; es ist hieraus ersichtlich, dass man sich in solchen Fällen einer intranasalen Medication enthalten kann.

3. Um eitrige Ansammlungen aus den Nasenhöhlen zu entfernen, ist es
rathsamer, nicht reizbare alkalische Lösungen zu gebrauchen, als stärkere
Antiseptica.

4. Wichtig ist die Desinfection der Instrumente und der einführenden
Finger. Hierzu hat man eine reiche Auswahl von empfohlenen Flüssigkeiten, deren Gebrauch leichter und sicherer ist, als die Anwendung einer
rein aseptischen Methode. Werden die Instrumente sofort nach der Operation in 5 proc. Carbollösung gut abgebürstet und dann in einem Glas-
kasten aufbewahrt, dann genügt es, vor Beginn einer neuen Operation
dieselben auf kurze Zeit in dieselbe Flüssigkeit zu legen.

Die Antisepsis besteht hauptsächlich in der Beachtung der Details.
Auf letztere näher einzugehen, hält Th. für überflüssig, er wollte blos das
Princip erwähnen, welches man zu befolgen hat.

VI. Sitzung
am 25. September Nachmittags.

Vorsitzender: Herr Urban Pritchard-London.

Discussion: (Zum Vortrage St. C. Thomson's.)

Herr Helme-Paris betont die von Thomson erwähnte Methode, welche H. mit Lermoyez veröffentlichte, liest sich blos um Vieles complicirter, als sie de facto ist.[1])

Herr Gradenigo-Turin meint, dass man bezüglich der Antisepais bei intranasalen Eingriffen wohl unterscheiden muss, ob der Eingriff an einer normalen, erkrankten jedoch nicht infectiven, oder aber an einer inficirten Schleimhaut geschieht. Bei normaler Schleimhaut erfolgt die Heilung zumeist per primam und möglichst bald, an einer kranken jedoch nicht inficirten Schleimhaut wird der Heilungsprocess ein langsamer sein, denn sowohl locale wie auch allgemeine Entzündungserscheinungen werden denselben einleiten. Ist endlich die Schleimhaut schon vor dem Eingriffe inficirt, dann wird eine energische Antisepsis am Platze sein, da man nur hierdurch ernsteren Complicationen vorbeugen kann.

Herr Bronner-Bradford betont, dass es unmöglich sei, eine Nasenhöhle aseptisch zu machen oder aseptisch zu behalten. Man müsse sich deshalb darauf beschränken, die Instrumente aseptisch zu machen, und dies könne man durch Auskochen in Wasser erzielen. Schwache Carbollösungen sind nutzlos zum Sterilisiren der Instrumente. — Man solle auch niemals Tampons einführen nach der Operation, sondern den Luftweg durch die Nase frei und offen halten; B. verordnet deshalb immer Cocain-Spray oder Schnupfpulver nach Operationen an den Muscheln.

Herr Brieger-Breslau meint auf Grund der experimentellen Untersuchungen von Weiss und Lermoyez, die einer Nachprüfung allerdings noch bedürfen, mit den klinischen Erfahrungen aber gut übereinstimmen, dass man mit der bacterienfeindlichen Eigenschaft des Nasensecrets immerhin rechnen dürfe. Deshalb muss man in der Nachbehandlung nach endonasalen Operationen die Tamponade, vielleicht wegen der Aufsaugung des Secrets, nach Möglichkeit vermeiden. Vor Allem aber soll man sich hüten, durch allzuausgedehnte Operationen allzugrosse Bezirke der Nase unter Bedingungen zu versetzen, die der Absonderung des zur Asepsis vielleicht nothwendigen normalen Secrete hinderlich sind. Die schwerste, allgemeine und locale, Reaction hat B. in einem Falle beobachtet, in dem vor Abheilung des Nasenrachenraumes, nach Abtragung der Rachentonsille, beide unteren Muscheln in grosser Ausdehnung galvanokaustisch in Angriff genommen wurden.

Herr Cresswell Baber-Brighton erwähnt, zu Nasenausspülungen Kochsalzlösung (5 : 1000) zu gebrauchen.

Herr Dundas Grant-London glaubt, es liesse sich keine allgemeine Regel in Bezug auf Irrigation und Tamponade der Nase aufstellen. D. vermeidet stets die Tamponade, mit Ausnahme der Fälle von Blutungen, wo dieselbe unentbehrlich wird; doch vermeidet er auch die Irrigation, mit Ausnahme jener Fälle von Eiterungen, die als günstiger Boden zur Entwicklung saprophytischer und pathogener Mikroorganismen dienen. In solchen Fällen gebraucht D. einen groben Spray oder eine Nasendouche mit sehr feinem Kautschukansatze, um den Abfluss der Flüssigkeiten keineswegs zu verhindern.

Herr Daly-Pittsburg erwähnt, zu Irrigationen eine Sublimatlösung von 1 : 5000, zur Tamponade Wattewikeu, in Eucalyptus- und Benzoinlösung getränkt, zu verwenden.

Herr St. C. Thomson meint in seiner Erwiderung, dass die chemische Sterilisation, wie er sie angiebt, genügt, und macht das Auskochen der Instrumente unnöthig. An den Kliniken Englands und Schottlands wird ebenfalls nur die von T. erwähnte Methode gebraucht.

[1) Dieselbe ist referirt im Archiv f. Ohrenheilk. Bd. XLI. S. 155.

18. Herr Politzer-Wien: *Ueber den gegenwärtigen Stand der pathologischen Anatomie des Labyrinths* (Referat).

Politzer giebt in der Einleitung zu seinem Referate eine übersichtliche historische Darstellung der pathologisch-anatomischen Forschung des Labyrinths, die streng genommen der 2. Hälfte unseres Jahrhunderts angehört. Was bis dahin bekannt war, beschränkt sich auf eine geringe Anzahl makroskopischer Befunde von nur mässigem wissenschaftlichen Werthe. Erst seit der epochalen Arbeit Corti's über die Histologie der Schnecke und den in den letzten Decennien vervollkommneten Untersuchungsmethoden des inneren Ohres, datiren die grossen Fortschritte auf dem Gebiete der pathologischen Histologie, die wir einer Anzahl von Forschern, wie Böttcher, Moos, Steinbrügge, Habermann u. A. verdanken.

P. hebt weiter die grossen Schwierigkeiten der histologischen Untersuchung hervor, unter denen besonders die post mortem eintretende Fäulniss bei der Deutung pathologischer Befunde berücksichtigt werden muss. Das vorhandene wissenschaftliche Material darf mit Recht als ein werthvolles Fundament der pathologischen Histologie des Labyrinths angesehen werden, doch müsse künftighin nur auf solche Befunde Werth gelegt werden, welche von Individuen herrühren, deren Hörstörung während des Lebens nach allen Richtungen hin gründlich geprüft wurde.

Im speciellen Theile seines Vortrages schildert P. die von den verschiedenen Forschern bisher publicirten anatomischen Befunde, denen er seine eigenen Beobachtungen, erläutert durch Zeichnungen und Demonstrationen histologischer Präparate, anreiht. (Des engbemessenen Raumes halber kann sich Referent nur auf eine kurze Uebersicht des Vorgetragenen beschränken.)

Die Hyperämien des Labyrinths, ohne Zweifel eine häufige Ursache von subjectiven Geräuschen und Coordinationsstörungen, findet man häufig bei den infectiösen Otitiden, seltener bei den genuinen Mittelohrentzündungen. P. führt diese Form der Blutfüllung im Labyrinthe auf die von ihm zuerst nachgewiesenen anatomischen Verbindungen zwischen den die Promontorialwand durchdringenden Blutgefässen der Trommelhöhle und denen der Labyrinthauskleidung zurück. — Die durch behinderten Blutabfluss aus dem Labyrinthe entstehenden venösen Hyperämien, durch Druck von Hirntumoren auf die Arteria und Vena auditiva interna, sowie durch Sympathicuslähmungen bedingte Hyperämien werden durch Beispiele erläutert.

Als Ursachen hämorrhagischer Extravasate im Labyrinthe werden angeführt: Acute Infectionskrankheiten, acute Tuberculose, chronische Nephritis, Diabetes, Leukämie, Morbus maculosus Werlhofi und Herzkrankheiten. Bei cariösen Processen im Schläfenbein wurden sie von Knapp und P. beobachtet. Die von Moos und Steinbrügge beschriebenen Labyrinthekchymosen bei Pachymeningitis haemorrhagica und bei Meningitis tuberculosa werden eingehender besprochen, desgleichen die Pigmentablagerungen als Residuen hämorrhagischer Extravasate.

Uebergehend auf die Entzündungen des Labyrinths bemerkt P., dass die pathologischen Veränderungen in dem ersten Stadium der acuten Labyrinthitis fast garnicht gekannt sind, und dass nur über die Ausgänge der Entzündung Beobachtungen vorliegen. P. demonstrirt das Präparat eines hierhergehörigen Falles, bei welchem die acute Labyrinthitis zur Ossification der Schnecke geführt hat.

Genauer gekannt sind die infolge von Infectionskrankheiten auftretenden secundären Labyrinthentzündungen, deren Kenntniss wir besonders Moos verdanken. Sie bestehen in Verdickung der Labyrinthauskleidung, Neubildung von Bindegewebsbrücken in der Labyrinthhöhle, theilweise schon gänzliche Ausfüllung der Labyrinthräume durch neugebildetes Bindegewebe und Verknöcherung der Bindegewebsmassen.

Durch die Einwirkung der in das Labyrinth eingewanderten Mikro-

organismen kann es auch zur Thrombose in den Capillargefässen und
zum necrotischen Verfall des membranösen Labyrinths kommen.

P. bestätigt nach zahlreichen eigenen Beobachtungen die von Moos
und Steinbrügge hervorgehobene Thatsache, dass die pathologischen
Veränderungen in der Schnecke in der Scala tympani der unteren
Schneckenmündung am markantesten hervortreten. Ausser der scarla-
tinös-diphtheritischen und morbillösen Labyrinthentzündung bespricht P. noch die Veränderungen im Labyrinthe bei der Meningitis
cerebrospinalis epidemica, bei welcher er mit Habermann den
Aquaeductus cochleae als den hauptsächlichsten Invasionsweg vom Cere-
brospinalraum zur Schnecke annimmt.

Nachdem P. noch die pathologischen Veränderungen im Labyrinth bei
Syphilis, Tuberculose und Leukämie besprochen und durch Präparate erläutert hat, referirt er über die durch venöse Stauung im Labyrinthe bedingte Exsudation, wie sie durch Druck auf die Gefässe des
Labyrinths im Verlaufe des inneren Gehörganges beobachtet wird. Er
demonstrirt den mikroskopischen Durchschnitt der Schnecke einer 63jäh-
rigen linksseitig tauben Frau, bei welcher ein von der Schädelbasis aus-
gehender maligner Tumor in den inneren Gehörgang hineinwucherte und
die in denselben verlaufenden Gefässe und Nerven comprimirte. Schon bei
gewöhnlicher Lupenvergrösserung sieht man sowohl an den Wänden des
Schneckenkanales, als auch auf der knöchernen und membranösen Spiralplatte gelbliche Exsudatsplaques, welche bei stärkerer Vergrösserung als
feingranulirte Masse sich erwiesen. Schliesslich werden noch die secundären pathologischen Veränderungen im Labyrinthe bei den chronischen
Mittelohreiterungen, beim Cholesteatom, die Veränderungen des
Ganglienlagers im Rosenthal'schen Kanal und die Capsulitis chronica
(sclerosa) erörtert.

19. Herr Moure-Bordeaux: *Angioma cavernosum des Ohres*[1].

Discussion: Herr Brieger-Breslau erwähnt, einen gleichartigen
Fall beobachtet zu haben, in dem spontan schwere, kaum stillbare
Hämorrhagien aus dem den äusseren Gehörgang anfüllenden Tumor zu
Stande kamen. Die histologische Untersuchung ergab ein Angio-
sarcom.

Herr Helme-Paris fragt, ob nicht das Blut durch die Eustach'sche
Röhre in den Nasenrachenraum abfliesst?

Herr Moure antwortet nein; er überzeugte sich hiervon durch Tamponade des äusseren Gehörganges, zu welcher er Jodoformgaze, Watte
und Collodium benutzte; M. empfiehlt zugleich dieses Verfahren für
profuse Blutungen aus Nase oder Ohr.

Herr De Roaldès-New-Orleans fragt, ob bei der Untersuchung des
muthmasslichen Polypen kein Zeichen eines gefässreichen Tumors sich zeigte,
betreffs Pulsation, Verfärbung etc.

Herr Moure antwortet auch jetzt nein und betont, dass die Blutungen
zumeist spontan auftraten.

20. Herr De Roaldès-New-Orleans: *Vorläufige Mittheilung über
einige Sonderheiten des Ohres der Neger.*[1]

Discussion: Herr Madeuf-Paris erwähnt, er hätte 2 Winter
in Algier zugebracht, und konnte sich überzeugen, dass bei den Arabern
die Mittelohrerkrankungen selten vorkommen.

Herr Helme-Paris meint, betreffs der Seltenheiten von adenoiden
Wucherungen im Nasenrachenraume bei den Negern könnte man eine Er-
klärung suchen für das seltenere Vorkommen von Taubstummheit bei dieser
Race. Man müsste nämlich nach den Mittheilungen von Corradi den ge-

[1] Vortrag 19 und 20 sind in Revue de laryngologie, d'otologie et de
rhinologie in extenso mitgetheilt. Referirt: Archiv f. Ohrenheilk. Bd. XLI,
S. 98 und 99.

nannten Wucherungen grössere Bedeutung in der Aetiologie der Taubstummheit beilegen.

Herr Morpurgo-Triest bemerkt, es sei gewiss verdienstvoll von Seiten des Herrn De Roaldès, sich mit dem kranken Negerohr beschäftigt zu haben, was bis jetzt in seinen pathologischen und diagnostischen Unterschieden wenig berücksichtigt worden ist. M. fragt zugleich, wie sich die am äusseren Ohre vorkommenden Erkrankungen, mit Rücksicht auf das Symptom „Röthe", kennzeichnen?

Herr De Roaldès antwortet: Mit Rücksicht auf die Hautfarbe der Neger ist es nahezu unmöglich, eine beginnende Röthung und somit das Initialstadium einer Entzündung durch dieses Symptom frühzeitig zu erkennen. Betreffs der Bemerkung Helme's meint D., die adenoiden Wucherungen wären seltener bei den Negern zu beobachten, und verursachen dieselben auch keine solchen Störungen im Bereiche des Gehörorganes wie bei der weissen Race.

21. Herr Suné y Molist-Barcelona: *Ueber einige Sonderheiten der Verletzungen durch Schiesswaffen in der Warzenfortsatzgegend.*

Bis heute glaubte man, dass die durch Projectilen in der Warzenfortsatzgegend verursachten Verwundungen, ausser der Erschütterung des Labyrinthes eine unheilbare Taubheit hervorbrächten. Diese Gefahr, bestätigt durch Moos u. A., kann sich jedoch nur einstellen, wenn die Kugel das ganze Felsenbein durchdringend, das Mittelohr und das Labyrinth zerstört. Doch sind die Beobachtungen, welche Suné y Molist in seiner Klinik machte, dieser Thatsache so entgegengesetzt und bieten so viel Interesse bezüglich der Prognostik, dass er sich zur Mittheilung seiner Beobachtungen verpflichtet glaubt.

Die in Spanien zumeist beobachteten Verwundungen sind durch Revolver, Pistolen oder kleinere Schiesswaffen hervorgebracht. In dem Augenblicke des Angriffes findet eine instinktmässige Fluchtbewegung statt; der Angegriffene wendet beim Abschiessen der Waffe den Kopf um, und so kommt es, dass das Projectil, auf das Gesicht gezielt, dem hinteren Kopftheil begegnet und häufig die Warzenfortsatzgegend verwundet. Der Ausstoss der Kugel bringt zuerst starke Erschütterung des Labyrinthes hervor, deren wichtigstes Symptom der Schwindel ist, infolge dessen der Verwundete zu Boden fällt. Er erholt sich nach Kurzem ohne cerebrale Störungen, jedoch mit etwas Schwindel und fühlt Ohrensausen und Taubheit auf der angegriffenen Seite.

Die Hautwunde ist klein, doch ist der Warzenfortsatz durchlöchert, mit Bruchstücken oder Knochensplittern versehen; selten steckt die Kugel in dem Knochen fest, gewöhnlich fällt sie zu Boden. Wenn keine schweren Anzeichen von Gehirnstörungen da sind, ist es unnütz, die Kugel weder in dem Mittelohr, noch in dem Felsenbein oder in dem Gehirn zu suchen, sondern einfach auf dem Boden.

Was die Untersuchung des Ohres anlangt, bemerkt man eine leichte Hyperämie des Trommelfelles, und die Perception des Stimmgabeltones ist aufgehoben. Einige Tage später, wenn Haut und Knochen vernarben, bemerkt man eine stufenweise Wiederkehr der Knochenperception, das Gehörvermögen kehrt wieder, und nach und nach verlieren sich der leichte Schwindel und das Ohrensausen.

Zwei in diesen Umständen beschriebene Thatsachen müssen besonders hervorgehoben werden, 1. das leichte Eindringen des Projectils, 2. das Fehlen schwerer Beschädigungen von Seiten des inneren Ohres. Ad. 1. kann die Kugel, je nach der Richtung, bis zum Occiput eindringen; fällt indessen die Richtung nach dem Mittelpunkt des Felsenbeines, d. h. von hinten nach vorn und schräg von aussen nach innen, verursacht dieselbe Bruch und Zusammenstoss mit dem Labyrinthe, ohne dass sie jedoch deshalb bis zum Felsenbeine vordringen würde. Diese Eigenthümlichkeit erklärt sich leicht durch die eigenthümliche Structur des Knochens. Der weiche, weil halbhohle (infolge des zellenförmigen Knochengewebes) zitzenförmige Theil ruht

auf der Basis des Felsenbeines. Letzteres ist wie eine Mauer von bedeutender Widerstandskraft, durch seine Härte und durch den Umstand, wie
ein Keil zwischen Occiput und Sphenoidalknochen eingebettet zu sein. Infolge dieses Umstandes können Waffen von kleinem Caliber durch dasselbe
nicht durchdringen. Ausserdem bildet das poröse Zellgewebe des Warzenfortsatzes ein kleines Kissen, welches zwischen der beginnenden Kraft der
Kugel und der Härte des Felsenbeines liegt. Es ist derselbe Mechanismus,
welchen die Soldaten im Krieg anwenden, um die Mauern eines Hauses und
ihren eigenen Leib vermittelst Matratzen und anderen weichen Gegenständen
bombenfest zu machen. Die Kugel verliert demnach ihre Kraft und Schnelligkeit, indem sie die Warzenfortsatzzellen zerstört, und an der Basis des
Felsenbeines angelangt, bleibt sie entweder fest stecken oder fährt wieder
nach aussen zurück Würde die Kugel, anstatt schräg einzudringen, in
senkrechter Linie den Knochen streifend, eindringen, so würde sie in den
Sinus venosus lateralis dringen und das Gehirn beschädigen.

Ad. 2. wird das innere Ohr nicht verwundet, doch erleidet dasselbe
die folgerichtige Erschütterung des Gegenstosses. Die Ursache der Erschütterung ist nicht der Knall; dies erfolgt nur bei den grossen Artilleriefeuern.
Es ist jedoch leicht möglich, dass die besagte Erschütterung von Hyperämie
begleitet wird, da alle Anzeichen, welche Politzer jener zuschreibt, — wie:
Ohrensausen, Schwindel, innere Völle, Gehörbetäubung, Uebelkeit, unsicherer
Gang etc., — sich bei diesen Verwundeten zeigen. Die Thatsachen, dass
stufenweise und in wenigen Tagen die Anzeichen der Labyrinthstörungen
nachlassen, beweist, dass allein Erschütterung stattgefunden hatte, weil im
Falle von Exsudation und Hämorrhagie der Menière'sche Symptom-
complex für längere Zeit, mehr oder weniger ausgesprochen, fortbestehen
würde. Solch' schwere Labyrinthverletzungen werden eber durch grosse
Explosionen oder schwere innere Traumen des Schädels herbeigeführt.

Aus diesen Beobachtungen lassen sich folgende klinische Grundsätze
aufstellen: Der Chirurg, welcher einem solchermaassen Verwundeten beisteht,
wenngleich er heftigen Schmerz, Taubheit, Schwindel und Ohrensausen bemerkt, ja selbst wenn Hämorrhagien im Gehörgange vorhanden sein sollten,
soll weder Zeit verlieren, noch den Kranken, nach dem Projectil suchend,
mit der Sonde belästigen. Solche Eingriffe dienen nur dazu, um die Wunde
zu inficiren und hierdurch neue Gefahren zu schaffen. Findet sich die Kugel
nicht am Eingange der Wunde, dann ist jeder Versuch, dieselbe zu suchen,
unnütz und schädlich Anstatt in dem Knochen sollte man dieselbe auf dem
Boden oder unter den Kleidungsstücken des Verwundeten suchen.

Discussion: Herr Morpurgo-Triest erwähnt im Anschluss einen
Fall, wo sich ein junger Mann einen Revolver gegen den Warzenfortsatz
abfeuerte. Die Kugel drang in der Gegend ein, der Mann fiel zusammen
und war einen ganzen Monat besinnungslos, kam dann zu sich, war auf dem
betreffenden Ohre taub und hatte Facialisparalyse derselben Seite. Morpurgo sah ihn ein Jahr nach dem versuchten Selbstmorde. Patient hatte
eben eine Exacerbation von Schmerzen in der Ohrgegend, wie sie schon häufig
aufgetreten war. Aus dem Ohr floss blutgefärbtes, fötides Secret, der Gehörgang war bis tief hinein voll weicher Granulationen, in grosser Tiefe ein
unbeweglicher rauher Körper mit der Sonde fühlbar; Facialisparalyse und
totale Taubheit, in der Warzenfortsatzgegend, ungefähr in der Mitte, eine
eingezogene Narbe. — Exstirpation der Granulationen zu wiederholten Malen,
Alkoholeinträufelungen erleichterten die Schmerzen Nach und nach bildete
sich intramusculär ein kleines Infiltrat, welches eitrig zerfiel; Spaltung des
Abscesses, welcher die Kugel beherbergte, die abgeplattet ein Knochenstück
fest umklammerte, das sich als Vestibulum erwies. Die Schmerzen hörten
auf, ebenso Secretion und Granulationsbildung im Gehörgang, der in der
Tiefe einen narbigen Verschluss zeigt. Facialisparalyse und Taubheit bestehen fort.

Herr Avoledo-Mailand meint, die von Suñé y Molist mitgetheilten
Verwundungen müssten auch von gerichtsärztlichem Standpunkte aus
berücksichtigt werden; aus der Richtung des Projectils müsse man be-

stimmen können, ob die Verwundung infolge eines Selbstmordes oder einer muthmaasslichen Ermordung erfolgte.

VII. Sitzung
am 26. September Vormittags.
Vorsitzender: Herr Kirchner-Würzburg.

22. Herr Masini-Genua: *Ueber die Beziehungen der Verletzungen des Gehörorganes zum Athmungsprocess.*[1]

In einer früheren Arbeit über Wirkungen und Folgen von Verletzungen des Gehörorganes (in Gemeinschaft mit Fano) wurde bereits nachgewiesen, dass die Verletzungen des Gehörorganes innerhalb seiner Sinnessphäre eine tiefgreifende Störung der physiologischen Transmission der Erregungen zur Folge haben, welche vom Gehörorgan aus sich beständig nach den verschiedenen Nervencentren und namentlich nach dem Tractus bulbaris fortpflanzen, wo in der Sphäre des Unbewussten die Organisation sämmtlicher Bewegungen zusammenläuft. Eine Functionsdifferenz zwischen Ramus vestibularis und R. cochlearis des N. acusticus war dabei ausgeschlossen; es zeigte sich vielmehr, dass die von Verletzungen einzelner Theile des Gehörorganes herrührenden Störungen auf gewisse abnorme centripetale Erregungen zurückgehen, welche hemmend und störend auf die Bulbarcentren einwirken, ohne jedoch eine psychische Irradiation auszuschliessen.

Nun hatten wir freilich, trotz einer ganzen Reihe experimenteller Beobachtungen, die Localisation der störenden Effecte im Bulbus nicht direct, sondern nur auf dem Wege der Elimination nachweisen können, und blieben weitere directere Versuche vorbehalten.

Angesichts der Thatsachen, dass die Centren des Bulbus durch ihre enge Verknüpfung und durch die Intensität ihrer Functionen beständig auf einander einwirken, und ihre Thätigkeit auf die benachbarten Centren fortpflanzen, dachten wir zunächst in einem dieser Centren, die im Bulbus sich localisirten, von Verletzung oder Vernichtung des Gehörorganes herrührende Störungen der Bewegung nachzuweisen.

Hierbei ergab sich beim Studium der Athmungscentren, dass in der That die theilweise oder völlige Vernichtung des Gehörorganes in den Bulbuscentren bleibende Functionsstörungen hervorbringt, speciell im Athmungscentrum eine bedeutende Verlangsamung, und zwar ist diese Verlangsamung bedeutender nach der Vernichtung der Bogengänge, als nach derjenigen der Schnecke, sowie nach der Vernichtung der Bogengänge allein, als nach der gleichzeitigen Vernichtung der Bogengänge und der Schnecke.

Und so ergab sich wieder ein analoges Resultat hinsichtlich der Temperatur des Körpers.

Masini legt nun die Ergebnisse der von ihm mit Polimanti gemachten Beobachtungen hinsichtlich des Einflusses auf die Athmung vor. Als Object dienten, wie bei den vorhergehenden Experimenten, wiederum Tauben. Dieselben wurden einige Tage hindurch mit je 25 Gr. Bohnen gefüttert und dann in den Frédéric'schen Apparat gesteckt, um auf die im normalen Zustande abgegebene Kohlensäure untersucht zu werden. Nachdem sich der Durchschnitt hierfür ergeben hatte, wurden die folgenden Operationen vorgenommen. Die Abhebung der Bogengänge ergab eine merkliche Abnahme in der Abgabe von CO_2, während das Gewicht der einzelnen Thiere nahezu constant blieb. Die Verletzung der Schnecke allein hatte nur unbedeutende Störungen zur Folge, mit starker Tendenz in den der Operation folgenden Tagen, zur Rückkehr zum Normalzustand; endlich zeigte sich bei gleichzeitiger Abhebung der Schnecke und der Bogengänge, nur gleich nach vollzogener Operation eine

---

Die Versuche stellte Masini in Gemeinschaft mit O. Polimanti-Genua an.

gewisse, jedoch kaum merkliche Wirkung bei rascher Rückkehr zum normalen Zustande.

Aus dem Mitgetheilten dürfte sich demnach ergeben:

1. Auch mit Bezug auf die Athmung bestätigt sich das Auftreten bulbärer Störungen bei Verletzung des Gehörorganes.

2. Tauben ohne Bogengänge weisen eine starke Störung in der Abgabe von CO_2 auf, und diese Störung nimmt zum Theil einen permanenten Charakter an.

3. Bei Abhebung der Schnecke allein sind diese Störungen von minderem Belang.

4. Das Quantum von CO_2 verbleibt ungefähr normal, wenn mit den Bogengängen auch die Schnecke abgehoben wird.

23. **Derselbe:** *Ueber Verletzungen des Gehörorganes in ihren Beziehungen zum allgemeinen Stoffwechsel.*[1]

Nachdem schon die früheren Untersuchungen hinsichtlich der Athmungscentren, der Temperatur und des Wechsels der Gase darauf hatten schliessen lassen, dass die durch Verletzungen des Gehörorganes bedingten Störungen auf gewisse abnorme centripetale Impulse zurückzuführen sind, welche die regelrechte Function der Bulbarcentren hemmen, haben Masini und Polimanti diese Hypothese weiter mit Hinsicht auf den Stoffwechsel prüfen wollen. Die diesbezüglich an Tauben angestellten Experimente ergaben kein befriedigendes Resultat, dagegen die an Hunden gemachten Beobachtungen lieferten ein besseres, durchaus constantes Ergebniss.

Die Hunde wurden auf 6—7 Tage einer strengen Diät mit Milch und Brot unterworfen und dann der während 24 Stunden abgegebene Urin auf seinen Gehalt von Nitraten und Phosphaten untersucht.

Wie diese einzelnen Stoffe, so nahm auch der Stoffwechsel im Ganzen ab oder zu, je nachdem nur die Bogengänge oder nur die Schnecke oder aber sowohl jene wie diese verletzt worden waren. Hierbei waren jedoch die Schwankungen, beziehungsweise das Quantum der abgesonderten Stoffe, — im Gegensatz zu den Experimenten betreffs der Athmung, der Temperatur und des Wechsels der Gase — weit erheblicher; so z. B. resultirte nach Verletzung der Bogengänge eine tägliche Zunahme von 1,520 Grm. Urin, 0,74 Grm. Nitrate und 0,02 Grm. Phosphate.

Bei dem engen Zusammenhang des Stoffwechsels mit dem ganzen Nervensystem überhaupt kann dies Resultat nicht befremden. Masini meint, es dient zur Bestätigung früherer Untersuchungen über die durch eine Verletzung oder Zerstörung der Bogengänge bedingten Alterationen.

24. Herr Szenes-Budapest: *Ueber traumatische Läsionen des Gehörorganes.*[2]

Discussion: Herr Corradi-Verona fragt um nähere Details betreffs der knöchernen Fissur und des Trommelfelleinrisses bei Fall 4.

Herr Szenes: Die Fissur befand sich in dem betreffenden Falle an der hinteren oberen Gehörgangswand, am Trommelfellrande; dieselbe konnte mit Hülfe der eingeführten Sonde diagnosticirt werden; der Bruch des Hammers hingegen fiel schon vermöge seiner abnormen Stellung in das Auge. Nach dem Sistiren der erfolgten Eiterung konnte man deutlich sehen, dass die gebrochen gewesenen 2 Hammertheile stumpfwinkelig verwachsen waren.

Herr Brieger-Breslau betont die Schwierigkeit der Diagnose der Labyrinthcommotion und deren klinische Abgrenzung gegen Labyrinthblutungen. Auch bei traumatischer Neurose ergeben sich Erscheinungen von Seiten des Gehörorganes, die vielfach an das Bild bei materiellen Läsionen erinnern. Die functionellen Störungen bei dieser unter-

---

1) Auch diese Versuche stellte Masini in Gemeinschaft mit O. Polimanti-Genua an.

2) Mitgetheilt: Dieses Archiv. Bd. XLIII. S. 55 64.

scheiden sich von letzteren hauptsächlich durch ihre Inconstanz und den oft gleichzeitigen Befund von Sensibilitätsstörungen am äusseren Ohr.

25. Herr Heiman - Warschau: *Zur Statistik der Ohrenkrankheiten.*

Gestützt auf sein klinisches Material im Hospital während der letzten 7 Jahre, welches aus 2808 stationären, 2203 poliklinischen Kranken, 3364 Untersuchten mit Rücksicht auf ihre Tauglichkeit zum Militärdienst und 268 Taubstummen besteht, berücksichtigt Heiman folgende statistische Momente:

1. Die Häufigkeit der Ohrenkrankheiten bei Soldaten, d. h. im Alter von 21 — 26 Jahren;

2. die Sterblichkeit, welche diese Krankheiten in diesem Alter verursachen;

3. die Häufigkeit der Krankheiten in den verschiedensten Ohrabschnitten;

4. die therapeutischen Resultate.

Bevor Heiman zur Eruirung dieser Punkte übergeht, macht er die Bemerkung, dass er sich in seinen Anseinandersetzungen hauptsächlich auf die stationären Kranken stützt. Er betont dieses Material als das richtigste für die Statistik, indem die Kranken dieser Kategorie längere Zeit unter Beobachtung waren und in der Behandlung bis zum definitiven Resultate sich befanden, während die poliklinischen und untersuchten Kranken, wie überhaupt poliklinisches Material, für ihn für die Statistik nur einen relativen Werth haben.

Die Procentzahl der stationären Ohrenkranken zur allgemeinen Zahl der Kranken dieser Categorie im Hospital beträgt 3,77 Proc. Die Summe aller Ohrenkranken zur Krankheitsziffer im Hospital beträgt 8,74 Proc. Die Ohrenkranken stammen von einer Mannschaft, die jährlich durchschnittlich 150000 Mann beträgt; die Zahl der Ohrenkranken beträgt also 0,82 Proc.— Aus seinen Zahlen zieht Heiman den Schluss, dass die von v. Tröltsch und Bürkner ausgesprochenen Ansichten über die Häufigkeit der verschiedenen krankhaften und functionellen Veränderungen im Gehörorgane nur einen theoretischen Werth haben können, und dass wir im praktischen Sinne doch viel weniger Ohrenkranke haben, indem all' die Zustände von denen die erwähnten Autoren sprechen, bei welchen ein Individuum gar nicht oder nur sehr wenig belästigt wird, für Krankheiten nicht angesehen werden können.

Die Mortalitätsziffer aller Ohrenkranken beträgt 0,46 Proc., die Mortalitätsziffer der stationären Kranken 1,38 Proc.; das Verhältniss der Mortalität bei Ohrenkrankheiten zur allgemeinen Mortalitätsziffer im Hospitale beträgt 1,78 Proc. Die Mortalitätsziffer bei Mittelohrleiden beträgt 1,50 Proc., bei katarrhalischen und purulenten Mittelohrerkrankungen 1,75 Proc., bei purulenten Mittelohrerkrankungen 2,19 Proc., bei acuten Mittelohreiterungen 0,74 Proc., bei chronischen Mittelohreiterungen 3,29 Proc., und endlich bei acuten Mittelohrkatarrhen 1,45 Proc. Den Tod verursachten viermal Hirnabscess, dreimal Kleinhirnabscess, 16 mal Meningitis und 16 mal Sinusthrombose und Septico-Pyämie; (3 Fälle von Pyämie wurden ausserdem geheilt). Heiman ist der Meinung, dass die von verschiedenen Autoren erhaltene Mortalitätsziffer (0,3 — 0,5 Proc.) viel zu niedrig ist, und dass wir uns über die wirklichen Verhältnisse nur bei stationären Kranken überzeugen können. Die Mortalitätsziffer beträgt bei Schwartze 4,74 Proc., bei Barker 2,5 Proc., bei Bezold 2,15 Proc. Wenn die Mortalitätsziffer bei Heiman nur 1,38 Proc. beträgt, so erklärt er sich dadurch das beschränkte Alter der Kranken, wie auch dadurch, dass unter seinen Kranken sich viele solche befanden, die gewöhnlich poliklinisch behandelt werden. Dieser letzte Umstand stellt jedoch für Heiman ein wichtiges Moment zur richtigen Bestimmung der Mortalitätsziffer.

Die Häufigkeit der verschiedenen Formen der Ohrenkrankheiten betreffend, ergiebt sich, dass das Verhältniss der Erkrankungen der verschiedenen Ohrenabschnitte folgendes ist:

Aeusseres Ohr = 9,59 Proc.,
Mittelohr — 68,59 Proc.,
Inneres Ohr = 1,82 Proc.

Das Verhältniss weicht im Wesentlichen von den Resultaten anderer
Autoren etwas ab; als äusserste Grenzen werden angegeben: Aeusseres Ohr
19,2 Proc. (Schubert) und 25,6 Proc. (Szenes), Mittelohr 59 Proc.
(Schubert), 74,9 Proc. (Szenes), inneres Ohr 2,6 Proc. (Wagenhäuser),
10,3 Proc. (Bezold). — Chaurel, der gleiches Material wie H. zur Verfügung hatte, notirt: äusseres Ohr 4,19 Proc., Mittelohr 57,45 Proc., inneres
Ohr 2,76 Proc. (resp. 7,76 Proc. Ohrensausen, Otalgie etc.).

H. erhielt 67,99 Proc. Heilung, 18,77 Proc. Besserung und 11,57 Proc.
ungeheilt. Diese Ziffern entsprechen im Wesentlichen den Resultaten anderer
Autoren.

Infolge der verschiedenen Meinungen der Aerzte, was unter „geheilt,
gebessert und ungebessert" zu verstehen ist, aus Rücksicht, dass dies oft
bei Ohrenleiden sehr schwer zu bestimmen ist, und hauptsächlich dadurch,
dass man ungeachtet aller unserer Bestrebungen bis jetzt in den meisten
Fällen viel doch nur auf die Angaben der Kranken stützt, räth H., diese
Momente nach der Aussage der Kranken selbst zu bestimmen, was zu einer
gewissen Einförmigkeit der Statistik führen kann. H. erklärt an einigen
Beispielen, wie man seinen Vorschlag zu verstehen hat, und leugnet es nicht,
dass derselbe nicht als rein scientifisch betrachtet werden kann, indem er auf
subjective Bestimmungen, die nicht von der Individualität des Kranken abhängig sind, basirt. Wenn er denselben jedoch vorschlägt, so thut er es
deshalb, indem er glaubt, dass er nicht soviel Mängel wie die Principien
anderer Autoren besitzt.

26. Herr Bargellini-Florenz: *Zur Allgemeinbehandlung der Ohrenkrankheiten.*

Bargellini, der Nestor der italienischen Ohrenärzte, erinnerte besonders die jüngeren Fachcollegen an die nützliche Anwendung der Revul-
siva, Vesicatorien und Hirudines, welche Mittel heutzutage langsam
ganz verdrängt worden sind, die jedoch, gestützt auf seine vieljährigen Erfahrungen, nicht verdienen in Vergessenheit zu gerathen. — Mit jugendlicher
Begeisterung sprach der alte Greis und wurde zum Schlusse von den Anwesenden frenetisch applaudirt.

27. Herr Grazzi-Florenz: *Demonstration eines Falles von vollständiger Taubheit infolge einer durch den Fraenkel'schen Diplococcus bedingten acuten Meningitis.*

Grazzi's Fall betrifft ein 4 Jahre altes Mädchen, welches, nach Aussage der Mutter, während eines heftigen Fieberanfalles plötzlich taub wurde.
4 Tage später wird das Kind auf die pädiatrische Klinik Professor Mya's
aufgenommen, wo die Diagnose auf Fraenkel'sche Diplokokken-
Meningitis gestellt wird; 2 Wochen später verliess das Kind, nicht vollkommen geheilt, die Klinik und ist immer noch taub. Nach neueren 10 Wochen
sah G. zum ersten Male das Kind und konnte bei normalem Trommelfellbefunde
absolute Taubheit constatiren. Allmählich verlor auch das Kind sein
Sprachvermögen und ist zur Zeit vollständig stumm. Die eingeleiteten
therapeutischen Maassnahmen blieben ohne jeden Erfolg, u. A. bekam auch
das Kind 20 Pilocarpin-Injectionen, doch ohne Erfolg.

Nach der Ansicht G.'s mag der primäre Sitz der Erkrankung im inneren
Ohre gewesen sein, und von hier ging derselbe auf die Meningen über; da
das früher gesprächige Kind in sehr kurzer Zeit sein Sprachvermögen ein-
büsste, rascher wie dies in Fällen von Ertaubung zu geschehen pflegt, glaubt
G., dass die Krankheit auch die Nervencentren der Sprache in ihr Bereich
gezogen haben muss.

Discussion: Horr Corradi-Verona erwähnt im Anschlusse der von
Grazzi erfolglos gebliebenen Pilocarpinkur, dass er von Pilocarpin nur
bei durch Rheumatismus oder Lues bedingten Taubheit Erfolge sah,
nie jedoch bei Taubheit infolge von Meningitis.

Herr Gradenigo-Turin betont das wichtige ätiologische Moment des demonstrirten Falles, betreffs der primären Labyrinthitis. Die therapeutischen Maassnahmen liessen auch ihn im Stiche in seinen oft beobachteten Fällen von Taubheit nach Meningitis.

Herr Brieger-Breslau bemängelt den Nachweis dafür, dass der Meningitis im vorgestellten Falle der Pneumococcus zu Grunde gelegen habe. Das einzige von Grazzi angeführte Beweismoment, die Anwesenheit des Diplococcus pneumoniae in der aus der Nase entfernten Secretmasse, scheidet schon deshalb aus, weil gerade diese Bacterienart zu den gewöhnlichen Bewohnern der normalen Nase gehören kann.

Herr Grazzi bemerkt Herrn Brieger, dass die reichliche Secretion, welche schon in den ersten Tagen aus der Nase in den Rachen gelangte, eine grosse Anzahl von Diplokokken enthielt.

28. Herr D'Aguano-Palermo: *Ueber Paracusis Willisii.*

D'Aguano erwähnt die Ansichten von v. Tröltsch, Politzer, Roosa und Müller betreffs der Paracusis Willisii, theilt einen selbst beobachteten Fall mit und kommt zu folgenden Schlüssen:

1. Die Paracusis Willisii ist ein symptomatisches Phänomen, gleichviel ob dasselbe durch einen Torpor des Hörnerven oder durch eine Paukenhöhlenerkrankung bedingt ist.

2. Gelegentlich einer Paukenhöhlenerkrankung kann dieselbe durch ein Hinderniss in der Articulation der Gehörknöchelchenkette, oder durch Relaxation der Ligamente der Knöchelchen, oder endlich durch Degeneration der Paukenhöhlenmuskel bedingt sein. Der sichere Beweis hierfür fehlt uns jedoch zur Zeit.

29. Herr Verdos-Barcelona: *Ueber die durch starke Detonation von Dynamit verursachten Gehörsstörungen.*

Das Anarchisten-Attentat in Barcelona im Lyceum-Theater 1893 bot den spanischen Ohrenärzten Gelegenheit, die Wirkungen der furchtbaren Detonation von Dynamit auf den Gehörapparat zu studiren.

Verdos hatte Gelegenheit, viele Fälle in seiner Privatklinik zu beobachten, lenkte die Aufmerksamkeit auf alle Umstände, die zur Entwicklung der betreffenden Erkrankung beigetragen mit Bezug auf die Individuen zur Entfernung des Platzes, wo die Explosion stattgefunden. und glaubt, die Beobachtungen umso eher mittheilen zu können, da ähnliche Angaben von Seiten anderer Fachcollegen noch nicht gegeben wurden. Diese Wirkungen haben nur wenige oder überhaupt gar keine Aehnlichkeit mit jenen anderer Explosionen, mögen solche selbst so stark sein, wie dies beim Abschuss grosser Artillerie-Kanonen der Fall zu sein pflegt.

In den Mittheilungen von v. Tröltsch, Bonnafont, Moos, Chimani u. A. sind als Wirkungen von Explosionen Trommelfellrupturen, Blutergüsse und Otorrhoon angeführt; bei einer grossen Anzahl von Artilleristen findet sich das Trommelfell im Ganzen oder zum grossen Theile zerstört. Eine ähnliche Zerstörung des Trommelfelles hat V. in seinen Fällen nicht gefunden.

Die Personen, welche sich in der Nähe der Dynamitexplosion befanden und ohrenkrank wurden, zeigten eine hochgradige Hyperämie in der ganzen Ausdehnung des äusseren Gehörganges und in der Schläfen- und Warzenfortsatzgegend; die Gehörgangswände und das Trommelfell waren so blutreich, als hätte man 10—15 Minuten hindurch dieselben mit einem Senfpflaster belegt gehalten; möglicher Weise erstreckte sich auch die Hyperämie auf das mittlere und innere Ohr, worauf man aus dem starken Sausen schliessen dürfte. Die geschilderten Symptome hielten 4—5 Tage an, dann verschwanden sie allmählich, und die Kranken blieben gesund; die Symptome wurden nur einerseits beobachtet, und zwar auf dem Ohre, welches dem Explosionsplatze näher stand. — Bei Personen, welche mehr entfernt, 5—6 Reihen weiter unten waren, waren dieselben

Erscheinungen im schwächeren Maasse und ebenfalls nur einerseits; der Verlauf war derselbe. In keinem dieser Fälle hat eine Trommelfellruptur stattgefunden, es folgte auch keine Eiterung.

Ganz anders stand es mit den Leuten, die noch weiter vom Explosionsplatze waren. Bei diesen war keine Spur einer Hyperämie jedoch eine hochgradige Einziehung des Trommelfelles zu sehen, welche von starkem Sausen, mitunter von Schwindel begleitet war. Der Krankheitsverlauf dieser Fälle beanspruchte 2–3 Wochen und noch mehr, und bestand die Affection beiderseits. Letzteren Umstand erklärt V. daraus, dass die Betreffenden mit dem Gesichte zum Explosionsplatze gestanden hatten, so dass die Luftwellen in beide Ohren geriethen.

Eine 4. Gruppe von Erscheinungen boten diejenigen, welche in den höchsten Etagen des grossen Theaters gesessen, bei denen ausschliesslich Labyrinthsymptome bestanden hatten — Die Patienten klagten über Sausen und Schwindel, und zumeist erfolgte die Heilung sehr schwer. Dass es sich hier um keine Labyrinth-Hyperämie handelte, erklärt V. dadurch, dass die antiphlogistischen und revulsiven Mittel erfolglos blieben, und weil eben weder Brom, noch Amylnitrit etwas nützten, möchte V. den Zustand durch eine gesteigerte Nervenreizung bedingt erklären.

Endlich die 5. Gruppe von Kranken, die zahlreichste, verlor das Orientirungsvermögen. Im ersten Momente wollten diese vom gefährlichen Platze weglaufen, und nach Herstellung der Ruhe wussten sie nicht wo sie waren, und wohin sie gingen. Möglicher Weise handelte es sich hier um einen Process in den halbcirkelförmigen Kanälen, vereinigt mit einem solchen im Orientirungscentrum des Gehirnes. Der Verlauf dieser Fälle nahm die kürzeste Dauer in Anspruch.

Mithin glaubt V., dass die durch Dynamitdetonation entstandenen Ohrstörungen sich wesentlich von anderen durch Explosion entstandenen Störungen unterscheiden. Diese gehen mit Trommelfellrupturen, Ohrenblutungen und Eiterungen einher, jene nicht. Auffallend ist allerdings, dass trotzdem die Ursache, wenn auch nicht ganz gleich, so doch analog sind, die Wirkungen aber höchst verschieden; V. glaubt nicht, dass die Intensität der Detonation ausschliesslich hier Ursache wäre. Allerdings muss man in Betracht ziehen, dass bei den Artilleristen das Abfeuern in der freien Luft geschieht, und die hier entstandenen Schallwellen sich ohne Grenze verbreiten können; die von V. mitgetheilte Dynamitdetonation aber hat in einem geschlossenen Locale stattgefunden, welches obendrein als Theater zur vortheilhaften Verbreitung der Schallwellen gebaut wurde. Ausserdem hat die Detonation in einem Zeitpunkte stattgefunden, wo die Leute mit besonderer Aufmerksamkeit eine höchst interessante Opernpartie anhörten, und da die entstandenen Schallwellen hierbei auch per tubam Eustachianam eindringen konnten, entstand keine erhebliche Druckschwankung in der Paukenhöhle und somit auch keine Trommelfellruptur; die Fälle mit stark eingezogenem Trommelfell beweisen allerdings, dass der äussere Luftdruck grösser war als der in der Paukenhöhle.

Sämmtliche Erscheinungen führt V. auf ein Trauma zurück, und dies lässt sich auch leicht als Ursache annehmen. Am interessantesten jedoch bleibt das bei Vielen beobachtete Desorientirungsphänomen, welches V. in zweifacher Weise deutet. Einerseits vermochte die starke Erschütterung der die Gehörseindrücke vermittelnden Nervenfasern ihre eigene Function zu hindern, und somit ging die Orientirungsfähigkeit verloren, andererseits kann man vermuthen, dass ein Shock der Orientirungscentren des Gehirnes erfolgte und hierdurch die Function, wenn auch nur momentan, aufgehoben wurde, und somit das Factum der Desorientirung eintrat. V. glaubt, dass beide Erklärungen sich auch ergänzen können. Da jedoch bis nun die Physiologen betreffs des akustischen Centrums noch nicht ganz im Klaren sind, kann man sich nicht endgiltig für die eine oder andere Ansicht erklären.

30. Herr Lubet Barbon-Paris: *Ueber die Localisationen der Entzündungen des Schläfenbeines in ihren Beziehungen zur anatomischen Entwicklung dieses Knochens.*

Die Knochen des Schädels der niedrigen Wirbelthiere correspondiren alle mit ihren Ossificationspunkten. Bei den höheren Wirbelthieren, besonders aber beim Menschen ist dies nicht der Fall, denn gewisse Knochen entwickeln sich auf Kosten mehrerer Ossificationspunkte. Sie löthen sich frühzeitig zusammen, so dass beim Erwachsenen die Zahl der Schädelknochen geringer ist, als die der Ossificationspunkte.

Das Schläfenbein entwickelt sich an 3 Punkten, aus je einem für den Schuppentheil, Felsen-Warzentheil und Paukentheil. Bei dem völlig ausgetragenen Fötus kann man den Knochen nach dieser Richtung hin zertheilen und präpariren. Bei dem Neugeborenen sind dieselben mit einander sehr locker verbunden, verbinden sich aber, mit wenigen Ausnahmen, in den ersten Lebensjahren so intim, dass es beim Erwachsenen schwer fällt, die Spuren der ursprünglichen Zertheilungen wieder zu finden.

Doch haben Kirchner, Kiesselbach und Bezold in einer bedeutenden Anzahl von Schädeln einen merklichen Procentsatz der Fortdauer der Fissura petroso-squamosa gefunden, mithin besteht oft, vom anatomischen Standpunkte, in dem Schläfenbein des Erwachsenen Etwas vom fötalen Zustand. Es scheint jedoch, dass diese Verlängerung des fötalen Zustandes vom pathologischen Standpunkt noch schärfer hervortritt, und dies häufig in der Osteitis des Schläfenbeines, besonders in Fällen, wo dieselbe selbständig und unabhängig von den Entzündungen der Paukenhöhle erscheinen, die Entzündung sich localisirt und sich auf einen oder den anderen dieser Theile beschränkt.

Bei Kindern, die doch näher jener Periode sind, wo die Theile getrennt sind, sieht man Nekrosen einer dieser Theile oder zweier zusammen ausscheiden. Bei den Erwachsenen sehen wir ebenfalls, dass es in vielen Fällen angezeigt wäre, die Entzündungen des Schläfenbeines zu zertheilen und jedem dieser Theile eine besondere Rolle zuzuschreiben. Es ist nicht richtig, Alles "Mastoiditis" zu nennen, was sich durch einen Abscess kund giebt oder durch eine Trepanation beurtheilen lässt; denn wenn man sich in allen diesen Fällen damit begnügen würde, den Warzenfortsatz zu eröffnen, so würde man gar manchmal eine illusorische, in den meisten Fällen aber eine unvollständige Operation machen.

In vielen Fällen, besonders aber in Abwesenheit einer "Otitis media", kann man einer ursprünglichen Osteitis begegnen, die sich häufiger auf den Warzenfortsatz, weniger häufig auf den Schuppentheil, noch seltener auf den Paukentheil localisirt. Gewissermaassen kann man diese verschiedenen Localisationen schon vermöge des äusseren Anscheines dieser Theile diagnosticiren. Es wäre somit vom pathologischen Standpunkt angezeigt, die Eintheilungen, nach der ursprünglichen anatomischen Theilung zu treffen; man könnte dann auch erklären, wenn sich die Entzündung auf zwei Theile localisirt, wie dies am häufigsten bei Erwachsenen vorkommt. Der Sitz ist dann am Verbindungspunkt der 3 Theile des Schläfenbeines, in der Nähe des Antrums. Hier muss man im Allgemeinen eingreifen, um von da aus nach unten und hinten für die Pars mastoidea zu gehen, nach vorn, der Paukenhöhle zu, wenn es sich um den horizontalen Theil des Schuppentheiles oder um den Paukentheil handelt, endlich nach oben, wenn der verticale Theil der Schuppe erreicht werden soll. Es kommt jedoch vor, dass die Anzeichen so deutlich sind, dass man direct den kranken Punkt erreichen kann, und geschah dies zu allen Zeiten gelegentlich der einfachen Entzündung der Zellen des Warzenfortsatzes.

31. Herr Gradenigo-Turin: *Zur Prüfung der Hörschärfe.*

Gradenigo demonstrirt eine Stimmgabel-Vorrichtung, mittelst welcher sich 4 Stufen, von der Initial-Intensität abgesehen, nachweisen lassen.

Discussion: Herr Dundas-Grant-London glaubt, dass durch die

von Gradenigo angegebene Vorrichtung eine Schwierigkeit behoben wird, welche man bis jetzt immer beobachtete. Bis jetzt wurde die Hörschärfe durch einen Bruch ausgedrückt, dessen Nenner inconstant war, abhängend von der Stärke oder Schwäche, mit welcher die Stimmgabel angeschlagen wurde. D. schlägt vor, die Distanz, in welcher der Ton gehört wird, als Zähler, die normale Entfernung als Nenner des Bruches zu nehmen, wodurch in der Bestimmung kein Fehler stattfinden wird.

32. Herr Politzer-Wien: *Demonstration von anatomischen Präparaten.*

Politzer demonstrirt eine Reihe mikro- und makroskopischer Präparate zur Erläuterung der verschiedenen Methoden und Stadien des operativen Eingriffes bei chronischen Mittelohreiterungen.

33. Herr Chiucini-Rom: *Eine neue Methode zur anatomischen Präparation des Schläfenbeines.*

Chiucini empfiehlt, bei der Präparation des Schläfenbeines auf folgende 3 Punkte zu achten: 1. die möglichste Vollständigkeit des Knochens zu berücksichtigen; 2. durch methodische Schnitte die möglichst grösste Zahl der wichtigen anatomischen Einzelheiten in Ansicht zu nehmen; 3. die einzelnen Theile des Knochens in der Weise zu erhalten, damit dieselben auf einfache und deutliche Art als Ganzes in der Sammlung von Schläfenbeinen untergebracht werden können. — Das Schläfenbein theilt Ch. durch Schnitte in 3 Theile. Der 1. Theil besteht aus 2 Portionen; die innere mit dem vorderen Theil der Schuppe, mit der Pyramidenspitze und einem Theile der Schnecke, die äussere mit dem restlichen Theil des Knochens. Der 2. Theil enthält Paukenhöhle, äusseren Gehörgang und Warzenfortsatz; endlich durch die 3. Theilung werden Warzenfortsatz-Zellen mit der hinteren oberen Gehörgangswand freigelegt.

34. Herr Secchi-Bologna: *Zur Physiologie des Mittelohres* (Referat).

Secchi demonstrirt an einem Hunde Versuche, über deren Ergebnisse er bereits gelegentlich des internationalen medicinischen Congresses in Berlin[1]) und Rom[2]) berichtete, und die er nun nur von Neuem bekräftigen kann.

Discussion: Herr Gellé-Paris meint, das runde Fenster besässe blos eine untergeordnete Rolle in der Weiterleitung des Tones.

Herr Dundas-Grant-London erwähnt als Gegensatz zu den Secchischen Anschauungen die ausgedehnten Trommelfelldefecte, bei deren Bestande, selbst wenn die Paukenhöhle nicht mehr als Luftkapsel functionirt, ein bedeutendes Gehörvermögen zu beobachten ist, wobei der Schall nur durch die Gehörknöchelchenkette weitergeleitet wird. Andererseits stimmt D. mit Secchi darin überein, dass der Luftdruck in der Paukenhöhle erhöht ist. Endlich erwähnt D. einen Fall, in welchem er gelegentlich des Schlingactes die Hervorwölbung einer bestandenen Trommelfellnarbe beobachten konnte; der erwähnte Fall vermag als Beweis zu dienen für die Bewegungen des Trommelfelles während des Schlingactes.

Herr Politzer-Wien bezweifelt Secchi's Anschauung betreffs der Gehörknöchelchenkette, wonach dieselbe als secundärer Apparat, bestimmt für die Accommodation zu betrachten wäre; es steht dies nicht nur mit den physiologischen Thatsachen, sondern auch mit den pathologisch-anatomischen und klinischen Kenntnissen in Widerspruch.

Herr Grazzi-Florenz fragt, ob Secchi seine Versuche bei Unterbrechung der Gehörknöchelchenkette anstellte?

Herr Gradenigo-Turin meint, bis nun liesse sich noch immer kein endgiltiges Urtheil aus den Versuchen Secchi's fällen, doch gebührt allerdings S. das Verdienst, seine Experimente seit einer Reihe von Jahren mit Ausdauer fortgesetzt zu haben.

Herr Mongardi-Bologna glaubt, man könnte nicht die Rolle der Gehörknöchelchenkette in Abrede stellen, weil auch andere secundäre Wege

---

1) Siehe Archiv f. Ohrenheilk. Bd. XXXI, S. 251.
2) Ebenda, Bd. XXXVII, S. 263.

bestehen. Anatomische und physiologische Erwägungen, Thatsachen aus der vergleichenden Anatomie, endlich eine grosse Anzahl klinischer Beobachtungen belehren eines Anderen. Die Fortleitung des Schalles kann doch nicht so gut erfolgen, wenn dieselbe von der Luft durch Flüssigkeit weiter befördert wird, als wenn die Vermittelung durch einen Körper erfolgt, welcher für die Schwingungen empfänglich ist.

Herr Masini-Genua unterschätzt keineswegs die Bedeutung der von Secchi angestellten Experimente, namentlich was die Kenntnisse über die Physiologie des Mittelohres anlangt. M. sieht sogar voraus, dass die Experimente den Anstoss zu einem völlig neuen Studium der in der Paukenhöhle erhaltenen Organe geben werden. Immerhin dürften diese physiologischen Experimente zur Erklärung sämmtlicher Vorgänge nicht hinreichen, da ja z. B. die Schallwellen, bevor sie zu den Nervenendigungen des N. acusticus gelangen, verschiedene Medien mit verschiedenen Vibrationsgraden durchzulaufen haben. Es ist demnach nicht ausgeschlossen, dass die Versuche Politzer's und Anderer von denjenigen Secchi's nicht so weit abweichen, wie es jetzt scheint, sobald einmal im Fortgang der Forschung viele, bisher noch ganz dunkle Punkte aufgehellt sein werden. Wenn auch in der Paukenhöhle unzweifelhaft ein positiv constanter Druck herrscht, so verlieren doch die Politzer'schen Versuche Nichts von ihrem Werthe, da dieselben uns in den Stand setzen, den Schwingungsgrad jedes einzelnen Knöchelchens zu bestimmen und somit weiteren Untersuchungen, über die Fortpflanzung der Töne vom Trommelfell zum Labyrinthe, die Bahn öffnen.

Herr Secchi erwidert, dass er zufolge der vielseitig gemachten Einwendungen seine Versuche demnächst ausführlich mittheilen wird, wodurch es ermöglicht sein wird, die genaue Erklärung seiner Beobachtungen geben zu können.

35. Herr Cresswell Baber-Brighton: *Demonstrationen.*

Cresswell Baber demonstrirt: 1. Modelle des Nasenrachenraumes, an welchen man die Digital-Untersuchung und die hierbei obwaltenden Befunde bei adenoiden Wucherungen etc. üben kann; 2. einen Catheter mit Vorrichtung zur Retraction des Gaumens; 3. einen Tragus-Retractor; 4. Polypenschnürer.

VIII. Sitzung
am 26. September Nachmittags.
Vorsitzender: Herr Morpurgo-Triest.

36. Herr Delstanche-Brüssel: *Demonstration von Instrumenten.*

Delstanche demonstrirt seinen neuerdings verbesserten Masseur und Rarefacteur, ferner ein Instrument zur Extraction des Hammers und Ambosses.

37. Herr Bronner-Bradford: *Zur Behandlung des chronischen Eczems im äusseren Gehörgange mittelst Massage.*

Die Massage soll natürlich nur in denjenigen Fällen angewendet werden, in welchen die gewöhnlichen Mittel — Höllenstein, Blei-, Zinksalben u. s. w. — versagt hatten. Diese sogenannten unheilbaren Fälle werden in England gewöhnlich, wie vieles Andere, auf Gicht zurückgeführt.

Die Olivenspitze einer dicken Sonde wird mit Baumwolle umwickelt, mit einer Salbe bestrichen und damit der Gehörgang energisch massirt. In der letzten Zeit benutzt B. den kleinen Motor von Moritz Schmidt (verfertigt von Braunschweig in Frankfurt a. M.); damit massirt er pr. 5 bis 6 Minuten 4–5mal, mit Zwischenräumen von einigen Tagen. Die Haut schwillt oft stark an und blutet. Führt diese Behandlungsweise nicht zum Ziel, so wird die Sonde ohne Baumwolle benutzt.

Discussion: Herr Daly-Pittsburg rühmt bei chronischem Eczem die Erfolge von Quecksilberammoniat- und Calomelsalbe, nach vorheriger Reinigung und Befeuchtung.

Herr Delstanche-Brüssel meint, die alten Mittel wären zuweilen noch
die besten. Die schon von seinem Vater gebrauchte Behandlungsweise erwies sich auch ihm noch immer vom besten Erfolge. Es wird nämlich mit
einer concentrirten essigsauren Bleilösung der Gehörgang und die Muschel
befeuchtet und die erkranten Stellen mit dem Finger, welcher mit feiner
Leinwand umwickelt wird, fest eingerieben. Die Besserung und Heilung
erfolgt in der Regel sehr rasch.

Herr Cresswell Baber-Brighton empfiehlt die Massage in Fällen
von Seborrhoe des äusseren Gehörganges.

Herr Brieger-Breslau empfiehlt, in der Behandlung des Gehörgangs-
eczems so zu verfahren, dass auf die Gehörgangswände ein dauernder Druck
ausgeübt und zugleich ein dauernder Contact dieser mit der anzuwenden-
den Salbe, durch die Anwendung dicker, das Lumen des Gehörganges aus-
füllender und leicht constringirender, mit Salbe beschickter Tampons, gesichert
ist. — Für diese seborrhoeische Gehörgangseczeme empfiehlt B. die
Anwendung von Wattetampons mit Schwefel-Resorcin-Salben.

Herr Bronner betont in der Erwiderung, dass die Massage nur
in chronischen Fällen anzuwenden sei, in denen die gewöhnlichen Mittel
versagen. In den Fällen von nässendem Eczem oder von Seborrhoe sei
er immer mit energischen Höllenstein-Pinselungen ausgekommen.

38. Herr Garzia-Neapel: *Ueber den Einfluss der Syphilis auf gewisse
Erkrankungen des Ohres.*

Syphilis ist häufig Ursache, dass eine eitrige Mittelohrentzündung allen
therapeutischen Maassnahmen widersteht. Besteht eine Otorrhoe, trotz einer
gut angewandten Localbehandlung, weiter fort, wird sich häufig als Ursache
eine cariöse Stelle finden und diese Caries, besonders wenn sie beiderseitig vorhanden ist, wird häufig syphilitischer Natur sein.

Garzia hat in den letzten 8 Monaten sieben einschlägige Fälle
beobachtet; bezüglich der Diagnose bestand kein Zweifel; auf specifischer
Behandlung erfolgten auch günstige Resultate, indem die seit Jahren bestandene Mittelohreiterung heilte. Zweimal handelte es sich um hereditäre und fünfmal um acquirirte Syphilis. In letzteren Fällen hatten
gummöse Infiltrationen im Nasenrachenraume bestanden, die deutlich erkennbare Narben zurückliessen, und von hier ging der Process per tubam auf
die Paukenhöhle über; in allen Fällen bestand eine hochgradige Schwerhörigkeit, dreimal bestand die Paukenhöhleneiterung beiderseits, zweimal nur
einerseits. Sowohl im 1. als auch im 2. Stadium der Lues kann das Ohr
mitafficirt werden, und erfolgt die Infection vermittelst der Blutgefässe,
auch von der Paukenhöhle auf die Schnecke.

Oft entwickelt sich die Schwerhörigkeit ohne bekannte äussere Ursachen, oder man führt die 1. Symptome auf eine Erkältung oder auf
ein leichtes Trauma zurück, und nur bei eingehender Untersuchung stellt
sich die Lues als Causa morbi heraus.

In G.'s Fällen wurde therapeutisch nebst der üblichen Localbehandlung stets auch die specifische eingeleitet. Bei 3 Kranken wurde Hydrar-
gyrum corrosivum, bei den übrigen Calomel subcutan injicirt. Die
Suppuration hörte schon nach der 2. Injection auf, doch die Taubheit
wurde nicht gänzlich behoben, weil, wie G. glaubt, die betreffenden Patienten
zu spät in Behandlung geriethen, und die Syphilis schon irreparable Veränderungen im Bereiche des Hörvermögens verursacht hatte.

39. Derselbe: *Ueber einen Fall von gestielter Exostose im äusseren
Gehörgange.*

Nach einer Erläuterung der Entstehung, Structur und Folgen der Exostosen, theilt Garzia folgenden Fall mit:

Ein Fräulein hatte seit 5 Jahren eine linksseitige Mittelohreiterung, welche trotz der fortwährenden Behandlung in ihrer Heimath nicht
geheilt werden konnte. G. fand inUnterlassung Gehörgang durch den Tumor
gänzlich verschlossen; derselbe war gestielt und sass an der vorderen Gehörgangswand. Nach Desinfection und Anästhesie vermittelst einer 10proc.

Cocain-Lösung entfernte G. den äusseren Theil der Knochengeschwulst mit Hülfe der Burnet'schen Zange, den restlichen Theil mit einem kleinen Meissel. Die Operation ging mit wenigen Schmerzen und geringer Blutung einher. In der Tiefe des äusseren Gehörganges und am Trommelfell war eine dicke Epithelschicht aufgelagert, welche G. abschabte. Die Heilung, mit normalem Gehörvermögen, erfolgte nach 4 Wochen.

40. Herr Morpurgo-Triest: *Demonstration eines kleinen Doppel-ballons.*

Derselbe erleichtert ungemein das Politzer'sche Verfahren durch seine leichte Handhabung und Transportabilität; für die praktischen Aerzte, insbesondere für die Kinderpraxis, wird sich derselbe nützlich erweisen. (Erhältlich für 2 Fl. ö. W. beim Instrumentenmacher G. Reddersen, Triest.)

Die Schlusssitzung erfolgte in der Aula am 26. September Nachmittags. Herr Grazzi sprach in einer längeren Schlussrede allen Theilnehmern Dank, Herr Delstanche stattete Herrn Grazzi, Herr Politzer den italienischen Collegen, Herr Gradenigo den Schriftführern und Herr Morpurgo der Stadt Florenz einen speciellen Dank ab. Mit einem „Hoch" auf den König von Italien und mit einem „Auf ein frohes Wiedersehen im Jahre 1899 in London" schloss nun der V. internationale Otologencongress.

Als internationales Comité für den VI. Congress wurden ernannt für

Amerika: die Herren Blake-, Orno Greene-Boston, Brech-, Knapp, Roosa-New-York, Turnbull-, Randal-, Burnett-Philadelphia, Holmes-Chicago, Daly-Pittsburg, Barkan-St. Francisko und De Roaldès-New-Orleans.

Belgien: die Herren Delstanche-, Capart-, Huguet-, Goris-Brüssel, Delie-Iprès, Schiffers-Liège und Eeman-Gand.

Dänemark: die Herren Schmiegelow- und Holger Mygind-Kopenhagen.

Deutschland: die Herren Lucae-, Hartmann-Berlin, Bezold-München, Kirchner-Würzburg und Brieger-Breslau.

England: die Herren Ballance-, Cumberbatch-, Dalby-, Fiel-, Dundas Grant-, Hovell-, Pritchard-, Parnes-, Thomson-London, Creswell Baber-Brighton, Barr-Glasgow, Bronner-Bradford, Browne-Belfast, Fitzgerald-Dublin, Mac Bride-Edinburg, Pieece-New-Castle und Stone-Liverpool.

Frankreich: die Herren Gellé-, Menière-, Helme-, Lermoyez-, Lubet Barbon-, Gouguenheim-, Baratoux-Paris, Moure-Bordeaux, Naquet-, Wagnier-Lille und Lannois-Lyon.

Holland: die Herren Guye-, Cwardemaner-Amsterdam, Van Hoek-Nimwegen und Moll-Arnheim.

Italien: die Herren Grazzi-Florenz, Avoledo-Mailand, Bobone-San Remo, Brunetti-, Putelli-Venedig, De Rossi-, Chiucini-, Ferrori-Rom, Cozzolino-Neapel, Gradenigo-Turin, Masini-Genua und Secchi-Bologna.

Oesterreich-Ungarn: die Herren Politzer-Wien, Morpurgo-Triest, Böke-, Szenes-Budapest und Zaufal-Prag.

Russland: die Herren Kuhlmann-Petersburg, Stepanow, v. Stein-Moskau und Benni-Warschau.

Schweden: die Herren Swanberg und Ceterblad-Stockholm.

Schweiz: die Herren Secrétan-Lausanne und Rohrer-Zürich.

Spanien: die Herren Sunó y Molist-, Botey-, Verdos-Barcelona, Gonzalos Alvarez-, Urunuela-Madrid, Sota y Lastra-Sevilla, Moresco-Cadix und Casanova-Valencia.

Der Baron L. v. Lenval'sche Preis von 3000 Francs wurde auch diesmal nicht ertheilt, da sich kein Bewerber um denselben vorfand. Mit Zustimmung des Spenders wird nun die genannte Summe behufs Verzinsung in einer öffentlichen Bank deponirt und mit den Zinsen, während der Zwischenzeit zweier Congresse, wird jene Arbeit prämirt, welche die besten

Fortschritte in der praktischen Behandlung von Ohrenkrankheiten aufweist, oder ein neues, leicht tragbares Instrument, welches zur Verbesserung des Gehörvermögens construirt wurde. Die Jury besteht aus folgenden 7 Mitgliedern: die Herren Politzer-Wien, Benni-Warschau, Gellé-Paris, Pritchard-London, Roosa-New-York, Kirchner-Würzburg und Grazzi-Florenz.

Folgende Aufsätze wurden eingesandt und in den Bericht über die Verhandlungen des Congresses aufgenommen:

1. Madeuf-Paris: *Medicinisch-veterinäre Enquête zu den Erkrankungen des Mittelohres bei den Säugethieren.*

2. Levy-Kopenhagen: *Zur Behandlung der Mittelohrkatarrhe.*

3. Ottolenghi-Siena: *Die Empfindlichkeit des Taubstummen und das Gesetz.*

4. Soffiantini-Mailand: *Ueber intramusculäre Calomel-Injectionen in der oto-, rhino-, laryngologischen Praxis.*

XVIII.

Wissenschaftliche Rundschau.

9.

Lippert. Zur Casuistik der Fremdkörper in der Paukenhöhle. Dissertat. Berlin. 1897.

Pat. referirt über einen aus der Privat-Poliklinik Baginsky's stammenden Fall, in welchem bei einem Erwachsenen ein Fremdkörper unbewusster Weise ins Ohr gelangt war. Pat. stellt sich mit einer offenbar chronischen Mittelohreiterung und gleichzeitiger Schwellung und Röthung der Regio parotidea dext. vor; starker Fötor aus dem Ohr, Caries der vorderen Gehörgangswand. Nach Spalten des Senkungsabscesses der Parotisgegend Fieber weg, aber Facialisparese. 8 Tage nach diesem Eingriff schwere Allgemeinerscheinungen (Sensorium benommen, Puls 120, Temp. 37,3⁰), ferner Myosis, Schwellung und Schmerzhaftigkeit der Palma des Daumens. In der Folge stellen sich ein: Röthung am linken Kniegelenk, der linken Planta pedis, dem linken Schultergelenk, rechten Ellbogen, der rechten Hüfte, am Kreuzbein; Farbe dieser Stellen die von Petechien. Nachdem die Petechien verschwunden waren, entleerte sich ca. einen Monat nach der Incision bei einer Ausspülung ein 1 Cm. langes, abgebrochenes Streichholzstück (sehr stinkend); kurze Zeit darauf wurde nochmals ein 29 Mm. langer Holzsplitter entfernt. Hierauf langsame Heilung, nach 2 Monaten Aufhören der Eiterung; Narbe am Trommelfell r. — 4½ Monate nachher neuerdings reissende Schmerzen im r. Ohre, Eiterung an dem r. Ohre, Senkungsabscess am aufsteigenden Aste des Kiefers. 5 Tage darauf plötzlicher Exitus.

Section: Kein Hirnabscess, sondern acute Meningitis. Senkungsabscess an der inneren Fläche des M. sternocleidomast., mit der Pauke communicirend. In der Pauke selbst weder Fremdkörper, noch Durchbruch nach dem Tegmen.   Haug.

10.

Bergeab, Heilung eines intranasalen Lupus durch Guajacol-Vasogen. Münchener med. Wochenschr. 1896. 30. Dec.

40 jährige Frau mit Lupus der äusseren Nase und der Wangen zeigt innen in der Nase ebenfalls Lupus. Da Auskratzungen zu gefährlich erschienen, und Milchsäurelösung mit Ichthyol nur vorüber-

gehenden Erfolg brachten, wurden Guajacol-Vasogen zweimal täglich
mittelst Wattepfröpfchen applicirt und dauernd liegen gelassen; hierdurch gelang es, Heilung herbeizuführen. Ein kleines Recidiv nach
3 Monaten verschwand ebenfalls durch Guajacol. Nach 7 Monaten
hatte die Heilung noch constatirt werden können.   **Haug.**

11.

Etiévant. La question des végétations adénoïdes. Province médi-
cale, Nr. 10, Mars 1897.

Pillet fand in adenoiden Vegetationen Riesenzellen.

Lermoyez fand in einem Falle den Tuberkelbacillus. Unter
50 später untersuchten Fällen waren nur zwei tuberculöser Natur.

Dieulafoy übertrieb die Häufigkeit des Vorkommens tuberculöser adenoider Vegetationen. Er untersuchte nicht histologisch,
sondern beschränkte sich auf Inoculationen. Der Koch'sche Bacillus
aber kann sich, wie Strauss gezeigt hat, auch im normalen Zustande in der Nasen- und Mundrachenhöhle, also auch auf der Oberfläche der vergrösserten Rachenmandel finden.

Helme unterscheidet

1. bacillifere Vegetation (Typus von Dieulafoy);
2. bacilläre Vegetation (Typus von Lermoyez).

Broka fand unter 100 mikroskopisch untersuchten Fällen nur
einmal Tuberculose. Brindel constatirte unter 64 Fällen achtmal
die Anwesenheit von Tuberkeln mit Riesenzellen, einmal den Bacillus.
Man sieht, wie der Procentsatz verschieden ist.

Klinisch lassen sich die tuberculösen Vegetationen nicht von den
nichttuberculösen unterscheiden. Trotz der Gefahr einer Autoinfec-
tion infolge ungenügender Ausräumung eines bacillären Herdes (Lermoyez) betont der Autor die Nothwendigkeit eines Eingreifens, und
zwar hauptsächlich mit Hülfe der galvanocaustischen Schlinge oder
der galvanocaustischen Curette. Nach der histologischen Untersuchung eventuell Pinselungen (Acidum lact. oder Naphtolcampher). Allgemeinbehandlung. Die Frage, ob tuberculöse Vegetationen recidiviren, ist noch nicht entschieden.

(Nach einem Referat in No. 17 [1897] der „Revue de laryngologie, d'Otologie et de Rhinologie".)   Stern-Metz.

XIX

Zur Casuistik der Verbrennungen des äusseren Gehörganges und des Trommelfelles.

Von

Dr. med. O. Schwldop,

Karlsruhe i. B.

Die Verbrennungen des äusseren Gehörganges und des Trommelfelles sind leider noch sehr häufige Ereignisse im alltäglichen Leben, werden doch die unglaublichsten Mittel als Eingiessungen u. s. w. in den Gehörgang angewandt, sowohl auf Empfehlung kluger Frauen und guter Bekannter, die auch einmal ein Ohrenleiden gehabt haben, als auch horribile dictu vom Arzte selbst, dem das „Süssmandelöl" eben noch das Allheilmittel ist, sogar ohne vorhergehende Untersuchung des Ohres.

Wir begegnen stets denselben beiden immer wiederkehrenden Veranlassungen zu solchen Eingiessungen u. s. w. Jedes plötzlich auftretende Ohrenleiden, sei es ein acuter Katarrh, eine Entzündung des Trommelfelles, eine wie immer geartete Entzündung des äusseren Gehörganges, eine Hyperämie des Labyrinthes oder gar nur ein Cerumenpfropf einerseits und Zahnschmerzen andererseits.

Die Fälle, in denen durch Eingiessungen von zu heissem Wasser oder dem berüchtigten Süssmandelöl, durch heisse Speckstücke und Einlassen von Dämpfen aller möglichen Thees diffuse Verbrennungen des äusseren Gehörganges hervorgerufen werden, sind äusserst zahlreich; ebenso bekannt sind in einzelnen Gegenden die durch Eingiessung von Schnaps, Spiritus, Eau de Cologne und die namentlich bei Zahnschmerzen sehr gebräuchlichen, nichtsdestoweniger aber ebenso verwerflichen Einträufelungen ätherischer Oele hervorgerufenen starken Entzündungen des Gehörganges und Trommelfelles. Von dem zufälligen Eindringen

der verschiedenartigsten Substanzen wollen wir vollständig absehen.

Die Häufigkeit der diesen Applicationen folgenden Entzündungen und ihre Intensität sind ja ein über alles erhabener Beweis für die leichte Verletzbarkeit der tieferen Partien des
äusseren Gehörganges und des Trommelfelles, und sollte man
a priori einfach annehmen müssen, dass ein so kräftiges Agens
wie Tinctura Jodi pura eine ganz besonders heftige Wirkung,
ja selbst deletärer Art auf Trommelfell und die tieferen Gehör-
gangspartien ausüben muss, zumal wenn dabei ein nicht ganz
intactes Trommelfell in Frage kommt. Anders in dem nach-
stehenden Falle, dessen ausführlicher Bericht wohl dadurch gerechtfertigt wird.

Herr J. M., 35 Jahre alt, Kaufmann, consultirte mich Mitte März dieses
Jahres wegen eines infolge von Influenza aufgetretenen linksseitigen Mittelohrkatarrhs. Es bestanden subjectiv Schmerzen, Geräusche ziemlich tiefen
Charakters und Taubheit. Der objective Befund war folgender: „Tiefe Stimmgabeltöne werden vom Scheitel und auch vom rechten Proc. mastoid. aus nach
links percipirt, hohe und tiefe Töne vor dem Ohr deutlich gehört, die Knochenleitung ist gegenüber der Luftleitung verlängert, so dass auf dem Scheitel
abgeklungene tiefe Stimmgabeltöne vor dem Ohre nicht mehr gehört werden.
Die Uhr wird vor dem Ohr und auch vom ganzen Schädel wahrgenommen,
Flüsterzahlen und Worte überhaupt nicht, articulirte Sprache erst in 10 Cm.
Entfernung gehört. Das Trommelfell ist nach instrumenteller Beseitigung
beträchtlicher, den Einblick verhindernder Cerumenmassen stark geröthet,
in seinem hinteren oberen Quadranten sackartig vorgebuchtet, mit Epidermis-
fetzen weisslich belegt, die Hammergefässe nicht erkennbar. Die Anwendung
des Catheters ist nicht schmerzhaft, es werden laute Rasselgeräusche vernommen, eine Besserung der Hörweite tritt nicht ein. — Neben starkem
Schwitzen und Gurgelungen mit Kal. perm. wird durch Bitterwasser reichlich laxirt, Tabak, Spirituosen etc. verboten, täglich einmal der Catheter
angewandt. Am 5. Tage nur noch minimalstes Exsudat, keine Beschwerden
mehr, Flüsterzahlen (54, 26, 75) und Worte (Bismarck, Frankfurt, Friedrich)
werden auf 4 Mtr. Entfernung gehört, die Luftleitung überwiegt wieder die
Knochenleitung.

Da Patient sich nunmehr in seinem Berufe nicht weiter stören lassen
wollte, wurden einige Dampfbäder verabreicht. Am 4. April zeigte das
Trommelfell bereits wieder einigen Glanz in der Gegend des Lichtreflexes,
doch bestand noch geringes dumpfes Gefühl im Ohr, sogar noch etwas Exsudat, da Patient dem gewohnten Biergenuss nicht mehr entsagt hatte. Aus
äusseren Rücksichten sah ich mich veranlasst, die weitere Behandlung dem
Pat. selbst zu überlassen, und erhielt er „Tinct. Jodi pur. D. S. Zum Pinseln"
auf Warzenfortsatz und hinter dem Ohr und „Ichthyolglycerin 1,0/15,0. D. S.
Erwärmt ins Ohr." Sobald das Jod seine Schuldigkeit gethan haben würde,
sollte für 2 Tage ausgesetzt werden; daneben blieben die Gurgelungen und
täglich Morgens ½ Liter Bitterwasser.

Am 13. April wollte sich Patient — das Pinseln mit Jodtinctur war
bereits vor 3 Tagen eingestellt — wie gewöhnlich von seiner Gattin das Ichthyolglycerin einträufeln lassen, und hierbei kam der unglückliche Missgriff
vor, dass statt des Ichthyolglycerins Tinct. Jodi pur. ins Ohr gegossen wurde.
Nach 6 Minuten empfand Pat. ein Brennen im Ohr, das urplötzlich und
stark einsetzte und den Pat. veranlasste, nach dem Ohr zu fassen, das
Fläschchen in Augenschein zu nehmen und, nachdem der Unfall bemerkt
war, den Inhalt des Gehörganges durch Umlegen des Kopfes herauslaufen zu

lassen und Hülfe zu suchen. Obwohl Pat. nur wenige Häuser entfernt wohnte, waren die Schmerzen innerhalb der nächsten 5 Minuten so rasende geworden, dass Pat. „schreien möchte". Die Augen thränten, die Conjunctiva bulbi links war stark injicirt, urplötzlich war äusserst heftiger Schnupfen linkerseits aufgetreten. Die ganze linke Gesichtshälfte schmerzte bis zum Hals herunter, der Kopf war „ganz wüst"; Zahnweh bestand nicht, ebensowenig eine Veränderung der Mund- und Rachenschleimhaut. Der ganze Gehörgang und das Trommelfell waren intensiv gelb gefärbt; sofort bespülte ich vorsichtig mit warmem Wasser, und lief dasselbe Anfangs stark gefärbt ab, wohl ein Beweis dafür, dass sich noch Reste von Jodtinctur im Sinus meatus auditorii befanden. Das darauf folgende Austrocknen des Gehörganges war durchaus nicht schmerzhaft.

Die eben geschilderten, äusserst heftigen und lästigen Erscheinungen verschwanden nach ca. einstündiger Dauer vollständig. Nach weiteren 3 Stunden fand ich im Ohr alles unverändert, dagegen wurde der geringste Druck auf den Tragus und jede Verschiebung der Ohrmuschel sehr schmerzhaft empfunden, während beim Kauen und bei fest zusammengebissenen Zähnen keine Schmerzen bestanden. Die Hörfähigkeit war gegen den letzten Befund — Flüsterworte 4 Mtr. — unverändert.

Am folgenden Morgen, also 24 Stunden nach der Verbrennung, waren alle Beschwerden geschwunden, der Kopf vollständig frei, der Gehörgang auf Druck nicht mehr schmerzhaft, dagegen bei directer Berührung, doch nur in den lateralsten Theilen. Hier war auch die Jodwirkung deutlich erkennbar, die Epidermis ging lose in Fetzen herum, wogegen an den tieferen Theilen und dem Trommelfell selbst weder eine Röthung oder Entzündung, noch Excoriation oder Blasenbildung wahrzunehmen war. Pat. war vollständig ohne Beschwerden und sehr mobil. Die Anwendung des Catheters — wegen des bisher noch vorhanden gewesenen Exsudates im Mittelohr — war ohne jede Schmerzempfindung, das Exsudat in derselben minimalen Menge wie vorher vorhanden, die Hörfähigkeit für Flüsterworte 4 Mtr.

Am 16. April, also am beginnenden 4. Tage nach dem Unfall, fand ich den knorpeligen Gehörgang sich häutend, das Trommelfell unverändert.

Des weiteren heilte auch der vorher schon bestandene Mittelohrkatarrh aus, und konnte Pat. im Mai als geheilt entlassen werden mit einer Hörfähigkeit von 5 Mtr. für Flüsterworte — bei Tagesgeräusch an lebhafter Strasse — was nach meinen Erfahrungen der Norm entspricht, und ist auch des weiteren keine Aenderung eingetreten.

Wunderbar ist bei dem Verlauf jedenfalls, dass die lateralen Theile des Gehörganges, die doch allen möglichen Insulten stand halten, ohne darunter zu leiden, auf die Jodapplication sofort und so stark reagirten, während das Trommelfell unbeeinflusst blieb, obwohl es an und für sich schon auf recht geringe Ursachen, wie Eindringen kalten Wassers in den Gehörgang, oft sehr heftig reagirt. Dass in unserem Falle das Trommelfell ohne jede reactive Injection zum mindesten geblieben ist, nehme ich auch nicht an, vielmehr hat sich dieselbe wohl Anfangs unter der intensiven Jodfärbung verborgen und ist andererseits doch wieder so gering gewesen, dass am nächsten Tage nichts mehr davon zu merken war, denn die Rhinitis und der Thränenfluss im Anfang, sowie die ersten intensiven Schmerzen sind doch nur zu erklären durch die Jodwirkung auf die Nerven des Trommelfelles und der Ausbreitung des Reizes auf den Quintus selbst. Jedenfalls ist eine Entzündung des Trommelfelles, die als ganz

selbstverständlich in der heftigsten Weise auftretend zugleich mit
vermehrter Exsudation im Mittelohr von vornherein erwartet
werden musste, ausgeblieben, was um so wunderbarer erscheint,
als das Trommelfell sich infolge des noch bestehenden Mittelohrkatarrhs in gereiztem Zustande befand.   In der mir zugänglichen Literatur babe ich keinen dem meinigen ähnlichen Fall
eruiren können.

(Aus dem k. u. k. Garnisons-Spital Nr. 1 in Wien.)

XX.

Die „idiopathische" Perichondritis der Ohrmuschel und das „spontane" Othämatom.

Von

Dr. Carl Biehl,
Chef der Ohrenabtheilung.

(Mit 4 Abbildungen.)

Wenn schon die Mittheilungen über das Othämatom, sei es nun auf traumatischer Basis oder spontan entstanden, nicht allzu reichliche sind, so kann man die bisher veröffentlichten Krankheitsfälle einer ohne nachweisbaren Ursache entstandenen — primären oder idiopathischen Perichondritis der Ohrmuschel geradezu als spärlich benennen. Dieser Umstand lässt zumal in der heutigen mittheilsamen Zeit wiederum eine berechtigte Schlussfolgerung zu über die Häufigkeit, resp. Seltenheit dieses Leidens. Habermann[1]) nennt die Perichondritis der Ohrmuschel „eine nur selten beobachtete Krankheit". Kirchner[2]) sagt über dieselbe: „Die Entzündung der Knorpelhaut der Ohrmuschel wird selten beobachtet, seltener noch als das Othämatom, mit dem es manche Erscheinungen gemeinsam hat, die eine Verwechslung beider Krankheiten zulassen können". Auch in den einzelnen Lehrbüchern der Ohrenheilkunde wird die Knorpelhautentzündung der Ohrmuschel entweder überhaupt gar nicht — z. B. auch bei Tröltsch — in einzelnen wiederum — Jacobson — nur im kleingedruckten, also dem für den praktischen Arzt minder wichtigen Theile erwähnt, aber auch hier deren seltenes Vorkommen betont.

Hiermit steht allerdings die Aeusserung Fischenich's[3]) im

1) Patholog. Anatomie d. Ohres: Handbuch von Schwartze. Bd. I.
2) Die Krankheiten der Ohrmuschel und des äusseren Gehörganges. Ebenda.
3) Ueber das Hämatom u. die primäre Perichondritis der Nasenscheidewand. Archiv für Laryngologie. Bd. II.

Widersprüche: „Auch an der Ohrmuschel kommt bekanntlich
eine seröse Perichondritis vor, die nicht so selten beobachtet
worden ist". Welche Erfahrung ihn jedoch zu dieser Aeusserung
berechtigt, giebt er nicht bekannt. Solange also diese Worte
nicht durch Beweise erhärtet sind, gelten sie nicht.

Die Entzündung der Knorpelhaut der Ohrmuschel kann entweder fortgeleitet sein von entzündlichen Processen in der Nachbarschaft oder primär als solche entstehen. Sie wird demnach, und
zwar meist im Anschlusse an Entzündungen (Furunkel) des äusseren
Gehörganges oder Mittelohreiterung zur Entwicklung kommen.
Primär, ohne auf ein Trauma zurückzuführen ist, die Perichondritis der Ohrmuschel bisher selten beobachtet worden. Chimani
beschrieb im Jahre 1867 [1]) einen solchen Fall und wird Anamnese
und Befund desselben hier wörtlich wiedergegeben, da dieselben
mit dem später von mir beschriebenen in vieler Beziehung sich
decken, in Manchem abweichen.

W. M., 23 Jahre alt, Infant. des k. u. k. 64. Infant.-Reg., wurde plötzlich von Hitzegefühl und flüchtigen, leicht stechenden Schmerzen in der
linken Ohrmuschel befallen, zugleich bemerkte er eine Anschwellung der concaven Fläche derselben, welch' letztere innerhalb 48 Stunden so bedeutend
zunahm, dass die Abgabe des Kranken in das Spital erfolgte. Bei der Aufnahme daselbst — etwa am 4. Tage der Erkrankung — fand man die linke
Ohrmuschel zu einer unförmlichen Masse angeschwollen, die Furchen und
Vertiefungen ihrer concaven Seite ganz ausgeglichen und das Lumen der
äusseren Ohröffnung durch einen sich in der Form eines stumpfen Zapfen in
dieselbe erstreckenden Theiles der Geschwulst obliterirt; das Ohrläppchen
war normal.

Die Haut über der Geschwulst war mässig geröthet, die Temperatur
kaum merklich erhöht, die Geschwulst teigig anzufühlen und selbst bei
stärkerem Drucke nur in geringem Grade schmerzhaft, das Hörvermögen auf
dieser Seite gänzlich aufgehoben.

Wenngleich auch seither — Chimani's Beobachtung stammt
aus dem Jahre 1867 — sicherlich der eine oder andere hierher
gehörige Krankheitsfall beobachtet wurde, in der otiatrischen
Literatur fand ich, soweit mir dieselbe zugänglich war, trotz langem
Suchen keinen mehr beschrieben, nur immer wieder „Chimani"
citirt. Dies sowohl wie auch die Erwägung, dass Nasenscheidewand und Ohrmuschel manches Capitel der pathologischen Anatomie gemein haben, und gerade das ebenso selten beobachtete
Hämatom und die Perichondritis [2]) der Nasenscheidewand gerade
erst vor Kurzem wieder etwas eingehender erörtert wurde, veranlassten mich, zwei von mir in letzterer Zeit beobachtete hierher
gehörige Fälle mitzutheilen.

1) Chimani:
2) Archiv f. Laryngologie. Bd. II.

Infant. O. des k. u. k. Infant.-Reg. Nr. 64, bisher immer ohrengesund, merkte seit 20. December vorigen Jahres eine langsam zunehmende Schwellung der linken Ohrmuschel, ohne hierfür irgend einen Grund angeben zu können, namentlich erinnerte er sich an keinen Schlag, Stoss oder Fall, also an keine Verletzung, durch welche dieses Ohr berührt worden wäre. Er merkte Anfangs wohl die zunehmende Schwellung, welche auch von seinem Kameraden wahrgenommen wurde, hatte jedoch nie über ein Hitzegefühl oder auch nur den geringsten Schmerz zu klagen. Am 23. December wurde die Geschwulst plötzlich grösser, und hatte ein leicht stechende Schmerzen. Tags darauf wurde dieselbe eröffnet, und habe sich „reines Serum, kein Eiter" entleert; sodann wurde der Mann ins Spital abgegeben.

Bei seiner Aufnahme am 24. December bot er nun folgenden Befund: Linkes Ohr weit abstehend, besonders in den unteren Partien. Die Concha der linken Ohrmuschel erfüllt von einer fast nussgrossen Geschwulst; das Lumen des äusseren Gehörganges ist dadurch vollständig verschlossen und daher ein Einblick in die Tiefe nicht möglich. Durch Untersuchung mit der mit Watte armirten Sonde erscheint jedoch eine wesentliche namentlich eitrige Erkrankung des Gehörganges sowohl wie des mittleren Ohres ausgeschlossen. In der Mitte der Oberfläche dieser Geschwulst eine ca. 6 Mm. lange, horizontal verlaufende Incisionswunde, aus welcher bei Druck röthlich gefärbtes, zähflüssiges Serum untermischt mit wenigen Eiterflocken abfliesst. Geht man durch die Incisionsöffnung mit der Sonde ein, so fühlt man entsprechend der ganzen Geschwulst deutlich den bloss liegenden glatten Knorpel; hier und da gleitet die Sondenspitze über anscheinend kleine Rauhigkeiten.

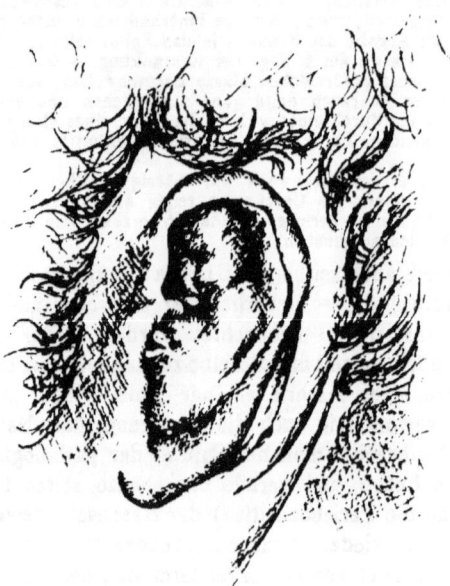

Fig. 1.

Die Ohrmuschel zeigt sonst an der Vorderfläche sehr scharf alle ihre Einzelheiten, und ist nirgends eine Schwellung zu bemerken; die Hinterfläche stark geschwollen, namentlich in den unteren Partien; Läppchen frei. (Siehe

Fig. 2.

Fig. 1 u. 2.) Bei Berührung, namentlich beim Andrücken der Ohrmuschel an den Kopf, äusserte Patient grossen Schmerz.

Aus dem Decursus dieser Erkrankung ist weiters zu entnehmen: Die Schwellung nahm in den ersten Tagen zu, und wurde auch die Eiterung äusserst profus. Um genügenden Abfluss für den reichlichen Eiter zu haben, wurde eine Gegenincision gemacht. Eine gleichzeitig vorgenommene Sonderuntersuchung ergab deutlichen Zerfall des Knorpels. Die Conturen der Vorderfläche blieben dabei immer sehr scharf, die Geschwulst selbst wurde nicht grösser und hob sich gegen die Umgebung deutlich ab. Die anfänglich mit Airolgaze sorgfältig vorgenommene Tamponade wurde nach 7 Tagen unterlassen und nur die beiden Incisionsöffnungen durch leicht eingeführte, sterile Pfropfen entfetteter Watte offen erhalten. Die Eiterung hörte allmählich auf, und wurde die Secretion wieder blutig serös. Ebenso haben auch die Schwellung an der Hinterseite und die Schmerzen bei Berührung bedeutend nachgelassen.

Am 20. Januar waren die Incisionsöffnungen geschlossen, und blieb nur mehr eine ziemlich derbe, fast nussgrosse Geschwulst, sich streng begrenzend auf die Concha, zurück; dieselbe wurde nun täglich massirt, und zwar in der Richtung gegen den Gehörgang. Eine Verkrüppelung derselben trat nicht auf, und wurde der Mann am 10. Februar als diensttauglich zu seiner Compagnie einrückend gemacht.

Ohne eine Ursache finden zu können, entwickelte sich also allmählich im Laufe von 4 Tagen ohne anfänglich vehemente Schmerzen eine Geschwulst der Ohrmuschel, aus deren Inhalte bei der Incision sich ein leicht röthlich gefärbter, Synovia ähnlicher Inhalt ergiebt. Die bei der Aufnahme constatirte geringe Eiterung ist secundärer Natur; dieselbe ist ja auf so günstigem Nährboden nur zu leicht möglich.

Das Perichondrium erscheint, entsprechend der ganzen Geschwulst, abgelöst. Der Knorpel selbst zeigt anfänglich bei Sondenuntersuchung einzelne Rauhigkeiten, und war späterhin im Bereiche der Geschwulst fast vollständig zerfallen.

Die „Duplicität der Fälle" schien auch diesmal nicht im Stiche zu lassen, indem wenige Tage später ein Mann ins Spital aufgenommen wurde, welcher am Ohre eine Geschwulst von gleicher Grösse und an der gleichen Stelle aufwies, wie der vorgenannte (s. Fig. 3 u. 4). Dieselbe sei von selbst schon vor einigen

Tagen und angeblich in der Kälte entstanden, verursache nur leichtes Ziehen in der Ohrmuschel, sonst keine Schmerzen. Die Untersuchung ergab eine kleine nussgrosse Geschwulst, streng

Fig. 3.

beschränkt auf die Concha der linken Ohrmuschel. Die bedeckende Cutis in ihrer Färbung nicht verändert, mässig prall gespannt, bei Berührung und Druck nur in geringem Grade schmerzhaft. Die vorgenommene Probepunction ergab jedoch einen himbeerähnlich gefärbten, blutigen Inhalt. Unter anfänglichem Druckverbande und späterer Massage[1]) verschwanden alle Erscheinungen in kürzester Zeit.

Die „Duplicität der Fälle" war also diesmal doch nur scheinbar, indem es sich in diesem letzteren Falle um eine Ohrblutgeschwulst — Othämatom — handelt, welche allerdings fast unter denselben Erscheinungen und genau am selben Orte entstanden ist, wie die früher erwähnte Geschwulst.

Was nun die Aetiologie beider Fälle anbelangt, so ist diese auch hier nicht ganz klar, nur zu vermuthen. Die Untersuchungen Virchow's[2]), Parreidt's[3]) und Pollak's[4]) haben ergeben,

---

1) Zur Behandlung der Ohrblutgeschwulst. Dieses Archiv. Bd. XVI.
2) Die krankhaften Geschwülste. Bd. I. 1863.
3) De Chondromalacia, praecipua causa othaematomatis. Dissert. Halle 1864.
4) Beitrag zur pathologischen Histologie des Ohrknorpels. Dieses Archiv. Bd. VII. 1879.

dass der Ohrknorpel häufig von Erweichungsprocessen heimgesucht wird, welche zu Zerklüftung und Cystenbildung mit serös-
schleimigem Inhalt Veranlassung geben. Brown-Sequard[1])
beobachtete nach Durchschnei-
dung eines Corpus restiforme regelmässig subcutane Blutaustritte und
selbst Gangrän der Ohrmuschel.
Dass also vasomotorische Störungen
bei degenerativen Processen an der
Ohrmuschel von grossem Einflusse
sein können, muss zugegeben
werden. Dies ist, so glaube ich,
auch in den beiden hier beschriebenen Fällen die einzige, plausible
Möglichkeit der Entstehung. Ein
Trauma ist in keinem der beiden
Fälle vorangegangen; irgend ein
entzündlicher Process im äusseren
Gehörgange oder Mittelohre oder
sonst in der Nachbarschaft war
ebenfalls nicht nachzuweisen.
Während der ersterwähnte Kranke
gar keine Anhaltspunkte über
die Entstehung der Ohrgeschwulst

Fig. 3 b.   anzugeben weiss, ein Trauma mit
aller Bestimmtheit negirt — er stand auf sehr niedriger Stufe
geistiger Entwicklung — beschuldigt der zweite die Kälte.

Der Verlauf war in beiden Fällen äusserst rasch und günstig,
günstig auch in sofern, als keine Verkrüppelung oder Verkümme-
rung der Ohrmuschel eingetreten ist.

1) Bullet. de l'Acad. d. Méd. Bd. XXXIV.

XXI

Ein objectives Tonmaass.

Von

Dr. Rudolf Paasse
(Dresden).

(Mit 2 Abbildungen)

In meiner Arbeit [1]), „Die Schwerhörigkeit durch Starrheit der Paukenfenster", habe ich vorgeschlagen, die Hörfähigkeit objectiv durch die Amplitude einer schwingenden Stimmgabel auszudrücken, die auf einem Schema einer von der Stimmgabel aufgeschriebenen Curve für jede Secunde abgelesen werden könne. In Dresden auf dem Otologentage demonstrirte nun Bezold Curven aus Edelmann's Institut, welche, auf gleiche Abscissenlänge gebracht, die wunderbare Uebereinstimmung der Curven von abklingenden Stimmgabeln verschiedener Höhe zeigten.

Meine Frage, ob für die verschiedenen Stimmgabeln dieselbe Amplitude dem Zeitpunkte entspräche, wo der Ton für das menschliche Ohr unhörbar wird, konnte damals nicht beantwortet werden.

Ich habe nun, allerdings mit sehr einfachen Mitteln, der Lösung der Frage näher zu treten versucht und bediente mich dabei folgender Anordnung.

Auf einem horizontalen Brett a von 40 Cm. Länge ist ein starkes verticales b von 2,5 Cm. Dicke und 15 Cm. Höhe aufgeschraubt. An diesem ist ein Schraubstock in horizontaler Lage fest angebracht. In ihm wird das Griffende der zu prüfenden Stimmgabel eingeschraubt, gegen Zerkratzen durch einige Papierlagen geschützt. Das nach den Zinken stehende Griffende ist durch eine kleine Säule c mit einer Mulde in einem Holzprisma oben gestützt. An dem Ende der einen Zinke ist die 15 Cm. lange Rippe einer Gänsefeder angebracht, entweder durch den Schlauch, der bei meiner Appun'schen Stimmgabel die Ober-

---

[1]) Jena, Gustav Fischer.

töne ausschaltet, oder bei anderen Gabeln durch zahlreiche Um-
wicklungen mit Gummischnur festgehalten. Zur besseren Lager-
ung ist auf der dem Metall anliegenden Seite der Federrippe
Siegellack breit gedrückt.

Fig. 1.

Auf einem Filtrirstatif ist ein Doppelhörrohr angebracht, von
dem 2 Schläuche in die Gehörgänge des Untersuchers gesteckt
werden, der dritte möglichst nahe an die Stimmgabel gebracht
wird. Durch die gleichbleibende Lichtung dieser Schläuche
wurden Zufälligkeiten, die von Reflexion der Schallwellen oder
von der Breite der Zinken abhängen, vermieden. Ein Trichter
würde bei verschiedener Breite der Zinken verschiedene Mengen
von Schallstrahlen sammeln und die Amplitude der Schwingungen
an seinem schmalen Ende dadurch verschieden vergrössern. Ich
habe deshalb einen Schlauch mit 7 Mm. Lichtung genommen,
da die Zinken aller untersuchten Gabeln breiter waren, und so
aus allen ein gleicher Ausschnitt gewissermaassen genommen
wurde.

Geringe Unterschiede im Abstande des Schlauches von der
Stimmgabel halte ich für beinahe unwesentlich, da die Schallwellen von der Breitseite der Zinken nahezu parallel ausgehen:
auf der Kante ist fast kein Ton zu hören. Die Federrippe vergrössert die Schwingungen der Gabel, so dass sich ihre Amplituden zu denen an der Stelle des Hörschlauches so verhalten wie

die Länge der Stimmgabel plus Federrippe zu der Zinkenlänge von der Biegung bis zu der Stelle des Hörschlauches.

Die Schwingungen der höheren Gabeln las ich auf einem Objectivmikrometer meines Zeis'schen-Mikroskopes ab, nachdem ich das Federende so gestellt, dass es zugleich mit dem Maassstab sichtbar war. Die schwingende Federspitze beschreibt eine halbdurchsichtige wie nebelige Fläche (Fig. 2), deren Grenzlinien bei

Fig. 2.

sich verringernder Amplitude immer deutlicher werden, und die immer undurchsichtiger wird. Die grossen Amplituden der tiefsten Gabeln las ich einfach an einem Maassstab ab, der an die Fläche des schwingenden Federendes nahe herangerückt wurde.

Die Stimmgabeln wurden durch Zusammendrücken der Zinken mittels Daumen und Zeigefinger in Schwingung versetzt, und die Amplitude wurde notirt, bei welcher der Ton für mich unhörbar wurde.

Der Hauptfehler, der sich auch nicht durch verbesserte Apparate beheben lässt, besteht in der Schwierigkeit, einen bestimmten Zeitpunkt für das Unhörbarwerden anzugeben, da der Ton allmählich erlischt. Dieser Fehler wird sich durch eine grosse Menge von Beobachtungen, aus denen der Durchschnitt gezogen wird, wesentlich verringern, so dass ich eine für unsere praktischen Zwecke hinreichende Genauigkeit für erreichbar halte.

Mir standen, als für diese Versuche geeignet, 8 Stimmgabeln zur Verfügung: 3 von Edelmann, die mir College Haenel in liebenswürdiger Weise lieh, mit 16, 32, 64 Schwingungen, 4 von Appun, 2 Drahtgabeln mit 16 und 32 Schwingungen und 2 Stahlgabeln von 64 und 128, und die kleine blaue C-Stimmgabel von Lucae-Koenig mit 128 Schwingungen.

Bei höheren Tönen und kleineren Amplituden würde die Beobachtung unter dem Mikroskop zu schwierig, die Fehlerquellen noch grösser sein, da jede Erschütterung des Hauses durch vorbeifahrende Wagen und jeder Schritt in Nachbarräumen schon kleine Bewegungen des Federendes verursachte.

Die Amplitude des Federendes, bei der die Tonwahrnehmung für mich aufhörte, ist in Millimetern auf der Tabelle bemerkt. Ich glaube allerdings, dass man bei gleichzeitiger Beobachtung des Mikroskopes oder Maasses und seines Gehöres noch eher Täuschungen unterliegt, als wenn man den Zeitpunkt des Erlöschens des Tones von einem Anderen angeben lässt, der seine Aufmerksamkeit nur darauf zu richten hat. Das würde sich für Nachprüfungsversuche, welche hoffentlich bald angestellt werden, empfehlen.

Edelmann:			Appun:			König:	
16	32	64	16	32	64	128	128
C_2	C_1	C	C_2	C_1	C	c	c
12	4	0,6	12×2	6	0,5	0,25	0,20
15	5	0,4	16	5	0,1	0,22	0,25
14	4	1,0	11	5	1,0	0,13	0,26
14	5	1,0	12	5	1,2	0,18	0,14
15	4	0,8	16	5	0,6	0,15	0,18
15	4	0,7	15	4	0,7	0,15	0,18
14	4,5	0,9	14	4	0,6	0,15	0,14
99:7	4,5	0,8	15	5	0,7	0,12	0,16
=14 Mm	5	0,8	13	5	6,3:8	0,10	0,16
	4,5	0,8	16	5	=8,0	0,22	0,18
	4,5	0,6	16	5		0,15	0,15
	50,0:12	0,6	16	1		0,18	0,18
	=4,17	0,5	15	5		0,12	0,14
		0,5	16	5		0,15	0,18
		0,6	17	5		0,16	0,20
		11,2:15	17	75:15		2,44:16	0,16
		=0,75	17	=5,2		=0,153	0,10
			257×2				0,12
			:17				0,15
			=15,1×2				0,15
			=30,2				0,15
							0,20
							3,78:22
							=0,17
							Mm.

Bei Edelmann's C_1 mit 16 Schwingungen waren also die Amplituden der Federspitze im Durchschnitt 14 Mm.

Der Abstand der Spitze vom Hörschlauch betrug 16½ Mm. Die Länge der Zinke von der Umbiegung bis zum Hörschlauch 40,4. Die Amplitude der Federspitze verhält sich, wenn man von den Ausbiegungen absieht, zu der der Zinke am Hörschlauch wie die Entfernung von der Biegung der Stimmgabel bis zum Federende zu der Länge der Zinke bis zum Schlauch,

$$\text{also } 14 : 56,9 = X : 40,4$$

$$\text{oder } X \text{ beträgt } \frac{40,4 \times 14}{56,9} = \text{etwa } 10 \text{ Mm.}$$

Bei 10 Mm. Amplitude verlosch der Ton für mich.

Bei dem **Appun**'schen C_2 mit 16 Schwingungen sind dieselben Zahlen:

$$30,2 : 367,5 = X : 20,$$

also die Amplitude der Zinke, bei der der Ton für mich aufhört

$$\frac{20 \times 30,5}{367,5} = 16,4 \text{ Mm.}$$

Hierbei wurde der eigentliche Ton sehr durch das eigenthümliche Flattern der runden Messingscheiben verdeckt und erlosch früh.

Für **Edelmann**'s 31,2 Cm. langes C_1 mit 32 Schwingungen lautet die Gleichung:

$$4,7 : 472 = X : 31,2 \text{ oder}$$

$$X = \frac{31,2 \times 4,7}{472} = 2,75 \text{ Mm.}$$

ist die Amplitude, wo der Ton für mich unhörbar wird.

Appun's 145 Mm. langes C_1 mit 32 Schwingungen ergab

$$5,2 : 31,25 = X : 14,5 \text{ oder}$$

$$X = \frac{5,2 \times 14,5}{31,25} = 2,4 \text{ Mm.}$$

C mit 61 Schwingungen.

Bei **Edelmann**'s Instrument, dessen Zinke bis zum Schlauch 21,50 betrug, erhielt ich:

$$0,75 : 350 = X : 21,5$$

also $\dfrac{0,75 \times 21,5}{35} = 0,4$ Mm.

Die Gabel von **Appun** gab bei einer Zinkenlänge von 29 Cm. bis zum Schlauch die Werthe:

$$0,8 : 460 = X : 290.$$

$$X = \frac{29 \times 0,8}{46} = 0,504 \text{ Mm.}$$

C mit 128 Schwingungen stand mir nur von **Appun** und **König** zur Verfügung. Seine Zinkenlänge betrug bis zum Schlauch 180 Mm. Die Federlänge bis zum Schlauch 18 Mm. Die Excursion der Federlänge 0,15 Mm.

$$0,15 : 36,5 = X : 18.$$

$$X = \frac{0,15 \times 18}{36,5} = 0,07 \text{ Mm.}$$

Das kleine **Lucae-König**'sche 9 Cm. lange c ergab die Gleichung: $0,17 : 26,5 = X : 9.$

$$X = \frac{0,17 \times 9}{26,5} = 0,054 \text{ Mm.}$$

Stellen wir die Zahlen nochmals zusammen, so verschwand
der Ton für mich bei den Stimmgabeln.

Edelmann's:

C_2 m. 16 bei 10 Mm.
C_1 m. 32 bei 2,75 Mm.
C m. 64 bei 0,4 Mm.

König-Lucae's:

c m. 128 bei 0,054 Mm.

Appun's:

C_2 m. 16 bei 16,5 Mm.
C_1 m. 32 bei 2,4 Mm.
C m. 64 bei 0,504 Mm.
c m. 128 bei 0,07 Mm.

Die Zahlen weichen nicht unerheblich von einander ab, was
bei den oben erwähnten Fehlerquellen kaum zu verwundern ist.

Eine Fehlerquelle, die Eigenbiegungen der wenn auch in
der Federfläche angebrachten Federrippe würde dadurch zu vermeiden sein, dass z. B. mit der von Bezold in Dresden gezeigten
Vorrichtung oder jeder anderen berussten Schreibtrommel die Amplituden der Stimmgabel direct auf eine Russplatte geschrieben
und die Stelle, wo der Ton verlöscht, bemerkt würden.

Sollte sich bei genaueren, mit besseren Vorrichtungen, als
mir zur Verfügung standen, angestellten Versuchen, die oben auf-
gestellten oder ähnliche Zahlen bestätigten und zwischen der Zahl
der Schwingungen in der Secunde und der zum Hören nöthigen
Weite der Schwingungen eine gewisse Gesetzmässigkeit heraus-
stellen, so wäre ein objectives Hörmaass gefunden. Auf
einer für jede Stimmgabel mit Secundentheilung aufgeschriebenen,
für hohe Töne vergrösserten oder nur berechneten Curve liesse
sich die Amplitude, bei der die Hörempfindung für den Normalen
erlischt, eintragen und rückwärts die vom Kranken gehörte Amplitude nach der Secundenzahl, die der Gesunde länger hört, ab-
lesen. Die bei ungleichen Zinken ungleiche Schallmenge ist
durch einen gleich weiten Schlauch auszugleichen, welcher stets
den gleichen Abstand von der Zinkenfläche hat.

XXII.

(Aus dem k. u. k. Garnisons-Spitale Nr. 1 in Wien.)

Die Beurtheilung ein- und beiderseitiger Taubheit.

Von

Dr. Carl Blehl,

Oberarzt, Vorstand der Ohrenabtheilung.

Ausser dem Militärarzte wird höchstens noch der Kassenarzt einer Versicherungs-Gesellschaft so häufig in die Lage kommen, die Angaben der Leute, welche, sei es dass sie irgend ein Trauma erlitten haben oder nicht, plötzlich taub geworden sein wollen, auf ihre Wahrheit zu prüfen und sodann ein oft folgenschweres Gutachten abzugeben. Dass es sowohl Pflicht als auch für den guten Namen des Arztes sehr nothwendig ist, bei solchen Untersuchungen und Gutachten äusserst genau vorzugeben, damit er nicht unrecht thut oder gar eine grobe Enttäuschung erlebt, braucht nicht erst betont zu werden.

Was nun das Trauma anbelangt, so ist es beim Militär wohl die Ohrfeige, welche in den meisten Fällen als solches zu eruiren ist. „Das Ohr ist auch leider nur zu häufig das Ziel, wohin nicht blos die leidenschaftlichen Ausbrüche des Zornes, sondern auch die mit Ueberlegung geplanten Züchtigungen ihren Angriff richten. Wir finden daher hier an der linken Seite häufiger als an der rechten die Zeichen der vorausgegangenen Insulte."[1] Die schädlichen Wirkungen dieser Insulte können sich durch directe oder indirecte Fortpflanzung der Gewalt auf alle Theile sowohl des äusseren, des mittleren, als auch des inneren Ohres in mannigfacher Weise geltend machen. Den objectiven Befund zu constatiren, zumal wenn nur das äussere, in den allermeisten Fällen, wenn auch das Mittelohr getroffen ist, bietet keine grossen Schwierigkeiten. Schwieriger jedoch gestaltet sich die Diagnose schon bei jenen Verletzungen, welche auch das innere Ohr in

---

1) Kirchner: Handbuch von Schwartze. Bd. II. S. 5.

Mitleidenschaft gezogen haben, und zwar besonders dann, wenn
schon geraume Zeit seither verstrichen ist, und die eventuell zu
constatirenden, auf eine Affection des inneren Ohres hinweisenden
Symptome, wie Bewusstlosigkeit, Schwindel, Erbrechen, wieder
geschwunden sind. Die zurückgebliebene ein- oder beiderseitige
Schwerhörigkeit oder gar Taubheit nachzuweisen, ist schon deshalb immer schwieriger, da es ja hierfür keine objective Unter-
suchungsmethode giebt, und man auf die Angaben und den guten
oder bösen Willen der zu Untersuchenden angewiesen ist. Dass
daher oftmals sehr unvollkommene Resultate zu erzielen sind,
sei es infolge einer unüberwindlichen Indolenz und Unfähigkeit,
sei es aus Mangel an gutem Willen von Seiten des auf seine Angaben zu Prüfenden — letzteres wird dem Militärarzte wohl am
häufigsten vorkommen —, darf einem also nicht Wunder nehmen.

Wird einseitige Taubheit simulirt, so ist dies oft nicht schwer
nachzuweisen, und sind hierfür mannigfache Verfahren angegeben.
Moos[1]), Schwartze[2]), Goggin[3]), Müller[4]), Teuber[5]),
Gellé[6]), Gruber[7]) u. a. m. haben derartige Entlarvungsver-
suche bekannt gemacht. Am Moskauer Congresse ist neuerdings ein „Apparat zur Untersuchung auf simulirte einseitige
Taubheit" von Herrn Stabsarzt Dr. Kalcic demonstrirt worden.[8])
Es ist dies ein transportables Handtelephon, welches seinem
Zwecke vollkommen entsprechen kann, wenn beide Untersucher
gegenseitig, als auch auf den Apparat geschult sind. Hier sowohl wie bei den früher angeführten Versuchen besteht der Witz
der Entlarvung darin, dass durch gleichzeitig gesprochene Worte
sowohl in das gesunde wie in das angeblich taube Ohr der
Simulant derart ermüdet und schliesslich verwirrt wird, dass er
beschämend den Schwindel zugestehen muss. Um dies aber
auch in jedem Falle zu erreichen, müssen beide Sprecher möglichst ähnliche Stimmen haben, gleichzeitig im Tacte und gleich-
stark sprechen. Aehnliche Stimmen sind deshalb erforderlich,

---

1) Ein einfaches Verfahren zur Diagnose einseitig simulirter Taubheit.
A. f. A. u. O. Bd. I.
2) Die chirurgischen Krankheiten des Ohres.
3) Eine neue Prüfungsmethode auf simulirte einseitige Taubheit. Z. f. O.
Bd. VIII.
4) Berliner klin. Wochenschrift. 1869. Nr. 15.
5) Ebenda. Nr. 9.
6) Gaz. méd. de Paris 1877. Nr. 8.
7) Zur Hörprüfung. M. f. O. 1885. Nr. 2.
8) Wiener med. Wochenschrift. Nr. 42. 1897.

weil sich der angeblich Taube nur zu leicht den Stimmenklang des in das angeblich taube Ohr Sprechenden merken kann, und es ihm so leicht möglich ist, dieses Ohr auszuschalten, ihn zu überhören.

Bei den unzähligen und manchmal recht mühevollen Hörprüfungen auf der hiesigen Ohrenabtheilung kam ich nun in solchen Fällen auf einen kleinen, ich glaube, Vortheil, welcher sich mir bis jetzt fast immer bewährte und nur selten im Stiche liess. Der Vortheil der Einfachheit und Billigkeit zu mindest lässt sich nicht leugnen. Aufmerksam auf diese Methode machte mich Herr Stabsarzt Dr. Spiegel, welcher oftmals meinen Hörprüfungen beiwohnte und manchmal mein vergebliches Bemühen, einen offenbaren Schwindler zu ertappen, mit ansah. Der Vorgang ist folgender:

Zuerst wird die Hörschärfe des gesunden Ohres geprüft. Sodann steckt man, ohne dass es der Untersuchte wahrnimmt, ähnlich einem Ohrtrichter ein ca. 2 Cm. langes Stück eines Kautschukschlauches, dessen Weite entsprechen muss der des äusseren Gehörganges, möglichst tief in diesen, und zwar auf der gesunden Seite. Der Untersucher verdeckt nun mit der einen Hand die Augen des zu Untersuchenden, mit einer Fingerkuppe der anderen Hand spielt er mit dem freien Ende des Kautschukschlauches, und zwar derart, dass während der nun vorzunehmenden Hörprüfung das Lumen desselben bald geöffnet, bald geschlossen ist. Die Flüsterzahlen oder -Worte werden von einer beliebigen anderen Person gesprochen, welche, besonders wenn es sich um angebliche Schwerhörigkeit handelt, oftmals und unmerklich[1]) die Entfernung vom angeblich kranken Ohre wechselt. Der Kautschukschlauch erzeugt das Gefühl des vollkommenen Verschlusses[2]); spielt die Fingerkuppe geschickt, und hierzu bedarf es keiner Kunst, so ist es selbst sehr vorsichtigen Leuten unmöglich, ihre angebliche Schwerhörigkeit oder gar Taubheit beizubehalten. Die Simulation der letzteren ist erwiesen, wenn am angeblich tauben Ohre bei offenem Kautschukschlauche nichts gehört wird. Wie erwähnt, hat mich diese Art der Untersuchung noch selten im Stiche gelassen; den Vortheil der Einfachheit hat sie sicherlich.

---

1) Durch Gummisohlen oder einfacher durch Galoschen ist dies leicht zu erreichen.

2) Der Kautschukschlauch muss eng passen und kann zu diesem Zwecke auch eingefettet werden.

Bedeutend schwieriger ist jedoch der Nachweis simulirter bilateraler Taubheit. Hier lässt einen oft angewandte Güte oder Strenge im Stiche und hilft nur List; doch auch diese führt häufig genug nicht zum Ziele. Zeigt der angeblich Taube einen festen Willen, so ist jedes Bemühen ausgeschlossen. In derartigen Fällen ist es dann sicherlich vortheilhafter und zugleich weniger verantwortlich, wenn der Mann vom Militärdienste zeitlich befreit wird, jedoch im Civile unter Controle bleibt. So kann es eben dann wiederum nicht vorkommen, dass Jemand als Simulant grosser Schwerhörigkeit oder Taubheit erklärt und verurtheilt wird, welcher in der That, wenn auch auf nicht allzu häufige Weise, sein Gehör verloren hat. „Unrecht thun, thut weh", sagt ja ein altes Sprichwort.

Bekannte Thatsache ist, dass directe Schädeltraumen, selbst wenn keine Verletzungen des knöchernen Gerüstes, auch keine der umgebenden Weichtheile nachzuweisen sind, alle Grade der Gehörstörungen bis zur vollständigen Taubheit verursachen können. Für jene Fälle nun, für welche eine Labyrinthblutung als anatomische Grundlage hierfür anzunehmen ist, hat man auch eine vollauf befriedigende Erklärung, nicht so aber für die reinen Commotionen des Labyrinthes ohne anatomische Läsion. Dass letztere, ähnlich der Commotio cerebri, vorkommen, ist nicht von der Hand zu weisen. „Die Unterscheidungsmerkmale zwischen Blutung und einer Commotion sind in vieler Hinsicht anfechtbar. Plausibel wäre die Diagnose der Blutung am ehesten dort, wo es sich nicht um eine gleichmässige Perception, sondern um beschränkte Ausfallserscheinungen handelt." Gleichgewichtsstörungen, besonders aber lang anhaltender Schwindel machen die Annahme einer Blutung sehr wahrscheinlich.

Während also die Labyrinthblutung nachzuweisende anatomische Läsionen hinterlässt, werden bei der Commotion „moleculare Veränderungen der nervösen Formbestandtheile" [2] oder „plötzliche Lageveränderungen des Nervenendapparates infolge der Erschütterung der Labyrinthflüssigkeit" [3] angenommen. Welche von den beiden Anschauungen Berechtigung hat, werden künftige Untersuchungen zeigen. Bei der Labyrinthblutung ganz sicher, wahrscheinlich auch bei der reinen Commotion sind materielle Veränderungen die Ur-

1) Brieger: Klinische Beiträge zur Ohrenheilkunde, Wiesbaden.
2) Schwartze: Die chirurg. Krankheiten des Ohres.
3) Politzer: Lehrbuch. II. Aufl.

sache der Gehörstörung; es müssen aber auch als Folgezustände
directer Schädeltraumen ohne nachzuweisende grobe Verletzung
rein functionelle Störungen, als Theilerscheinung der traumatischen
Neurose, angenommen werden. Bis in die neueste Zeit findet
man über diesen Gegenstand [sowohl in den Lehrbüchern der
Neuropathologie wie der Otologie entweder gar nichts oder nur
ganz kurze Andeutungen. Erst Gradenigo[1]) und Brieger (l. c.)
bringen ausführlichere Arbeiten hierüber; namentlich behandelt
ersterer eingehend denselben, und findet man daselbst auch die
ganze diesbezügliche Literatur angegeben. Er sammelte alle
hierher gehörigen, bisher bekannten Beobachtungen und fand,
„dass unter 73 Fällen von männlicher oder weiblicher Hysterie
oder von Hystero-Traumatismus bei 32 (43,8 Proc.) Störungen
der Gehörsensibilität angegeben werden."

Die auf Traumen folgenden Taubheiten, welche keine materiellen Veränderungen, Labyrinthblutung oder Commotion, als
Ursache haben, kann man nach Gradenigo in 2 Abtheilungen
unterbringen:

a) diejenigen, welche, wie bei Hysterie, eines der Symptome
der sensitiv-sensoriellen Anästhesie ausmachen;

b) diejenigen, welche im Krankheitsbilde das hauptsächliche,
bisweilen einzige Phänomen der Hysterie darstellen und an
specielle Zustände des Traumas und des Ohres gebunden sind.

Aus dieser Eintheilung ist zu entnehmen, dass sie die Ansicht Charcot's, welcher die traumatische Neurose der Hysterie
analog betrachtet (Hystero-Traumatismus), als Grundlage hat.

In Hinblick auf die später zu erwähnende Beobachtung
kommen hier nur die Fälle zur Betrachtung, welche Taubheit
als das einzige Symptom der traumatischen Neurose constatiren
lassen.

Itard[2]) berichtet von einem Kranken, welcher 8 Tage nach
einer leichten Verwundung am rechten Ohre vollständig taub geworden.

Urbantschitsch[3]) beobachtete beiderseitige vollständige
Taubheit nach einem schwach geführten Schlag mit einem Löffel
auf das rechte Stirnbein bei einem 9 Jahre alten Knaben.

---

1) Handbuch v. Schwartze. Bd. I. S. 498; Haug's klinische Vorträge. Bd. I. 13. Heft.

2) Traité 1821.

3) Dieses Archiv. Bd. XVI. S. 163.

Politzer [1]) beobachtete ebenfalls vollständige Taubheit nach einem Stoss auf den Kopf; langsam wiederkehrendes Gehör, bis am 23. Tage dasselbe unter starkem Schwindelanfall und dem Eindrucke einer starken Erschütterung ganz wiederkehrte.

Délie [2]) erzählt von einem Kranken, welcher nach einem Schlag auf's Hinterhaupt sofort nicht sprechen konnte und vollständig taub war (complétement sourd). Kein Kopfschmerz, kein Schwindel, kein Erbrechen und keine subjectiven Empfindungen im Ohre (la logoplégie est manifeste). Nach 8 Tagen Besserung des Gehöres, jedoch nicht der Sprache; nach 2 Monaten Sturz ins Wasser, worauf Sprache und Gehör vollkommen wiederkehrten.

Hierher gehören auch noch die Fälle von Badel [3]), Roosa [4]) und Gradenigo [5]).

Ausser den hier angeführten Bobachtungen wird es wohl nicht so leicht möglich sein, noch eine grosse Anzahl hierhergehöriger zu finden, d. h. solcher, bei denen Taubheit sich als das einzige Symptom des Hystero-Traumatismus manifestirt. Dies sowohl wie auch der Umstand, dass über die Bedeutung des Traumas bei den traumatischen Neurosen heute noch verschiedene Ansichten herrschen, rechtfertigt die Bekanntgabe eines neuen, hierher gehörigen Falles, welcher durch 5 Monate in ununterbrochener Beobachtung stand und begutachtet werden musste. Es war ein Untersuchungshäftling, welcher bereits zweimal wegen Simulation von grosser Schwerhörigkeit abgestraft worden war und nun abermals eben deshalb in Untersuchung stand. Aus den Acten war kurz folgendes zu entnehmen:

Dragoner S. erhielt Anfangs December 1894 eine Ohrfeige auf das linke Ohr. Er machte hiervon keine Anzeige und wurde erst 8 Tage später ins zugehörige Spital abgegeben, als seine Schwerhörigkeit bei der Escadron auffiel. Im Spitale wurde eine Ruptur des linken Trommelfelles constatirt, und ein Causalnexus zwischen dieser und der Ohrfeige zugegeben. „Die Hörprüfung ergab eine Herabsetzung der Hörschärfe, welche jedoch wegen der stark subjectiven Färbung der Angaben nicht genau controlirbar ist." S. wurde gegen Ende Januar „vollkommen geheilt" zur Truppe geschickt, jedoch ganz kurze Zeit hernach, Mitte Februar, wegen „angeblicher Schwerhörigkeit" wiederum dem Spitale übergeben. So wechselte sein Aufenthalt zwischen Spital und Escadron, bis er endlich „wegen hartnäckiger Simulation von Taubheit" zu 6 Monaten Arrest verurtheilt wurde. Die Beobachtungen während dieser ganzen Zeit ergaben, dass S. im Verkehrston gesprochene

1) Lehrbuch 1887. S. 256.
2) Observations cliniques: Revue mens. de Laryngologie 1886. S. 556.
3) Archiv. d'ophtalmol. 1889. p. 355.
4) A. f. A. u. O. Bd. IX. S. 337.
4) l. c. S. 32.

Worte manchmal „ganz gut" hörte, manchmal wieder nur bei heftigem Anschreien oder gar nicht; ferner, dass er mit seiner Familie sprach und „ganz gut" hörte. Eine Ueberraschung des Mannes im Schlafe war auch nicht möglich, da er sich immer wie leblos stellte und, ohne eine Miene zu verziehen, sich im Bette hin und her wälzen liess. Objectiv konnte ausser einer Einziehung des Trommelfelles nichts nachgewiesen werden. Die Hörprüfungen blieben resultatlos, da er auf alle Fragen schwieg. Ein ärztliches Gutachten spricht sich schliesslich dahin aus: „Man kann mit Gewissheit annehmen, dass die angebliche Taubheit des Mannes thatsächlich nicht besteht, sondern fingirt ist."

Die sechsmonatliche Arreststrafe änderte in seinem Benehmen nichts; er blieb bei seiner Angabe, dass er seine Schwerhörigkeit nicht simulire. Die ununterbrochene, unauffällige Beobachtung konnte auch keine Resultate auf die Unrichtigkeit seiner Angaben ergeben. Es wurde neuerdings die Strafanzeige wider ihn veranlasst. Die in der neuerlichen Untersuchung eidlich einvernommenen Zeugen gaben übereinstimmend an, dass S. seit seinem Wiedereinrücken zur Escadron nach Abbüssung der sechsmonatlichen Arreststrafe auf eine Ansprache nur dann reagirte, wenn ihm ins rechte Ohr geschrien wurde. Auf Grund dieser und der in der I. Untersuchung zu Tage getretenen Facten wurde er neuerdings zu 9 Monaten strengem Garnisons-Arrest verurtheilt. Vor Bestätigung der Strafe wurde jedoch S. zufolge Verordnung des k. u. k Militär-Obergerichtes zur „neuerlichen ärztlichen Beobachtung und Abgabe eines Gutachtens über die angebliche Schwerhörigkeit des Untersuchten im gegenwärtigen Zeitpunkte" dem Spitale übergeben. Von diesem Spitale wurde dessen Abgabe in das hiesige Garnisons-Spital zur specialärztlichen Untersuchung beantragt und auch bewilligt. S. stand durch 5 Monate im hiesigen Spitale in Beobachtung. Der Befund war folgender:

Rechtes Ohr: Gehörgang mittelweit, Trommelfell atrophisch, eingezogen, durchscheinend, Lichtkegel an der Basis verbreitert, unregelmässig; Randknickung; seichtes Grübchen in der Membrana flaccida.

Linkes Ohr: Trommelfell durchscheinend, eingezogen, Lichtkegel nur an der Spitze.

Nase: Unterer Nasengang rechts weit, die Schleimhaut der unteren Muschel leicht geschwollen, mit eingetrocknetem, grünlichem Secrete bedeckt. Am Rachendach flache Granula mit schleimigem Eiter bedeckt.

Bei den oftmals vorgenommenen Hörprüfungen war das Resultat sowohl in Bezug auf Flüster- wie laute Stimme beiderseits immer ein vollkommen negatives. Sehr laute Stimme wurde am rechten Ohre nur percipirt, jedoch nur aus unmittelbarer Nähe. Die Uhr wurde beiderseits weder in Luft-, noch Knochenleitung gehört. Prüfung mittelst der ganzen Reihe der Stimmgabeltöne, auch Harmonika, ergaben beiderseits ein negatives Resultat. Alle auf Hörprüfungen bezüglichen Fragen wurden dahin beantwortet: „Am linken Ohre höre ich gar nichts, am rechten ein Bissel", oder „ich höre nichts". An die Tafel geschriebene Fragen beantwortet derselbe nur ungern und mit etwas stotternder Sprache, oder er hüllt sich in beharrliches Schweigen. Die fortgesetzte unauffällige Beobachtung während der ganzen Zeit sowohl von Seiten der Aerzte und des Wartepersonales als auch von Seiten seiner Zimmergenossen ergaben kein anderes Resultat, als dass S. nur dann auf Fragen reagirte, wenn ihm diese mit schreiender Stimme in das rechte Ohr gesprochen wurden. Auch Versuche, ihn des Nachts mittelst Anfangs leiser und immer lauterer Stimme aus dem Schlafe zu wecken, blieben erfolglos. Er reagirte auch nicht darauf, dass seinem Wärter vor ihm gesagt wurde, „S. werde morgen operirt und darf daher kein Frühstück bekommen." Wiederholte Ermahnungen und auch angedrohte Strafen änderten an diesem seinem Verhalten während der ganzen Beobachtungsdauer nichts. Fieberbewegungen, Kopfschmerz, Schwindel, schwankender Gang oder Erbrechen wurden nie beobachtet und wurden auch nicht unangenehme subjective Gehörempfindungen geklagt. Die Untersuchung des Gesichtsfeldes ergab eine concentrische Einengung desselben; ob sonst eine Störung der Sensibilität vorhanden war, war nicht zu eruiren.

In Bezug auf die Verordnung: Abgabe eines Gutachtens über die an-

gebliche Schwerhörigkeit im gegenwärtigen Zeitpunkte wurde nun
folgendes Gutachten abgegeben:

Die von dem Untersuchten wahrgenommenen Erscheinungen sind in 2
Reihen zu theilen:

A) in die 1. Reihe, enthaltend jene Symptome, welche durch das Auge
des Untersuchenden allein, also unabhängig von der Mitwirkung des Untersuchten, constatirt wurden und

B) in die 2. Reihe, enthaltend jene Symptome, welche nur unter Mitwirkung des Untersuchten zu erheben waren (Angaben über die Gehörempfin-
dung bei den Hörprüfungen).

ad A) Aus dem Befunde geht hervor, dass

a) ein chronischer Nasenrachenkatarrh besteht. Dieses Leiden besteht
seit Jahren, aller Wahrscheinlichkeit nach seit Kindheit (Granula am Rachendach). Durch Fortleitung des Katarrhs durch die Tuben ist es

b) zu einem beiderseitigen chronischen Mittelohrkatarrh gekommen
(Atrophie und Einziehung beider Trommelfelle).

Auch dieser Mittelohrkatarrh besteht jedenfalls seit längerer Zeit, hat
aller Wahrscheinlichkeit nach schon vor der im December 1894 erlittenen
Ohrfeige bestanden, und waren die dadurch hervorgerufenen Veränderungen
des Trommelfelles (leichtere Zerreissbarkeit infolge Schwund) geeignet, auch
infolge einer minder wuchtigen Ohrfeige schon einen Trommelfellriss zu er-
möglichen.

Die sub a und b angegebenen Krankheitszustände sind jedoch nur in
einem solchen Grade vorhanden, dass durch dieselben allein erst eine Herabsetzung des Hörvermögens beider Ohren in geringem Grade bewirkt werden
kann und aller Wahrscheinlichkeit nach bewirkt wird, eine Taubheit des
linken und eine hochgradige Schwerhörigkeit des rechten Ohres jedoch sind
durch diese objectiv constatirten krankhaften Veränderungen nicht zu erklären.

ad B) Hier kommt zunächst die Frage in Betracht: Können die bei den
Hörprüfungen gemachten Angaben des Untersuchten auf Wahrheit beruhen?

Seit der Abbüssung seiner sechsmonatlichen Arreststrafe konnte der Untersuchte weder während der Dienstleistung bei der Escadron, noch während
seiner Beobachtung in den Spitälern, im Ganzen während eines Zeitraumes
von 10 Monaten, jemals ertappt werden, dass er besser gehört hätte, als er
selbst bei den Hörprüfungen und sonst zugab.

Von wissenschaftlichem Standpunkte aus kann die Unrichtigkeit seiner
Angaben nicht bewiesen werden; denn wenn auch die Taubheit des linken
und hochgradige Schwerhörigkeit des rechten Ohres durch den Spiegelbefund
nicht zu erklären ist, kann dieselbe auf eine tiefer liegende Affection zurückgeführt werden.

Labyrinthaffectionen kommen hierbei wohl nicht in Betracht, da die sie
begleitenden Nebenerscheinungen: Kopfschmerz, Schwindel, taumelnder Gang,
Uebelkeit, Erbrechen, subjective unangenehme Gehörsempfindungen an dem
Untersuchten weder vor seiner Abgabe hierher noch hierorts beobachtet
wurden.

Dagegen sind die tiefer liegenden krankhaften Affectionen des Gehörnerven, bezw. des im Gehirne liegenden Centralorganes für das Hörvermögen
— insbesondere eine Neurose des Gehirnnerven — geeignet, die Resultate der
Hörprüfungen wissenschaftlich zu erklären. Das Hörvermögen ist dabei nicht
selten graduellen Schwankungen unterworfen, und es sind auch zeitliche und
dauernde Heilungen solcher Neurosen beobachtet worden. Zumeist pflegen
solche Neurosen bei Personen aufzutreten, welche auch anderweitige functionelle Nervenstörungen — hysterische Erscheinungen — zeigen. Zu bemerken
ist, dass bei derartig belasteten Individuen oft selbst geringgradige Veränderungen des äusseren und mittleren Ohres zu solchen schweren und hartnäckigen Neurosen Anlass geben. Es kann demnach vom wissenschaftlichen
Standunkte die Gesammtheit der beobachteten abnormen Erscheinungen als chronischer Nasen-, Rachen-, Tuben- und
Mittelohrkatarrh beiderseits, dann als Hörnervenneurose mit

Taubheit links und Herabsetzung der Hörweite für laute Sprache auf unmittelbare Nähe rechts bezeichnet werden.

Die weitere in Betracht kommende Frage lautet: Ist Simulation bewiesen oder ausgeschlossen?

Nach den in der Anamnese angeführter Daten wurde S. in der Zeit von Anfang Januar 1895 bis ungefähr Ende April 1895 wiederholt der Simulation überwiesen.

Die Untersuchung hat keine objectiven — ohne Hinzuthun S.'s entstandenen — Beobachtungen ergeben, welche die Taubheit der linken und hochgradige Schwerhörigkeit des rechten Ohres nothwendig folgern lassen würden.

S. hat sich wiederholt bei den vorgenommenen Untersuchungen hier und auch im früheren Spitale hochgradig widerwillig, stützig und widerspenstig gezeigt, und seine Art, immer dieselben Antworten zu geben oder Antworten überhaupt zu verweigern, muss sehr den Verdacht wecken, dass er zielbewusst die Gelegenheiten meide, sich auf einem Widerspruche ertappen zu lassen.

So schwer jedoch diese Verdachtsgründe wiegen mögen, um subjective Meinungen über Simulation zu begründen, sind sie doch nicht geeignet, die Simulation als wirklich vorhanden zu beweisen. Ferner muss der Mann, weil er vor ca. 1½ Jahren simulirte, nicht auch dermalen simuliren; seit 31. April 1895 ist er ja trotz vielfältiger langer Beobachtung einer Simulation nicht mehr überführt worden. Es wurde auch schon angeführt, dass sich seine Angaben über das Hörvermögen mit den wissenschaftlichen Erfahrungen nicht in Widerspruch setzen, dass selbst seine frühere Simulation mit einem wissenschaftlich als Acusticusneurose zu bezeichnenden Krankheitszustande in plausible Verbindung gebracht werden kann[1]).

Organische Veränderungen am Gehörorgane waren also hier zu Anfang schon nachzuweisen, functionelle Störungen als Folge des Traumas sind unstreitig ebenfalls hier. Nun entsteht die Frage: Hat sich das Bild der traumatischen Neurose auf dem Boden der materiellen Veränderung entwickelt oder ist es rein?

Ich neige in dem eben beschriebenen Falle zur letzteren Anschauung. Es wurden niemals Gleichgewichtsstörungen, Schwindel, Erbrechen oder subjective Gehörsempfindungen, also Veränderungen, welche auf eine organische Veränderung des Labyrinthes schliessen liessen, geklagt. Die Taubheit, resp. Schwerhörigkeit trat nicht sofort nach der Verletzung auf, sondern erst nach einiger Zeit (psychische Incubation). Die Annahme von Möbius, welcher sich auch Gradenigo anschliesst, dass bei der Hysterie Schwindelanfälle fehlen, als einziges Kriterium für die differentielle Diagnose zwischen materieller Veränderung und functioneller Störung aufzustellen, ist sicherlich gewagt. Wenn dies auch für ein einzelnes Symptom, wie Schwindel, Gleichgewichtsstörungen [2]) zugegeben werden muss, so kann doch

---

1) Vorgeschichte und Begutachtung wurden ausführlicher mitgetheilt, um auch fremder Beurtheilung zugänglich zu sein.

2) Kretschmaun hält dies ausschlaggebend für eine Labyrinthblutung. Dieses Archiv. Bd. XXIII.

ein Gleiches sicherlich nicht behauptet werden, wenn ein ganzer
Symptomencomplex nachzuweisen ist.

Dass sich durch organische Labyrintbläsion allmählich ein
Allgemeinzustand ausbilden kann, der vollständig dem Bilde der
traumatischen Hysterie entspricht, beweist B r i e g e r durch ein
Beispiel (l. c.):

Nach einer Kopfverletzung tritt Bewusstlosigkeit und rechtsseitige Ohrblutung ein. Nach Wiederkehr des Bewusstseins doppelseitige Schwerhörigkeit, beiderseits aufgehobene Knochenleitung; rechtsseitige traumatische
Trommelfellruptur. Es bestand rechts bleibende hochgradige Schwerhörigkeit,
ausserdem häufige Schwindelanfälle; links trat nach etwa 14 Tagen erhebliche
Besserung ein. Man darf annehmen, dass das Trauma links eine Commotion,
rechts eine ausgedehntere Hämorrhagie zur Folge gehabt hat. Nach einem
halben Jahre findet sich derselbe locale Befund; daneben tiefe gemüthliche
Depression, hypochondrische Vorstellungen, objectiv beiderseits concentrische
Gesichtsfeldeinengung — kurz, das typische Bild der traumatischen Neurose.

XXIII.

(Aus der Königl. Universitäts-Ohrenklinik des Geheimen Medicinalrathes Prof. Dr. Schwartze zu Halle a. S.)

Ueber periauriculäre Abscesse bei Furunkeln des äusseren Gehörganges.[1])

Dr. Ernst Leutert,
Privatdocent für Ohrenheilkunde zu Königsberg i. Pr.

Dass die Furunkel des äusseren Gehörganges zuweilen, wenn
auch selten, grössere Abscesse bilden, welche durch die hintere
Gehörgangswand durchbrechen und am Warzenfortsatz erscheinen
können, ist bekannt und von Habermann in seiner Pathologischen Anatomie in Schwartze's Handbuch auch kurz erwähnt worden. Dahingegen scheint mir der Umstand noch nicht
genügend gewürdigt zu sein, dass diese furunculösen Abscesse
ebenso wie die einen Gehörgangsfurunkel nicht selten begleitende
Schmerzhaftigkeit Schwellung und Röthung ohne Abscessbildung
über dem Warzenfortsatze eine schwere Erkrankung des letzteren
vortäuschen können. Die Differentialdiagnose ist in solchen
Fällen nicht immer leicht, zumal wenn der Furunkel nicht nach
dem Gehörgange durchbricht, so dass man in letzterem nur eine
mehr oder weniger circumscripte Schwellung sieht. Es werden
demnach nicht allein Durchbrüche durch den lateralen Theil der
linken knöchernen Gehörgangswand mit zitzenartiger Vorwölbung
der Weichtheile mit Furunkeln verwechselt, wovor mehrfach gewarnt worden ist, sondern auch der umgekehrte Fall kann eintreten, dass ein wirklicher Furunkel als die Durchbruchsstelle
eines Empyems des Warzenfortsatzes angesehen wird.

Ein derartiger Fall begegnete uns im vorigen Jahre und
liess die Diagnose mehrere Tage lang ungewiss erscheinen.

Die Anamnese deutete auf Furunkel hin, der äussere Ge-

---

1) Vortrag, gehalten auf der Naturforscher-Versammlung zu Braunschweig 1897.

hörgang war schmerzhaft und verschwollen, so dass man das
Trommelfell nicht sehen konnte; ein Auscultationsgeräusch war
Anfangs auch nicht zu erzielen, da die Tuba nicht durchgängig
war; erst am 6. Tage konnte durch Catheterismus die Integrität
des Trommelfelles, sowie leichtes Rasseln in der Paukenhöhle
festgestellt werden. Die Weichtheile hinter der linken Ohrmuschel waren von der Ansatzstelle an geschwollen und geröthet, die Röthung setzte sich eine kurze Strecke weit auf die
Ohrmuschel fort. Flüstersprache wurde auf dem kranken Ohre
nur direct, Fis, wenig, C₁ etwas stärker herabgesetzt gehört; die
Temperatur betrug am Abend der Aufnahme 37,3⁰.

Am folgenden Morgen wurde eine Incision im Eingangstheile
des Gehörganges gemacht, worauf sich verhältnissmässig viel Eiter
von der geschwollenen Partie über dem Warzenfortsatz her entleerte. An diesem und dem folgenden fieberfreien Tage wurde
der Eiter mit der Spritze entfernt, wobei man durch Druck auf den
Warzenfortsatz feststellen konnte, dass er unterhalb der geschilderten Schwellung seinen Hauptsitz hatte. Die Schwellung
im Gehörgange liess nach, doch war ein deutliches Trommelfell-
bild noch nicht zu erkennen.

Am 3. Tage nach der Aufnahme stieg die Temperatur des
Patienten Vormittags 10 Uhr plötzlich auf 40,1⁰. Die Schwellung
hinter dem Ohr war stärker geworden, das Oedem hatte sich
verbreitet. Die Eiterung von der Incisionsstelle im Gehörgang
aus war nicht unerheblich; der Patient klagte über heftige Stirnkopfschmerzen. Am Nachmittag maass er 39,2, am Abend 37,5⁰.
Als am Morgen des nächsten Tages das Thermometer 38,2⁰ anzeigte, musste bei der Höhe des Fiebers und besonders nach
dem Charakter desselben an eine Sinusaffection gedacht und die
Eröffnung des Warzenfortsatzes erwogen werden; man beschloss
jedoch, zunächst noch abzuwarten. Das Fieber stieg im Laufe
dieses Tages auf 39,9—40,3 und 39,7⁰. Der Patient erhielt fortgesetzt Eisbeutel hinter das Ohr. In den drei folgenden Tagen
stieg die Temperatur nur bis 37,8⁰, dann aber erhob sie sich am
nächsten Morgen bis 38,4⁰. Abermals wurde ein operativer Eingriff erwogen, doch behielt die Meinung, dass es sich nur um
einen furunculösen Abscess handle, die Oberhand, die Temperatur
fiel an diesem Tage noch bis 37,0⁰ ab und erreichte am zweit-
nächsten Tage noch einmal 38,3⁰. Von da ab blieb der Kranke
fieberfrei, die Schwellung ging schnell zurück; das Trommelfell
erwies sich als blass und nicht perforirt, und der Knabe konnte

am 5. Tage nach der letzten Temperatursteigerung vollkommen geheilt und mit fast normaler Hörfähigkeit auf dem linken Ohr entlassen werden.

Wenn nun die soeben geschilderte Art des Durchbruches eines Furunkels, wie es nach den bisherigen Literaturangaben scheinen könnte, die einzige wäre, so würde eine Differentialdiagnose zwischen den furunculösen Abscessen und den von einer Warzenfortsatzaffection inducirten nur selten in Frage kommen. Ich glaube jedoch, dass solche Durchbrüche, wenn auch selten, so doch immerhin häufiger sind, als bisher angenommen wurde, und zwar deshalb, weil der Durchbruch eines Furunkels durch die untere Gehörgangswand mit nachfolgendem Senkungsabscess in die Fossa retromaxillaris bisher meines Wissens noch nicht publicirt worden ist, und ich nicht annehme, dass die von uns beobachteten Fälle die ersten ihrer Art sind.*)

Während meiner Assistentenzeit in Halle sah ich zwei sichere derartige Fälle und drei in der genannten Region liegende, mit dem Gehörgang communicirende Abscesse, deren furunculöse Natur nicht erwiesen werden konnte.

Der eine der von uns beobachteten sicheren Fälle ist so charakteristisch und ausserdem wegen der Ausbreitung des Abscesses interessant, dass ich auch diesen kurz referiren möchte, zumal ich dadurch eine bessere Unterlage für meine Ausführungen am Schlusse gewinne.

Das 15jährige Hausmädchen Minna Schmidt wurde am 27. April 1895 in die Halle'sche Ohrenklinik aufgenommen. Sie behauptet, noch niemals krank gewesen zu sein, doch könne sie möglicher Weise in der Jugend leichte Masern überstanden haben. Von einer früheren Ohrerkrankung wusste sie nichts; vor 8 Tagen soll ein „Knoten" hinter dem linken Ohre entstanden sein. Die Untersuchung ergab: Innere Organe ohne Befund. Unter und hinter dem rechten Ohre eine fluctuirende Geschwulst, welche sich von der Spitze des Proc. mastoid. aus auf die vordere Halsseite erstreckt. Der rechte Gehörgang ist verengt, die untere Gehörgangswand in ihrem lateralen Theile ulcerirt. Das Ulcus geht in die Tiefe und hat die noch nicht zerstörten Weichtheile des äusseren Gehörganges unterminirt, seinen Rändern sitzen Granulationen auf, welche einen Einblick nach dem Trommelfell zu nicht gestatten. Aus dem Geschwür entleeren sich, besonders bei Druck auf den Abscess am Halse, pfropfartige, bröcklich-eiterige, nekrotische Massen; eine dünne Sonde gelangt in d.e Tiefe in der Richtung nach dem Abscess. Flüstersprache wurde rechts auf 10 Cm. gehört. Die Temperatur betrug bei der Aufnahme Mittags 38,4°. weshalb sofort zur Operation geschritten wurde.

_____

1) Schwartze spricht allerdings in seinem Lehrbuch der chirurgischen Krankheiten des Ohres, S. 92, von tiefen sinuösen Senkungsabscessen und Bildung fistulöser Gänge unter der Haut des Gehörganges, und sah diese im Anschluss an langwierige Entzündungen des knorpeligen Gehörganges, wie er annimmt, Perichondritis desselben entstehen.

Da wir zunächst einen vom Warzenfortsatz ausgehenden Senkungsabscess vor uns zu haben glaubten, so wurde der Hauptschnitt in der üblichen Weise von oben anfangend hinter dem Ohre herum geführt, jedoch der Lage des Abscesses entsprechend weit nach unten und vorn ausgezogen. Aus dem eröffneten Abscess ergiesst sich nur wenig flüssiger Eiter, dagegen reichlich bröcklig-eiterige, nekrotische Massen. Das Gewebe in der Umgebung des Abscesses ist stark infiltrirt. Mit dem Finger gelangt man ziemlich tief medianwärts in die Weichtheile des Halses, nach oben an den vorderen rauhen Rand der unteren knöchernen Gehörgangswand. Der daselbst bereits perforirte häutige Theil des Gehörganges reisst sofort weiter ein. Da wir noch immer glaubten, dass der Abscess vom Warzenfortsatze ausgegangen sei, so eröffneten wir die oberflächlichen Zellen der Spitze, dieselben enthielten jedoch eine vollkommen normale Zellauskleidung. Nach Einlegung eines Drains in den tiefsten Theil der Operationswunde und Tamponade des Gehörganges, dessen häutige Auskleidung fast völlig zerstört war, wurde die Operation beendet.

Am Abend des Operationstages steigt das Fieber auf 39,3°; am 28. April werden 38,9 — 39,3 — 38,8 — 35,5 — 38,6°; am 29. April 39,1 — 38,7 — 39,0 — 38,2 — 38,4° gemessen. Am 30. April erreicht die Temperatur nur 38,8° und in den nächsten 5 Tagen wird als höchste Temperatur am 3. Mai 38,6° gemessen.

Vom 9. Tage nach der Operation gerechnet bleibt die Patientin fieberfrei, mit Ausnahme der Tage vom 20.—22. Mai, an welchen hohes Fieber — am ersten dieser Tage bis 39,9° — infolge Unterminirung des hinteren Theiles der Operationswunde besteht. Nach Spaltung der betreffenden Weichtheile und Ausräumung der mit fibrinösen Belägen bedeckten Granulationen geht das Fieber endgiltig zurück.

Beim 1. Verbandwechsel am 29. April sehen die Wundränder gut aus, doch ist die Tiefe der Wunde noch vielfach mit nekrotischem Gewebe bedeckt. Im Rachen bemerkt man eine Röthung und Schwellung der rechten Tonsille. Am 2. Mai ist die letztere, sowie die rechte Seite des weichen Gaumens hochgradig geröthet und geschwollen. Nachdem die Patientin, welche infolge der Schwellung an Athembeschwerden litt und Tag und Nacht bewacht werden musste, während 4 Tagen erfolglos Eisstückchen im Munde hatte zergehen lassen, entleerte sich am 4. Mai bei Druck auf die rechte Tonsille ein Schuss Eiter aus der Tiefe der Operationsöffnung unterhalb des knöchernen Gehörganges. Es wird ein Catheter in die Höhle geführt, welcher zum grössten Theile darin verschwindet, während sich zu gleicher Zeit abermals Eiter aus der Tiefe entleert. Die Spitze des Catheters ist deutlich in der rechten Tonsille zu fühlen, und wird auf diesem eine Gegenincision in der Tonsille angelegt.

In der Folgezeit wurde nun sowohl die Paukenhöhle, welche secernirte von der Tuba aus, als auch der nach der Tonsille hinführende Wundkanal mit Cathetern durchgespült. 7 Tage nach der Incision hatte sich die Wunde der Tonsille geschlossen. Nachdem die täglichen Ausspülungen des Wundkanales noch einige Zeit fortgesetzt worden waren, verkleinerte sich die Operationswunde allmählich und war am 19. Juli vollständig verheilt. Dagegen musste die Tamponade des Gehörganges noch einige Zeit fortgesetzt werden, ehe letzterer wieder vollkommen epidermisirt war. Die Patientin wurde am 19. Juli als geheilt entlassen. Der Gehörgang hatte fast normale Weite. Seitdem mehrfach, zuletzt vor ca. ½ Jahre, controlirt; geheilt geblieben.

In dem soeben geschilderten Falle war, wie auch in dem 3., der Furunkel in der dünnen Bindegewebslage durchgebrochen, welche den knöchernen und knorpeligen Gehörgang miteinander verbindet. Es scheint diese Stelle daher, ebenso wie die Santorini'schen Spalten, für den Durchbruch eines Abscesses besonders disponirt zu sein. Wir hatten an der Diagnose eines

Empyems des Warzenfortsatzes festgehalten, bis uns die Eröffnung der Spitze, von welcher der Abscess, wenn überhaupt vom Warzenfortsatz, seiner ganzen Lage nach nur ausgegangen sein konnte, den unumstösslichen Beweis erbrachte, dass wir uns getäuscht hatten; ja wir hatten überhaupt nicht an die Möglichkeit eines furunculösen Senkungsabscesses gedacht, wenn uns auch der Inhalt der Abscesshöhle auffiel, und das ist wohl in Anbetracht des Umstandes, dass dieser der 1. Fall seiner Art war, entschuldbar.

Nach dem soeben Mitgetheilten wird man mir zugeben, dass die Differentialdiagnose zwischen den furunculösen Durchbruchsabscessen und den vom Warzenfortsatz ausgehenden nicht ganz leicht ist. Jedoch hat die Sache glücklicher Weise keine grosse praktische Bedeutung. Irrt man sich in der Diagnose, so wird man während der Operation durch den vollkommen negativen Befund in den äusseren Warzenfortsatzzellen, deren Eröffnung ja ein unwesentlicher Eingriff ist, aufgeklärt. Liegt jedoch, was der Natur der Sache nach leicht passiren kann, gleichzeitig eine Erkrankung des Warzenfortsatzes vor, so erleidet der Patient zwar ebenfalls keinen Schaden, dem Arzte entgeht jedoch leicht die richtige Beurtheilung des Falles.

Dieses letztere kann aber unter Umständen zu sehr schädlichen Consequenzen führen; insonderheit liegt die Gefahr nahe, dass derartige, ihrer wahren Natur nach nicht erkannte Fälle als Gegenbeweis gegen die von mir verfochtene Auffassung angeführt werden, dass nämlich über mehrere Tage anhaltendes, von einer Erkrankung des Warzenfortsatzes ausgehendes Fieber stets der Ausdruck einer bestehenden Sinusaffection ist. Und in den beiden skizzirten Fällen war, ebenso wie in dem 3., hohes Fieber vorhanden, wenn es auch nicht lange angehalten hat. Die Temperatur stieg in allen 3 Fällen über 39⁰; was ich niemals bei einem acuten Empyem des Warzenfortsatzes ohne Sinusbetheiligung beobachtet habe. Ich werde übrigens demnächst Gelegenheit haben, an der Hand eines grösseren Materiales den Beweis für die Richtigkeit dieser Behauptung zu liefern.

Aus den angeführten Gründen erscheint es daher gerechtfertigt, dem furunculösen Abscess beziehungsweise Senkungsabscess eine Sonderstellung in der Pathologie des Ohres zuzuweisen, welche er ja auch seiner Aetiologie nach beanspruchen darf.

Welches sind nun die Symptome des furunculösen Abscesses,
resp. welche Merkmale lassen sich differential - diagnostisch
gegenüber den vom Warzenfortsatze ausgehenden Abscessen
verwerthen?

In erster Linie kommt hier die Lage des Abscesses in Betracht.
Der durch die hintere Gehörgangswand nach dem Warzenfortsatze zu durchgebrochene Abscess wird sich wenigstens in
frischeren Fällen unschwer als solcher erkennen lassen, denn
die entzündlichen Erscheinungen, Röthung und Schwellung, sind
natürlich in der Nähe des primären Herdes am ausgesprochensten.
Die stärkste Schwellung wird in der Regel die Furche zwischen
Ohrmuschel und Warzenfortsatz ausfüllen; beide Symptome der
Entzündung werden zum Theil auf die Ansatztheile der Ohrmuschel übergreifen, während bei den vom Warzenfortsatz ausgehenden Abscessen die stärkste Schwellung zumeist über der
Durchbruchsstelle, oder wenn diese nicht vorhanden, über dem
Planum des Warzenfortsatzes zu finden ist. Auch die nach
Durchbruch der unteren Gehörgangswand in den Weichtheilen
des Halses entstehenden Senkungsabscesse lassen sich ihrer
Lage nach mit den von der Spitze des Warzenfortsatzes ausgehenden nicht allzuschwer unterscheiden, wenigstens so lange
sie nicht eine so bedeutende Grösse erlangt haben, dass sie die
Spitze des Proc mastoid. vollkommen verdecken. Die Hauptschwellung findet sich hier in der Fossa retromaxillaris, während
die Spitze des Warzenfortsatzes, sowie die Parotisgegend nur
eben von dem den Abscess umgebenden Oedem in den Bereich
der Schwellung gezogen wird. Ein von der Spitze des Warzenfortsatzes entstandener Abscess nimmt diese für gewöhnlich völlig
ein, wenn auch der obere Theil des Planum frei von Schwellung
bleiben kann, und die Hauptschwellung findet sich, wenn der
Abscess tiefer hinabreicht, mehr über dem Sternocleidomastoideus,
während die umgebende Infiltration, bezw. das Oedem den Angulus mandibulae nicht leicht überschreitet. In seltenen Fällen
können die von der Warzenfortsatzspitze ausgehenden Abscesse
allerdings bis in die Parotis hineinreichen, und ist alsdann aus
der Lage eine Differentialdiagnose unmöglich.

Unterstützt wird die Diagnose eines furunculösen Abscesses
selbstverständlich durch die mit einem nicht aufgebrochenen Furunkel verbundene Schmerzhaftigkeit im Gehörgange.

Ein sehr hervorragendes diagnostisches Merkmal ist, wie bereits angedeutet, das Fieber, und zwar nach 2 Richtungen hin.

Einerseits ist es erheblich höher, als das die subperiostalen, vom
Warzenfortsatze ausgehenden Abscesse begleitende. Beobachtet
man daher hohe Temparaturen bei einer Ohrerkrankung mit
periauriculärem Abscess, so muss a priori sowohl an Sinusaffection, als auch an furunculösen Abscess gedacht werden. Andererseits unterscheidet es sich von dem von einer perisinuösen Eiterung ausgehenden dadurch, dass es in der Regel auch nach der
operativen Eröffnung des Abscesses noch einige Tage anhält, ja
sogar höher ansteigt, während das Fieber nach der Entleerung
eines perisinuösen Abscesses innerhalb 24 Stunden abzufallen
pflegt, wenn nicht bereits eine, wenn auch geringe Thrombenbildung an der Innenfläche der Sinuswand stattgefunden hat.
Das Ansteigen des Fiebers nach der Operation eines furunculösen Abscesses, welches übrigens auch in dem nicht angeführten
3. Falle beobachtet wurde, hat, wenigstens betreffs der Senkungsabscesse am Halse, wahrscheinlich darin seinen Grund, dass
zumeist mehrere Lymphdrüsen in den Bereich des Senkungsabscesses hineinbezogen und bei deren ganzer oder theilweiser Ausräumung neue weite Lymphbahnen eröffnet werden. Infolgedessen werden nach der Operation mehr Toxine resorbirt als
vorher. Entsprechend dem allmählichen Verschluss dieser Bahnen
durch Ansammlung von Leukocyten sinkt das Fieber dann in
wenigen Tagen, und zwar allmählich. So wenigstens verhielten
sich die Temperaturen in meinen furunculösen, durch die untere
Gehörgangswand durchgebrochenen Abscessen, während ich betreffs der Temperaturverhältnisse nach der operativen Entleerung
eines durch die hintere Gehörgangswand durchgebrochenen
Abscesses gleichen Ursprunges keine Erfahrung habe, da mein
1. Fall nicht als in der Art operirt gelten kann, wie die beiden
anderen.

Ein weiteres, wenn auch nicht mit den Abscessen selbst
zusammenhängendes Symptom sind die Stirnkopfschmerzen,
welche im 1. und 3. Falle heftig auftraten, während sie im
2. Falle nicht angegeben sind. Dieselben hängen wohl mit dem
hohen Fieber zusammen; immerhin können sie vielleicht doch
differential-diagnostisch verwerthet werden, weil bei pyämischem
Fieber heftige Kopfschmerzen ziemlich selten sind, während die
von Warzenfortsatzerkrankungen und Epiduralabscessen ausgehenden in der Regel auf der betreffenden Seite und am wenigsten
in der Stirn empfunden werden.

Die soeben angeführten Symptome sind besonders dann von

Bedeutung, wenn der Furunkel als solcher schwer zu erkennen
ist. Hat er jedoch seine charakteristische Form, und ist die
Communication mit dem Abscess nachweisbar, so kann die Diagnose leicht sein; doch muss stets mit der Möglichkeit gerechnet
werden, dass es sich um den Durchbruch eines auf dem Lymphwege entstandenen Lymphdrüsenabscesses nach dem Gehörgang
handeln kann. In zweifelhaften Fällen scheint mir nicht selten
der Inhalt des Abscesses von ausschlaggebender Bedeutung sein
zu können. Der Inhalt meiner beiden Senkungsabscesse in der
Fossa retromaxillaris bestand jedenfalls zum geringsten Theile
aus flüssigem Eiter, die Hauptmassen charakterisirten sich als
weissliche Pfröpfe und theils eitrig zerfallene, theils nekrotische
Gewebsfetzen. Der Inhalt des 1., hinter dem Ohr gelegenen
furunculösen Abscesses bestand allerdings fast nur aus Eiter,
und scheint daher der Charakter des Inhaltes dieser Abscesse
ein wechselnder zu sein. Ist jedoch der Inhalt von der eben
geschilderten Beschaffenheit, so scheint dieses die Diagnose eines
furunculösen Abscesses zu sichern, denn ich glaube nicht, dass
man diese Massen mit jenen zuweilen in anderen Abscessen vorhandenen nekrotischen Lymphdrüsentheilchen oder sonstigen nekrotischen Gewebspartikeln verwechseln kann.

Von besonderem differential-diagnostischen Werthe erscheint
selbstverständlich der negative Befund im Warzenfortsatze; jedoch nur soweit es sich um die Differentialdiagnose zwischen
furunculösem und vom Warzenfortsatze ausgehendem Abscess
handelt. Dagegen bleibt auch in solchen Fällen die Differentialdiagnose zwischen furunculösem Abscess und nach dem Gehörgange durchgebrochenem, von irgend einem Entzündungsherde
inducirtem Lymphdrüsenabscess zuweilen schwierig, mitunter
auch unmöglich. Ob die bacteriologische Untersuchung, welche
ich in meinen Fällen leider nicht ausgeführt habe, hier eine
differential-diagnostische Bedeutung erlangen kann, erscheint
zweifelhaft. In einem Falle von periauriculärem Abscess, bei
intactem Warzenfortsatze, in welchem es sich jedoch höchstens
um einen von einem Furunkel aus auf dem Lymphwege, aber
nicht per Durchbruch entstandenen handeln kann, fand ich
Staphylococcus albus in Reincultur, welcher Befund mit dem
exprimentellen Schimmelbusch's übereinstimmen würde. Auch
in diesem Falle war übrigens die Temperatur hoch, sie stieg an
zwei hintereinander folgenden Abenden nach einer auswärts vorgenommenen, jedoch erfolglosen Incision auf 39,1°, um dann in

2 Tagen nach der von uns ausgeführten ausgiebigen Spaltung allmählich abzufallen.

Ich weiss nun sehr wohl, dass die Symptomatologie der furunculösen Abscesse, welche ich soeben aufzustellen versucht habe, auf einem zu geringen Material beruht, als dass sie als vollkommen fixirt gelten könnte. Ich hoffe aber, dass diese Mittheilung dazu beitragen wird, das Interesse für diesen Gegenstand zu erwecken. Für mich selbst war es eine Nothwendigkeit, auf diese Abscesse hinzuweisen und die Symptome, soweit sie in unseren Fällen in die Erscheinung traten, hervorzuheben, weil, wie gesagt, die Gefahr besteht, dass solche Fälle als Gegenbeweis gegen die von mir vertretene Auffassung über die otitische Pyämie verwerthet werden.

XXIV.

Zur Prüfung des Tongehöres mit Stimmgabeln.

Von

Dr. Hermann Dennert
in Berlin.

Auf dem V. Deutschen otologischen Congress hatte ich bei Gelegenheit des Referates: „Ueber den gegenwärtigen Standpunkt der Hörprüfungen", in der Discussion darauf aufmerksam gemacht, dass es mit den uns zur Zeit zu Gebote stehenden Stimmgabeln schwierig ist, die relative Hörschärfe für Töne verschiedener Höhe aus der Zeitdauer, mit welcher Stimmgabeln gehört werden, zu bestimmen. Es kann z. B. eine Stimmgabel, die normal 100 Secunden lang gehört wird, event. gar nicht gehört werden, während eine andere, die normal 30 Secunden lang gehört wird, von dem Betreffenden 10 Secunden lang gehört werden kann, ohne dass eine relative Ungleichheit in der Wahrnehmung der beiden Töne zu bestehen braucht. Wir haben eben in der Zeitdauer, mit welcher 2 Stimmgabeln gehört werden, kein absolutes Maass für das relative Intensitätsverhältniss zweier Stimmgabeltöne verschiedener Höhe, weil je nach der Elasticität des Materiales und der Configuration der beiden Stimmgabeln dieselben auch mit verschiedener Zeitdauer ausklingen. Auch die Kenntniss, dass mechanisch die Intensität der Schwingungen für Töne verschiedener Höhe durch ihre lebendige Kraft, d. i. durch das Quadrat der grössten Geschwindigkeit zu messen sei, welche die schwingenden Theilchen erreichen, hat bis jetzt noch nicht zu praktischen Ergebnissen für die Prüfung der relativen Hörschärfe verschieden hoher Töne geführt. Ich möchte deshalb auf eine Methode aufmerksam machen, welche ich zu dem Behufe anwende, und dieselbe zur weiteren Prüfung empfehlen, bei der Gelegenheit auch gleich eine kleine Mittheilung über den von mir geübten Modus der Hörprüfung mit Stimmgabeln machen.

Ich unterscheide bei der Hörprüfung des Tongehöres die Prüfung der absoluten Hörschärfe für Töne verschiedener Höhe von der Prüfung des relativen Gehöres derselben.

Zu dem ersten Zwecke führe ich, wie ich dieses Verfahren schon bei einer früheren Gelegenheit angegeben habe und hier nur der Vollständigkeit halber noch einmal anführen will, die mit einer bestimmten Anfangsintensität schwingende Stimmgabel in einer Bewegungsbreite von ca. 20 Cm. vor dem äusseren Gehörgang, so dass dieser in der Mitte der Bewegungsbreite sich befindet, und bei jedem Hin- und Hergang ein kleines Schallquantum in regelmässigen Intervallen in denselben gelangt, pendelförmig einmal in der Secunde so lange hin und her, bis die Stimmgabel nicht mehr intermittirend gehört wird. Dieses ist der Fall, wenn die Intensität der Schallwellen der abklingenden Stimmgabel so gering geworden, dass die bei diesem Rhythmus intermittirend in den Gehörgang gelangende Anzahl von Schallwellen oder, was dasselbe ist, die Dauer der Einwirkung derselben nicht ausreicht, eine Schallwahrnehmung auszulösen. Lässt man von diesem Momente, der von dem Patienten angegeben wird, intermittirend eine grössere Anzahl Schallwellen von nunmehr wesentlich geringerer Intensität als vorher in den Gehörgang eintreten, oder verlängert man, was auf dasselbe hinauskommt, die Dauer der Einwirkung — aus anderweitig angegebenen Gründen habe ich für diesen Rest der jetzt sehr kleinen Schwingungen der Stimmgabel als Zeiteinheit für den intermittirenden Typus der Hörprüfung die Dauer von einer Secunde gewählt, indem ich die Stimmgabel abwechselnd eine Secunde lang vor das Ohr bringe und ebensolange entferne —, so hört man den Ton der Stimmgabel jetzt wieder von Neuem. Die Dauer, während welcher der Ton der Stimmgabel jetzt von Neuem gehört wird, die Restzeit, wie ich sie nenne, ist bei Normalhörenden für jede Stimmgabel eine ganz bestimmte, schwankt bei Schwerhörigen in ganz minimalen Grenzen, ist aber stets zu constatiren. Nur einseitig partiell oder total Tontaube machen hiervon eine Ausnahme. Das ist aber wichtig für die Prüfung mit sehr starken Tönen, namentlich aus den mittleren und hohen Octaven, um sich zu versichern, dass die betreffenden Töne mit dem anderen normalen oder besseren Ohr gehört werden, namentlich wenn man diese Methode noch combinirt mit der anderen von mir bei Gelegenheit der Veröffentlichung zweier Fälle, in deren einem ich die Schnecke, in deren zweitem ich das ganze innere Ohr entfernt hatte, ange-

gebenen Methodc, nämlich beide Ohren zu schliessen und das zu
untersuchende geöffnet und geschlossen zu prüfen.

In dieser Restzeit einmal 'und der Dauer derselben haben
wir die objective Controle in Bezug auf Täuschungen von Seiten
der Patienten, und kann ich die Hörprüfung in dieser Weise auch
noch aus anderen Gründen, die ich zum Theil schon anderweitig
angegeben habe, von Neuem 'aus ¦langer Erfahrung als zweckmässig empfehlen. Die Prüfung mit Berücksichtigung des Schall-
quantums ist auch ausserdem analog der Prüfung mit der Sprache,
weil auch in den einzelnen Lauten der Sprache nur Schalle von
kurzer Dauer oder geringer Quantität zur Wirkung kommen.

Zur Prüfung der relativen Hörschärfe für Töne verschiedener
Höhe mit Stimmgabeln combinire ich die beiden Methoden, die
ich bei Gelegenheit der Bestimmung der Hörschwelle angegeben
habe [1]), in folgender Weise. Wenn man zwei tönende Stimmgabeln verschiedener Höhe nach einander vor einem normalen
Ohr nach dem vorher angegebenen Modus intermittirend bis zu
dem Zeitpunkt ausklingen lässt, in welchem sie nicht mehr intermittirend gehört werden, ihre Wirkung auf das Ohr also die
gleiche ist, so müssen dieselben, in diesem Momente vor ein
normales Ohr gebracht, beide in gleicher Entfernung gehört
werden. Dasselbe wird auch der Fall sein müssen, wenn in
Erkrankungen des Gehörorganes die Hörschärfe für beide Stimmgabeltöne gleichmässig herabgesetzt ist. Ist letzteres nicht der
Fall, so werden die beiden Stimmgabeln auch von einem normalen
Ohr nicht in gleicher, sondern in verschiedenen Entfernungen
gehört werden müssen. So hat man in diesem einfachen Verfahren eine zweckmässige Handhabe, die relativen Verschiebungen
der Hörschärfe für verschiedene Töne festzustellen. Wird eine
der beiden gewählten Stimmgabeln nicht mehr intermittirend
gehört, so wählt man, je nach dem Ausfall der Hörprüfung eine
andere aus der Breite der höheren oder tieferen Tonscala. Die
grössere oder geringere Differenz der Entfernung, in welcher
die beiden Stimmgabeln von einem normalen Ohr gehört werden,
nachdem sie nicht mehr intermittirend gehört worden sind, dient
dann als Maassstab zur Bestimmung der relativen Hörschärfe für
dieselben, und liessen sich event. auch für die Entfernungen, in
welchen Stimmgabeln nach gewissen Zeiteinheiten ihrer Schwing-
ungsdauer gehört werden, experimental Tarife aufstellen.

---

1) Verhandl. d. Deutsch. otolog. Ges. 1895.

Wenn man in dieser Weise bei Erkrankungen des Gehörorganes die relative Hörschärfe für verschieden hohe Töne prüft, wird man finden, dass das Resultat der Prüfung häufig ein ganz anderes ist, als wenn man die Hörprüfung nach der Zeitdauer, während welcher die beiden Stimmgabeln gehört werden, ausübt. Man wird namentlich auch finden, dass die Anzahl der Fälle, in welchen man bei der Prüfung der relativen Hörschärfe nach der Zeitdauer eine relative Herabsetzung der Hörschärfe für tiefe Töne annehmen zu müssen glaubte, sich wesentlich vermindern wird.

Auch ist man, was bei der Beschaffenheit unserer heutigen Stimmgabeln nach Material und Form sehr wichtig ist, bei der Hörprüfung der relativen Hörschärfe in dieser Weise unabhängig von der Configuration derselber.

Zur Ermittelung der Hörschärfe in der Knochenleitung prüfe ich ebenso wie in der Luftleitung nach der Zeit, indem ich die Stimmgabel mit ihrem Fuss alternirend eine Secunde lang mit einer Stelle des Schädels in Berührung bringe und ebensolange entferne, bis sie nicht mehr gehört wird. Die normale Hörzeit der Stimmgabel in der Knochenleitung, soweit davon bei den complicirten Verhältnissen derselben die Rede sein kann, muss man natürlich ebenso kennen, wie die Hörzeit derselben in der Luftleitung. Als Berührungsstelle für den Fuss der Stimmgabel wähle ich für gewöhnlich den Proc. mast., welcher dem Labyrinth sehr nahe liegt, ausser diesem bisweilen noch Stirn- oder Scheitelgegend für C⁵, welches von diesen Stellen des Schädels schlecht wahrgenommen wird, die Zähne, wenn solche vorhanden sind; und zwar prüfe ich die Knochenleitung wie die Luftleitung jede für sich gesondert. Von differential-diagnostischem Werthe ist mir dabei [1]), wie ich es bereits im Jahre 1881 betont habe, das proportionale Verhältniss der Luftleitung für Töne verschiedener Höhe beiderseits zu dem der Knochenleitung am Proc. mast. der kranken und gesunden oder besseren Seite, event. auch zu dem an anderen Stellen des Schädels verglichen untereinander und mit den entsprechenden Verhältnissen bei Personen mit normalem Gehör. Bei den complicirten Verhältnissen der Knochenleitung müssen die Ergebnisse der Luft- und Knochenleitung von Fall zu Fall kritisch verwerthet werden. Besonders hervorzuheben, dass der Rinne + oder — ist, halte ich für überflüssig, da in

---

1) Zur Analyse des Gehörorganes durch Töne.

dem proportionalen Verhalten der Luftleitung zu dem der Knochenleitung auch dieses, und zwar gleich quantitativ ausgedrückt ist.

Im Anschlusse hieran möchte ich mir in Bezug auf die therapeutische Anwendung der Erschütterungsmassage in der Ohrenheilkunde die Bemerkung erlauben, dass ich laut Krankenjournal
bereits im Jahre 1884 das Gehörorgan mit schnell auf einander-
folgenden Erschütterungen behandelt habe, und will dieses hier
beiläufig nur der Methode wegen erwähnen, die ich zu diesem
Zwecke angewendet habe, weil in der letzten Zeit unter anderen
Methoden auch die pneumatische Erschütterungsmassage vermittelst einer elektromotorisch getriebenen Luftpumpe ausgeübt
wird.[1]) Lässt man die Schallwellengänge zweier an der Tonscala nahe zusammenliegender, namentlich tiefer Töne auf Membranen einwirken, so werden dieselben durch die Schwebungen
oder Stösse derselben periodisch in starke Erschütterungen versetzt, wie sie König und Politzer, ersterer mittelst eines an
eine trommelfellähnliche Membran, letzterer mittelst eines an die
Gehörknöchelchen angebrachten steifen Stielchens graphisch darstellen konnten. Von diesem Verhalten der Membranen ausgehend,
verband ich zwei auf das C der grossen Octave abgestimmte
Pfeifen, von denen die eine mittelst eines Schiebers zum Zwecke
schnellerer und langsamerer Stösse höher und tiefer gestimmt
werden konnte, durch 2 Schläuche eines T-Rohres; das 3. Ende
des letzteren wird, während die Pfeifen mittelst eines kleinen
Blasebalges angeblasen werden, in das Ohr des zu behandelnden
Patienten gehalten.[2]) Dabei hört der Betreffende neben den
Schlägen der beiden Töne in demselben Rhythmus ein stossweises
Schwirren, welches durch die Erschütterungen des Trommelfelles
erzeugt wird. Personen mit defectem Trommelfell und starker
Herabsetzung des Hörvermögens für tiefe Töne hören dann häufig
nicht mehr die Schläge der Töne, wohl aber noch deutlich das
starke Schwirren des Trommelfellrestes.

1) Dr. Max Breitung. Deutsche med. Zeitung 1897. Nr. 77.
2) Der Mechaniker Langhoff-Berlin, Kürassierstrasse 5, hat den
Apparat damals angefertigt.

Berlin, den 19. November 1897.

Besprechungen.

—

3.

Die Meningitis serosa acuta. Eine kritische Studie.
Von G. Boenninghaus.
Wiesbaden. J. F. Bergmann. 1897.

Besprochen von
Dr. Zeroni.

Unsere Kenntnisse über die Meningitis serosa, ein Krankheitsbild, auf das Quincke erst vor wenigen Jahren wieder aufmerksam gemacht hat, sind in der jüngsten Zeit durch mehrfache Beobachtungen sowohl klinischer als anatomischer Art bereichert worden. Der Verfasser hat es unternommen, die neueren Erfahrungen sowohl wie die alten zu einem abgerundeten Gesammtbilde des jetzigen Wissens über diese Krankheitsform zu verwerthen. Er betitelt seine Arbeit: „Kritische Studie". Die letztere Bezeichnung dürfte deshalb gewählt sein, weil sich die vom Verfasser entwickelten Ansichten zur Zeit noch nicht als feststehende Thatsachen hinstellen lassen, sondern erst die Schwelle der Theorie zu überschreiten im Begriffe sind.

Verfasser will vor Allem eine maligne Form der Meningitis serosa streng von der benignen gesondert wissen. In Betreff der ersteren schliesst er sich im Wesentlichen der Ansicht Eichhorst's an, nämlich, dass diese Form eine Meningitis purulenta von so hoher Virulenz sei, dass der Tod schon eintrete, ehe das Exsudat eitrig wird. Viele derartige Fälle sind wohl schon bei Sectionen übersehen worden, da der makroskopische Befund keine in die Augen springenden Veränderungen aufzuweisen braucht. Verf. weist darauf hin, wie leicht und sicher die mikroskopische Untersuchung uns hier zur Diagnose hilft, und betont vor Allem, dass hier nie eine reine Meningitis vorliege, sondern dass die Betheiligung der Gehirnsubstanz sich auf mikroskopischem Wege meistens nachweisen lasse. Er hält deshalb für diese Form die Bezeichnung Meningo-Encephalitis für angebracht. Während die maligne Form ihres raschen und tödtlichen

Verlaufes halber mehr pathologisch-anatomisches Interesse darbietet, ist die andere, die benigne Form, für den Kliniker von
um so grösserer Wichtigkeit.

Vor Allem unterscheidet sich die benigne Form der Meningitis serosa von der malignen jdurch das Beschränktbleiben
der Entzündung auf die Pia und das Fortschreiten derselben in
die Ventrikel. Das Exsudat bleibt aber immer serös. In der
vorherrschenden Neigung auf die Ventrikel überzugehen, ist nun
zugleich mit dem Hauptmerkmal dieser Form auch das Hauptmoment der dadurch hervorgerufenen Symptome gegeben, nämlich die durch die Ansammlung des Exsudates in den Ventrikeln
bedingte Compression des Gehirnes. Die Erscheinungen, die
hierdurch hervorgerufen werden, können natürlich der mannig-
faltigsten Art sein. Es ist deshalb eine sichere Diagnose auf
Meningitis serosa nie zu stellen. Hierüber kann erst der Erfolg
der Therapie Aufschluss geben, oder im Falle ein Eingriff unterlassen ist, je nachdem der plötzliche Nachlass schwerer Gehirnerscheinungen oder die Section.

Die Ansammlung von Flüssigkeit in den Ventrikeln ist nach
der Ansicht des Verfassers sowohl von einer vermehrten Transsudation, als auch durch Behinderung des Abflusses bedingt.
Für letzteren hat sich Verf. eine sehr plausibel erscheinende Erklärung ausgedacht, die uns auch den glücklichen Erfolg der
therapeutischen Eingriffe verständlich machen kann. Verf. nimmt
an, dass es sich in den meisten Fällen um „activen Verschluss"
der Ventrikel handle, indem das Exsudat selbst die natürlichen
Ausführungswege, den Aquaeductus Sylvii, oder das Foramen
Magendii comprimirt, dass also ein Circulus vitiosus entsteht,
dessen Verlauf ein operativer Eingriff wirksam unterbrechen
kann. Die Lumbalpunction ist in solchen Fällen nutzlos. Es ist
hier vielmehr die Ventrikelpunction indicirt, doch kann auch einfache Eröffnung der Dura durch den entstehenden Gehirn-
prolaps so viel Raum schaffen, dass die Ventrikelstauung behoben wird.

In der ausführlichen Casuistik, die den Schluss des Buches
bildet, ist auch für den Otologen viel Beachtenswerthes enthalten. Die relative Häufigkeit der Otitis media purulenta als
Aetiologie der erwähnten Krankheit ist auffallend. Ein aus-
führliches Literaturverzeichniss vervollständigt den reichen Inhalt des Buches.

Wissenschaftliche Rundschau.

12.

Rupprecht-Dresden, Otitischer Hirnabscess im linken Schläfenlappen. Trepanation. Heilung. (Jahresbericht der Ges. für Natur-
und Heilkunde in Dresden 1897. S. 61.

Siebenjähriges Mädchen mit linksseitiger chronischer Otorrhoe
(Cholesteatom) und entzündlichem Oedem des Warzenfortsatzes
erkrankt Mitte November 1896 an Ecclampsie, linksseitigem
Kopfschmerz, Somnolenz. Kein Fieber. Am 21. November Freilegung der Mittelohrräume, am 23. November, als trotzdem die
cerebralen Symptome fortdauerten, Eröffnung der hinteren Schädelgrube durch Dr. R. Panse mit negativem Erfolg. Da extradurale Eiterung und Sinusthrombose auszuschliessen war, trepa-
nirte Rupprecht unter Assistenz von Dr. Panse am 26. November
auf den linken Schläfenlappen. Für die Diagnose eines linksseitigen Schläfenlappenabscesses sprachen:

1. Abwesenheit einer Temperatursteigerung.
2. Druckerscheinungen: Kopfschmerz, Somnolenz, Neuritis
optica, Pulsverlangsamung.
3. Herderscheinungen: Oculomotorius - Parese links, amnes-
tische Aphasie.

R. „meisselte 1,5—2 Cm. oberhalb des Gehörganges ein
kleines Loch in die Schläfenschuppe und nahm von da abwärts
mit der Hohlmeisselzange nach dem freiliegenden Mittelohr hin
den Knochen sammt dem Tegmen tympani weg. Die spiegelnde
Dura pulsirte. Ein in der Gegend des Tegmen tymp. aufwärts
geführter seichter Stich, der zunächst die Dura 1 Cm. weit quer
spaltete, entleerte sofort etwa 1½ Esslöffel stinkenden Eiters mit
Streptokokken." Drainage. Prompte Heilung der Gehirnsymptome,
9 Monate nach der Operation controlirt. Otorrhoe nicht geheilt.

Schwartze.

13.

Kretschmann, Fall von Meningitis serosa durch Operation geheilt.
Münchener med. Wochenschrift. Nr. 16. 1896.

Verf. bekam einen Fall in Behandlung, der neben den Symptomen eines ausgedehnten Mittelohrcholesteatoms verschiedene

Erscheinungen zeigte, die auf eine intracranielle Complication hindeuteten. Der Radicaloperation, bei der der Sinus eröffnet wurde, in dem sich ein gutartiger Thrombus fand, wurde deshalb die Trepanation auf das Kleinhirn und den Schläfenlappen angeschlossen, ohne dass der vermuthete Hirnabscess gefunden wurde. Doch entleerte sich beim Einschneiden der Dura eine grosse Menge seröser Flüssigkeit unter grossem Druck. Nach der Operation gingen die Gehirnerscheinungen zurück. 14 Tage darauf, mit dem Nachlass der starken Secretion von Liquor cerebrospinalis traten neue Gehirnerscheinungen auf, die schwerer als vor der Operation waren, aber nach einiger Zeit zugleich mit dem Wiederauftreten stärkerer Secretion nachliessen. Der Patient wurde später vollständig geheilt.

Der Gedanke, dass eine Meningitis serosa dieses Krankheitsbild hervorgerufen haben könne, ist nicht von der Hand zu weisen, aber der Verf. geht wohl zu weit, wenn er sagt, dass kein Zweifel darüber bestehen könne. Man kann ihm dagegen seine eigenen Worte vorhalten, mit denen er wenige Zeilen später erklärt, dass er eine Reihe von Fällen, die klinisch als Meningitis serosa angesehen werden, wegen Mangels der Autopsie oder als in Heilung übergegangen nicht als streng beweisend ansieht. Dieser Ansicht wird man sich leicht anschliessen; es ist aber nicht einzusehen, weshalb der Kretschmann'sche Fall beweisender sein soll. Man könnte sich die erwähnten Symptome wohl auch von der Mittelohraffection und Sinusthrombose und in weiterer Folge von den ausgedehnten Hirnverletzungen herrührend denken.

Dass nach der Trepanation, ohne dass Eiter im Gehirn gefunden wurde, eine günstige Wendung und Nachlass von Gehirnerscheinungen eintrat, finden wir verschiedentlich angegeben, und man hat verschiedene Erklärungen dafür gesucht. Die endgültige Lösung wird uns aber wohl erst die Zukunft bringen.

Zeroni.

14.

A. Kuhn, Casuistische Mittheilungen. I. Otitis media purulenta acuta sinistra. Meningitis oder Gehirnabscess? — Anamnestische Aphasie. — Operation. — Tod. — Meningitis. II. Cholesteatom des rechten Mittelohres. Während der Operation Tod infolge von Lufteintritt in den verletzten Sinus sigmoideus. (Z. f. O. Bd. XXIX.)

I. An einem sehr complicirt verlaufenen Falle demonstrirt Verf., welche Schwierigkeit die Differentialdiagnose zwischen Meningitis und Hirnabscess manchmal bereiten kann. Der Kuhn-sche Patient bekam im Anschluss an eine linksseitige acute recidivirende Mittelohreiterung Kopfschmerzen, Schwindel und Erbrechen ohne Fieber. Nach einer kurzen Besserung trat eine Verschlimmerung ein, diesmal zugleich mit Fieber, Unruhe und

benommenem Sensorium. Eine ausgesprochene anamnestische
·Aphasie, Zuckungen im rechten Facialis, liessen im Verein mit
den oben genannten Symptomen einen Abscess im linken Schäfen·
lappen vermuthen. Die Operation ergab ein negatives Resultat.
Die Section stellte als Grund aller Erscheinungen eine ausgesprochene diffuse Meningitis purulenta fest. Die Entzündung
der Paukenhöhle hatte, sich durch die hintere Felsenbeinkante
in die Schädelhöhle fortsetzend, die Meningitis erzeugt. Im
linken Schläfenlappen fanden sich Erweichung und hämorrhagische Infiltrate, aber kein Eiter. Diese Veränderungen waren
offenbar auch durch die Meningitis veranlasst und erklärten die
im Leben beobachtete Aphasie.

Um in ähnlichen Fällen eine Meningitis auszuschliessen,
haben wir jetzt in der Lumbalpunction wohl ein ziemlich zu-
verlässiges Mittel. Auch in diesem Falle hätte die Lumbalpunction die Diagnose ohne Zweifel richtig gestellt (Ref.).

II. Der Tod durch Luftembolie infolge von Sinusverletzung
ist ein so seltenes Vorkommniss, dass der von Kuhn mitgetheilte
Fall allgemein beachtet zu werden verdient.

Verf. operirte ein junges Mädchen wegen eines grossen
Cholesteatoms, das den ganzen Warzenfortsatz und die Paukenhöhle erfüllte und bis in die Pyramide und nahe an die Schädelhöhle vorgedrungen war. Beim Ausräumen der Epithelmassen
hinten und oben trat, als mit dem Meissel eine überhängende
Knochenpartie abgetragen wurde, plötzlich Stillstand der Athmung und des Herzens ein, und die Patientin blieb trotz
lange fortgesetzter Wiederbelebungsversuche todt auf dem Ope-
rationstisch. Zuerst wurde ein Chloroformtod infolge von Herz-
paralyse angenommen; die von Recklinghausen vorgenommene Section ergab jedoch im Sulcus transversus einen grossen,
offenbar durch das Cholesteatom verursachten Knochendefect und
im Sinus selbst eine breite Oeffnung, die zackig und blutig gefärbt war. In den Pia-Gefässen fand sich etwas Luft, im Herzen
selbst, besonders im rechten Ventrikel, viele Luftblasen im Blut,
ebenso in der Arteria pulmonalis. Hierdurch wurde Recklinghausen veranlasst, als Todesursache Luftembolie durch Verletzung des Sinus sigmoideus anzunehmen. Die Ueberzeugung,
dass das Vorkommniss nur durch besondere Umstände herbeigeführt werden konnte, veranlasst den Verfasser zur Untersuchung, in wie weit eine Luftembolie begünstigende Verhältnisse in
diesem Falle vorhanden waren, unter Vergleichung mit den in
der Literatur beschriebenen Fällen. Er kommt zum Schluss,
dass ein seltenes Zusammentreffen sowohl allgemeiner als auch
localer anatomischer Verhältnisse an dem plötzlichen Tode die
Schuld trugen.

Die Patientin war schon vor der Operation hochgradig blut-
arm, die knöcherne Wand des Sinus durch das Cholesteatom
zerstört, der Sinus selbst durch die gleiche Ursache comprimirt;
denn während der Operation war trotz der Verletzung keine

Sinusblutung aufgetreten. Die Wand des Sinus war vielleicht
schon usurirt oder wenigstens durch Druck brüchig geworden.
Verf. denkt sich, dass durch Zusammentreffen einer tiefen
Inspiration mit einer Eröffnung des Sinus, vielleicht durch Meissel-
erschütterung, in das plötzlich klaffend gewordene leere Gefäss
Luft eingetreten sei, deren Aspiration in das Herz der niedrige
Blutdruck der anämischen Patientin begünstigte.

Das der Erkrankung zu Grunde liegende Mittelohrcholeste-
atom ist Verf. geneigt, den „wahren" (primären) Cholesteatomen
zuzuzählen, wozu er durch das rasche zerstörende Wachsthum
und den kurzen Bestand der Eiterung (nach der Anamnese) berechtigt zu sein glaubt.   Zeroni.

<hr />

15.

Manasse, Ueber syphilitische Granulationsgeschwülste der
Nasenschleimhaut, sowie über die Entstehung der Riesenzellen in derselben. (Virch. Arch. Bd. CXLVII. Mit 1 Tafel.)

Eine selten vorkommende Geschwulstart in der Nase hatte
Verf. Gelegenheit, öfter zu sehen und mikroskopisch zu untersuchen. Es handelte sich um theils gestielt, theils breit auf-
sitzende derbe Tumoren, deren Sitz in den meisten Fällen das
Septum war. Die mikroskopische Untersuchung ergab ein zell-
reiches Granulationsgewebe, in dem sich manchmal auch grössere
epitheloide Zellen fanden, und Zeichen hyaliner und käsiger
Metamorphose nachzuweisen waren. In sämmtlichen untersuchten
Geschwülsten waren Riesenzellen zu finden mit vielen rand-
ständigen Kernen, dem Langhans'schen Typus entsprechend.
Nach des Verfassers Ansicht konnte man nach diesem Befunde
im Zweifel sein, ob die Geschwulst als tuberculöse oder als
syphilitische aufzufassen sei. Doch sprechen für letztere Auffassung mehrere Momente. In einigen Fällen wurde durch die
Anamnese oder durch ausgesprochene syphilitische Veränderungen
an anderen Körperstellen die Diagnose auf Syphilis hingeleitet,
und besonders sprach dafür das in jedem Falle (1 Fall entzog
sich der Behandlung) auf Jodkaligebrauch vollständige Zurückgehen der Geschwülste auch nach nur theilweiser instrumenteller
Entfernung. Die in den Tumoren sich findenden Riesenzellen
hat Verf. eingehender untersucht und besonders deren Entstehung
in Betrachtung gezogen. Er fand dieselben meist in eine netz-
artige, hellgefärbte Zone übergehend, in deren Maschen Rundzellen und epitheloide Zellen eingelagert waren. An einzelnen
Stellen war eine scharfe Grenze zwischen der eigentlichen Zelle
und dem hellen Mantel zu bemerken, manchmal lag der Rand
der Zelle ganz frei oder von einem dunkeln Saum umgeben. In
den Gefässen der Tumoren sah Verf. Wucherungen des Endo-
thels und feinkörnigen Inhalt, so dass ein derartig angefüllter
Gefässquerschnitt oft einer Riesenzelle täuschend ähnlich sah.
Eine weitere Reihe von Einzelbeobachtungen, die hier nicht auf-

gezählt werden können, leitet den Verf. zu dem Schluss, dass
die Riesenzellen durch Wucherung des Intimaendothels in den
Gefässen entstehen, wie von einigen Autoren auch die bei
Tuberculose auftretende Riesenzellenbildung erklärt worden ist.
Der Mantel, die oben erwähnte hellgefärbte Zone, soll von den
äusseren Gefässschichten gebildet werden.   Zeroni.

15.

Ponfick, Ueber die allgemein pathologischen Beziehungen der
Mittelohr-Erkrankungen im frühen Kindesalter. (Berliner med.
Wochenschrift 1897. Nr. 39.)

Angeregt durch Beobachtungen an seinen eigenen Kindern,
die ein Abhängigkeitsverhältniss gewisser Verdauungsstörungen
von eitrigen Ohrentzündungen erkennen liessen, hat es Verf.
unternommen, durch systematische Ohrsectionen von Kindes-
leichen die allgemein pathologischen Beziehungen der Mittelohr-
Erkrankungen im frühen Kindesalter einem eingehenden Studium
zu unterziehen. Er berichtet in seiner Arbeit über das Ergebniss
der Sectionen von 100 Kindern bis zum 4. Lebensjahre, von
denen fast ³/₄ dem 1. Lebensjahre angehörten. Unter 6 Kindern,
welche an nicht infectiösen Processen litten (angeborene Herz-
fehler, Verbrennung, sonstige Dermatitiden), hatte nur eins normale Paukenhöhlen. Bei den fünf anderen bestand Otitis purulenta. Unter 75 an acut-infectiösen Krankheiten verstorbenen
Kindern gehörten 65 den Gruppen: 1. acute infectiöse Dermatitiden (Furunculosis, Erysipel), 2. Diphtherie, 3. Scharlach, 4. entzündliche Verdichtungen der Lunge, 5. eitrige Meningitis, 6. u.
7. Gastroenteritis infantum an. Von diesen 65 Kindern hatten
nur 7 ein normales Mittelohr, dagegen 58 heftige Entzündungen
mit zuweilen seröser, meist jedoch eiteriger Beschaffenheit des
Exsudates (achtmal einseitig, 50 mal doppelseitig). Interessant
sind die Ausführungen über das von den Autoren betonte Wechsel-
verhältniss zwischen Gastroenteritis und pneumonischen Herden.
Verf. hebt hervor, dass beide, sowohl Störungen im Athmungs-
wie Verdauungsapparate von einem gemeinsamen Infectionsherde
gleichzeitig oder kurz hintereinander inducirt sein können, nämlich vom Ohre. In 10 Fällen, welche sich diesen Gruppen nicht
einreihen liessen, und wo die Autopsie ausser einer mässigen
Milzschwellung ein negatives Ergebniss aufwies, war das Mittelohr das einzige Organ, in welchem sich beträchtliche Veränderungen vorfanden. P. kommt zu dem Schluss, dass das Leben
von Säuglingen, die unter misslichen äusseren Lebensbedingungen
leben, durch eine eitrige Entzündung des Mittelohres ebenso be-
droht werden kann, als durch Entzündungen der Fauces und
Mandeln, durch eine Laryngotracheïtis oder gar Bronchitis capil-
laris und Aehnliches. Unter 19 an chronischen Infectionskrankheiten zu Grunde gegangenen Kindern (16 Tuberculose, 3 Syphilis
congenita) wurde nur einmal das Tympanum unversehrt gefunden.

Insgesammt hatten also von den 100 Kindern nur 9 eine normale Paukenhöhle. Die entzündlichen Veränderungen der Schleimhaut waren am intensivsten in der Gegend des Ostium tympanicum tubae, das Exsudat in der überwiegenden Mehrzahl der Fälle ein eitriges. Eine regelmässige Beziehung zwischen der Qualität des Exsudates und der gefundenen anderweitigen Körperkrankheit konnte P. nicht feststellen. Er steht unter dem Eindrucke, dass hier gerade die Unbeständigkeit Regel sei. Bacteriologisch ist das Exsudat nur in vereinzelten Fällen untersucht, sind ja doch auch solche Untersuchungen, erst viele Stunden post mortem ausgeführt, nicht so werthvoll, wie frische Untersuchungen. Bei Erörterung der Frage nach den Schicksalen, welche dem das Mittelohr füllenden Ergusse bevorstehen, berichtet er zunächst, dass noch nicht in 5 Proc. aller erkrankten Paukenhöhlen das Trommelfell zur Perforation kommt. Weiterhin betont er, dass solche Otitiden nicht nur als Herd, sondern als Allgemeinerkrankungen aufzufassen sind. Fort und fort geben toxische, der Otitis entstammende Producte in die Säftemasse über. Für diese Auffassung spricht der fieberhafte Allgemeinzustand, die auffallend häufige Milzvergrösserung, die Degenerationserscheinungen, besonders an Nieren und Leber, die intestinalen Störungen etc. Unter den Wegen, auf welchen das Exsudat spontan entleert werden kann, misst er der Tuba Eust. eine hervorragende Rolle bei, wenn er auch die pathologischen Bedingungen nicht verkennt, unter denen dieser Weg die Exsudat entleerung nicht gewährleisten kann.

Bemerkung des Referenten: Wenn auch die Arbeit des Verf. an der Hand eines grossen und systematisch verarbeiteten Materiales Thatsachen bestätigt, welche dem Otologen von Fach lange bekannt sind, so z. B. die „verblüffende" Häufigkeit der entzündlichen Ohraffectionen im frühen Kindesalter, auf welche von Tröltsch bereits im Jahre 1858 hingewiesen hat, so begrüssen wir Otologen sie jedoch mit Freuden. Die Mahnung, dem Ohr sein volles Augenmerk zuzuwenden, welche von Ohrenärzten oft leider so vergeblich an die Kinderärzte gerichtet ist, wird nicht ungehört verhallen, wenn sie von einem pathologischen Anatomen ausgesprochen wird. Den Pathologen wird die Abhandlung anregen, das Ohr mehr als bisher bei den Sectionen zu berücksichtigen, und so die Hoffnung der Ohrenärzte, dass die Ohrsection ein integrirender Bestandtheil einer jeden Section werden möge, ihrer Erfüllung einen Schritt näher bringen. Wenn erst von Seiten der pathologischen Anatomen die Ohrenkrankheiten in ihrer vollen Bedeutung für den Allgemeinzustand gewürdigt werden, und vom pathologisch-anatomischen Catheder oder mit der Feder des Pathologen die Erkenntniss dieser Bedeutung in die Kreise der Studirenden und Aerzte dringen wird, dann wird diese Erkenntniss mehr Früchte zeitigen, als wenn ihre Verbreitung nur von fachwissenschaftlicher Seite gefördert wird.

Grunert.

17.

A. Crouzillac, Sur deux cas de bourdonnements liés à des affections uterines. Annales de la Policlinique de Toulouse, Nr. 10, Décembre 1896.

Zwei junge nervöse Mädchen mit ziemlich reichlichem Fluor albus haben seit einigen Wochen besonders Nachts heftige Ohrgeräusche, die während der Periode stärker werden. Allgemein- und Localbehandlung (Vaginalinjectionen mit Sublimat) mildern die Geräusche erheblich. — Bemerkt muss werden, dass die 1. Kranke Rhinitis atrophica mit Ozaena hatte, bei der 2. die Nasenschleimhaut roth, injicirt, sehr eindrückbar und sehr sensibel, sowie dass das Gehör nicht intact war. (Nach einem Referat in No. 19 [1897] der „Revue de Laryngologie, d'Otologie et de Rhinologie".)   S t e r n - M e t z.

18.

W. Liaras, Otite moyenne suppurée chronique; expulsion des osselets. Journal de médicine de Bordeaux, Nr. 13, Mars 1897.

Bei einem Phthisiker, der an Otorrhoe litt, fanden sich im Eiter Amboss und Steigbügel, und zwar frei von Caries. Facialisparalyse und Schmerzen im Warzenfortsatze. Der Allgemeinzustand und der der Lungen verbieten einen chirurgischen Eingriff. Merkwürdiger Weise hört der Kranke die Sprache verhältnissmässig gut auf der kranken Seite. (Nach einem Referat in No. 23 [1897] der „Revue de Laryngologie, d'Otologie et de Rhinologie".)
S t e r n - M e t z.

19.

W. Liaras, Corps étrangers du conduit auditif. Soc. d'anat. et de physiol. de Bordeaux. — Journ. de méd. de Bordeaux, Nr. 15, Avril 1897.

Liaras weist 2 Flöhe vor, die sich im Ohr eines Kranken auf der Klinik von Moure fanden. Er erinnert daran, dass Beausoleil und Natier Fälle von Wanzen im Gehörgang veröffentlicht haben, sowie daran, dass man auch Nachtfalter darin gefunden hat, und sagt, das beste Mittel, diese Fremdkörper zu entfernen, sei eine Injection. Vorher aber müsse man das Insekt durch einige Tropfen Chloroform oder Aether auf Watte tödten. (Nach einem Referat in No. 29 [1897] der „Revue de Laryngologie, d'Otologie et de Rhinologie".
S t e r n - M e t z.

20.

Royet, Deux observations de surdité fonctionelle avec quelques considérations sur ce symptôme. Province méd., Nr. 19, Mai 1897

Nach Mittheilung zweier Krankengeschichten sagt der Autor, dass die functionelle Taubheit ein Symptom sei, das in einem Versagen wahrscheinlich der höheren Hörcentren bestehe. Man findet

sie hauptsächlich bei neuropathischen Individuen. Eine organische
Läsion liegt bei ihr nicht vor. Sie kann mit einer Aphasie, die sich
auf die Hörbilder erstreckt, vergesellschaftet sein. Zuweilen folgt sie
der übermässigen Erregung eines anderen Sinnes. Häufig auch verschlimmert sie die organische Taubheit. (Nach einem Referat in No. 29
[1897] der „Revue de Laryngologie, d'Otologie et de Rhinologie".)

Stern-Metz.

21.

Lavrand, Abscès fistuleux rétro-auriculaire gauche. Trepanation de la mastoïde. Curettage de l'oreille moyenne. Guérison.
Journ. des sciences méd. de Lille, Nr. 25, juni 1897.

Infolge einer seit 2 Jahren bestehenden Otorrhoe bei einem
4 jährigen Kinde mehrere retroauriculäre Abscesse mit Fistelbildung.
Nach Eröffnung von Antrum und Paukenhöhle, Entfernung krümeliger
Massen und Auskratzung. Heilung.   Stern-Metz.

22.

Kuhn-Strassburg, „Ueber 2 Fälle von Sarkom des Mittelohres."
Abdruck aus den Verhandlungen der Deutschen otologischen Gesellschaft.
Nürnberg 1896.

. Das erste, myelogene Sarkom trat in beiden Felsenbeinen auf;
erst nachdem die consecutive Ohreiterung und rasch zunehmende
Schwerhörigkeit einige Zeit bestanden hatte, stellte es sich heraus,
dass es sich um eine multiple Knochensarkomatose handelte, bei welcher
bisher ein Befallensein der Felsenbeine noch nicht constatirt werden
konnte. Es waren ausserdem befallen der harte Gaumen, das rechte
Scheitelbein, beide Oberschenkel, deren Miterkrankung sich erst durch
den Bruch beider Knochen manifestirte; zuletzt trat Druckempfindlichkeit in beiden Humeri auf. Ueber beiden Warzenfortsätzen bestanden sich teigig anfühlende, auch auf Druck schmerzlose Anschwellungen. Auf Drängen des Patienten entschloss sich Kuhn zur
Operation. Die Geschwulst erfüllte beiderseits die ganze Knochenhöhle, reichte nach vorn bis ins Cavum Tympani, nach innen und
hinten bis in die hintere Schädelgrube, wo sie sich jedoch von der
Dura abheben liess; nach aussen war sie an verschiedenen Stellen
durchgebrochen. Merkwürdiger Weise war die Blutung bei der Ope-
peration gering. Betreffs des primären Herdes kann der Verf. leider
keine sichere Auskunft geben, da eine Section nicht vorgenommen
werden konnte, doch neigt er der Ansicht zu, dass eine Geschwulst
in der Leistengegend, welche circa 2—3 Jahre vor der Aufnahme
des Patienten aufgetreten, später operirt, sehr langsam geheilt war
und in der letzten Zeit wieder exulcerirte, als solcher anzusprechen sei.
Im 2. Falle handelte es sich um ein Melanosarkom, welches
zuerst, 2 Jahre vor der Aufnahme, im linken äusseren Gehörgange bemerkt wurde. Bei der Aufnahme selbst füllte die Geschwulst
den Meatus fast ganz aus und reichte nach vorn bis zum vorderen

Masseterrande. Hinter dem Ohre auf der Warzenmitte fand sich eine
fluctuirende Geschwulst, an der Spitze des Warzenfortsatzes eine
weitere Anschwellung; die darunter liegenden Lymphdrüsen waren
ebenfalls geschwollen. Da die Patientin sich zu einer grösseren Operation nicht entschliessen konnte, so wurde nur ein Theil des Gehör-
gangstumors, sowie eine Lymphdrüse entfernt, wobei sich ergab, dass
der Tumor tief ins Cavum Tympani hineingewachsen war. Auch in
diesem Falle lässt sich nicht mit Sicherheit entscheiden, ob die Geschwulst vom äusseren Ohre oder von der Parotis ausgegangen ist.
Der Verf. weist darauf hin, dass für die erstere Annahme das Auftreten der Geschwulst im Ohre vor den übrigen Anschwellungen, sowie
die Erkrankung der Drüsen über dem Warzenfortsatze und unterhalb
desselben spricht. — Beide mikroskopische Schilderungen werden durch
gute Abbildungen illustrirt.   Leutert.

23.

Friedr. C. R. Wolff - Sidney, **Beiträge zur Lehre vom otitischen
Hirnabscesse.** (Aus der Universitätsklinik für Ohrenkrankheiten zu
Strassburg i. E.) Dissert. Inaug. Strassburg i. E. 1897.

An der Hand einer Anzahl in der Kuhn'schen Klinik beobachteter Fälle behandelt Verf. in übersichtlicher und kritischer Weise
die Diagnose des vom Ohr ausgehenden Hirnabscesses, die Differentialdiagnose zwischen Hirnabscess und den anderen otogenen intracraniellen Affectionen, und die Complicationen des Hirnabscesses. In
dem der Diagnose gewidmeten Abschnitte beschreibt er zunächst einen
zur Section gekommenen Fall von Kleinhirnabscess, der ein Beispiel
sein soll für eine jahrelange Latenz des Abscesses. In dem, was
Verf. mitgetheilt hat, kann man indess unmöglich einen derartigen
Beweis erblicken. Auch vermisst der Ref. genauere Temperaturan-
gaben, „Temperatur kaum erhöht". Der 2. Fall betrifft einen Abscess
im linken Schläfenlappen. Die acute Meningitis, welche 4 Tage vor
dem Tode einsetzte, ist erfolgt durch eine Infection der Ventricular-
meningen, welche von der Umgebung der Abscesswand aus erfolgt
war. Die Unsicherheit der Diagnose ist vom Verf. in erschöpfender
Weise hervorgehoben. Als Paradigma dafür, dass eine Leptomeningitis einen Hirnabscess vortäuschen kann, führt er Fall III an, wo
auf Grund des Symptomes der sensorischen Aphasie die Diagnose
eines otitischen Abscesses im linken Schläfenlappen gestellt und dementsprechend operativ eingegangen war. Die Section stellte eine
diffuse acute eitrige Leptomeningitis fest, mit leichter Erweichung
und hämorrhagischer Infiltration der Substanz der linken 2. Schläfenwindung. Die Aphasie war entstanden durch Druck des meningealen
Exsudates auf das Wernicke'sche Sprachcentrum. In dem Capitel
über die Differentialdiagnose bietet Fall IV ein besonderes Interesse
dar, weil trotz hohen Fiebers, und obwohl die bei der Lumbalpunction
gewonnene Flüssigkeit getrübt war, ein uncomplicirter (? Ref.) Schläfenlappenabscess vorlag. In dem letzten, den Complicationen des oto-

19*

genen Hirnabscesses gewidmeten Abschnitte ist einFall von zweifachem
Abscess (Schläfenlappen und Kleinhirn) von Interesse, der mit einem
perisinuösen Abscesse complicirt war. Die Section wurde nicht gestattet.
Der Fall IV behandelt einen Fall von rechtsseitigem Schläfenlappenabscess, der mit Meningitis complicirt war. Die 3 Tage vor dem
Tode einsetzenden heftigen Schüttelfröste werden auf einen Abscess-
durchbruch in die Ventrikel bezogen, da die Section keine Sinusphlebitis aufdeckte. Interessant ist auch Fall VII. Abscess complicirt mit Thrombophlebitis. Spaltung des Sinus sigm., Entfernung
eines in der Mitte eitrig zerfallenen Thrombus von graurother Farbe.
Am Innenrande des Sinus sigm. bestand eine Oeffnung der Dura,
durch welche ein Finger hindurchging, aussen schlaffe Gewebsmassen,
innen graurothe Gehirnsubstanz. Fall VIII (Occipitallappenabscess mit
Sinusphlebitis und Meningitis) und IX (Schläfenlappenabscess, eitrige
Leptomeningitis, eitrige Pachymeningitis ext. und Thrombose des Sinus
transv.) bieten nichts Besonderes dar.			G r u n e r t.

24.

Hoffmann - Dresden, Ausgedehnte, nicht inficirte Thrombose
mehrerer Hirnsinus und der Jugularis infolge einer Operationsverletzung des Sinus transversus. Heilung. Zeitschrift
f. Ohrenheilkunde. Bd. XXX. 1. S. 17.

Acute linksseitige Influenzaotitis bei einer 40 jährigen Frau, verbunden mit starken Schmerzen im Ohre und besonders in der linken
Kopfhälfte. Vorübergehende Besserung jedesmal nach der Paracentese, welche wiederholt vorgenommen werden musste, da sich die angelegte Oeffnung fast vollständig wieder schloss. Druckempfindlichkeit an der Spitze des Warzenfortsatzes und unterhalb derselben,
später Röthung und Schwellung über den ganzen Processus mastoideus. Aufmeisselung: Corticalis gesund, Antrum von Granulationen
und Eiter erfüllt, beim Abkratzen einiger Granulationen aus dem
hinteren oberen Winkel des Operationsgebietes Sinusblutung. Nach
der Operation steigerten sich die Kopfschmerzen immer mehr und
breiteten sich sowohl nach der anderen Kopfhälfte als nach dem
Nacken, den Schultern und beiden Armen aus. Dazu gesellten sich
ferner Erscheinungen, welche auf eine Thrombose des Sinus transversus, der Vena jugularis und des Sinus cavernosus hindeuteten,
zum Theil vielleicht auch als hysterischer Natur aufzufassen waren.
Der ersteren Kategorie gehörten an Schmerzen und später auch leichte
Schwellung in der linken seitlichen Halsgegend, entsprechend dem
Verlaufe der Vena jugularis, welche weiterhin als deutlicher Strang
zu fühlen war, sodann Verminderung der Pulsfrequenz, Schwindel,
Erbrechen, Benommenheit, Delirien, beiderseitige Neuritis optica, gekreuzte Facialislähmung, Oedem der Augenlider beider Seiten, besonders des unteren links, und Stauungspapille. Dagegen konnten die
ziehenden Schmerzen in Kopf, Nacken, Schultern und Armen, die
starke Hyperästhesie ebendaselbst und desgleichen die sensiblen
Reizungserscheinungen in den Beinen und der rechten Hand sehr

wohl auch der bestehenden Hysterie zugeschrieben werden. Die totale
Lähmung des rechten Facialis wird auf eine nur wenig umfangreiche
Gehirnblutung zurückgeführt, welche durch die auf Grund der Sinusthrombose entstandenen Circulationsstörungen bedingt und vermuthlich im Verlaufe der von der Rinde durch das Centrum semiovale
hindurchgehenden Markfasern gelegen war. Fieber war während
der ganzen Krankheit nicht vorhanden, da es sich ja um eine nicht
inficirte Thrombose handelte. Bei der jetzt nochmals vorgenommenen
Eröffnung des Schädels zeigte sich der Sinus transversus in seinem
absteigenden Theile und am Knie ohne Pulsationen, als prall gespann-
ter dicker Wulst vorspringend und gelblich verfärbt, im Gegensatze
zu dem transversalen Theile, welcher nach hinten zu einen leicht
bläulichen Schimmer darbot. Die Probepunction des Sinus ergab
wenig flüssiges dunkles Blut, die Incision erwies denselben mit braun-
rothen Thrombusmassen erfüllt. Sonstige Veränderungen am Gehirn
und seinen Häuten, bis auf eine pralle Spannung der Dura mater
und Abwesenheit respiratorischer und pulsatorischer Bewegungen,
fehlten. Der Einfluss dieser 2. Operation war, durch Entlastung
des Schädelinhaltes, ein entschieden günstiger, wenn auch die einzelnen Störungen nur sehr langsam zurückgingen und besonders
die Klagen über den Kopf noch lange bestehen blieben. Die Neuritis optica und das Lidödem erfuhren sogar noch eine Zunahme.
Nach ungefähr 4 Wochen konnte die Kranke in ambulante Behandlung entlassen werden, nach 3 Monaten war dieselbe in jeder Beziehung vollständig geheilt. Die Nachbeobachtung, welche das Andauern der Heilung ergab, erstreckte sich auf nahezu 1 Jahr. Warum
in diesem Falle die Sinusverletzung, entgegen dem gewöhnlichen
Verhalten, eine so ausgedehnte Thrombose veranlasst hatte, wird
unentschieden gelassen; vielleicht hatte schon vorher die Eiterung,
durch Vermittlung kleiner, mit dem Sinus in Verbindung stehender
Knochengefässe, locale Veränderungen der Sinuswand bewirkt, welche
dann bei eingetretener Verletzung die weite Ausbreitung der Thrombose
begünstigten. Blau.

25.

Lichtwitz - Bordeaux, Ein Fall von sogenannter Bezold'scher Mastoiditis. Eröffnung des Abscesses der seitlichen Halsgegend
und des Antrums. Resection des Warzenfortsatzes; Heilung.
Zeitschrift f. Ohrenheilkunde. Bd. XXX. 1. S. 44.

Die Warzenfortsatzerkrankung hatte sich im Anschluss an eine
acute Otitis media purulenta entwickelt und gelangte 8 Monate nach
Beginn des Leidens zur Operation. Letztere bestand in der Eröffnung
des tiefen Halsabscesses, der Aufmeisselung des Processus mastoideus,
wobei der äusserlich gesunde Knochen sklerotisch und das kleine
Antrum, sowie die wenigen, sonst noch in ihm vorhandenen und bis
zur Spitze reichenden Hohlräume mit Eiter und Granulationen erfüllt
gefunden wurden, und in der Fortnahme der ganzen Spitze des

Warzenfortsatzes. Beim Abschaben der Wände des Abscesses der
seitlichen Halsgegend trat eine ausserordentlich starke venöse Blutung
ein, wahrscheinlich bedingt durch Verletzung der Vena occipitalis.
Heilung in 2 Monaten.   Blau.

26.

Hartmann-Berlin, Ueber Hyperostose des äusseren Gehörganges.
Zeitschrift f. Ohrenheilkunde. Bd. XXX. 1. S. 48.

Nach Verfasser, welcher mit Virchow vollständig übereinstimmt,
muss die mehr diffuse Hyperostose des äusseren Gehörganges von
der Exostosenbildung streng getrennt werden. Dieselbe beschränkt
sich immer auf die Pars tympanica, während die angrenzende Schuppe
keine knöchernen Auftreibungen zeigt. Durch Verdickung seiner
vorderen und hinteren Wand wird dabei der Gehörgang schlitzförmig
verengert und, indem besonders die Ränder der Pars tympanica nicht
selten zu stärkerer Auftreibung neigen, kann es nach innen gegen
den Rivini'schen Ausschnitt und nach aussen gegen den Eingang
des Meatus zu höckerigen oder halbkugeligen, exostosenartigen Bildungen kommen. Die beschriebenen Veränderungen treten mit der
Entwickelung des äusseren Gehörganges und dem fortschreitenden
Wachsthum der Pars tympanica auf und erfahren nach Beendigung
des letzteren keine weitere Zunahme. Sie finden sich gleichmässig
auf beiden Seiten und sind nicht selten erblich; Merkmale früher
stattgehabter Entzündung sind nicht vorhanden, der neugebildete
Knochen gleicht vollständig dem normalen und unterscheidet sich in
nichts von dem Knochen der benachbarten Schuppe. Aus allen diesen
Gründen ist Verfasser geneigt, die hyperostotischen Veränderungen
des äusseren Gehörganges nicht als entzündliche oder sonstwie bedingte krankhafte Vorgänge, sondern als Entwickelungsstörungen aufzufassen.   Blau.

27.

Bezold-München, Die Stellung der Consonanten in der Tonreihe.
1. Nachtrag zum „Hörvermögen der Taubstummen". Zeitschrift f. Ohrenheilkunde. Bd. XXX. 2. S. 114.

Die Untersuchungen des Verfassers an 79 Taubstummen hatten
bekanntlich das für den Taubstummenunterricht sehr wichtige Resultat
ergeben, dass von jenen nur 15 auf beiden Seiten total taub waren,
dagegen 28 ausser dem Gehör für Töne noch ein deutliches Vocal-,
bezw. Wortgehör, 3 ein solches für einzelne Consonanten und 32 für
einen verschieden grossen Theil der Tonscala besassen. Ferner hatte
sich bei einer Vergleichung des erhalten gebliebenen Restes der Tonscala und des Sprachverständnisses der Taubstummen herausgestellt,
dass für letzteres nur die nicht allzustark herabgesetzte Perception
der von den Tönen b^I—g^{II} einschliesslich umfassten Strecke in der

Tonreihe nothwendig ist. Bekannt ist aus früheren Forschungen, dass die Eigentöne der Vocale grösstentheils innerhalb dieses Abschnittes der Tonscala liegen. Desgleichen haben neuere, in ähnlicher Weise angestellte Untersuchungen des Verfassers in Bezug auf die Consonanten eine sehr gute Uebereinstimmung zwischen den bisher geltenden Annahmen über die Lage jener in der Tonscala und den für ihre Perception erhalten gebliebenen Hörresten bei den Taubstummen zu Tage gefördert. Die Consonanten M, N, L und K wurden am häufigsten als ausfallend nachgewiesen, entsprechend der Thatsache, dass gerade der untere Theil der Scala, wo wir das Tongebiet für die genannten Consonanten suchen müssen, am häufigsten und in der grössten Ausdehnung bei der Gesammtheit der Taubstummen verloren gegangen ist. Die Tonhöhe des Consonanten F muss zwischen f^I und g^{IV} gesucht werden, diejenige des Consonanten S zwischen e^I und Galton 3,5, diejenige von Sch zwischen cis^{II} und e^V. In den wenigen Fällen, wo auch die Consonanten M, N, L und K gehört wurden, reichte die erhaltene Hörstrecke durchgängig mindestens bis zum E der grossen Octave herab, während diejenigen Taubstummen, welche von den hohen Consonanten mehr als die oben genannten percipirten, durchgängig eine grössere continuirliche Hörstrecke für die Tonreihe, zum mindesten von fis^I bis in die Mitte des Galtonpfeifchens, aufwiesen. Die Consonanten P, F und R können sich schon durch das Gefühl am Ohre verrathen und wurden daher auch von einer Reihe total Tauber richtig nachgesprochen. Blau.

28.

Bloch-Freiburg i. B., Die Erkennung der Trommelfellperforation. Zeitschrift f. Ohrenheilkunde. Bd. XXX. 2. S. 121.

Um in zweifelhaften Fällen eine Trommelfellperforation zu erkennen, wird der Gebrauch des Siegle'schen Trichters empfohlen. Bei vorhandener Perforation bleibt, wenn mittelst desselben die Luft im Gehörgange verdünnt wird, jede Bewegung am Trommelfelle aus. (Damit eine schnelle Ausgleichung des Luftdruckes in Paukenhöhle und Gehörgang eintreten kann, muss die Trommelfellöffnung jedenfalls einen bestimmten Umfang haben. Das Verfahren dürfte daher für punktförmige oder durch eine Wucherung, bezw. die vorgefallene Paukenhöhlenschleimhaut verlegte Perforationen nicht passen. Ref.) Blau.

29.

Kaufmann-Wien, Ueber einen Fall von gleichseitiger, acut aufgetretener Erkrankung des Acusticus, Facialis und Trigeminus. Zeitschrift f. Ohrenheilkunde. Bd. XXX. 2. S. 125.

Der 34 Jahre alte, bisher stets gesunde Patient erkrankte ohne nachweisbare Ursache unter Gefühl von Unwohlsein, Mattigkeit, Appetitlosigkeit, zeitweisem Kopfschmerz, abendlichen Temperatursteigerungen

bis 38,4°. 5 Tage später Herpes zoster der linken Wange, an demselben
Nachmittage heftiger Kopfschmerz, grosse Schwäche, Schwindel mit nachfolgendem wiederholtem Erbrechen. Die letztgenannten Erscheinungen
dauerten bei geringer Temperatursteigerung an, dann zeigte sich nach
weiteren 4 Tagen plötzlich linksseitige Facialislähmung in allen Aesten,
mit Geschmackslähmung in der linken Zungenhälfte, und Ohrensausen
mit totaler Taubheit des linken Obres. Die Untersuchung ergab hier
sonst normale Verhältnisse. Unter innerlicher Darreichung von Jod-
natrium (1 Grm. pro die) und subcutanen Pilocarpininjectionen, unterstützt von Hörübungen, erfolgte allmähliche Besserung, doch blieb auf
der erkrankten Seite continuirliches Ohrensausen und ein Gefühl von
Taubheit zurück. Die letzte Gehörprüfung hatte folgendes Resultat
ergeben: laute Sprache ungefähr 2 Mtr., Stimmgabel vom Scheitel
nach dem gesunden Ohre, Rinne'scher Versuch für Stimmgabeln
von mittlerer Tonhöhe positiv, mit hochgradiger Verkürzung der Perceptionsdauer, c_4 bei leisem Anschlage gar nicht, c nur kurze Zeit
gehört. Verfasser betrachtet als Sitz der Erkrankung in obigem
Falle die Nervenstämme an der Basis cranii der linken Seite, und
zwar möchte es sich um eine Neuritis auf rheumatischer Grundlage,
welche den 2. Ast des Trigeminus, den Facialis und Acusticus
betroffen hatte, gehandelt haben. Aehnliche Beobachtungen sind, wie
Verfasser anführt, von J. Hofmann in seiner Arbeit: „Zur Lehre
von der peripherischen Facialislähmung" (Deutsche Zeitschrift für
Nervenheilkunde, Bd. V, 1894) mitgetheilt worden. Acut entstandene,
nicht traumatische, einseitige nervöse Taubheit mit Facialislähmung,
ohne Erscheinungen am Trigeminus, wird von Cohn (Neurologisches
Centralbl., Nr. 21, 1896) und von v. Frankl-Hochwart (Der
Menière'sche Symptomencomplex, S. 14 und 15, 1895) beschrieben.
                                                        Blau.

30.

Körner-Rostock, Bemerkungen über Neuralgia tympanica im Anschluss an die Mittheilung eines Falles von Zungenabscess.
Zeitschrift für Ohrenheilkunde. Bd. XXX. 2. S. 133.

    Der Abscess hatte seinen Sitz auf dem Zungengrunde, von
der Mitte der Epiglottis bis zum rechten vorderen Gaumenbogen.
Zugleich bestand rechts zwischen Unterkieferrand und Zungenbeinhorn
eine starke Drüsenschwellung, durch Druck auf welche die Schmerzen
im Ohre gesteigert wurden. Letzteres Symptom diente zur Sicherung
der Diagnose auf Otalgia nervosa, da ausserdem eine chronische
Mittelohreiterung vorhanden war, welche ebenfalls wiederholt Schmerzen
hervorgerufen hatte. Auch bei Neuralgia tympanica infolge von
Zahncaries hat Verfasser mehrfach eine Steigerung der Ohrschmerzen
durch Druck auf die Zungenbeingegend (Drüsenschwellung daselbst)
beobachtet.   Blau.

31.

Bezold-München, Nachprüfung der im Jahre 1893 untersuchten Taubstummen. 2. Nachtrag zum „Hörvermögen der Taubstummen." Zeitschrift f. Ohrenheilkunde. Bd. XXX. 3. S. 203.

Bei einer Nachprüfung, welche vom Verfasser an 28 bereits einmal von ihm untersuchten Taubstummen mit Hülfe der verbesserten continuirlichen Tonreihe (bedeutend stärkere Töne!) vorgenommen worden ist, haben die Resultate im Ganzen eine überraschend gute Uebereinstimmung mit denjenigen jener 1. Untersuchung gezeigt. Nur hat sich die Zahl der total Tauben als noch kleiner ergeben, indem bei 3 damals als solche bezeichneten Zöglingen jetzt zweimal einseitig und einmal doppelseitig das Vorhandensein einer Hörstrecke festgestellt werden konnte. Umgekehrt war bei 2 Taubstummen, wahrscheinlich auf Grund des langsam noch fortschreitenden Zerstörungsprocesses in der Schnecke, ein beträchtlicheres Stück der früher vorhandenen Hörstrecke verloren gegangen. In Bezug auf den Unterricht der Taubstummen erklärt sich Verf. auf das Wärmste für die Hörübungen vom Ohre aus durch Vorsprechen von Worten, in allen Fällen, wo überhaupt genügende Reste von Tongehör vorhanden sind, gleichgültig übrigens, ob es sich nach den Hörprüfungsbefunden um Veränderungen in der Schnecke oder mehr solche centraler Natur (Worttaubheit) handeln mag. Seine eigenen Erfolge nach dieser Richtung hin sind sehr befriedigende gewesen, und dementsprechend ist von Seiten des bayerischen Cultusministeriums auch bereits eine Verfügung getroffen worden, dass die genannte Unterrichtsmethode im k. Central-Taubstummeninstitut zu München für alle geeigneten Fälle eingeführt werden soll. Dagegen kann sich Verfasser von den durch Urbantschitsch desgleichen vorgeschlagenen Hörübungen mit Tönen nichts versprechen. Bei einem älteren Taubstummen, welcher wegen des erhaltenen Hörbereiches anscheinend die besten Aussichten für eine derartige Behandlung darbot, ist es durch 3 Monate lang fortgesetzte Uebungen nicht gelungen, weder die vorhandene Hörstrecke auszudehnen, noch ein besseres Verständniss für die Sprache zu erwecken. Blau.

32.

Milligan-Manchester, Ein Fall von Temporo-Sphenoidalabscess im Anschluss an linksseitige acute Mittelohreiterung; Operation; acute Hernia cerebri; Tod. Zeitschrift f. Ohrenheilkunde. Bd. XXX. 3. S. 223.

Acute linksseitige Otitis media purulenta bei einem 48 jährigen Manne, mit andauernden und heftigen Schmerzen im Ohre und um dasselbe herum, sowie in der entsprechenden Kopfhälfte. Untersuchung 3 Monate nach Beginn der Erkrankung. Schmerzen am heftigsten in der Stirngegend, gesteigert durch jede Kopfbewegung und besonders durch die Percussion. Geistige Trägheit, Worttaubheit und (weniger ausgesprochen) motorische Aphasie. Linksseitige Facialis-

lähmung, hochgradige Ptosis und Pupillenerweiterung; die linke Seh-
nervenpapille geschwollen, mit verwaschenen Rändern. Schlaflosigkeit. In den letzten Tagen Incontinentia alvi et vesicae. Gehörgang
durch Vorfall seiner hinteren oberen Wand theilweise verschlossen,
Trommelfell mit einer kleinen Perforation im hinteren oberen Quadranten. Uhr 0, Stimmgabel vom Scheitel nach der kranken Seite.
Temperatur 37,1°, Pulsfrequenz 66. Operation des völlig bewusstlosen Patienten 2 Tage später; es wurde im Schläfenlappen ein
Abscess gefunden und aus demselben etwa 1 Esslöffel voll geruch-
losen Eiters entleert. Nach weiteren 6 Tagen wurde der Warzenfortsatz eröffnet, wobei sich das Antrum ohne Eiter, aber die Zellen
mit stark gerötheter Schleimhaut ausgekleidet zeigten. Die Temperatur, welche zur Zeit der Gehirnoperation 38,3° betragen hatte,
fiel am nächsten Morgen auf 36,5° und die Pulszahl von 108 auf
82 Schläge. Wohlbefinden in den nächsten 7 Wochen. Dann Hernia
cerebri, welche sehr schnell anwuchs, erneutes Fieber, meningitische
Symptome und Exitus letalis genau 2 Monate nach dem ersten operativen Eingriff. Bei der Section wurde als Todesursache eine frische
diffuse Leptomeningitis basilaris nachgewiesen. Gehirnabscess leer und
zum Theil geschrumpft, Dura mater über dem Paukenhöhlendache
gesund, keinerlei Veränderungen am Knochen, keine Eiterung in den
Warzenfortsatzzellen.   Blau.

33.

Milligan-Manchester, 2 Fälle von Sarkom des Mittelohres. Zeitschrift f. Ohrenheilkunde. Bd. XXX. 3. S. 226.

In den mitgetheilten 'Beobachtungen handelte es sich das eine
Mal um ein Angiosarkom, das andere Mal um ein Myxosarkom von
ziemlich vasculärem Bau. Die Patientinnen waren 36, bezw. 17 Jahre
alt, mit langjähriger Ohreiterung behaftet und während der letzten
Zeit in ihrer Ernährung sehr heruntergekommen, die Untersuchung
ergab den Gehörgang von einer fleischähnlichen Geschwulst ausgefüllt und in der Umgebung den Knochen cariös. Bei der ersten
Kranken bestand Neigung zu profusen Blutungen und Facialislähmung.
In dem 2. Falle hatte sich die Geschwulst, deren Ursprungsort
wahrscheinlich die innere Wand der Paukenhöhle war, nach vorn bis
unter die Parotis und nach hinten in die Warzenzellen ausgebreitet.
Es wurde der Versuch einer radicalen Entfernung unternommen, doch
trat sehr schnell ein Recidiv auf.   Blau.

34.

Körner-Rostock, Die Literatur über das Chlorom des Schläfenbeines und des Ohres. Zeitschrift f. Ohrenheilkunde. Bd. XXX. 3. S. 229.

Verfasser berichtet, dass unter den 20 bisher beschriebenen
Chloromfällen in 10 Ohrsymptome bestanden haben, doch liegt nur

von acht eine anatomische Untersuchung und nur von einem (des Verf.'s eigene Beobachtung) eine solche des Ohres während des Lebens vor. Das Chlorom wird besonders bei Kindern und jungen Leuten beobachtet, tritt stets multipel, sehr häufig bilateral symmetrisch, auf und entwickelt sich vorzugsweise in der Dura mater, den Wandungen der Sinus, dem Pericranium und den Hohlräumen der Schädelknochen, sowie in den Orbitae. Ein Lieblingssitz sind ferner die Schläfengruben, wo die Geschwulst vom Periost oder im Muskel selbst ihren Ursprung nimmt.   Blau.

35.

Körner-Rostock, Ueber inspiratorisches Zusammenklappen des blossgelegten Sinus transversus und über Luftembolie. Zeitschrift f. Ohrenheilkunde. Bd. XXX. 3. S. 231.

Respirationsbewegungen an dem freigelegten Sinus transversus, wie sie zuerst Schwartze (in dies. Arch., Bd. X, S. 28, 1876) und neuerdings auch Jansen (und Edgar Meier aus der Schwartze'schen Klinik in dies. Arch., Bd. XXXVIII., S. 264, Ref.) beschrieben haben, sind auch vom Verf. beobachtet worden. Pat. 4 1/2 Jahre alt, mit acuter jauchiger rechtsseitiger Mittelohreiterung nach Masern, zu welcher sich später auch eine linksseitige Otitis media purulenta gesellte. Fieber mit wiederholten Schüttelfrösten, ausgedehnte schmerzhafte Erytheme an den Extremitäten, schmerzhafte Schwellung der rechten Parotis, sowie der Kieferwinkeldrüsen ebendaselbst, am linken Ellenbogen, dem linken Fussrücken und auf der Streckseite des rechten Vorderarmes oberhalb des Handgelenkes. An den drei letztgenannten Stellen später Fluctuation. Trommelfell rechts in seiner unteren Hälfte zerstört. Warzenfortsatz auf beiden Seiten ohne sichtbare Veränderung, bei Druck nicht empfindlich; keine Senkung der hinteren oberen Gehörgangswand; bei der Percussion links Knochenschall mit tympanitischem Beiklang, rechts Schall dumpfer, aber keine ausgesprochene Dämpfung. Keinerlei Anzeichen für eine Thrombose der Vena jugularis. Aufmeisselung beider Processus mastoidei: unter der ausserordentlich dünnen Corticalis zunächst kleine leere Hohlräume, dann in 3/4 Ctm. Tiefe Eiter, Granulationen, brüchiger Knochen; Antrum mit Eiter und Granulationen erfüllt. Der rechte Sinus transversus zeigte eine glatte, nicht injicirte, grau gefärbte Wand und pulsirte deutlich sicht- und fühlbar. Links war der Sinus sehr weit nach vorn und oberflächlich gelagert, im Uebrigen aber völlig normal und bläulich durchscheinend. Bei aufmerksamer Beobachtung liess sich auch hier ein mit dem Pulse synchronisch bewegter Lichtreflex an der Sinuswand wahrnehmen, ferner bot sich die überraschende Erscheinung, dass bei der einem gelegentlichen Hustenstosse folgenden tiefen Inspiration der vorher beim Athmen nicht bewegte Sinus platt zusammenfiel, um sich wieder auszudehnen und mit der nächsten Inspiration wieder zusammenzufallen. Dieses Spiel ging jetzt mit jedem Athemzuge fort, wobei der zusammengeklappte und von der Knochenwand deutlich abgehobene Sinus grau erschien, während in gefülltem Zustande das Blut bläulich

durchschimmerte. Bei erneuten Hustenstössen füllte sich der Sinus
so plötzlich und prall, dass man fürchten konnte, er werde einreissen.
Incision der oben erwähnten drei metastatischen Abscesse. Tod
6 Stunden nach der Operation im Collapsus. Section nicht gestattet.
— Verfasser bemerkt, dass ein inspiratorisches Zusammenklappen am
blossgelegten und dadurch dem Atmosphärendrucke zugänglich gemachten Sinus nur dann eintreten kann, wenn der Sinus nach dem
Herzen zu frei, dagegen nach der Peripherie verschlossen ist, so dass
sich das bei der Inspiration nach dem Thorax angesaugte Blut vom
Hirn her nicht zu ersetzen vermag, oder wenn eine bestehende grosse
Hirnanämie diesen Ersatz in genügend kurzer Zeit unmöglich macht.
Das Vorhandensein respiratorischer Bewegungen am freigelegten Sinus
legt bei der Eröffnung die Gefahr eines Lufteintrittes nahe und indicirt daher die vorgängige Unterbindung der Vena jugularis. Da ferner
die fehlende inspiratorische Ansaugung ganz plötzlich auftreten kann,
empfiehlt sich die Unterbindung der Jugularvene vor der Eröffnung
des Sinus überhaupt in allen Fällen, in welchen kein fester Verschluss
des Blutweges in der Richtung nach dem Herzen zu nachzuweisen ist.

Blau.

36.

Downie-Glasgow, Ein Fall von erworbener totaler Taubheit infolge von hereditärer Syphilis; mit Sectionsbericht. Zeitschrift
f. Ohrenheilkunde. Bd. XXX. 3. S. 236.

Der mit hereditärer Syphilis behaftete 17jährige Kranke war
im Alter von 11 Jahren unter heftigen Schmerzen in den Ohren und
lauten subjectiven Geräuschen binnen kurzer Zeit auf beiden Seiten
vollständig taub geworden. Ohrspiegelbefund normal. Besserung des
Allgemeinbefindens unter specifischer Behandlung, auch soll Patient
wieder das Wagengerassel und den Ton einer schwingenden Stimmgabel in Knochenleitung gehört haben, letzteren etwa ¼ mal so lange
wie ein normales Ohr. Grosses Gumma über dem rechten Tuber
parietale, später an dieser Stelle ausgedehnte Knochennekrose und
eine entzündlich zerfallene Hernia cerebri. Wiederholte Convulsionen
mit zurückbleibender Lähmung des linken Armes und Beines, sowie
der linken Gesichtshälfte. Tod ziemlich plötzlich nach voraufgegangenen
Athmungs- und Schluckstörungen, bei bis zuletzt erhaltenem Bewusstsein. Sectionsbefund: Der Hirnvorfall, welcher eine weiche hämorrhagische Masse bildete, und dessen sich ablösende Partien schon
während des Lebens operativ entfernt worden waren, umfasste, die
aufsteigende Parietalwindung ausgenommen, deren tiefer gelegenen
Endtheil und einen beträchtlichen Theil des Scheitellappens. An der
Basis machte sich eine erhebliche Eiterinfiltration der weichen Hirnhäute geltend, welche sich auch noch etwas in die Fossa Sylvii hineinerstreckte. Aeusserer Gehörgang, Trommelfell, Paukenhöhle und
Tuba Eustachii normal, desgleichen der Hammer und Amboss, während
der Steigbügel mit den Rändern des ovalen Fensters knöchern ver-

wachsen war. Warzentheil ungewöhnlich klein, durchweg sklerotisch.
Der innere Gehörgang an seinem Grunde normal weit und die in ihm
enthaltenen Nerven (Acusticus und Facialis) gesund; dagegen verdickte
sich 1 Ctm. nach aussen die obere Wand plötzlich, und in weiteren
3 Mm. Entfernung war das Lumen fast vollständig aufgehoben.
Vorhof und halbcirkelförmige Kanäle, bis auf eine Spur des äusseren
(horizontalen), in einer Masse dichten, elfenbeinharten Knochens auf-
gegangen. Schnecke von mittlerer Grösse, doch zeigten sich auch
hier der Modiolus und die Lamina spiralis ossea dermaassen verdickt,
dass dieselben einen ungewöhnlich grossen Theil des inneren Hohlraumes einnahmen. Blau.

37.

Karutz-Lübeck, Studien über die Form des Ohres. I. Zweck und
Gestaltung der Ohrmuschel. II. Die Ohrform als Rassenmerkmal. Zeitschrift f. Ohrenheilkunde. Bd XXX. 3. S. 242 u. 261.

Durch Betrachtung von den verschiedensten Gesichtspunkten aus
ist Verfasser zu dem Resultate gekommen, dass der Ohrmuschel auch
bei den Thieren keine akustische Function zukommt, dieselbe vielmehr
als ein Schutzorgan aufgefasst werden muss. Desgleichen stehen die
hier so lebhaften und charakteristischen Bewegungen der äusseren
Ohrmusculatur nicht etwa in Beziehung zum Höracte oder zur Psyche,
sondern es handelt sich einfach um Mitbewegungen. Der Beginn der
Reduction der Ohrmuschel im Thierreiche fällt mit dem Augenblicke
zusammen, wo ihre oben angegebene Function nicht mehr benöthigt
wird, d. h. wo die werthvollen inneren Theile des Gehörorganes durch
einen längeren oder gewundenen Meatus auditorius externus oder in
anderer Weise genügend vor äusseren Schädlichkeiten bewahrt werden.
Auf Grund der gleichzeitig eintretenden Rückbildung der Musculatur
und des damit aufhörenden Muskelzuges nach hinten oben sinkt,
seiner eigenen Schwere gehorchend, der obere Theil des Ohres herunter
und wandelt sich zum Helix um und entsteht in gleicher Weise am
unteren Pole der Lobulus.

Mit Bezug auf die Rasseneigenthümlichkeiten der Ohrmuschel
hat Verfasser vergleichende Untersuchungen nach 1452 in der Literatur veröffentlichten Messungen bei fremden Völkern und nach 352
eigenen Messungen (darunter 131 Kinder) bei unserer einheimischen
Bevölkerung angestellt. Daraus ergab sich, dass wir in der Form
der Ohrmuschel ein Merkmal zur Rassenunterscheidung keineswegs
besitzen. Allerdings können 2 grosse Gruppen, die der „Grossohren"
und „Kleinohren", festgestellt werden, zu deren ersterer die Indo-
germanen und als Unterabtheilung der „Langohren" die Mongolen
mit ihren amerikanischen Zweigen zu rechnen sein würden, während
in die zweite die Südsee- und Afrikaneger, die Australier, Singha-
lesen und Buschmänner gehören. Jedoch liegt hierin kein Widerspruch zu obiger Behauptung, da wir in den Kleinohren weiter nichts
als das kindlichere Stadium gegenüber den Grossohren als dem reiferen

Stadium zu erblicken haben. Auch bei uns zeichnen sich nach den
Messungen des Verfassers die Kinder durch rundlichere und breitere
Formen vor den Erwachsenen aus. Das weitere Wachsthum der
Ohrmuschel bevorzugt dann in stetig zunehmendem Maasse ihren Längsdurchmesser, während die Breite gegen ihn zurückbleibt, und schliesslich erfährt jener im höheren Alter noch eine weitere Zunahme infolge der vom 50. Lebensjahre eintretenden Erschlaffung und Elastici-
tätsabnahme der Gewebe. Die Ohrform als solche bietet bei allen
Rassen den nämlichen Typus, sie steht bei den niederen Völkern nicht
etwa dem Thiere näher, oder mit anderen Worten, sie ist bei den im
kindlichen Stadium verbliebenen Ohren nicht verschieden von derjenigen der reifen Ohren, in Uebereinstimmung damit, dass auch bei
unserer Bevölkerung zwischen kindlicher und reifer Ohrform nicht
zu unterscheiden ist, und die Variationen der Modellirung während
des extrauterinen Lebens keine Veränderung mehr erleiden.

Blau.

38.

Eulenstein-Frankfurt a. M., Casuistische Beiträge zur Pyämiefrage.
Zeitschrift f. Ohrenheilkunde. Bd. XXX. 4. S. 307.

In der 1. Beobachtung, einen 14jährigen Knaben betreffend, lag
eine acute rechtsseitige Mittelohreiterung vor. Nach 10 Tagen Schüttelfrost mit anhaltender Temperatursteigerung auf 40,4° und zweimaliges
Erbrechen. Warzenfortsatz nur an der Vorderseite seiner Spitze
druckempfindlich und hier auch eine Schwellung des Periostes durch-
zufühlen. Aufmeisselung: Knochen sehr blutreich und in grosser
Ausdehnung erweicht, nur wenig Eiter enthaltend, im Antrum Granulationen, aber kein Eiter. Eine Stunde nach der Operation erneuter
Schüttelfrost von 15 Minuten Dauer, Ansteigen der Temperatur auf
40,1°. Am nächsten Morgen 36,6° bei subjectivem Wohlbefinden,
mittags schwerer Collapsus und Erbrechen kaffeesatzartiger Massen.
Letzteres wiederholte sich mehrmals am Morgen des folgenden Tages,
an welchem der Kranke im tiefsten Coma zu Grunde ging, nachdem
noch einmal ein Schüttelfrost von ³/₄ stündiger Dauer, jedoch ohne
nachherige Temperatursteigerung, eingetreten war. Die Section zeigte
die äussere Wand des rechten Sinus sigmoideus in einer Ausdehnung
von 2 Cm., ungefähr in der Mitte des dem Warzenfortsatze ange-
lagerten Theiles, höckerig, uneben und durch derbe Granulationen
verdickt, und genau dieser Stelle entsprechend fand sich an der
Innenwand, in das Lumen des Sinus hineinragend, ein länglicher,
spitz zulaufender, etwa 1½ Cm. grosser, der Wandung flach aufsitzen-
der Thrombus, welcher an seinem centralen Ende theilweise eitrig
zerfallen war. Der Knochen des rechten Sulcus transversus wurde
dort, wo er die Operationshöhle von der erkrankten Sinuspartie trennte,
fast papierdünn, erweicht und mit Eiter durchsetzt gefunden. — Auch
der 2. Fall, bei einem 12jährigen Mädchen, war ein solcher von
acuter Otitis media purulenta (der linken Seite), welcher sich nach

einer lacunären Angina entwickelt hatte. Teigige Schwellung der
Warzengegend bis nach der Hinterhauptschuppe zu, verbunden mit
starker Druckempfindlichkeit. Temperatur 38,7⁰. Aufmeisselung des
Processus mastoideus und Fortnahme seiner ganzen äusseren Wand,
Knochen sehr zellenreich, sämmtliche Zellen, gleichwie das Antrum
mastoideum, mit Eiter gefüllt. Ausdehnung der Erkrankung des
Knochens bis an den Sinus transversus, welcher letztere sich an seiner
äusseren Wand in der Länge von 1½ Cm. entzündlich verdickt zeigte
und mit höckerigen derben Granulationen bedeckt war. Tamponade
der grossen Wundhöhle mit Jodoformgaze. Während der nächsten
2 Tage normale Temperaturen, dann 8 Tage lang ausgesprochen
pyämisches Fieber mit Temperaturschwankungen zwischen 36,0 und
39,4⁰. Keine Milzschwellung, keine Metastasen. Wundverlauf normal,
nach 6 Wochen vollständige Heilung. — Verfasser ist der Ansicht,
dass je nach dem Grade der Virulenz der aufgenommenen toxischen
Substanzen sich das klinische Bild verschieden gestalten wird, indem
bei hochgradiger Virulenz, wie in der ersten der mitgetheilten Beobachtungen, jene direct den Tod des Kranken herbeiführen (Körner's
otitische Sepsis), bevor sich eine wirkliche, typische Pyämie überhaupt
entwickeln kann, während bei geringerer Giftigkeit die klinischen
Symptome der Pyämie der Krankheit ihren charakteristischen Ausdruck
verleihen. In allen Fällen aber wird es geboten sein, auf das Sorg-
fältigste nach Thromben zu suchen; ob solche, wie Leutert behauptet
hat, in jedem Falle otitischer Pyämie und Septicämie sich werden
auffinden lassen, mag nach Verfasser vorläufig noch dahingestellt
bleiben, doch hält er sich berechtigt, in seinen beiden Fällen wenigstens eine wandständige Thrombose als nachgewiesen anzunehmen.

Blau.

39.

Morf-Winterthur, Die Krankheiten des Ohres beim acuten und
chronischen Morbus Brightii. Zeitschrift f. Ohrenheilkunde. Bd. XXX.
4. S. 313.

Auf 53 der Literatur entnommene Fälle gestützt, wozu noch drei
eigene Beobachtungen hinzukommen, schildert Verf. die Erkrankungen
des Gehörorgans, wie sie beim acuten und chronischen Morbus Brightii
in Erscheinung treten können. Ohraffectionen begleiten die Nephritis
recht häufig, nach Dieulafoy in beinahe 50 Proc. der Fälle, und
gesellen sich den verschiedenen Formen derselben ohne Unterschied
hinzu, so unter 24 der vom Verfasser gesammelten Beobachtungen
viermal zu Nephritis acuta, neunmal zur chronischen parenchymatösen
und elfmal zur chronischen interstitiellen Nephritis. Das Ohr kann
ferner in allen Stadien der Nephritis erkranken, jedoch ist überwiegend
seine Erkrankung an eine acute Exacerbation des Nierenleidens gebunden, gleichwie auch im weiteren Verlaufe nicht selten die Schwankungen in der Intensität des letzteren mit ebensolchen der Ohraffection
einhergehen. Mit Bezug auf ihr Wesen lassen sich die nephritischen
Hörstörungen zweckmässig in 2 Gruppen eintheilen, von denen die

erste alle diejenigen Störungen umfasst, welche durch makroskopisch
oder mikroskopisch oder durch die functionelle Prüfung nachweisbare
pathologische Processe im Ohre selbst verursacht werden, während
in die zweite alle diejenigen Fälle untergebracht werden müssen, bei
welchen es nicht gelingt, irgendwelche Gewebsveränderungen für die
Functionsbeeinträchtigung verantwortlich zu machen. Die erste der genannten Gruppen ist bekanntlich die zahlreichst ausgestattete, indem
zu ihr die acuten und chronischen katarrhalischen und eitrigen Mittelohrentzündungen, die acute Otitis media haemorrhagica mit oder ohne
gleichzeitige Eiterung, die Blutungen in die Paukenhöhle und in das
Labyrinth und die nicht näher charakterisirbaren Labyrinthaffectionen
gehören. Als eigenthümlich der die Nephritis begleitenden Mittelohr-
erkrankung wird, ausser der ungewöhnlich häufigen hämorrhagischen
Beschaffenheit des Exsudates, eine deutlich ausgesprochene Hyperplasie
des submucösen Gewebes, die Anämie der Paukenhöhlenschleimhaut und
eine aussergewöhnliche Neigung zu nekrotisirender Ostitis und cariöser
Einschmelzung der knöchernen Wandungen der pneumatischen Räume
des Schläfenbeines angegeben. Ihre Entstehung leitet die Mittelohrentzündung, wenn wir von den Fällen metastatischen Charakters absehen, entweder aus einer Fortpflanzung von dem ebenfalls oft entzündeten Rachen- oder Nasenrachenraume her oder, bei Intactsein
der letzteren, aus einer Selbstinfection der Paukenhöhle, indem die
hier auch normaler Weise vorhandenen, aber gleichsam schlummern-
den pathogenen Keime auf Grund des herabgesetzten und veränderten Ernährungszustandes eine erhöhte Virulenz erlangt haben.   Die
Fälle der 2. Gruppe bieten in ihrer Erklärung grosse Schwierigkeiten, die Hörstörungen, Schwerhörigkeit bis zur Taubheit und starke
subjective Geräusche bei negativem Ohrbefund, hängen bei manchen
Kranken vielleicht von einer erhöhten arteriellen Spannung infolge
von Herzhypertrophie und einer daraus resultirenden Raumbeschränkung
(Druckerhöhung) innerhalb des Labyrinthes ab (Field), bei anderen
liegt ihre Ursache möglicher Weise in einem Oedem der intracraniellen
Acusticusbahnen (Rosenstein), oder sie sind als Begleiterscheinungen
der Urämie aufzufassen. Für die letzteren beiden Möglichkeiten sprechen
zwei eigene Beobachtungen, welche Verfasser anführt.   In der ersten
derselben zeigte sich in Bezug auf Zunahme und Verschwinden ein
deutlicher Parallelismus zwischen den Gehörstörungen und den äusserlich nachweisbaren Oedemen, in der zweiten waren die Oedeme nur
minimaler Natur, aber es bestanden die Symptome der Urämie, und
mit ihrem Zurückgehen verloren sich auch die Schwerhörigkeit und
die subjectiven Geräusche gänzlich.   Beide Male hatte sich übrigens
das Krankheitsbild auf der Basis einer alten, aus anderen Ursachen
herrührenden nervösen Schwerhörigkeit entwickelt, die ja überhaupt
von früherher vorhandene Erkrankungen des Ohres eine Prädisposition zu dessen Ergriffenwerden bei der Nephritis abzugeben scheinen.
Eine 3. Beobachtung des Verfassers liefert ein Beispiel, dass die
Hörstörungen neben den Veränderungen in der Beschaffenheit des
Harnes das einzige Zeichen einer Nephritis darstellen können, in
welchem Falle sie vermuthlich als Symptom einer chronischen Urämie

aufzufassen sind. Rücksichtlich der Diagnose ist es daher geboten, bei Gegenwart von Functionsanomalien des Hörapparates ohne nachweisbare andere Ursache regelmässig den Urin zu untersuchen. Die Prognose der nephritischen Ohrcomplicationen ist bei der zweiten Gruppe im Allgemeinen günstig, während die Erkrankungen der ersten Gruppe sowohl die Function als auch schon an sich das Leben bedrohen können. Die Blutungen pflegen erfahrungsgemäss zu den letzten Symptomen der Nephritis zu gehören. Therapeutisch muss bei Vorhandensein eines erkennbaren Ohrenleidens sowohl dieses als die Nierenaffection berücksichtigt werden, dagegen verschwinden in den Fällen der 2. Gruppe die Hörstörungen gewöhnlich ohne weiteres Zuthun Hand in Hand mit der Besserung der Nephritis.

Blau.

40.

Karutz-Lübeck, Studien über die Form des Ohres. III. Die Ohrform in der Physiognomik. Zeitschrift f. Ohrenheilkunde. Bd. XXX. 4. S. 344.

Es wird der Gestalt des äusseren Ohres für die Physiognomik, d. i. für die Erkennung von Geistes- und Charaktereigenschaften, eine jede Bedeutung abgesprochen.

Blau.

41.

Gorham Bacon-New-York, Ein Fall von Otitis media acuta mit nachfolgendem Abscess im Lobus temporo-sphenoidalis. Operation; Tod durch Shock. Autopsie. Zeitschrift f. Ohrenheilkunde. Bd. XXX. 4. S. 361.

Patient 25 Jahre alt. Seit 8 Wochen links acute eitrige Entzündung des oberen Paukenhöhlenraumes, wiederholt mit Paracentese der Membrana flaccida Shrapnelli behandelt. Heftige linksseitige Kopfschmerzen, verbunden mit grosser Reizbarkeit; zeitweise Empfindlichkeit bei Druck auf den Processus mastoideus. Geringgradige sensorische Aphasie in den letzten 3 Wochen. Temperatur 37,1°, Pulsfrequenz 56. Aufmeisselung des Warzenfortsatzes, wobei der Knochen sklerotisch, das Antrum mit Granulationen und einer kleinen Menge Eiter gefüllt und seine Wandungen rauh gefunden wurden. Danach während der ersten 8 Tage fortschreitende Besserung in jeder Beziehung, dann aber verstärkte Rückkehr der früher vorhandenen Störungen, kindisches Wesen, Anfälle von Lachen und Singen, leichter Tremor der Zunge und Lippen, mehrfaches Erbrechen, Delirien. Somnolenz und halbcomatöser Zustand. Temperatur 38,1°. Beiderseits beginnende Stauungspapille und Neuritis optica. Operation des vermutheten Schläfenlappenabscesses. Derselbe wurde durch Trepanation des Schädels oberhalb des äusseren Gehörganges aufgesucht, und nach mehrfachen vergeblichen Versuchen wurde durch Eingehen 3 Cm. weit in der Richtung nach hinten, innen und oben aus einer

ziemlich grossen Abscesshöhle etwa ein 1 Esslöffel voll Eiter entleert.
Schon während der Operation Collapsus, welcher durch subcutane
Einspritzungen von Strychnin, Nitroglycerin und aromatischem Am-
moniakgeist gehoben wurde. Tod 2 Stunden später, offenbar infolge
des erlittenen Shocks. Die Autopsie ergab, dass ausser der bei der
Operation eröffneten grösseren Abscesshöhle, entsprechend der inneren
Hälfte der 3 Schläfenwindung, noch eine zweite kleinere solche
gerade oberhalb des Paukenhöhlendaches vorhanden war; beide lagen
inmitten erweichter Hirnsubstanz, der kleinere Abscess zeigte sich
von einer Kapsel ausgekleidet, war aber ebenfalls leer. Es wird
ein Kapselriss mit Austritt des Inhaltes in das umgebende Gewebe
vermuthet. Perforation des knöchernen Daches des Recessus epitympanicus und darüber desgleichen der mit der Pia verwachsenen
Dura mater.   Blau.

42.

Scheibe-München, Ueber leichte Fälle von Mittelohrtuberculose
und die Bildung von Fibrinoid bei denselben. Zeitschrift f.
Ohrenheilkunde. Bd. XXX. 4. S. 366.

Verfasser weist darauf hin, dass, ebenso wie in anderen Organen,
auch am Ohre Fälle von Tuberculose vorkommen, welche, entgegen
dem gewöhnlichen Verhalten, leichter Natur sind und entweder zur
Heilung gelangen oder doch wenigstens nicht weiter fortschreiten.
Von Beobachtungen letzterer Art wird über sechs berichtet. Dieselben betrafen theils Erwachsene, theils Kinder, und zwar Individuen,
welche sonst gerade keinen kranken Eindruck machten, wiewohl die
genauere Untersuchung mehr oder weniger deutliche Anhaltspunkte
für Tuberculose ergab, allerdings mit grosser Neigung zur Heilung
oder im schon geheilten Zustande. Die Otorrhoe hatte meist schon
lange Zeit, selbst Jahrzehnte gedauert, das Bild glich demjenigen
einer gewöhnlichen chronischen Otitis media purulenta, nur mit den
verdächtigen Momenten, dass fast regelmässig eine grosse Zerstörung
am Trommelfelle und theilweise auch an den Gehörknöchelchen vorhanden war, trotz des Fehlens einer hierfür verantwortlich zu machenden Ursache (Scharlach und dergl.), dass ferner sich die Tuba leicht
durchgängig, das Gehör stark herabgesetzt zeigte, und dass endlich
die Eiterung hartnäckig allen Behandlungsversuchen trotzte. Im
Gegensatze zu dem gewöhnlichen Verhalten bei Tuberculose aber
erfuhr das Leiden keine Verschlimmerung, ja es machten sich sogar
Heilungsvorgänge an der Paukenhöhlenschleimhaut bemerkbar in Gestalt von starker Granulationsbildung und ausgedehnter Epidermisirung.
Während somit die Diagnose grossen Schwierigkeiten begegnete, betrachtet Verf. als charakteristisch für die tuberculöse Natur der Ohreiterung die folgende Erscheinung, welche sich in seinen Fällen regelmässig, allerdings mit einer einzigen Ausnahme in der ganzen Beobachtungszeit nur einmal, eingestellt hat. Auf der Innenwand der
Paukenhöhle, meist am Promontorium oder in der Nähe des Tuben-

ostiums, bildete sich nämlich unter Zunahme der Eiterung ein grauer
dicker, erhabener Belag, welcher sich deutlich gegen die stärker geröthete Umgebung abhob und sich von seiner Unterlage nicht loslösen
liess. Dieser Belag haftete unverändert, ohne sich weiter auszudehnen,
wochenlang, erst nach 2—6 Wochen wurden kleine Stücke von ihm
durch aufschiessende Granulationen verdrängt, dann verschwand er
auf solche Weise allmählich gänzlich, die Granulationen schrumpften
ein und überzogen sich vom Rande her mit Epidermis, die Otorrhoe
wurde wieder minimal, dauerte aber ebenso hartnäckig wie früher
trotz allen therapeutischen Bemühungen fort. Nur einmal gelangte
die Eiterung zur vollständigen und dauernden Heilung. Sowohl im
Ohreiter als im Inneren des Belages liessen sich reichlich Tuberkelbacillen nachweisen; bei 2 Kranken ist dem Verfasser auch nach
dem Verschwinden des Belages der Nachweis von Tuberkelbacillen
geglückt. Die mikroskopische Untersuchung zeigte, dass der Belag aus einer hellen, körnig-krümligen, an der Peripherie theilweise fädigen Grundsubstanz mit eingelagerten einzelnen grösseren,
unregelmässig zackig gestalteten Körnern bestand, von denen sich
die erstere gar nicht oder wenig färbte, auch nicht die Weigert-
sche Fibrinreaction gab, während die eingelagerten Körner eine
stärkere Färbbarkeit aufwiesen. Gefässe waren nicht vorhanden;
deutliche Zellen fehlten in dem einen Falle gänzlich, in dem anderen
waren solche wenigstens angedeutet und ausserdem fanden sich zahlreiche Leukocyten über das ganze Präparat ausgestreut. Verfasser
betrachtet die körnige schollige Grundsubstanz als ein Ausscheidungs-
product, entsprechend der von Schmauss und Albrecht bei
Tuberculose beobachteten Ausscheidung von Fibrinoid, welches letztere eine Vorstufe der Verkäsung des Tuberkels bildet, vielleicht
aber auch, ohne den weiteren käsigen Zerfall durchzumachen, dauernd
bestehen bleiben, bezw. in Hyalin übergehen kann. Zur reichlichen
Bildung von Fibrinoid scheint ein noch guter Kräftezustand Vorbedingung zu sein. Blau.

43.

Schwartz-Rostock, Ueber die Beziehungen zwischen Schädelform,
    Gaumenwölbung und Hyperplasie der Rachenmandel. Zeit-
    schrift f. Ohrenheilkunde. Bd. XXX. 4. S. 377.

Zur Entscheidung der Frage, ob ein hoher enger Gaumen auf
Dolichocephalie zurückzuführen ist, hat Verfasser Messungen an 161
Schädeln der Rostocker anatomischen Sammlung und desgleichen an
154 Patienten aus Körner's Poliklinik und Privatpraxis vorgenommen. Das Resultat war übereinstimmend, dass Schädelform und
Gaumenform von einander unabhängig sind. Es zeigte sich nämlich
bei den dolichocephalen Schädeln ein hoher enger Gaumen keineswegs
als das Gewöhnliche, bei den brachycephalen und mesocephalen liessen
sich ebensoviel hohe enge wie niedrige breite Gaumenformen nachweisen, bei den hyperbrachycephalen Schädeln bestand ein geringes

Plus zu Gunsten der niedrigen breiten Gaumenform. In entsprechender Weise wurden auch am Lebenden bei den genannten Schädelformen unterschiedlos ebensowohl breite und niedrige, wie schmale und hohe Gaumen gefunden. Auch eine zweite, noch strittige Frage, ob Rachenmandelhyperplasie hauptsächlich bei Dolichocephalen vorkommt, konnte in negativem Sinne beantwortet werden. Unter 84 mit starker Hyperplasie der Rachenmandel behafteten Kranken, welche daraufhin untersucht wurden, fand sich kein einziger Dolichocephale, im Gegentheil, es waren grosse Rachenmandeln am häufigsten bei den höchsten Graden der Brachycephalie vorhanden. Die Neger, welche ja ausgeprägt dolichocephal sind, sollen ebenfalls nur selten die erwähnte Hyperplasie aufweisen. In Bezug auf den Zusammenhang endlich zwischen vergrösserten Rachenmandeln und Verbildungen des Oberkiefers erinnert Verfasser daran, dass letztere nur dann zu Stande kommen können, wenn die Rachenmandelhyperplasie die Nasenathmung während der Wachsthumsperiode lange Zeit sehr stark beeinträchtigt.

Blau.

44.

Lermoyez, Traitement d'urgence de l'otite moyenne aiguë, par le N. (La Presse méd. 1897, Nr. 16.)

Der Autor betont die Nothwendigkeit einer prophylactischen Behandlung, die in folgender Weise auszuüben ist, im Falle von Otitis media acuta.

1. Der Kranke, der Schnupfen hat, hat sich vor weiteren Erkältungen zu hüten;

2. die Nasenhöhlen sind antiseptisch zu behandeln;

3. Innerlich ist Chinin und selbst ein Laxans zu geben;

4. Eingiessungen in die Nase sind strenge zu meiden; Schneuzen ist vorsichtigst auszuführen.

Individuen mit erschwerter Nasenathmung müssen wegen der dadurch geschaffenen Disposition zu Otitiden entsprechend behandelt werden.

Drei Umstände machen eine einmal ausgebrochene Otitis bedenklich:

1. Uebergang in Eiterung;

2. Eiterretention;

3. Secundärinfection durch Staphylokokken.

Kein Vesicator auf den Warzenfortsatz, keine Emollentia!

Behandlung vor Eintritt der Eiterung:

1. Um den Schmerz zu stillen, Einträufelung von Carbolglycerin (1:10 oder 1:20) in den äusseren Gehörgang; auch folgende Tropfen, möglichst heiss zu nehmen, werden empfohlen:

$$\begin{array}{ll} \text{Aq. carbolis } (1:100) & 10{,}0 \\ \text{Cocaïn. mur.} & 2{,}0 \\ \text{Atropin. sulfur.} & 0{,}05 \end{array}$$

Absolute Ruhe des Ohres, keine Injectionen, keine Luftdouche;

2. Compressen mit warmer Borlösung oder einer Phenosalyllösung von 1 auf 500 werden auf die Muschel oder die Gegend des Warzenfortsatzes gelegt, um eine event. Resorption zu versuchen. Bestehen die Schmerzen fort, Eis auf den Warzenfortsatz, möglichst heisses Carbolglycerin in den Gehörgang: Wärme innerlich, Kälte äusserlich;

3. Analgetica. Als Schlafmittel Chloral, aber kein Opium, das beim Erwachen Kopfcongestionen macht;

4. Derivantien: Salinische Abführmittel, heisse Fussbäder etc.;

5. Antisepsis der Nase und des Mundes: Gurgelwasser und Pharynxpinselungen;

6. Bei Fieber und starken Beschwerden Bettruhe, erhöhte Lage des Kopfes, kühles Zimmer; jedenfalls ist auf einige Tage das Zimmer zu hüten und jeder Anlass zu Congestionen zu meiden.

Wenn dann nach Verlauf von 48 Stunden keine Besserung eintritt, muss die Paracentese gemacht werden.

Während der Eiterung sind Secundärinfectionen durch Fortführung der antiseptischen Behandlung von Nase und Hals hintanzuhalten. Zweimal täglich Einträufelung antiseptischer Flüssigkeit in den Gehörgang und Luftdouche, zwischenzeitlich Carbolglycerin und aseptische Gaze. Im Fall frühzeitigen Verschlusses der Perforation erneute Paracentese.

(Nach einem Referat in No. 38 [1897] der „Revue de Laryngologie, d'Otologie et de Rhinologie".) Stern-Metz.

45.

Jousset, Furoncle du conduit auditif externe. Nord. méd. 1897. Nr. 58.

Zuweilen nimmt die Affection einen epidemischen Charakter an. Häufiger im mittleren Alter als in der Kindheit, befällt sie unterschiedslos beide Gehörgänge. In den 5 Fällen des Autors ist ihr Sitz hauptsächlich an den vorderen und oberen Partien des Gehörganges.

Allgemeine Ursachen sind Constitution, Jahreszeit (Herbst), Hautaffectionen, Congestion benachbarter Partien, klimakterisches Alter, chronische Mittelohreiterungen etc. Je nachdem die Entzündung oberflächlich oder tief steht, entstehen Schmerzen von Seiten der Schuppe, des Tragus oder des Warzenfortsatzes. Differentialdiagnostisch kommen allgemein Gehörgangsentzündung, Trommelfellabscess etc. in Betracht. Recidive sind häufig.

Therapie: Carbolglycerin oder Boralkoholinstillationen.

(Nach einem Referat in No. 38 [1897] der „Revue de Laryngologie, d'Otologie et de Rhinologie".) Stern-Metz.

46.

L. William Stern, Demonstration eines Apparates zur continuirlichen und gleichmässigen Veränderung der Tonhöhe (nebst
einem Anhange: „Eine neue Luftquelle für akustische Versuche"). Verhandlungen der physikal. Gesellsch. zu Berlin. XVI. Jahrg.
Nr. 4.

Es handelt sich um eine Flasche, die vermittelst eines oben angebrachten, vorn plattgedrückten Glasröhrchens angeblasen werden
kann. Dieselbe communicirt mit einem zweiten Gefäss von eigenartiger
Form („Variator"). Beide können von unten aus einem Glascylinder
mit Quecksilber gefüllt werden. Der Inhalt des Glascylinders wird
durch einen Kolben mit Spindel und Schrauben- und Zahnradvorrich-
tung verändert und zahlenmässig bestimmt. Dieser Apparat ermöglicht
es, dass der Ton der angeblasenen Flasche während des Tönens in
seiner Höhe innerhalb weiter Grenzen verändert werden kann, dass
die Geschwindigkeit der Veränderung eine gleichmässige ist, dass die
jeweilig erreichte Tonhöhe in jedem Momente ablesbar ist.

Als Luftquelle dient an Stelle des Blasebalges eine Luftdruck-
pumpe von 3—6 Atmosphären Druck mit einem Reducirventil am
Oeffnungshahne.

Mit diesen Apparaten wurde demonstrirt 1. langsame und schnelle
Aenderung des Tones; 2. Schwebungen; 3. Differenztöne; 4. allmähliche Ueberleitung der consonanten Intervalle in einander.

Matte.

47.

Ferdinand Alt u. *Friedrich Pincles*, Ein Fall von Morbus Menière
bedingt durch leukämische Erkrankung des N. acusticus.
Wiener klin. Wochenschrift 1896. Nr. 39.

66 jähriges männliches Individuum erkrankt plötzlich an Ohrensausen und heftigem Schwindel, binnen 14 Tagen nahezu vollständiger
Verlust des Gehöres am rechten Ohre, links complete Taubheit. Nach
ca. 3 Monaten Exitus. Sectionsbefund: Myelolienale Leukämie, Ma-
rasmus eximius, Typhus abdominalis.

Die mikroskopische Untersuchung ergiebt: Gehirn (O b e r s t e i n e r)
zeigt an den Austrittsstellen und im intramedullären Verlaufe der
Acusticuswurzeln theils kleine, theils äusserst mächtig entwickelte,
leukämische kleinzellige Infiltrate (Lymphocyten), eosinophile Zellen,
an den Acusticusfasern stellenweise eine leichte Atrophie, Acusticuskerne, hintere Vierhügel und Schläfenlappen mit Ausnahme sehr spär-
licher Infiltrate keine besonderen pathologischen Veränderungen.

Labyrinthuntersuchung (K a u f m a n n) ergiebt negativen Befund,
ebenso Mittelohr.

Nach Verff. handelt es sich hier um den ersten typischen Fall
von apoplectiformer M e n i è r e'scher Krankheit, in welchem als anatomische Basis des Krankheitsprocesses eine leukämische Erkrankung
des Acusticus vorgefunden wurde.   Matte.

48.

Ferd. Alt, Rich. Heller, Wilhelm Mayer, Hermann v. Schrötter, Pathologie der Luftdruckerkrankungen des Gehörorganes. Monatsschrift f. Ohrenheilkunde. 1897. Nr. 6.

Die vorliegende Arbeit giebt eine Darstellung der Ohrerkrankungen der Caissonarbeiter und Taucher nach Beobachtungen, die in
der Ohrenklinik des Prof. Gruber und der III. medicin. Klinik des
Prof. v. Schrötter gemeinsam angestellt worden sind.

Das physiologische Verhalten des Gehörorganes bei Drucksteigerung und bei der Decompression unterliegt individuellen Schwankungen.
Verff. haben als untere Grenze für die Drucksteigerung gefunden:
0,1 Atmosphären-Ueberdruck in 1½ Minute. Jede schnellere Druckzu-
oder -abnahme löst mehr oder weniger heftige Erscheinungen seitens
des Gehörorganes aus: Subjectives Druckgefühl, Dumpfheit, Schwere,
Sausen, Rauschen mit oder ohne Aenderung der Hörschärfe. Obj.
zuweilen kein Befund, zuweilen deutliche Injection des Hammerplexus
bis zur diffusen Injection des Trommelfelles, Veränderung des Lichtreflexes. Die Druckzunahme ist im Allgemeinen wirksamer als die
Druckabnahme. Bedingung für ein gefahrloses Ein- und Ausschleusen
ist die vollkommene Durchgängigkeit der Tuben.

Kann sich der von aussen einwirkende Druck nicht sogleich aus-
gleichen, was bei Tubenverschluss, zu rascher Drucksteigerung oder
individueller Ungeschicklichkeit beim Valsalva geschehen kann, so
resultiren schwere Compressionserscheinungen: Einstülpung des Trommelfelles und der Gehörknöchelchenkette, Injection der Gefässe, Ekchymosen, Rupturen. Hyperaemia ex vacuo mit Transsudationen und
Blutungen in die Paukenhöhle und ins Labyrinth, die mit Pressions-
gefühl, Schmerzen und subjectiven Gehörsempfindungen verbunden sind.
Findet umgekehrt eine zu rasche Druckabnahme statt, so sind die
Krankheitserscheinungen analog. Sie können aber noch stürmischer
verlaufen (Menière'scher Symptomencomplex) infolge der mit der
Druckabnahme verbundenen Blutdrucksteigerung durch Gasembolien.
In diesen Fällen kann es zu irreparablen Störungen durch Nekrose
der nervösen Elemente kommen.

Verff. unterstützten diese Beobachtungen am Menschen durch
experimentelle Untersuchungen an Meerschweinchen, Kaninchen und
Hunden. Sie erzielten durch rasche Druckab- oder -zunahme Ekchy-
mosen, Hämorrhagien und Blutungen im Mittelohre und Labyrinth.
Die mikroskopische Untersuchung der Labyrinthe ergab eine strotzende
Füllung der Blutgefässe des Modiolus, perivasculäre Extravasate,
Blutungen in die Schneckenscalen und in die Bogengänge, der Vor-
hof war zumeist frei.   Matte.

49.

C. Stumpf u. *M. Meyer*, Schwingungszahlbestimmungen bei sehr
hohen Tönen. Annalen der Physik u. Chemie. Neue Folge. Bd. LXI.
1897.

Verff. prüften 3 Galtonpfeifchen, zwei von Edelmann und
eine von Bezold, ausserdem eine von Appunn jun. verfertigte

Pfeifenserie und eine von **Appunn sen.** herrührende Serie kleiner Stimmgabeln auf ihre Tonhöhe mittelst der Methode der Differenztonbeobachtung. Näheres über die Versuchsanordnungen ist im Original nachzulesen.

Sämmtliche Versuche haben erhebliche Differenzen zwischen den angegebenen Schwingungszahlen und den experimentell ermittelten ergeben.

Bei der Wichtigkeit der exacten functionellen Hörprüfung für die wissenschaftliche Ohrenheilkunde nicht nur zur Feststellung der untersten und obersten Hörgrenze, sondern auch der continuirlichen Tonreihe ist eine Entscheidung dringend wünschenswerth.   Matte.

50.

Sänger, Ueber die Entstehung des Näselns. Pflüg. Arch. f. d. ges. Physiol. Bd. LXVI.

Verf. hat Beobachtungen und Versuche angestellt, um den Nachweis zu liefern, dass die als „Näseln" bezeichnete Stimmanomalie nicht auf einer akustischen Wirkung der Nasenhöhle, sondern auf Resonanzwirkung der Luft des Nasenrachenraumes zurückzuführen ist.
                                                                        Matte.

51.

Perrot, De la mastoïdite de Bezold; Dissertation, hervorgegangen aus der „clinique libre" des Dr. Lichtwitz. Bordeaux 1897.

Nach einer summarischen historischen Einleitung, welche eine nicht genügende Kenntniss der einschlägigen deutschen Literatur verräth, bespricht Verf. in einzelnen Capiteln die Aetiologie und die Pathogenese, die pathologische Anatomie, die Symptomatologie, die Diagnose und Therapie der sogenannten Bezold'schen Mastoiditis. Der einzige Fall eigner Beobachtung (aus der Clientel des Dr. Lichtwitz) bedarf wegen Mangels von Besonderheiten nicht des Referates, auch in den Schlussfolgerungen des Verfassers, welche er seiner Dissertation anfügt, treten keine neuen Gesichtspunkte hervor. Hervorzuheben sind die experimentellen Injectionsversuche, über welche Verf. in dem der pathologischen Anatomie gewidmeten Capitel berichtet, bei welchen er im Grossen und Ganzen sich dem Vorgehen Bezold's angeschlossen hat. Er hat in einem Falle, wo die Fistel an der inneren Wand des Warzenfortsatzes ungefähr 1 Cm. nach hinten von der Spitze sass, 180 Ccm. gefärbter Gelatine in die Halsweichtheile von der Fistel aus injicirt und dabei folgende Resultate gehabt: 1. Anschwellung an der Spitze der Apophyse, die sich nach unten in der Richtung des m. sternocleidom. erstreckte. Der Muskel zeigte danach eine deutliche Prominenz. 2. Entwicklung eines Tumors, welcher unterhalb „de la ligne courbe occipitale supérieure" sass. 3. Fortschreiten der Anschwellung in die Sterno-clavicolargrube. Bei der Präparation findet sich keine Injectionsflüssigkeit unter dem m. sternocleidom., weder zwischen diesem Muskel und dem Splenius, noch auch in der Scheide des Digastricus. Nach hinten befindet sich nichts unter dem Trapezius, aber reichliche Injectionsmasse zwischen Splenius und Complexus minor. Nach unten reicht die Injectionsmasse bis zum 6. Halswirbel und erreicht die Mittellinie, ist also localisirt zwischen den tiefen Nackenmuskeln und der Muskelmasse, welche gebildet wird durch die beiden Complexus und den Splenius. — In der Einleitung weist Verf. den eventuellen Vorwurf des Lesers, dass er diese Form von Mastoiderkrankung die Bezold'sche nennt, mit dem Hinweis auf „personnes plus competentes que moi", welche die gleiche Bezeichung gebraucht haben, zurück. Verf. fühlt also sehr wohl, dass diese Bezeichnung nicht einwandsfrei sei. Er hätte aber besser gethan, den historischen Thatsachen entsprechend zu verfahren und die von ihm gebrauchte Bezeichnung fallen zu lassen, als dass er — was freilich bequemer ist —, sich einfach auf die Autorität anderer stützt. Aus dem kurzen historischen Ueberblick geht deutlich hervor, dass Verf. sehr wohl weiss, dass die in Rede stehende Art des Durchbruchs an der unteren Fläche des Proc. mast. schon geraume Zeit vor Bezold bekannt gewesen und darüber geschrieben worden ist. Er hätte deshalb besser gethan, der Wahrheit die Ehre zu geben und gegen die historisch ungerechtfertigte Bezeichnung zu protestiren. Die von Schwartze (Handbuch II, S. 802) gegebenen Literaturangaben liessen sich leicht vermehren. Bezold hat nur das Verdienst, in der Neuzeit die allgemeine Aufmerksamkeit auf diesen Vorgang gelenkt zu haben, und daher ist es gekommen, dass solche Aerzte, welche ihr Wissen nur aus der Literatur der letzten Jahre herleiten, ihm die Ehre erweisen wollen, seinen Namen mit einer Erkrankungsform in Verbindung zu bringen, mit der sie erst durch ihn bekannt geworden sind.   Grunert.

Personal- und Fachnachrichten.

Im November 1897 wurde dem Privatdocenten Dr. Egon Hoffmann in Greifswald das Prädicat „Professor" beigelegt.

Professor A. Prussak in St. Petersburg ist im Alter von 58 Jahren verstorben.

Am 16. October 1897 wurde zu Ehren des Prof. Josef Gruber in Wien, welcher am 4. August d. J. sein 70. Lebensjahr vollendet hat, eine Feier veranstaltet, an welcher sich zahlreiche Schüler desselben, Collegen und Freunde betheiligten.

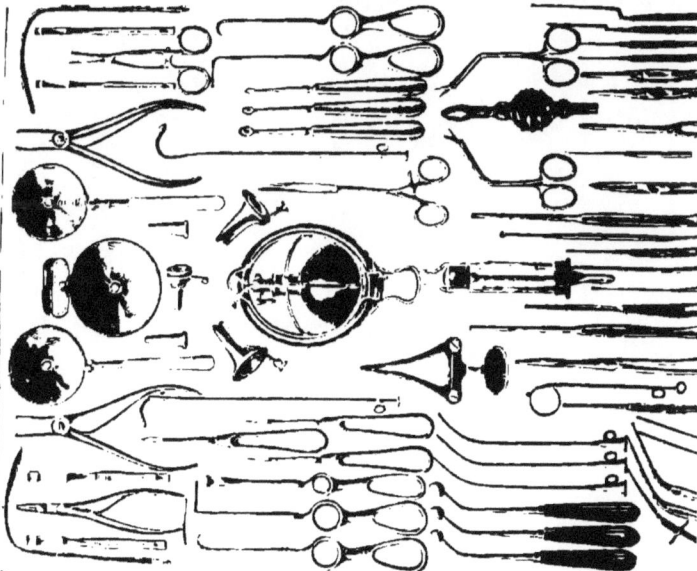

www.ingramcontent.com/pod-product-compliance
Lightning Source LLC
Chambersburg PA
CBHW021501210326
41599CB00012B/1085